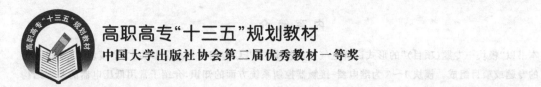

高职高专“十三五”规划教材
中国大学出版社协会第二届优秀教材一等奖

电气控制与PLC应用技术

（第4版）

主　编　刘永华

副主编　孔德志　吴　丹

北京航空航天大学出版社

内容简介

本书以“模块＋专题(项目)”的形式讲解电气控制技术与 PLC 应用技术。全书共 11 个模块，每个模块由相应的专题或项目组成。模块 1～3 为继电器-接触器控制系统方面的知识，介绍了常用低压电器的基本结构和选用方法、电气控制系统的基本控制环节、典型机械设备电气控制系统的电气识图及故障检修等方面的知识。模块 4～11 为可编程序控制器部分，以 S7－200 PLC 为主，同时简要介绍了 S7－200 SMART 和 S7－1200 两种类型的 PLC，通过丰富的应用示例介绍了可编程序控制器的结构组成、工作原理，PLC 的基本指令和功能指令的应用，PLC 控制系统的常用设计方法以及应用实例分析等知识。

本书可作为高职高专院校机电类、电气自动化类专业的教材，或职业技术培训教材，也可作为从事机电、自动化技术的工程技术人员的参考用书。

本书配有教学课件和习题答案供任课教师参考，请发送邮件至 goodtextbook@126.com 申请索取。

图书在版编目(CIP)数据

电气控制与 PLC 应用技术 / 刘永华主编. －－4 版. －－北京 ：北京航空航天大学出版社，2019.7

ISBN 978－7－5124－3010－5

Ⅰ. ①电… Ⅱ. ①刘… Ⅲ. ①电气控制②PLC 技术 Ⅳ. ①TM571.2②TM571.6

中国版本图书馆 CIP 数据核字(2019)第 103521 号

电气控制与 PLC 应用技术(第 4 版)

主　编　刘永华

副主编　孔德志　吴　丹

责任编辑　董　瑞　周世婷

*

北京航空航天大学出版社出版发行

北京市海淀区学院路 37 号(邮编 100191)　http://www.buaapress.com.cn

发行部电话：(010)82317024　传真：(010)82328026

读者信箱：goodtextbook@126.com　邮购电话：(010)82316936

北京凌奇印刷有限责任公司印装　各地书店经销

*

开本：787×1 092　1/16　印张：20　字数：512 千字

2019 年 8 月第 4 版　2023 年 9 月第 4 次印刷　印数：6001-6500 册

ISBN 978－7－5124－3010－5　定价：49.80 元

若本书有倒页、脱页、缺页等印装质量问题，请与本社发行部联系调换。联系电话：(010)82317024

前　言

“电气控制与PLC应用技术”是高职高专机电类、电气自动化类专业的主干课程。本书根据高职高专人才培养目标，结合专业教育数学改革与实践经验，本着“工学结合、项目导向、‘教学做’一体化”的原则编写而成。

本书以模块为单元，采用专题(项目)的形式，将知识点贯穿于各个项目中。紧紧围绕培养学生的职业能力这条主线，合理安排基础知识和实践知识的比例，力求结合工程实际、突出技术应用。在内容编排上兼顾继电器接触器控制技术与可编程序控制器的知识连贯性，使两者有机结合。可编程控制器主要介绍西门子系列PLC，包括PLC的硬件组成、工作原理、基本指令和功能指令，以及PLC的常用设计方法和工程应用实例分析等。内容由浅入深，层次分明，通俗易懂，便于自学。本书参考学时为60～90课时。

当代工业控制的一个主流趋势是“以太网化”，为顺应主流趋势，作者在第3版的基础上，对全书内容作了修订。同时，新增了S7－200 SMART和S7－1200两类PLC的相关知识，这两类PLC都有集成的以太网接口，是现在比较流行的两种PLC系列。

全书共11个模块。模块1～3为继电器接触器控制系统，主要讲述了常用低压电器的认识与选用、电气控制系统的基本环节、典型机械设备电气控制系统；模块4为PLC的基础知识；模块5为S7－200系列PLC的组成与编程基础；模块6～7为S7－200系列PLC基本指令和功能指令的应用；模块8为S7－200 PLC模拟量控制；模块9为S7－200 SMART PLC编程及应用；模块10为S7－1200 PLC编程及应用；模块11为PLC控制系统的设计及应用实例。

本书由刘永华担任主编，孙德志、吴丹担任副主编。书中模块1、模块8由孔德志编写，模块2、模块3由孙佳海编写，模块4、模块5、模块6、模块7和模块11由刘永华编写，模块9、模块10由吴丹编写。第4版教材由吴丹负责统稿。另外，张延强、吴玉娟、孙昌权、徐荣丽、闫润等老师认真阅读了全书并对相关程序进行了验证、校对，在此一并表示诚挚的谢意！

本书在编写过程中参考了有关文献和资料，在此对参考文献的作者表示衷心感谢。

由于编者水平有限，书中错误和疏漏之处恳请读者批评指正。

编　者

2019年5月

目　录

上篇　继电器-接触器控制系统

下篇 可编程序控制器

上　篇

继电器-接触器控制系统

模块1　常用低压电器的认识与选用

本模块主要介绍各种常用低压电器的结构、工作原理、用途及电气符号等知识。通过本模块的学习和训练，重点要掌握低压电器的结构、工作原理，学会电气符号的表示方法，从而能够正确选择、合理安装和维修常用低压电器，为后续模块的学习以及技能培养打下基础。

专题1.1　低压电器的基本知识

教学目标

1）了解低压电器的概念及分类；

2）掌握常用低压电器电磁机构的基本结构和工作原理。

一、电气控制系统的初步知识

在工业农业、交通运输等部门中，广泛使用着各种生产机械，它们大多以电动机为动力进行拖动。为了保证电动机运行的可靠与安全，需要有许多辅助电气设备为之服务，能够实现某项控制功能的若干个电器组件的组合，称为电气控制系统。图1-1所示为电气控制系统实物图。

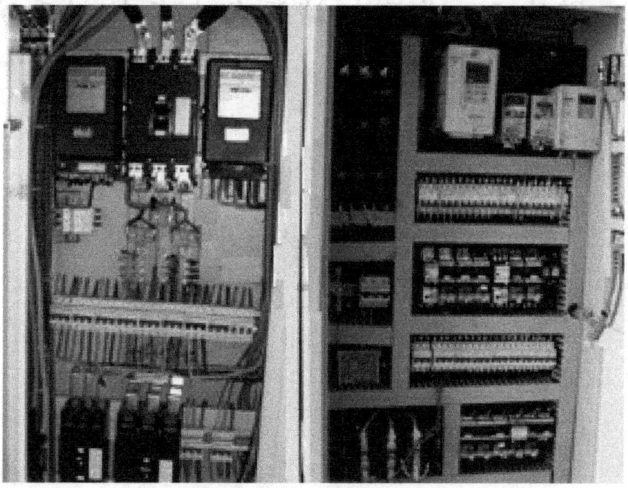

图1-1　电气控制系统实物图

这些设备一般具有以下功能：

① 自动控制功能。一些电压较高和电流大的开关设备的体积是很大的，一般都采用操作系统来控制分、合闸。特别是当设备出了故障时，需要开关自动切断电路，因而要有一套自动控制的电气操作设备，对供电设备进行自动控制。

② 保护功能。电气设备与线路在运行过程中会发生故障，电流（或电压）会超过设备与线路允许工作的范围与限度，例如短路、电动机过载等，这就需要一套检测这些故障信号并对设备和线路进行自动调整（断开、切换等）的保护设备。

③ 监视功能。电是眼睛看不见的，一台设备是否带电或断电，从外表是无法分辨的，这就需要设置各种视听信号，如灯光和音响信号等，对设备进行电气监视。

④ 测量功能。灯光和音响信号只能定性地表明设备的工作状态（通电或断电），如果想定量地知道电气设备的工作情况，还需要有各种仪表及测量设备测量线路的各种参数，如电压、电流、频率和功率等。

在后续课程中会接触到大量的电气控制系统，要能够掌握此类系统，需要从低压电器讲起。

二、低压电器的概念及分类

这里的电器是指根据特定的信号和控制要求，能通断电路，改变电路参数，实现对电路的控制、切换、保护、监视和测量等功能的电气设备。电器可分为高压电器和低压电器两大类，我国现行标准是将工作在交流 1 200 V(50 Hz)以下、直流 1 500 V 以下的电器设备称为低压电器。

低压电器的种类繁多，按其用途可分为配电电器、保护电器、主令电器、控制电器和执行电器等，具体分类及用途如表 1－1 所列。

表 1－1 常用低压电器的分类及用途

类 别	电器名称	主要品种	用 途
配电电器	刀开关	大电流刀开关	主要用于低压供电系统。对这类电器的主要技术要求是分断能力强，限流效果好，动稳定性和热稳定性好
		熔断器式刀开关	
		开关板用刀开关	
		封闭式负荷铁壳开关	
	熔断器	磁插式熔断器	
		螺旋式熔断器	
		密封式熔断器	
		快速熔断器	
		自复式熔断器	
	断路器		
保护电器	热继电器		主要用于对电路和电气设备安全保护的电器。对这类电器的主要技术要求是具有一定的通断能力，反应灵敏度高，可靠性高
	电流继电器	过电流继电器	
		欠电流继电器	
	电压继电器	过电压继电器	
		欠电压继电器	
	漏电保护断路器		
	固态保护继电器		

续表 1-1

类 别	电器名称	主要品种	用 途
主令电器	行程开关	直动式行程开关	主要用于发送控制指令的电器。对这类电器的技术要求是操作频率要高,抗冲击,电气和机械寿命要长
		滚轮式行程开关	
		微动开关	
	凸轮控制器		
	晶闸管开关		
	接近开关		
控制电器	接触器	交流接触器	主要用于电力拖动系统的控制。对这类电器的主要技术要求是有一定的通断能力,操作频率要高,电气和机械寿命要长
		直流接触器	
	时间继电器	空气阻尼式时间继电器	
		晶体管式时间继电器	
	速度继电器		
	中间继电器		
	固态继电器		
	光电继电器		
执行电器	电磁铁		主要用于执行某种动作和实现传动功能
	电磁阀		
	电磁离合器		

低压电器还可按照操作方式分为自动电器和手动电器;也可按照使用场合分为一般工业电器、特殊工业电器、安全电器、农用电器及牵引电器等。

三、低压电器的基本结构

常用的各类低压电器的工作原理和构造基本相同,大都由两个主要部分组成,即检测部分(电磁机构)和执行部分(触头系统)。另外,为了快速熄灭电弧,部分低压电器还具有灭弧装置。

1. 电磁机构

(1) 交流电磁机构

电磁机构是低压电器的主要组成部分之一,它将电磁能转换成机械能,带动触点动作,使电路接通或断开。电磁机构由吸引线圈、铁芯和衔铁 3 个基本部分组成。其结构形式大致有如下几种:

① 衔铁绕棱角转动的拍合式铁芯。如图 1-2(a)所示,衔铁绕铁轭的棱角而转动,磨损较小;铁芯用整块铸铁或铸钢制成。这种形式广泛应用于直流电器中。

② 衔铁绕轴转动的拍合式铁芯。如图 1-2(b)所示,衔铁绕轴转动,铁芯用硅钢片叠成,其形状有 E 形和 U 形两种。此种结构多用于触点容量较大的交流电器中。

③ 衔铁沿直线运动的双 E 形直动式铁芯。如图 1-2(c)所示,衔铁在线圈内做直线运动。此类结构多用于交流接触器、继电器中。

对于单相交流电磁机构,由于磁通是交变的,当磁通过零时吸力也为零,此时的衔铁在反力弹簧的作用下将被拉开;磁通过零点后吸力又重新增大,当吸力大于反力时,衔铁又吸合。由于交流电源频率的变化,衔铁的吸力随之每个周期二次过零,致使衔铁产生强烈振动与噪声,甚至使铁芯松散。解决的办法是在铁芯端面安装一个铜制的短路环(或称分磁环),如图1-3(a)所示。图中穿过短路环的交变磁通在环中产生感应电流,根据电磁感应定律,此感应电流产生的磁通 Φ_2 在相位上落后于主磁通 Φ_1 一定角度(如合理设计可达到90°),即短路环起到磁通分相的作用。由 Φ_1、Φ_2 产生的吸力 F_1、F_2 间也有一个相位差,如图1-3(b)所示,作用在衔铁上的合力是 F_1+F_2。这样,在一个周期内两部分吸力合成不会有零值,只要此合力在任一时刻都大于弹簧的反力,衔铁就始终吸合,消除了衔铁的振动和噪声。

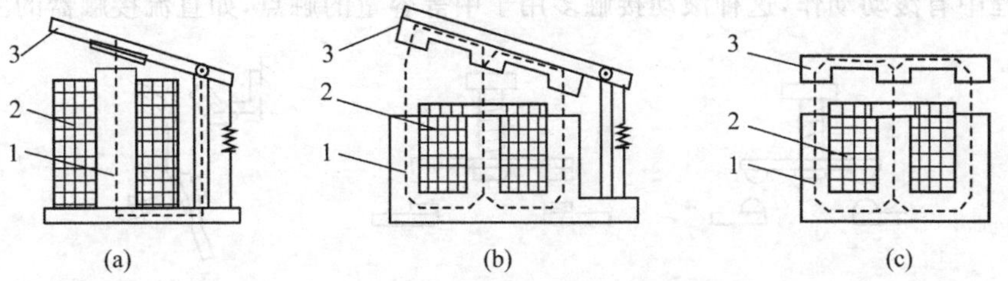

1—铁芯;2—线圈;3—衔铁

图1-2　常用电磁机构的结构形式

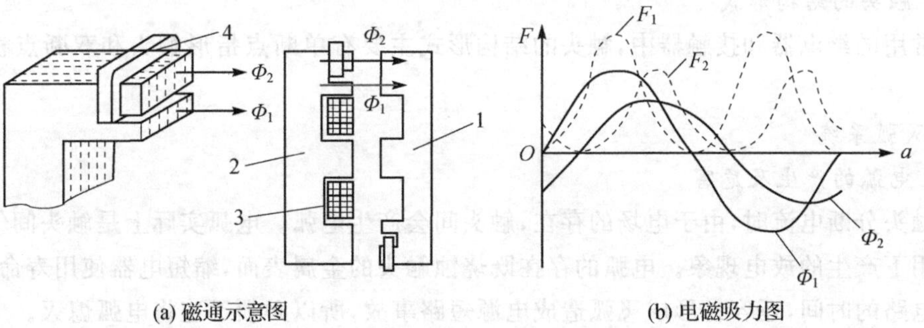

1—衔铁;2—铁芯;3—线圈;4—短路环

图1-3　交流电磁铁的短路环

此外,交流线圈除线圈发热外,铁芯中还有涡流和磁滞损耗,铁芯也要发热。为了改善线圈和铁芯的散热情况,铁芯与线圈之间留有散热间隙,并且把线圈做成有骨架的矮胖型。铁芯用硅钢片叠成,以减少涡流。

(2) *直流电磁机构*

与交流电磁机构相比,直流线圈匝数多,因而电感量大。在断电瞬间,由于磁通的急剧变化,会感应出很高的反电动势,容易使线圈击穿损坏,所以常在线圈的两端反向并联一个由电阻和二极管组成的放电回路,如图1-4所示。

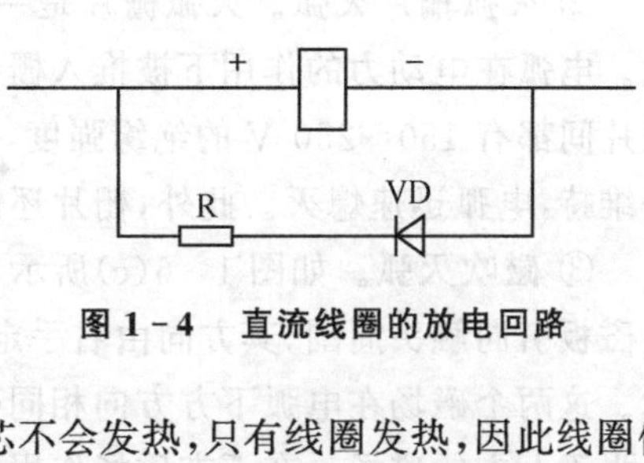

图1-4　直流线圈的放电回路

由于直流电流恒定,电磁机构中不存在涡流损失,铁芯不会发热,只有线圈发热,因此线圈做成无骨架、高而薄的瘦高型,以改善线圈自身的散热。铁芯和衔铁由软钢或者工程纯铁制造。

2. 触头系统

触头也叫触点,是电器元件的执行部分,用于控制电路的接通与断开。

(1) 触点的接触形式

触点的接触形式有点接触(如球面对球面、球面对平面等)、面接触(如平面对平面)和线接触(如圆柱对平面、圆柱对圆柱)三种,如图 1－5 所示。三种接触形式中,点接触形式的触点接触面小,只用于小电流的电器中,如接触器的辅助触点和继电器的触点;面接触形式的触点接触面大,允许通过较大的电流,一般在接触表面镶有银合金,以减小触点接触电阻和提高耐磨性,多用于较大容量电器,如接触器的主触点;线接触形式的触点接触区域是一条直线,其触点在通断过程中有滚动动作,这种滚动接触多用于中等容量的触点,如直流接触器的主触点。

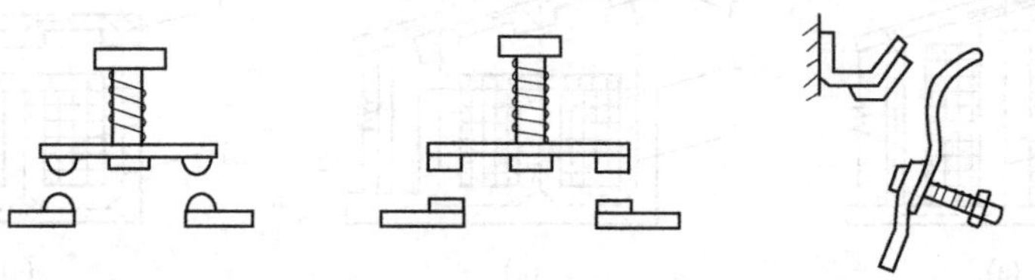

(a) 点接触桥式触头　(b) 面接触桥式触头　(c) 线接触指形触头

图 1－5　触点的接触形式

(2) 触头的结构形式

在常用的继电器和接触器中,触头的结构形式主要有单断点指形触头和双断点桥式触头两种。

3. 灭弧系统

(1) 电弧的产生及危害

当触头分断电流时,由于电场的存在,触头间会产生电弧。电弧实际上是触头间气体在强电场作用下产生的放电现象。电弧的存在既烧蚀触头的金属表面,缩短电器使用寿命,又延长了切断电路的时间,还容易形成飞弧造成电源短路事故,所以必须迅速将电弧熄灭。

(2) 常用的灭弧方法

灭弧的方法有多种,常用的有以下几种:

① 电动力灭弧(双断口灭弧)。如图 1－6(a)所示,这是桥式双断口触头系统,在触点分断时,将电弧分成两段以提高电弧的起弧电压;同时利用两段电弧相互间产生的电动力将电弧向外侧拉长,以增大电弧与冷空气的接触面,从而迅速散热而灭弧。

② 灭弧栅片灭弧。灭弧栅片是一组镀铜的薄铜片,它们彼此间相互绝缘,如图 1－6(b)所示。电弧在电动力的作用下被推入栅片中分割成数段,而栅片就是这些电弧的电极。每两片栅片间都有 150～250 V 的绝缘强度,使整个灭弧栅片的绝缘强度大大提高,以致外加电压无法维持,电弧迅速熄灭。此外,栅片还能吸收电弧热量,使电弧冷却。

③ 磁吹灭弧。如图 1－6(c)所示,在触头电路中串入一个磁吹线圈,该线圈产生的磁场由导磁板引向触头周围,其方向由右手定则确定。触头间的电弧所产生的磁场,其方向为⊙＋所示。这两个磁场在电弧下方方向相同(叠加),在电弧上方方向相反(相减),所以电弧下方的磁场强于上方的磁场。在下方磁场作用下,电弧受力的方向为 F 所指的方向。在 F 的作用下,电弧被吹离触头,经熄弧角引进灭弧罩,使电弧熄灭。

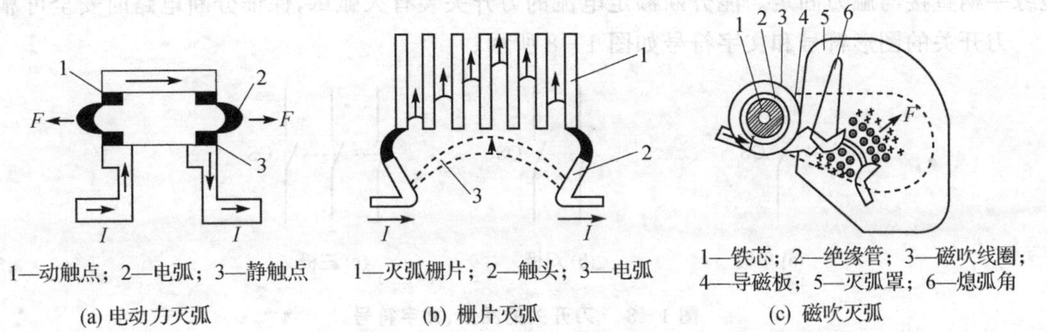

图1-6 常用灭弧方法原理示意图

④ 灭弧罩灭弧。在电弧所形成的磁场电动力的作用下，可使电弧拉长并进入灭弧罩的窄(纵)缝中。几条纵缝可将电弧分割成数段，并且与固体介质相接触时，还能吸收电弧热量使电弧冷却，从而使电弧迅速熄灭。

专题1.2 刀开关的认识与选用

教学目标

1) 了解刀开关的结构；

2) 掌握刀开关的型号及主要技术参数；

3) 掌握刀开关的选用与安装。

在低压电路中，刀开关主要用来隔离电源，也可用来非频繁地接通和分断容量较小的低压配电线路。

刀开关按极数分，有单极、双极和三极；按结构分，有平板式和条架式；按操作方式分，有直接手柄操作、正面旋转手柄操作、杠杆操作和电动操作；按转换方式分，有单投和双投。另外，还有一种采用叠装式触点元件实现旋转操作的开关，称为组合开关或转换开关。

一、刀开关的结构

刀开关又称闸刀开关，是手动电器中结构最简单的一种，主要由静插座、触刀、操作手柄和绝缘底板等组成，典型结构及外形如图1-7所示。静插座由导电材料和弹性材料制成，固定在绝缘材料制成的底板上。动触刀与下支座铰链连接，连接处依靠弹簧保证必要的接触压力，

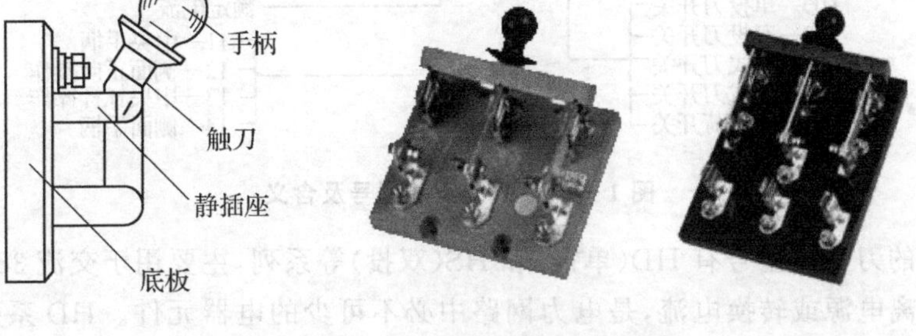

图1-7 刀开关典型结构及实物图

绝缘手柄直接与触刀固定。能分断额定电流的刀开关装有灭弧罩,保证分断电路时安全可靠。

刀开关的图形符号和文字符号如图 1-8 所示。

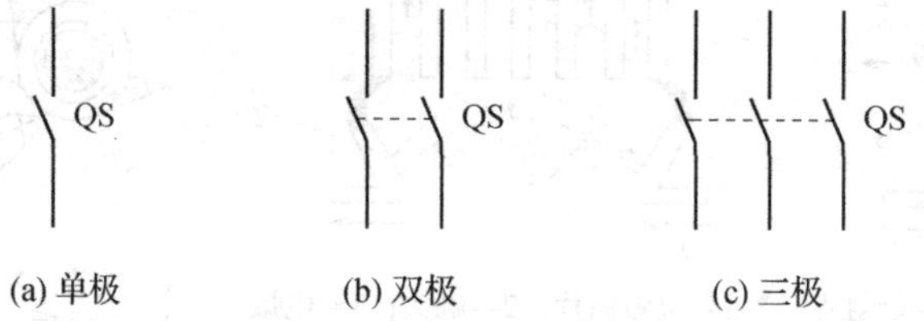

图 1-8　刀开关的图形、文字符号

图 1-9 为 HZ10 系列组合开关的结构图及电气符号。它是一种凸轮式的做旋转运动的刀开关(又称转换开关),由分别装在多层绝缘件内的动、静触片(刀片)组成。动触片装在附有手柄的绝缘方轴上,手柄每转动 90°,触片便轮流接通或断开。顶盖部分是滑板,由凸轮、弹簧(扭簧)及手柄等零件构成操作机构。由于采用了扭簧储能结构,开关动作速度与手动操作速度无关,从而使开关能实现快速的通断。组合开关也有单极、双极、三极和多极结构,主要用于电源的引入或 5.5 kW 以下电动机的直接启动、停止、反转、调速等场合。

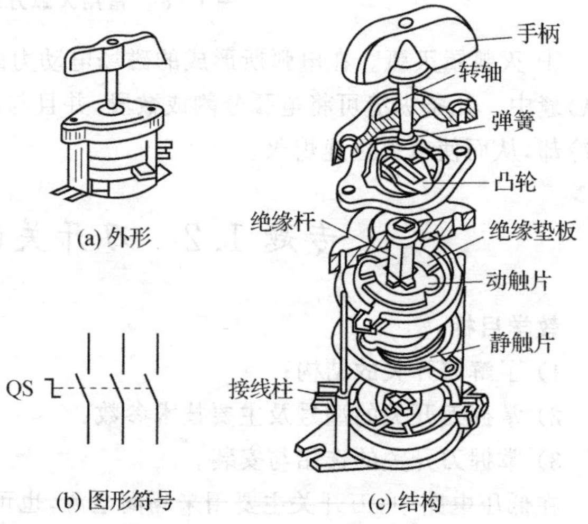

图 1-9　HZ10 系列组合开关

二、刀开关的型号及主要技术参数

1. *刀开关的型号*

刀开关的型号及含义如图 1-10 所示。

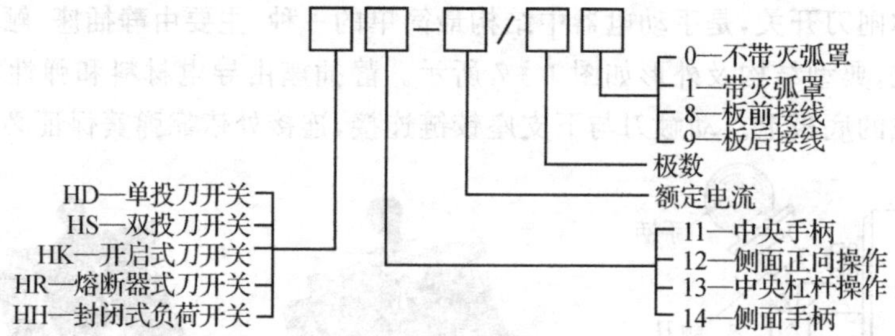

图 1-10　刀开关的型号及含义

目前常用的刀开关型号有 HD(单投)和 HS(双投)等系列,主要用于交流 380 V、50 Hz 电力网路中来隔离电源或转换电流,是电力网路中必不可少的电器元件。HD 系列刀开关常用于各种低压配电柜、配电箱、照明箱中。当电源接入时,首先是接刀开关,之后再接熔断器、断路器、接触器等其他电器元件，以满足各种配电柜、配电箱的功能要求。当电器元件或电路出现故障时，就靠刀开关来切断电源，然后再对设备、电器元件进行修理或更换。HS系列刀开关，主要用于转换电源，即当一路电源不能供电，需要另一路电源供电时，就由它来进行转换，当转换开关处于中间位置时，可以起隔离作用。

2. 主要技术参数

① 额定电压。刀开关在长期工作中能承受的最大电压称为额定电压。目前生产的刀开关的额定电压一般为交流500 V以下，直流440 V以下。

② 额定电流。刀开关在合闸位置允许长期通过的最大工作电流称为额定电流。小电流刀开关的额定电流有10 A、15 A、20 A、30 A、60 A五级。大电流刀开关的额定电流一般分100 A、200 A、400 A、600 A、1000 A及1500 A六级。

③ 操作次数。刀开关的使用寿命分为机械寿命和电气寿命两种：机械寿命是指刀开关在不带电的情况下所能达到的操作次数；电气寿命指刀开关在额定电压下能可靠地分断额定电流的总次数。

④ 电稳定性电流。发生短路事故时，刀开关不产生形变、破坏或触刀自动弹出的现象时的最大短路峰值电流，就是刀开关的电稳定性电流。通常，刀开关的电稳定性电流为其额定电流的数十倍。

三、刀开关的选用与安装

1. 刀开关的选用

选用刀开关时必须注意以下几点：

① 按刀开关的用途和安装位置选择合适的型号和操作方式。

② 刀开关的额定电流和额定电压必须符合电路要求。刀开关的额定电流应大于或等于所分断电路中各个负载额定电流的总和。对于电动机负载，应考虑其启动电流，所以开启式刀开关额定电流可取电机额定电流的3倍；封闭式刀开关额定电流可取负载额定电流的1.5倍。

2. 刀开关的安装

刀开关在安装时必须注意以下几点：

① 刀开关在安装时应做到垂直安装，使闭合操作时的手柄操作方向从下向上合，断开操作时的手柄操作方向从上向下分；不允许采用平装或倒装，以防止误合闸。

② 接线时应将电源进线接在刀开关上端，输出负载线接在下端，这样拉闸后刀片与电源隔离，可防止意外事故发生。

③ 刀开关安装后应检查闸刀和静插座的接触是否紧密且成直线。

专题1.3 熔断器的认识与选用

教学目标

1）了解熔断器的作用及分类；

2）掌握熔断器的工作原理、符号及技术参数；

3）能够根据工程实际需要选择合适的熔断器。

熔断器是一种当电流超过额定值一定时间后,以它本身产生的热量使熔体迅速熔化而分断电路的电器。它广泛应用于低压配电系统和控制系统,主要起电气设备的短路保护和过电流保护作用。

一、熔断器的结构及工作原理

熔断器主要由熔体和安装熔体的熔管(或熔座)两部分组成。熔体是熔断器的主要组成部分,它既是检测元件又是执行元件。熔体由易熔金属材料铅、锡、锌、银、铜及其合金制成,通常做成丝状、片状、带状或笼状,它串联于被保护电路。熔管一般由硬质纤维或瓷质绝缘材料制成半封闭式或封闭式外壳,熔体装于其内。熔管的作用是便于安装熔体和有利于熔体熔断时熄灭电弧。

熔断器工作时,熔体串接在电路中,负载电流流经熔体。当电路发生短路或过电流时,通过熔体的电流使其发热,当达到熔体金属熔化温度时就自行熔断,期间伴随着燃弧和熄弧过程,随之切断故障电路,起到保护作用。当电路正常工作时,熔体在额定电流下不应熔断,所以其最小熔化电流必须大于额定电流。熔管中的填料一般使用石英砂,它分断电弧又吸收热量,可使电弧快速熄灭。

二、熔断器的保护特性

熔断器的保护特性是指流过熔体的电流与熔体熔断时间的关系,称为"时间—电流特性"或称"安—秒特性",如图 1-11 所示。熔断器的时间-电流特性曲线是反时限性的,即流过熔体的电流越大,熔化(或熔断)时间越短,因为熔体在熔化和汽化过程中,所需热量是一定的。在一定的过载电流范围内,熔断器不会立即熔断,可继续使用。

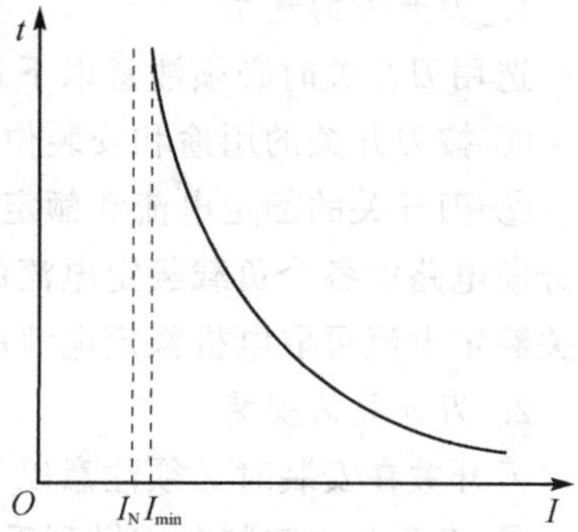

图 1-11 熔断器的保护特性

三、常用熔断器

常用的熔断器可分为瓷插式、螺旋式、封闭式熔断器和快速熔断器以及自复熔断器等几种类型。

1. 瓷插式熔断器

瓷插式熔断器的结构如图 1-12(a)所示。它常用于 380 V 及以下的线路中,作为配电支线或不重要电气设备的短路保护用。

2. 螺旋式熔断器

螺旋式熔断器的结构如图 1-12(b)所示,熔体的上端盖有一熔断指示器,一旦熔体熔断,指示器马上弹出(可透过瓷帽上的玻璃孔观察到)。其分断电流较大,可用于电压等级 500 V 及其以下、电流等级 200 A 以下的电路中。由于有较好的抗震性能,常用于机床电气控制设备中。

3. 封闭式熔断器

封闭式熔断器分有填料熔断器和无填料熔断器两种,如图 1-13 和图 1-14 所示。有填料熔断器一般用方形瓷管,内装石英砂及熔体,分断能力强,用于电压等级 500 V 以下、电流等级 1 kA 以下的电路中。无填料密闭式熔断器将熔体装入密闭式圆筒中,分断能力稍小,用于

500 V 以下、600 A 以下电力网或配电设备中。

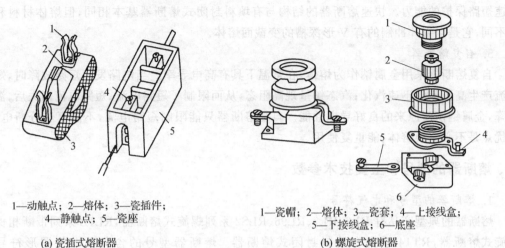

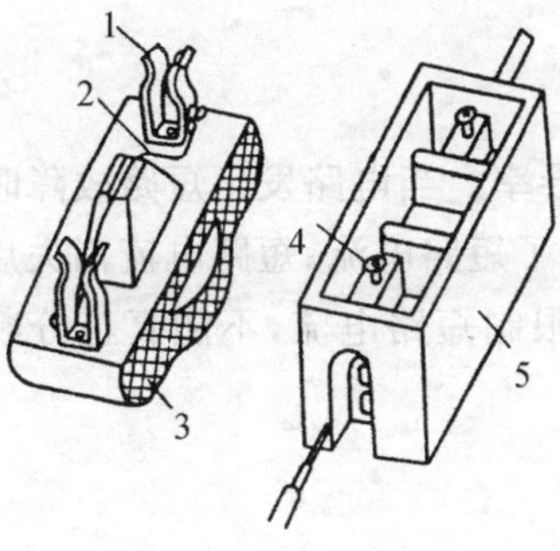

(a) 瓷插式熔断器

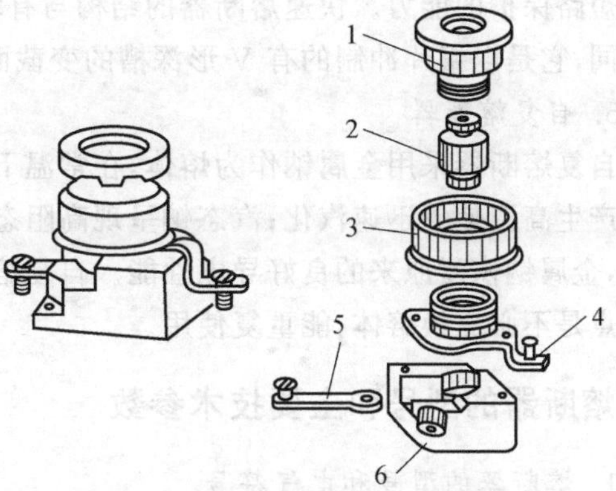

(b) 螺旋式熔断器

图 1-12　磁插式熔断器和螺旋式熔断器

1—熔管；2—熔体；3—熔断器；4—瓷底座；5—弹簧片

图 1-13　有填料封闭式熔断器

4. 快速熔断器

快速熔断器的实物图如图 1-15 所示。它主要用于半导体整流元件或整流装置的短路保护。

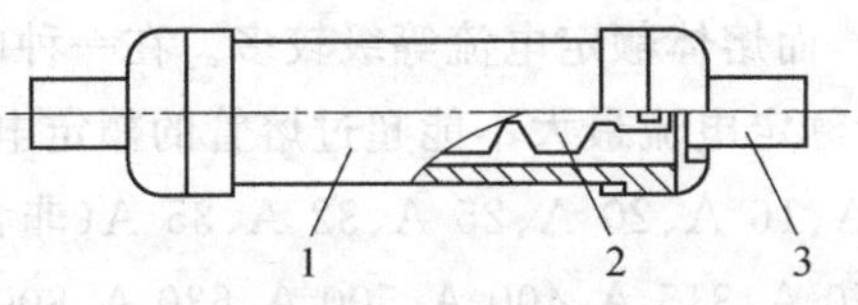

1—管体；2—熔体；3—触刀

图 1-14　无填料密闭式熔断器

图 1-15　RS0、RS3 系列快速熔断器

由于半导体元件的过载能力很低,只能在极短时间内承受较大的过载电流,因此要求具有快速短路保护的能力。快速熔断器的结构与有填料封闭式熔断器基本相同,但熔体材料和形状不同,它是以银片冲制的有 V 形深槽的变截面熔体。

5. 自复熔断器

自复熔断器采用金属钠作为熔体,在常温下具有高电导率。当电路发生短路故障时,短路电流产生高温使钠迅速汽化;汽态钠呈现高阻态,从而限制了短路电流;短路电流消失后,温度下降,金属钠恢复原来的良好导电性能。自复熔断器只能限制短路电流,不能真正分断电路。其优点是不必更换熔体,能重复使用。

四、熔断器的型号和主要技术参数

1. 熔断器的型号和电气符号

熔断器的典型产品有 RL6、RL7、RL96、RLS2 系列螺旋式熔断器,RL1B 系列带断相保护螺旋式熔断器,RT14 系列有填料封闭式熔断器。熔断器型号的含义及电气图形符号如图 1-16 所示。

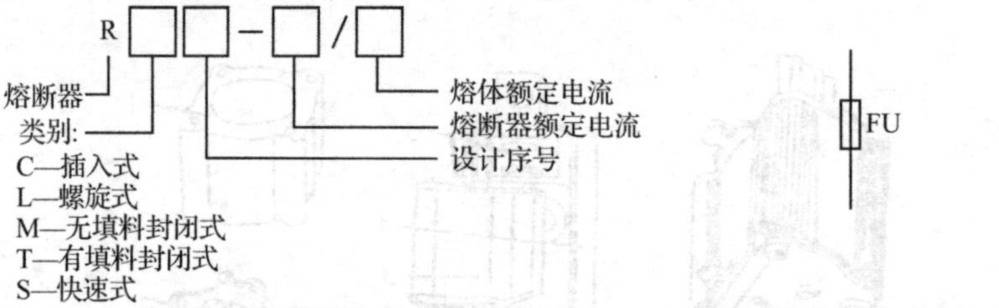

(a) 熔断器型号的含义　　(b) 熔断器的电气图形符号

图 1-16　熔断器的型号含义及电气图形符号

2. 主要技术参数

(1) 额定电压

额定电压指熔断器长期工作时和熔断后所能承受的电压,其值一般要大于或等于所接电路的额定电压。熔断器的交流额定电压有 220 V、380 V、415 V、500 V、600 V、1 140 V,直流额定电压有 110 V、220 V、440 V、800 V、1 000 V、1 500 V。

(2) 额定电流

额定电流指熔断器长期工作,各部件温升不超过允许温升的最大工作电流。熔断器的额定电流有两种:一种是熔管额定电流,也称熔断器额定电流;另一种是熔体的额定电流。厂家为减少熔管额定电流的规格,熔管额定电流等级较少,而熔体额定电流等级较多。在一种电流规格的熔管内可安装多种电流规格的熔体,但熔体的额定电流最大不能超过熔管的额定电流。熔体额定电流规定有:2 A、4 A、6 A、8 A、10 A、12 A、16 A、20 A、25 A、32 A、35 A(非常用值)、40 A、50 A、63 A、80 A、100 A、125 A、200 A、250 A、315 A、400 A、500 A、630 A、800 A、1 000 A、1 250 A。

(3) 极限分断能力

熔断器在规定的额定电压和功率因数(或时间常数)条件下,能可靠分断的最大短路电流称为极限分断能力。

五、熔断器的选用

熔断器的选用主要是选择熔断器的类型、额定电压、额定电流和熔体额定电流。

1. 熔断器类型的选择

熔断器主要根据使用场合及负载的保护特性和短路电流的大小来选择不同的类型。例如：对于容量小的电动机和照明支线，作为过载及短路保护，通常选用铅锡合金熔体的RQA系列熔断器；对于较大容量的电动机和照明干线，则应着重考虑短路保护和分断能力，通常选用具有较高分断能力的RM10和RL1系列的熔断器；当短路电流很大时，宜采用具有限流作用的RT0和RT12系列的熔断器。

2. 熔体的额定电压和电流的选择

① 熔断器的额定电压选择必须等于或高于熔断器安装处的电路额定电压。

② 保护无启动过程的平稳负载（如照明线路、电阻、电炉等）时，熔体额定电流略大于或等于负荷电路中的额定电流。

③ 保护单台长期工作的电机熔体电流可按最大启动电流选取，也可按式(1-1)选取：

$$I_{RN} \geqslant (1.5 \sim 2.5) I_N \tag{1-1}$$

式中，I_{RN} 为熔体额定电流；I_N 为电动机额定电流。

如果电动机频繁启动，式中系数1.5～2.5可适当加大至3～3.5，具体应根据实际情况而定。

④ 保护多台长期工作的电机（供电干线）可按式(1-2)选取：

$$I_{RN} \geqslant (1.5 \sim 2.5) I_{N\max} + \sum I_N \tag{1-2}$$

式中，$I_{N\max}$ 为容量最大单台电机的额定电流；ΣI_N 为其余电动机额定电流之和。

专题1.4 接触器的认识与选用

教学目标

1）了解接触器的概念及分类；

2）掌握接触器的工作原理、符号及技术参数；

3）能够根据工程实际需要选择合适的接触器。

接触器主要用于电力拖动控制系统，用来控制电路的通断。对这类电器的技术要求是：有一定通断能力，操作频率要高，电气和机械寿命长。

一、接触器的概念及分类

接触器是一种用来频繁地接通或分断带有负载的交、直流电路或大容量控制电路的自动控制电器，其主要控制对象是电动机，也可用于控制电热设备、电焊机、电容器组等负载。接触器具有控制容量大、过载能力强、寿命长、设备简单经济等特点，并可实现远距离控制，是电气控制中使用最为广泛的电器元件。

接触器按灭弧介质分，有空气式接触器、油浸式接触器和真空接触器等；按主触头控制的电流种类可分为交流接触器和直流接触器。其中应用最广泛的是空气电磁式交流接触器和空气电磁式直流接触器,简称为交流接触器和直流接触器。

二、交流接触器的结构和工作原理

图 1-17 为 CJ10-20 型交流接触器的外形与结构示意图。交流接触器由以下 4 部分组成:

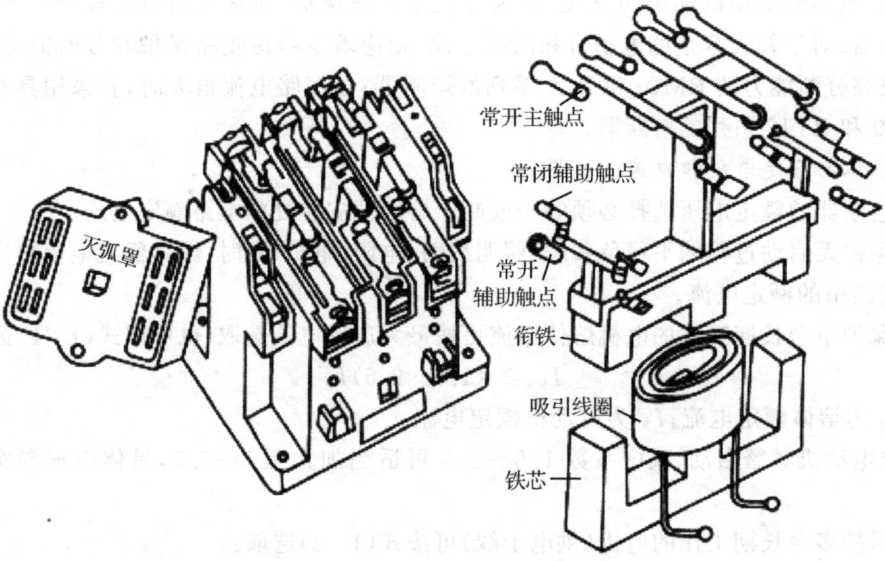

图 1-17　CJ10-20 型交流接触器

① 电磁机构。由吸引线圈、动铁芯(衔铁)和静铁芯组成,其作用是将电磁能转换成机械能,产生电磁吸力带动触点动作。

② 触头系统。包括主触点和辅助触点。主触点用于通断主电路,通常有 3 对常开触点。辅助触点用于控制电路,一般有两对常开和两对常闭触点;辅助触点容量小,不设灭弧装置,主要用于控制电路。

③ 灭弧装置。容量在 10 A 以上的接触器都有灭弧装置。对于小容量的接触器,常采用双断口触点灭弧、电动力灭弧及陶土灭弧罩灭弧;对于大容量的接触器(200 A 以上),采用纵缝灭弧罩及灭弧栅片灭弧。

④ 其他部件。包括反作用弹簧、缓冲弹簧、触点压力弹簧、传动机构及外壳等。

交流接触器的工作原理如下:线圈通电后,在铁芯中产生磁通及电磁吸力。电磁吸力克服弹簧反作用力使得衔铁吸合,衔铁带动触点机构动作,常闭触点断开,常开触点闭合。当线圈失电或电压显著降低时,电磁吸力小于弹簧反作用力,使得衔铁释放,触点机构复位。这样通过接触器线圈的得电与失电,带动触头的分与合,从而实现主电路与控制电路的通与断。

三、接触器的主要技术参数及型号

1. 接触器的主要技术参数

(1) 额定电压

额定电压指主触点之间额定工作电压值,也就是主触头所在电路的电源电压。直流接触器额定电压有 110 V、220 V、440 V、660 V，交流接触器额定电压有 127 V、220 V、380 V、660 V 等几种。

(2) 额定电流

额定电流指接触器主触点在额定工作电压下的允许额定电流值。直流接触器额定电流有 5 A、10 A、20 A、40 A、60 A、100 A、150 A、250 A、400 A 及 600 A；交流接触器额定电流有 5 A、10 A、20 A、40 A、60 A、100 A、150 A、250 A、400 A、600 A 等几种。

(3) 通断能力

通断能力可分为最大接通电流和最大分断电流。最大接通电流是指触点闭合时不会造成触点熔焊时的最大电流值；最大分断电流是指触点断开时能可靠灭弧的最大电流。一般通断能力是额定电流的 5～10 倍。当然，这一数值与开断电路的电压等级有关，电压越高，通断能力越小。

(4) 动作值

可分为吸合电压和释放电压。吸合电压是指接触器吸合时，缓慢增加吸合线圈两端的电压，接触器可以吸合时的最小电压；释放电压是指接触器吸合后，缓慢降低吸合线圈的电压，接触器释放时的最大电压。一般规定，吸合电压不高于线圈额定电压的 85%，释放电压不高于线圈额定电压的 70%。

(5) 吸引线圈额定电压

指接触器正常工作时，吸引线圈上所加的电压值。一般线圈额定电压值、线圈匝数、线径等数据均标于线包上，而不是标于接触器铭牌上，使用时应加以注意。直流接触器线圈电压等级有 24 V、48 V、110 V、220 V、440 V，交流接触器线圈电压等级有 36 V、110 V、220 V、380 V。

(6) 操作频率

接触器在吸合瞬间，吸引线圈需消耗比额定电流大 5～7 倍的电流，如果操作频率过高，则会使线圈严重发热，直接影响接触器的正常使用。为此，规定了接触器的允许操作频率，一般为每小时允许操作次数的最大值。交、直流接触器操作频率分别为 600 次/h、1200 次/h。

2. 接触器型号及其含义

在接触器中，交流接触器应用最为广泛，产品系列、品种最多，其结构和工作原理基本相同。典型产品有 CJ10、CJ20、CJ26、CJ40 等系列。近年来从国外引进一些交流接触器产品，如德国 BBC 公司的 B 系列、西门子公司的 3TB 系列、法国 TE 公司的 LC1－D 和 LC2－D 系列等。

交流接触器型号含义如图 1－18 所示。

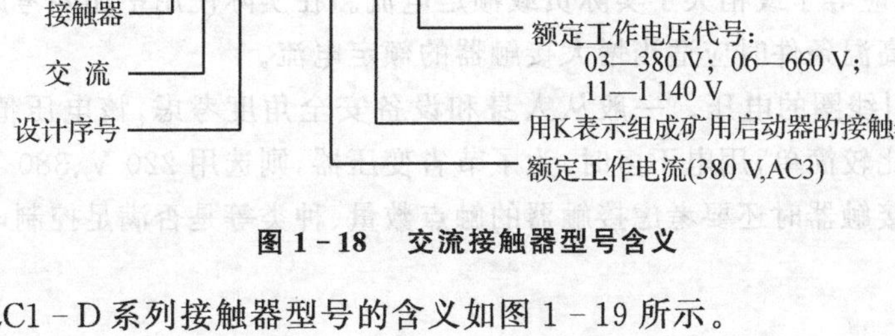

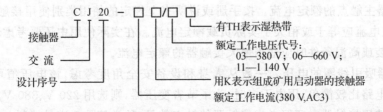

图 1－18　交流接触器型号含义

B 系列和 LC1－D 系列接触器型号的含义如图 1－19 所示。

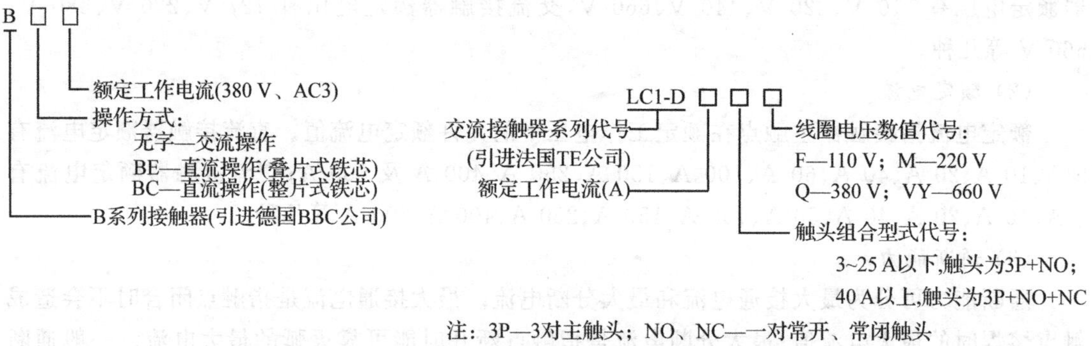

图 1－19　B 系列和 LC1－D 系列接触器型号的含义

直流接触器的结构和工作原理基本上与交流接触器相同。在结构上也是由电磁机构、触头系统和灭弧装置等部分组成。常用的直流接触器有 CZ18、CZ21、CZ22 和 CZ0 系列等。

CZ18 系列接触器型号含义如图 1－20 所示。

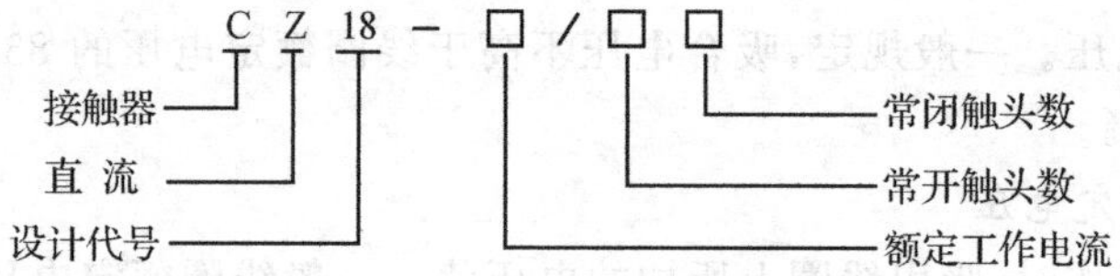

图 1－20　CZ18 系列接触器型号含义

四、接触器的符号及选用

1. 接触器的图形及文字符号

接触器的图形符号如图 1－21 所示,文字符号为 KM。

2. 接触器的选用

交流接触器的选用,应根据负荷的类型和工作参数合理选用。

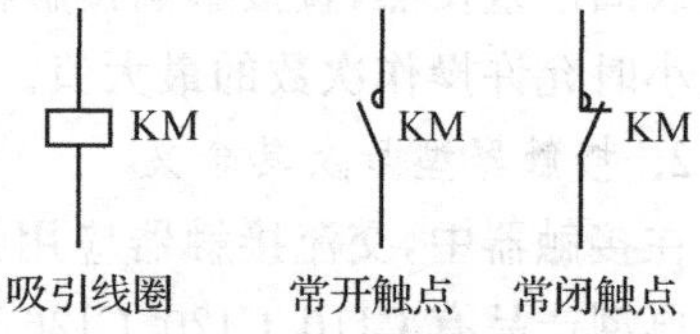

图 1－21　接触器图形符号

① 接触器控制的电动机或负载电流类型。交流负载应选用交流接触器,直流负载使用直流接触器;如果控制系统中主要是交流电动机,而直流电动机或直流负载的容量比较小,也可选用交流接触器进行控制,但触点的额定电流应选大些。

② 接触器主触点的额定电压。其值应大于或等于负载回路的额定电压。

③ 接触器主触点的额定电流。按手册或说明书上规定的使用类别使用接触器时,接触器主触点的额定电流应等于或稍大于实际负载额定电流。在实际使用中还要考虑环境因素的影响,如柜内安装或高温条件时应适当增大接触器的额定电流。

④ 接触器吸引线圈的电压。一般从人身和设备安全角度考虑,该电压值可以选择低一些;但当控制电路比较简单,用电不多时,为了节省变压器,则选用 220 V、380 V。

此外,在选用接触器时还要考虑接触器的触点数量、种类等是否满足控制电路的要求。

专题1.5 继电器的认识

教学目标

1) 了解继电器的作用及分类；

2) 掌握常用继电器的工作原理和符号。

继电器是根据某些信号的变化来接通或断开小电流控制电路，实现远距离控制和保护的自动控制电器。其输入量可以是电流、电压等电量，也可以是温度、时间、速度、压力等非电量，而输出则是触头的动作或者是电路参数的变化。

继电器的种类很多，按输入信号的性质分为电压继电器、电流继电器、时间继电器、热继电器、速度继电器、压力继电器等；按输出形式可分为有触点和无触点两类；按用途可分为控制用与保护用继电器等。下面介绍几种常用的继电器。

一、电压继电器

电压继电器用于电力拖动系统的电压保护和控制。其线圈并联接入主电路，感测主电路的线路电压；触点接于控制电路，为执行元件。由于电压继电器是并联在回路中的，因此为防止其分流过大，一般线圈要求导线细，匝数多，阻抗大。

按吸合电压的大小，电压继电器可分为过电压继电器和欠电压继电器。

过电压继电器用于线路的过电压保护，其吸合整定值为被保护线路额定电压的110%～120%。在电压正常时，衔铁不动作；当电压高于额定值，达到过电压继电器的整定值时，衔铁吸合，触点机构动作，切断控制电路，使接触器线圈失电及时分断电路，起到保护电路的作用。

欠电压继电器用于线路的欠电压保护，其释放整定值为线路额定电压的40%～70%。当电压正常时，衔铁可靠吸合；当电压降至欠电压继电器的释放整定值时，衔铁释放，触点机构复位，控制接触器及时分断被保护电路。

还有一种零电压继电器，它是当电路电压降低到额定电压的5%～25%时释放，对电路实现失压保护。电压继电器的图形符号如图1-22(a)所示。

二、电流继电器

电流继电器用于电力拖动系统的电流保护和控制。电流继电器的线圈串联接入主电路（或通过电流互感器接入），用来感测主电路中线路电流的变化，通过与电流设定值的比较自动判断工作电流是否超限。为减小电流继电器对回路分压的影响，其线圈须阻抗小、导线粗、匝数少。触点接于控制电路，为执行元件。常用的电流继电器有欠电流继电器和过电流继电器两种。

欠电流继电器用于电路欠电流保护，吸引电流为线圈额定电流的30%～65%，释放电流为额定电流的10%～20%，因此在电路正常工作时，衔铁是吸合的；只有当电流降低到某一整定值时，继电器释放，控制电路失电，从而控制接触器及时分断电路。

过电流继电器在电路正常工作时不动作，整定范围通常为额定电流的110%～350%。当被保护线路的电流高于额定值，达到过电流继电器的整定值时，衔铁吸合，触点机构动作，控制电路失电,从而控制接触器及时分断电路,对电路起过流保护作用。电流继电器的图形符号如图 1-22(b)所示。

(a) 电压继电器　　(b) 电流继电器

图 1-22　电压、电流继电器图形符号

三、中间继电器

中间继电器触点数量较多,在电路中主要是扩展触点的数量和起中间放大作用,其触头的额定电流较小,一般为 5 A。它可以分为交流和直流继电器,结构原理与接触器相似。中间继电器实物及图形符号如图 1-23 所示。

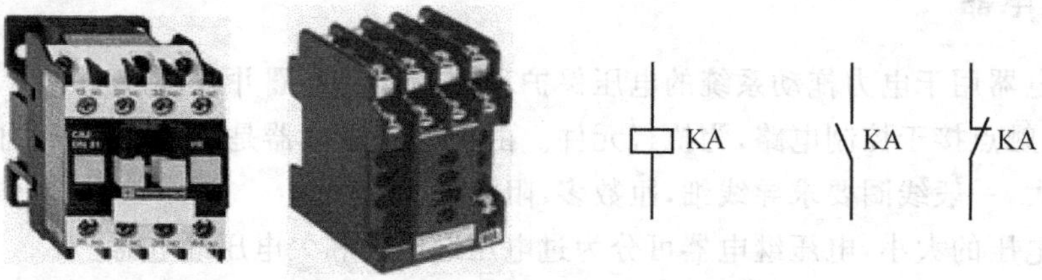

图 1-23　中间继电器实物及图形符号

四、时间继电器

在生产中经常需要按一定的时间间隔来对生产机械进行控制。例如:电动机的降压启动需要一定的时间;在一条自动化生产线中的多台电动机,常需要分批启动,在第一批电动机启动后,需经过一定时间,才能启动第二批等。这类自动控制称为时间控制。时间控制通常是利用时间继电器来实现的。

传统的时间继电器是利用电磁原理或机械动作原理实现触点延时接通或断开的自动控制电器。其种类很多,常用的有空气阻尼式、晶体管式、电动机式和电磁式时间继电器等。

1. 空气阻尼式时间继电器

空气阻尼式时间继电器,是利用空气阻尼原理获得延时的,它由电磁系统、延时机构和触头三部分组成。

空气阻尼式时间继电器的延时方式有通电延时型和断电延时型两种。其外观区别在于:当衔铁位于铁芯和延时机构之间时,为通电延时型;当铁芯位于衔铁和延时机构之间时,为断电延时型。

以 JS7-2A 系列时间继电器为例来分析其工作原理,如图 1-24 所示。当线圈 1 通电后,衔铁 3 连同推板 5 被铁芯 2 吸引向上吸合,上方微动开关 16 压下,使上方微动开关触头迅速转换。同时在空气室 11 内与橡皮膜 10 相连的活塞杆 6 在弹簧 8 作用下也向上移动,由于橡皮膜下方的空气稀薄形成负压,起到空气阻尼的作用,因此活塞杆只能缓慢向上移动,移动速度由进气孔 14 的大小来定，可通过调节螺杆 13 调整。经过一段延时后，活塞 12 才能移到最上端，并通过杠杆 7 压动开关 15，使其常开触点闭合，常闭触点断开。而另一个开关 16 是在衔铁吸合时，通过推板 5 的作用立即动作，故称开关 16 为瞬动触头。当线圈断电时，衔铁在反力弹簧 4 作用下，将活塞推向下端，这时橡皮膜下方气室内的空气通过橡皮膜 10、弹簧 9 和活塞 12 的肩部所形成的单向阀，迅速将空气排掉，使开关 15、16 触头复位。

空气阻尼式时间继电器的延时时间为 0.4～180 s，但精度不高。

2. 晶体管式时间继电器

晶体管式时间继电器也称为半导体式时间继电器，其外形如图 1－25(a)所示。它主要利用电容对电压变化的阻尼作用来实现延时。晶体管式时间继电器具有延时范围广、精度高、体积小、耐冲击和耐振动、调节方便及寿命长等优点，所以发展很快，应用广泛。图 1－25(b)是采用非对称双稳态触发器的晶体管时间继电器原理图，其工作原理在此不详述。

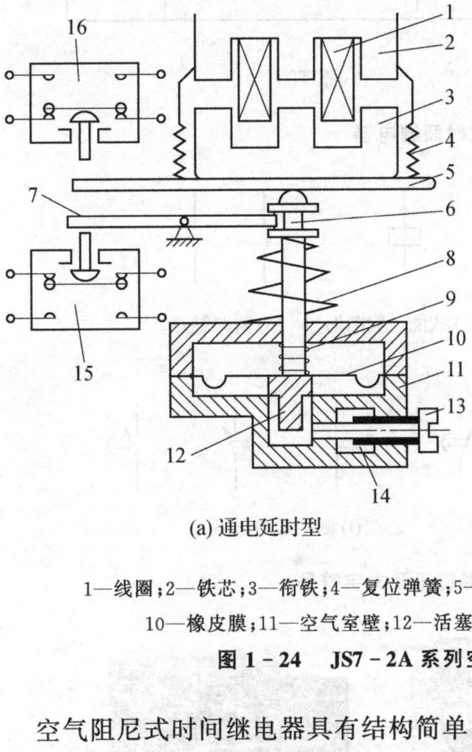

(a) 通电延时型

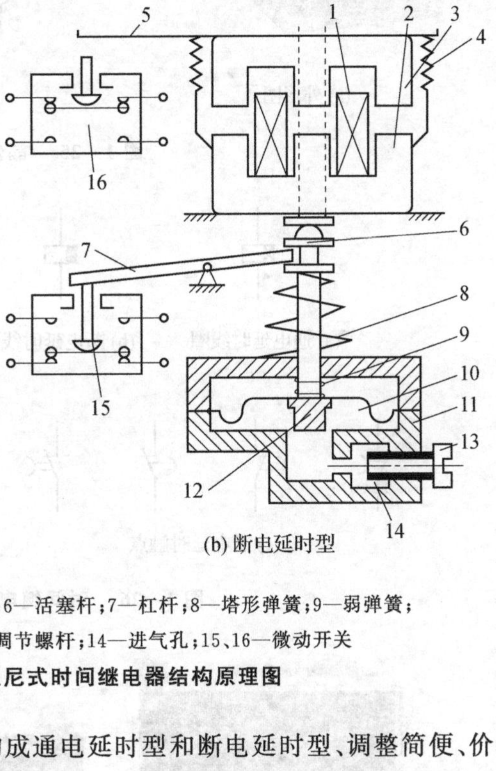

(b) 断电延时型

1—线圈；2—铁芯；3—衔铁；4—复位弹簧；5—推板；6—活塞杆；7—杠杆；8—塔形弹簧；9—弱弹簧；10—橡皮膜；11—空气室壁；12—活塞；13—调节螺杆；14—进气孔；15、16—微动开关

图 1－24 JS7－2A 系列空气阻尼式时间继电器结构原理图

空气阻尼式时间继电器具有结构简单、易构成通电延时型和断电延时型、调整简便、价格较低等优点，被广泛应用于电动机控制电路中。空气阻尼式时间继电器的延时精度不高，定时时间短；晶体管式时间继电器在精度和定时时间长度上均优于空气阻尼式时间继电器，但也受到模拟电路本身的限制。

时间继电器分通电延时型和断电延时型两种：通电延时型是线圈通电吸合后触点延时动作；断电延时型是线圈断电释放后触点延时动作。时间继电器常开、常闭触点可以通电延时或断电延时，因此延时动作触点共有四种类型，时间继电器也有瞬时动作触点，其图形符号及文字符号如图 1－26 所示。

另外，随着微电子技术的发展，目前出现了很多高精度定时器产品。如各个系列的电子式超级时间继电器、数字式时间继电器、数显时间继电器。时间继电器定时时间可以以 s、min、h

为单位,并且具有数值预置、复位、起动控制、状态显示等多种功能。图 1－27 所示为几种新型时间继电器的外形图。

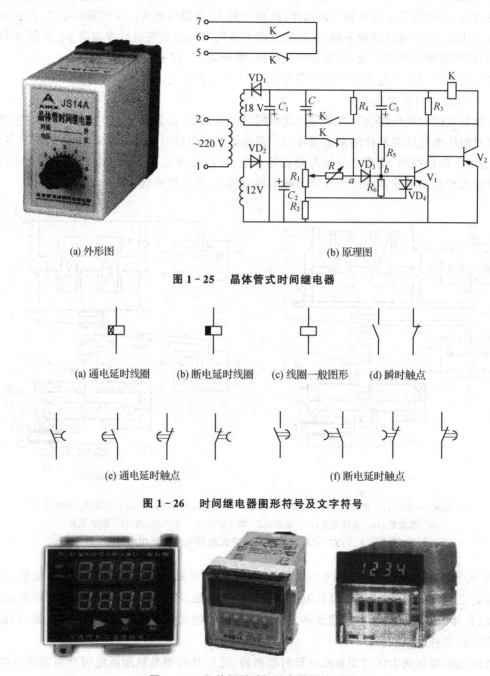

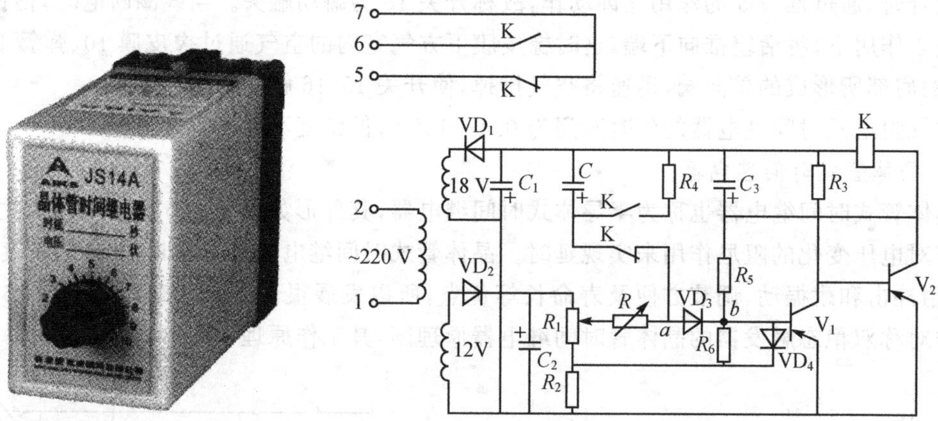

(a) 外形图　　(b) 原理图

图 1－25　晶体管式时间继电器

(a) 通电延时线圈　(b) 断电延时线圈　(c) 线圈一般图形　(d) 瞬时触点

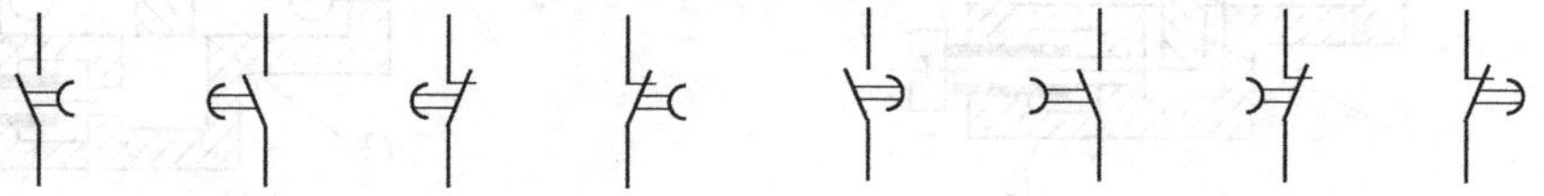

(e) 通电延时触点　(f) 断电延时触点

图 1－26　时间继电器图形符号及文字符号

图 1－27　几种新型时间继电器的外形图

五、热继电器

电动机在实际运行中常会遇到过载情况,若过载不严重、时间较短,只要电动机绕组不超过允许的温升,这种过载是允许的。但如果长时间过载,绕组超过允许温升时,将会加剧电动机绕组绝缘的老化，缩短电动机的使用年限，严重时会将电动机烧毁，因此必须对电动机进行过载保护。热继电器主要用作电动机的过载保护，以及电动机的断相保护。

按相数来分，热继电器有单相、两相和三相式三种类型（三相式热继电器常用于三相交流电动机的过载保护）；按功能来分，三相式热继电器又有不带断相保护和带断相保护两种类型。

1. 热继电器结构与工作原理

热继电器主要由热元件、双金属片和触点组成，如图 1－28 所示。热元件由发热电阻丝做成，双金属片由两种热膨胀系数不同的金属辗压而成。当双金属片受热时，会出现弯曲变形。使用时，把热元件（主触点）串接于电动机的主电路中，而辅助常闭触点串接于电动机的控制电路中。

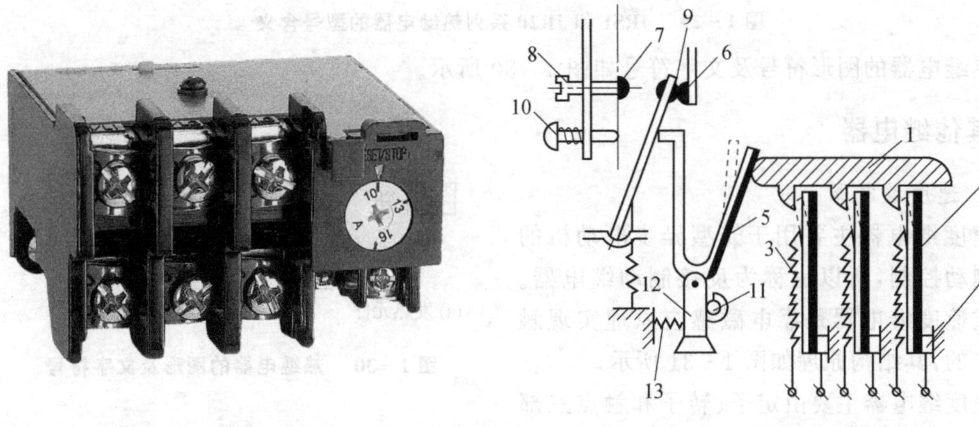

1—接线端子；2—主双金属片；3—热元件；4—导板触点；5—补偿双金属片；6—常闭触头；7—常开触头；
8—复位调节螺钉；9—动触头；10—复位按钮；11—电流调节偏心轮；12—支撑件；13—弹簧

图 1－28　热继电器实物及原理示意图

当电动机正常运行时，热元件产生的热量虽能使双金属片弯曲，但还不足以使热继电器的触点动作。当电动机过载时，双金属片弯曲位移增大，推动导板使常闭触点断开，从而切断电动机控制电路以起保护作用。

为防止回路中故障未排除，而热继电器自行恢复引起事故，所以热继电器动作后一般不能自动复位，要等双金属片冷却后按下复位按钮复位。热继电器动作电流的调节可以借助旋转凸轮于不同位置来实现。

必须指出，热继电器是利用电流的热效应原理以及发热元件热膨胀原理设计的，用于实现对三相交流异步电动机的保护。但由于热继电器中发热元件有热惯性，在电路中不能作瞬时过载保护，更不能作短路保护，因此它不能替代电路中的熔断器和过电流继电器。

2. 热继电器的主要参数及常用型号

热继电器的主要参数有热继电器额定电流、相数、热元件额定电流、整定电流及调整范围等。

热继电器的整定电流是指热继电器的热元件允许长期而不致引起热继电器动作的最大电流值。通常热继电器的整定电流是根据电动机的额定电流整定的。可通过调节电流旋钮，在一定范围内调节其整定电流。

常用的热继电器有 JR16、JR20、JRS1 等系列。引进产品有 T 系列（德国 BBC 公司）、3UA（西门子公司）、LR1－D（法国 TE 公司）等系列。

常用的 JRS1 系列和 JR20 系列热继电器的型号含义如图 1-29 所示。

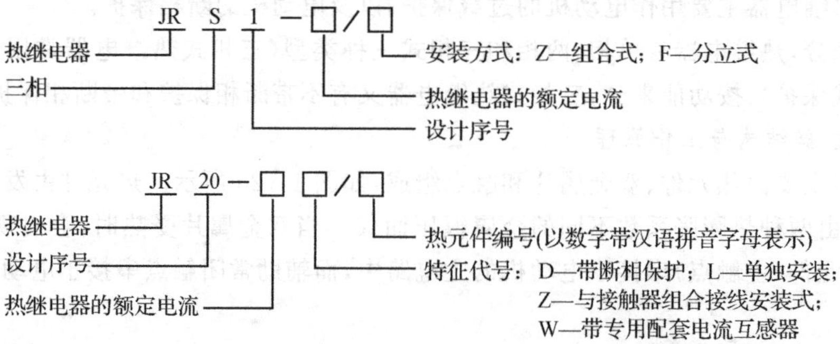

图 1-29 JRS1 和 JR20 系列热继电器的型号含义

热继电器的图形符号及文字符号如图 1-30 所示。

六、其他继电器

1. 速度继电器

速度继电器主要用于笼型异步电动机的反接制动控制，所以也称为反接制动继电器。感应式速度继电器是靠电磁感应原理实现触点动作的，其结构原理如图 1-31 所示。

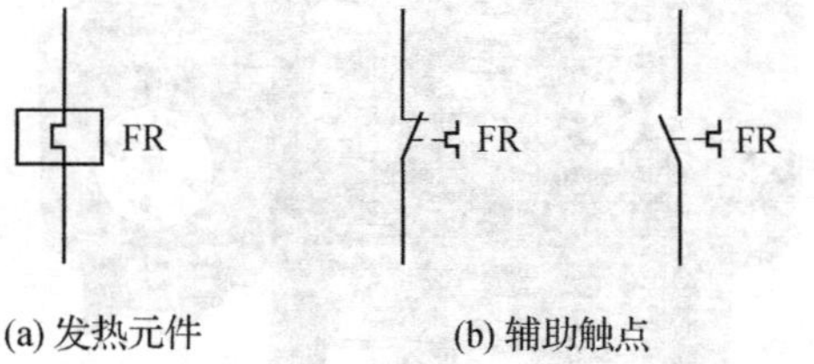

(a) 发热元件　　(b) 辅助触点

图 1-30 热继电器的图形及文字符号

速度继电器主要由定子、转子和触点三部分组成。定子的结构与笼型异步电动机的转子相似，是一个笼型空心圆环，由硅钢片冲压叠成，并嵌有笼型绕组；转子是一个圆柱形永久磁铁。

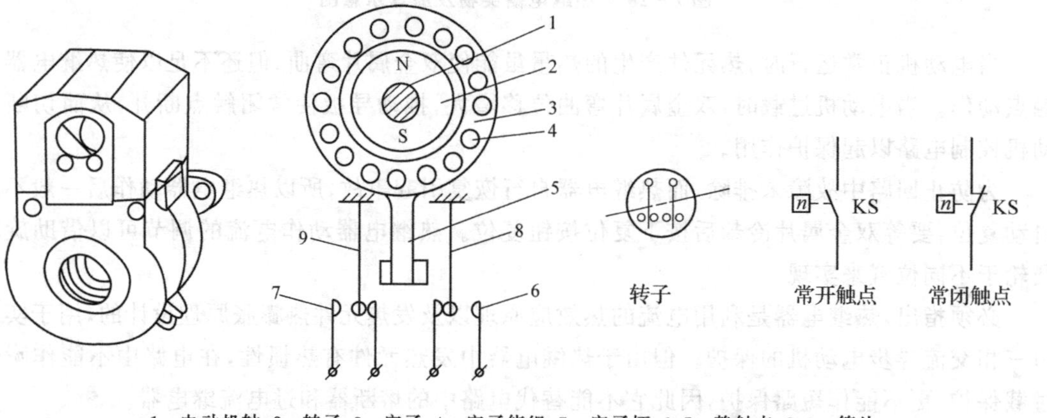

1—电动机轴；2—转子；3—定子；4—定子绕组；5—定子柄；6、7—静触点；8、9—簧片

图 1-31 速度继电器结构原理、图形和文字符号

速度继电器的工作原理：速度继电器转子的轴与电动机的轴相连接，转子固定在轴上，定子与轴同心空套在转子上。当电动机转动时，速度继电器的转子随之转动，绕组切割磁力线产生感应电动势和感生电流，此电流和永久磁铁的磁场作用产生转矩，使定子向轴的转动方向偏摆，通过定子柄拨动触点，使常闭触点断开、常开触点闭合。当电动机转速下降到接近零时，转矩减小，定子柄在弹簧力的作用下恢复原位，触点也复原。速度继电器根据电动机的额定转速

进行选择。

常用的感应式速度继电器有JY1和JFZ0系列。JY1系列能在3000 r/min的转速下可靠工作。JFZ0型触点动作速度不受定子柄偏转快慢的影响，触点改用微动开关。JFZ0系列和JFZ0-1型适用的转速为300～1000 r/min，JFZ0-2型适用的转速为1000～3000 r/min。速度继电器有两对常开、常闭触点，分别对应于被控电动机的正、反转运行。一般情况下，速度继电器的触点在转速达120 r/min时能动作，在100 r/min左右时能恢复正常位置。

2. 干簧继电器

干簧继电器又称舌簧继电器，是一种具有密封触点的电磁式继电器。干簧继电器可以反映电压、电流、功率以及电流极性等信号，在检测、自动控制和计算机控制技术等领域应用广泛。干簧继电器主要由干式舌簧片与励磁线圈组成。干式舌簧片(触点)是密封的，由铁镍合金做成，舌片的接触部分通常镀有贵重金属(如金、铑、钯等)，接触良好，具有优良的导电性能。触点密封在充有氮气等惰性气体的玻璃管中，因而有效地防止了尘埃的污染，减少触点的腐蚀，提高工作可靠性。干簧继电器实物及结构原理如图1-32所示。

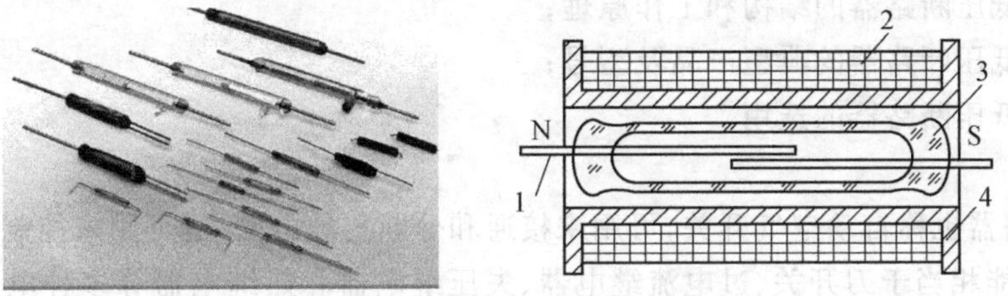

1—舌簧片；2—线圈；3—玻璃管；4—骨架

图1-32 干簧继电器实物及结构原理

当线圈通电后，管中两舌簧片的自由端分别被磁化成N极和S极而相互吸引，因而接通被控电路。线圈断电后，干簧片在本身的弹力作用下分开，将线路切断。

干簧继电器具有结构简单、体积小、吸合功率小、灵敏度高等特点，一般吸合与释放时间均在0.5～2 ms以内。触点密封，不受尘埃、潮气及有害气体污染，动片质量小，动程小，触点电气寿命长，一般可达10^7次左右。

干簧继电器还可以用永磁体来驱动，反映非电信号，用作限位及行程控制以及非电量检测等。如干簧继电器的干簧水位信号器，适用于工业与民用建筑中的水箱、水塔及水池等开口容器的水位控制和水位报警。

3. 固态继电器

固态继电器(Solid State Relays，SSR)，是一种无触点通断电子开关，为四端有源器件，如图1-33所示。其中有两个输入控制端，两个输出受控端，中间采用光电隔离，作为输入输出之间电气隔离(浮空)。在输入端加上直流或脉冲信号，输出端就能从关断状态转变成导通状态(无信号时呈阻断状态)，从而控制较大负载。整个器件无可动部件及触点，可实现与机械式电磁继电器一样的功能。

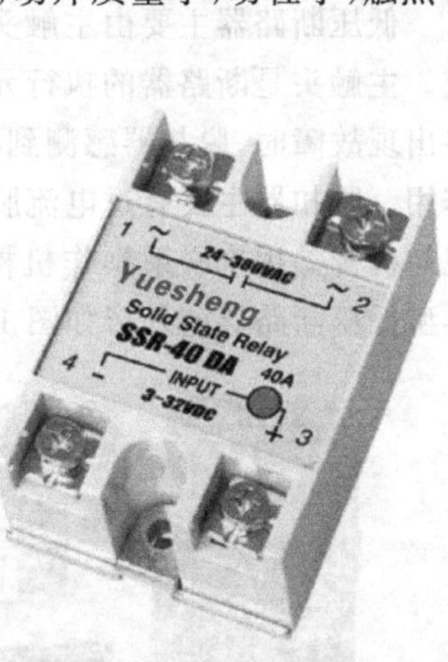

图1-33 固态继电器

与电磁继电器相比,固态继电器具有工作可靠、寿命长、对外界干扰小,能与逻辑电路兼容、抗干扰能力强、开关速度快和使用方便等优点,因而具有很宽的应用领域;有逐步取代传统电磁继电器之势,并可进一步扩展到传统电磁继电器无法应用的计算机等领域。

固态继电器的控制信号所需的功率极低,因此可以用弱信号控制强电流。同时交流型的SSR采用过零触发技术,使SSR可以安全地用在计算机输出接口,不会像机械式电磁继电器(EMR)那样产生一系列对计算机的干扰,甚至会导致严重宕机。控制电压和负载电压按使用场合可以分成交流和直流两大类,因此会有DC—AC、DC—DC、AC—AC、AC—DC四种形式。

SSR广泛应用于各个领域,如用于对某些加热管、红外灯管、灯光、电机、磁阀等负载的控制。在追求效率和质量的科技时代,SSR将是各企业解决许多控制方案的首选产品。

专题 1.6 低压断路器的认识

教学目标

1) 掌握低压断路器的结构和工作原理;

2) 掌握低压断路器的典型产品及型号;

3) 了解低压断路器的选用。

低压断路器也称自动空气开关,可用来接通和分断负载电路,也可用来控制非频繁启动的电动机,其功能相当于刀开关、过电流继电器、失压继电器和热继电器等多种电器的组合。低压断路器能实现对过载、短路、失压、欠压等多种电路的保护,是低压配电网中应用非常广泛的一种保护电器。

低压断路器有多种分类方法:按极数分,有单极、双极、三极和四极;按灭弧介质分,有空气式和真空式;按结构形式分,有塑料外壳式和框架式。

一、低压断路器的结构

低压断路器主要由主触头及灭弧装置、各种脱扣器、自由脱扣机构和操作机构等部分组成。主触头是断路器的执行元件,用来接通和分断主电路。脱扣器是断路器的感受元件,当电路出现故障时,脱扣器感测到故障信号后,经自由脱扣器使断路器主触头分断,从而起到保护作用。脱扣器主要有过电流脱扣器、热脱扣器、分励脱扣器、欠压脱扣器、失压脱扣器等。自由脱扣机构是用来联系操作机构和主触头的机构。操作机构是实现断路器闭合、断开的机构。典型低压断路器的外形如图1-34所示。

图1-34 典型低压断路器外形图

二、低压断路器的工作原理

低压断路器的工作原理和电气符号如图 1－35 所示。其主触点靠手动操作或电动合闸，主触点闭合后，自由脱扣机构将主触点锁在合闸位置上。过电流脱扣器的线圈和热脱扣器的热元件与主电路串联，欠电压脱扣器的线圈和电源并联。当电路发生短路或严重过载时，过电流脱扣器的衔铁吸合，使脱扣机构动作，主触点断开主电路；当电路过载时，热脱扣器的热元件发热使双金属片向上弯曲，推动自由脱扣机构动作；当电路欠电压时，欠电压脱扣器的衔铁释放，也使自由脱扣机构动作。分励脱扣器则作为远距离控制用，在正常工作时，其线圈是断电的；在需要远距离控制时，按下按钮，使线圈通电，衔铁带动自由脱扣机构动作，使主触点断开。

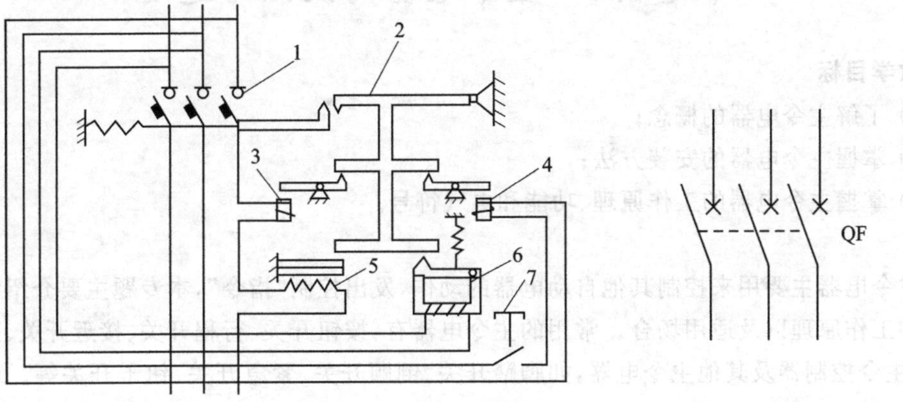

(a) 工作原理　　(b) 电气符号

1—主触头；2—自由脱扣机构；3—过电流脱扣器；4—分励脱扣器；
5—热脱扣器；6—欠电压脱扣器；7—停止按钮

图 1－35　低压断路器的工作原理图和电气符号

三、低压断路器典型产品及型号

1. 塑料外壳式断路器

塑料外壳式断路器又称为装置式断路器，内装触头系统、灭弧室及脱扣器等，可手动或电动(对大容量断路器而言)合闸；塑料外壳式断路器有较高的分断能力和稳定性，并具有较完善的选择性保护功能，广泛用于配电线路。

2. 框架式低压断路器

框架式断路器又称为开启式或万能式断路器，主要由触头系统、操作机构、过电流脱扣器、分励脱扣器及欠压脱扣器、附件及框架等部分组成，全部组件进行绝缘后装于框架结构底座中。框架式断路器一般容量较大，具有较高的短路分断能力和较高的动稳定性，适用于额定电压 380 V 的配电网络，可作为配电干线的主保护开关。

3. 低压断路器型号含义

塑壳式低压断路器主要有 DZ15 和 DZ20 等系列。框架式低压断路器主要有 DW10 和 DW15 两个系列。其型号含义如图 1－36 所示。

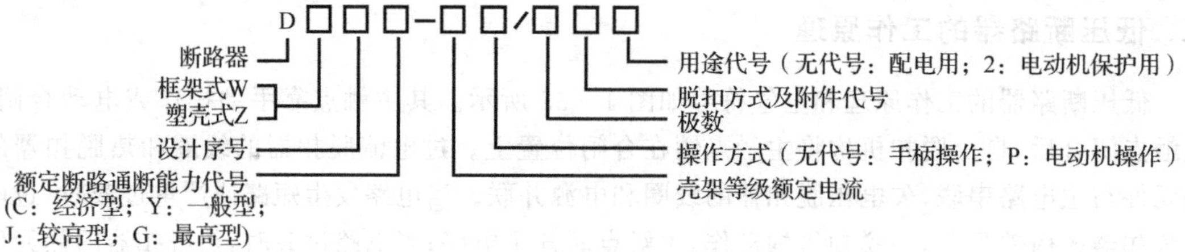

图1-36　低压断路器型号的含义

专题1.7　主令电器的认识与选用

教学目标

1）了解主令电器的概念；

2）掌握主令电器的安装方法；

3）掌握主令电器的工作原理、功能和电气符号。

主令电器主要用来控制其他自动电器的动作,发出控制“指令”,本专题主要介绍常用主令电器的工作原理以及适用场合。常用的主令电器有:按钮开关、行程开关、接近开关、万能转换开关、主令控制器及其他主令电器,如脚踏开关、倒顺开关、紧急开关、钮子开关等。对这类电器的技术要求是:操作频率高、抗冲击、电气和机械寿命要长。

一、按钮开关的认识与选用

1. 按钮开关的结构及工作原理

按钮是一种结构简单、使用广泛的手动电器,可以配合继电器、接触器,对电动机实现远距离的自动控制。

按钮开关由按钮帽、复位弹簧、桥式触点和外壳等部分组成,通常做成复合式,即具有常闭触点和常开触点,如图1-37所示。按下按钮时,常闭触点先断开,常开触点后闭合;按钮释放时,在复位弹簧的作用下,按钮触点按相反顺序自动复位。

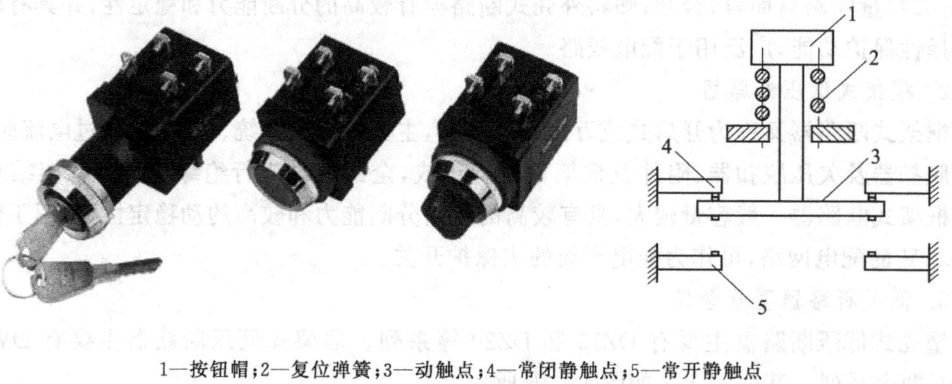

1—按钮帽;2—复位弹簧;3—动触点;4—常闭静触点;5—常开静触点

图1-37　按钮开关实物及结构示意图

2. 按钮开关的分类及型号含义

按钮开关的种类很多,按结构分有揿钮式、紧急式、钥匙式、旋钮式、带指示灯式按钮等。常用的按钮有LA2、LA18、LA20、LAY1、LAY3、LAY6等系列。LA2系列为老产品,有一对常开和一对常闭触头,具有结构简单、动作可靠、坚固耐用的优点。新产品有LA18、LA19、LA20等系列,其中LA18系列采用积木式结构,触点数目可按需要拼装至六常开六常闭,一般装成二常开二常闭;LA19、LA20系列有带指示灯和不带指示灯两种,前者按钮帽用透明塑料制成,兼作指示灯罩。按钮开关的图形和文字符号如图1-38所示。

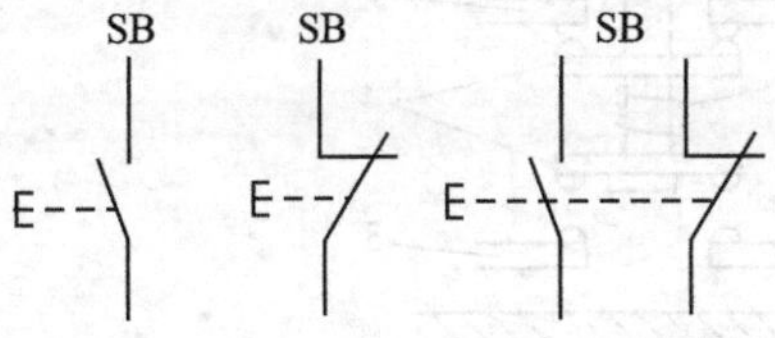

图1-38 按钮开关的图形和文字符号

按钮开关的型号含义如图1-39所示。

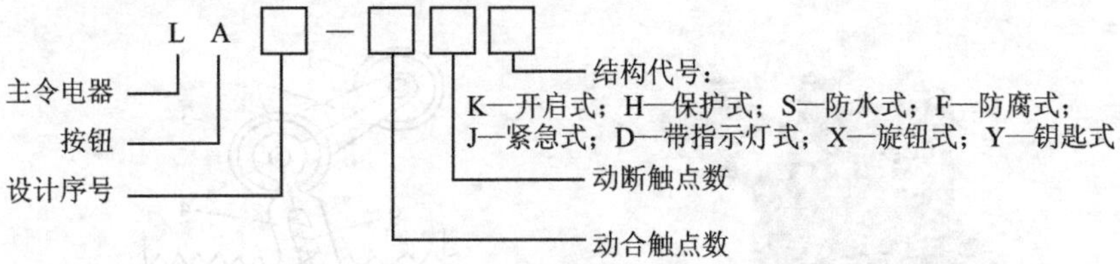

图1-39 按钮开关的型号含义

3. 按钮开关的选用

按钮开关的选用主要考虑使用场合,一般主要考虑使用点数和按钮帽的颜色等因素,如绿色一般表示启动、红色一般表示停止、黄色一般表示干预。

二、行程开关

行程开关又称位置开关或限位开关。行程开关是一种根据行程位置而切换电路的电器,广泛用于各类机床和起重机械,用以控制其行程或进行终端限位保护。例如,在电梯控制电路中,利用行程开关来控制楼层、控制速度转换以及对轿厢的上、下限位进行保护。

行程开关按结构可分为直动式行程开关、滚轮式行程开关、微动式行程开关和组合式行程开关。

1. 直动式行程开关

直动式行程开关的实物及结构原理如图1-40所示,其工作原理与按钮开关相似,其触点的分合速度取决于生产机械的运行速度,不宜用于速度低于0.4 m/min的场所。

2. 滚轮式行程开关

滚轮式行程开关实物及结构原理如图1-41所示。当运动机械撞击带有滚轮的撞杆时,转臂带动推杆顶下,使微动开关触点迅速动作。当运动机械离开时,在复位弹簧的作用下,行程开关自动复位。

滚轮式行程开关又分为单滚轮自动复位和双滚轮(羊角式)非自动复位式,双滚轮行程开关具有两个稳态位置,有"记忆"作用,常应用在一些动作过后需要保持信号的场合,还可以简化线路。

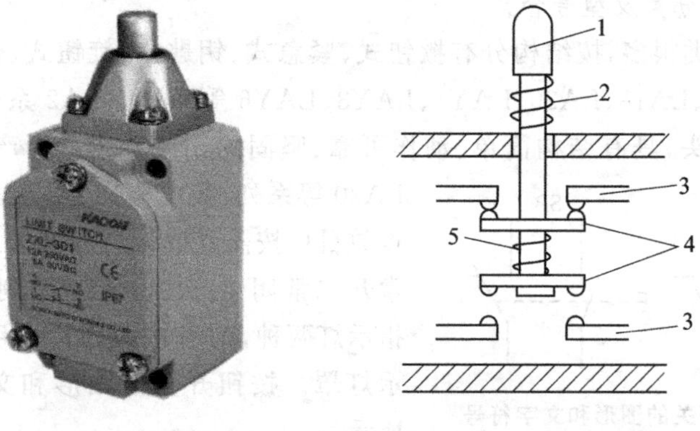

1—推杆;2—复位弹簧;3—静触头;4—动触头;5—触头弹簧

图 1-40　直动式行程开关实物及结构原理图

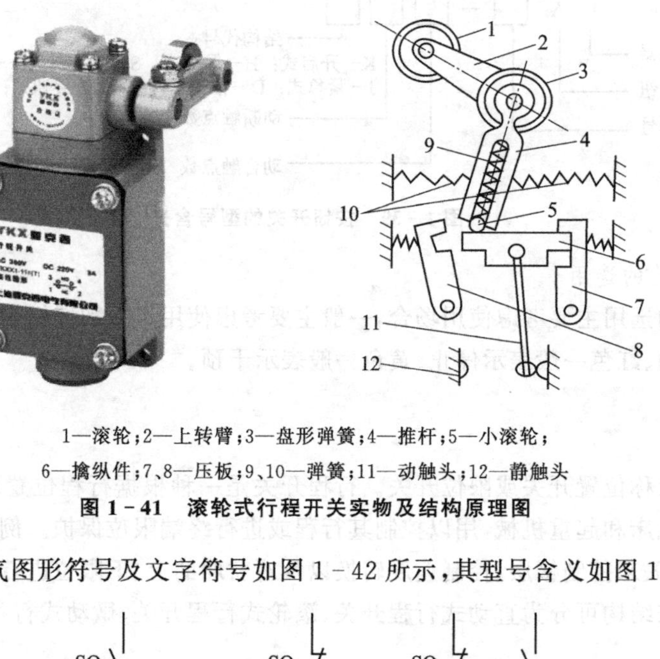

1—滚轮;2—上转臂;3—盘形弹簧;4—推杆;5—小滚轮;
6—擒纵件;7、8—压板;9、10—弹簧;11—动触头;12—静触头

图 1-41　滚轮式行程开关实物及结构原理图

行程开关的电气图形符号及文字符号如图 1-42 所示,其型号含义如图 1-43 所示。

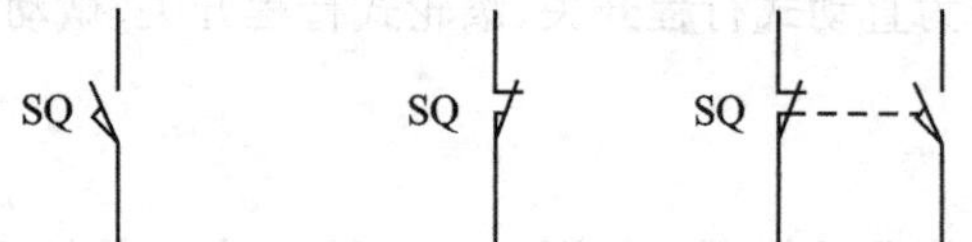

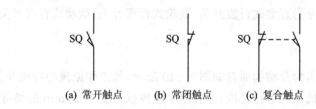

(a) 常开触点　(b) 常闭触点　(c) 复合触点

图 1-42　行程开关的图形和文字符号

3. 微动式行程开关

微动式行程开关是一种施压促动的快速转换开关,因为其开关的触点间距比较小,故名微动开关,又叫灵敏开关。微动式行程开关实物及结构原理如图 1-44 所示。常用的有 LXW-11 系列产品。

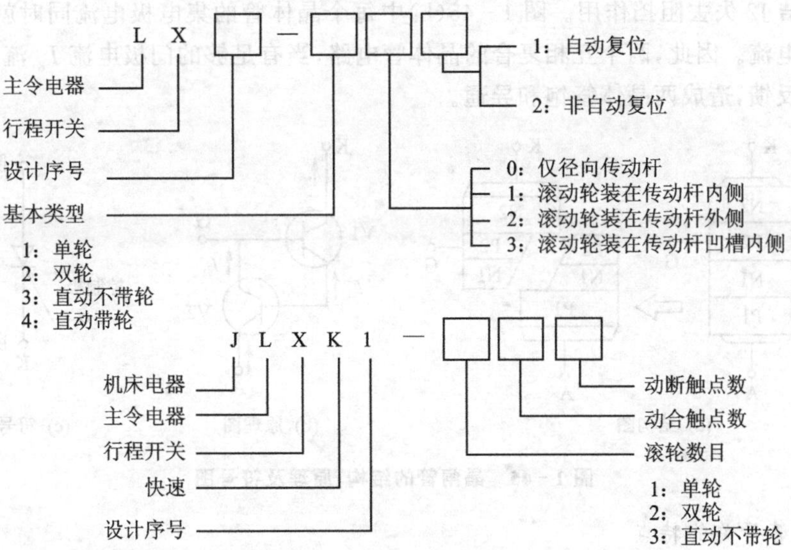

图 1-43　行程开关的型号含义

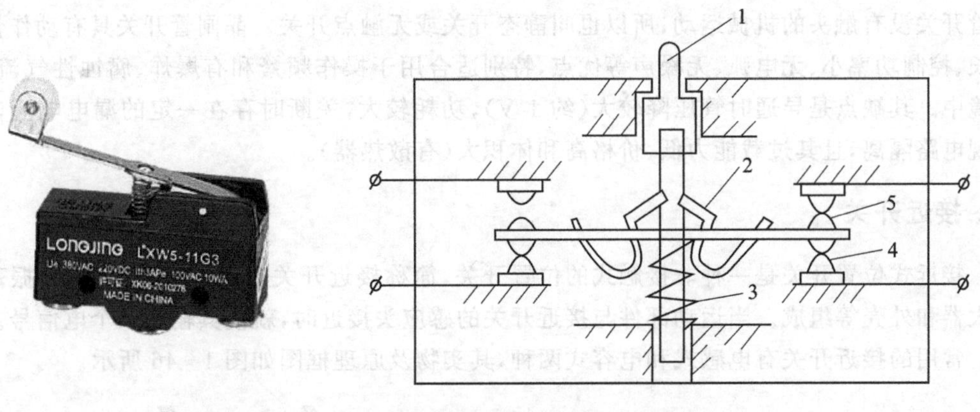

1—推杆；2—弹簧；3—压缩弹簧；4—常闭触点；5—常开触点

图 1-44　微动式行程开关

三、晶闸管开关

晶闸管开关又叫可控硅，自 20 世纪 50 年代问世以来已经发展成了一个大的家族，它的主要成员有单向晶闸管、双向晶闸管、光控晶闸管、逆导晶闸管、可关断晶闸管、快速晶闸管等。

1. 晶闸管的概念

日常使用的是单向晶闸管。它是由 4 层半导体材料组成的，有 3 个 PN 结，对外有 3 个电极。第 1 层 P 型半导体引出的电极叫阳极 A，第 3 层 P 型半导体引出的电极叫控制极 G，第 4 层 N 型半导体引出的电极叫阴极 K，如图 1-45(a)所示。单向晶闸管和二极管一样是一种单方向导电的器件，关键是多了一个控制极 G，这就使它具有与二极管完全不同的工作特性。它有 J1、J2、J3 三个 PN 结，可以把它中间的 NP 分成两部分，构成一个 PNP 型三极管和一个 NPN 型三极管的复合管。当晶闸管承受正向阳极电压时，为使晶闸管导通，必须使承受反向电压的PN结J2失去阻挡作用。图1-45(b)中每个晶体管的集电极电流同时就是另一个晶体管的基极电流。因此,两个互相复合的晶体管电路,当有足够的门极电流 I_g 流入时,就会形成强烈的正反馈,造成两晶体管饱和导通。

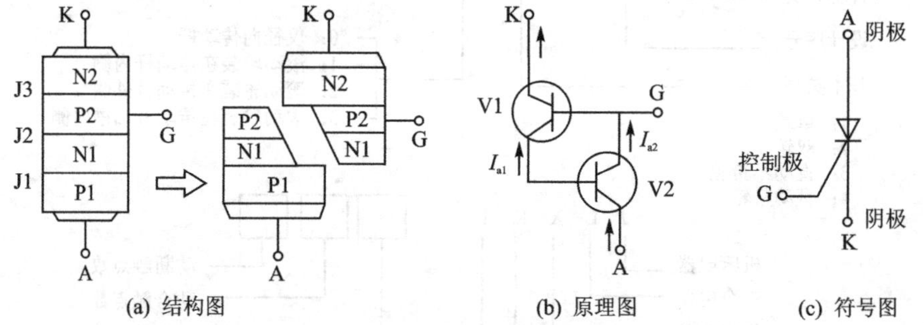

图1-45　晶闸管的结构、原理及符号图

2. 晶闸管开关的特点

由于晶闸管的导通与否可以通过在门极上加适当的触发信号进行控制,使得它与传统有触头开关一样,具有"开"与"关"两种状态,因此同样可以实现电路中控制与切换功能。由于晶闸管开关没有触头的机械运动,所以也叫静态开关或无触点开关。晶闸管开关具有动作快、寿命长、控制功率小、无电弧、无噪声等优点,特别适合用于操作频繁和有爆炸、腐蚀性气流体的环境中。其缺点是导通时管压降较大(约1 V),功耗较大,关断时存在一定的漏电电流,不能实现电路隔离,且其过载能力低、价格高和体积大(有散热器)。

四、接近开关

接近式位置开关是一种非接触式的位置开关,简称接近开关。它由感应头、高频振荡器、放大器和外壳等组成。当运动部件与接近开关的感应头接近时,就使其输出一个电信号。

常用的接近开关有电感式和电容式两种,其实物及原理框图如图1-46所示。

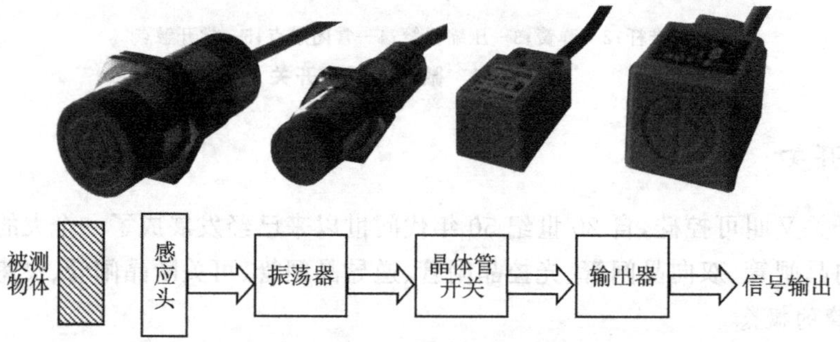

图1-46　接近开关实物及原理框图

电感式接近开关的感应头是一个具有铁氧体磁芯的电感线圈,只能用于检测金属体。振荡器在感应头表面产生一个交变磁场,当金属块接近感应头时,金属中产生的涡流吸收了振荡的能量,使振荡减弱以至停振,因而产生振荡和停振两种信号,经整形放大器转换成二进制的开关信号,从而起到"开""关"的控制作用。

电容式接近开关的感应头是一个圆形平板电极，与振荡电路的地线形成一个分布电容，当有导体或其他介质接近感应头时，电容量增大而使振荡器停振，经整形放大后输出电信号。电容式接近开关既能检测金属，又能检测非金属及液体。

常用的电感式接近开关型号有 LJ1、LJ2 等系列，电容式接近开关型号有 LXJ15、TC 等系列产品。

五、万能转换开关

万能转换开关是一种多挡式、能控制多个回路的主令电器。万能转换开关主要用于各种控制线路的转换和控制，以及电压表、电流表的换相测量等。万能转换开关还可用于控制小容量电动机的启动、调速和换向。图 1－47 所示为单层万能转换开关实物和结构示意图。

(a) 单层万能转换开关实物

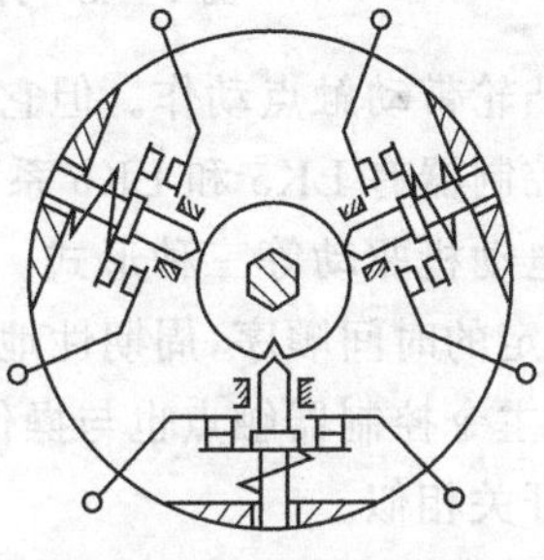

(b) 单层万能转换开关结构示意图

图 1－47　单层万能转换开关实物和结构示意图

常用的产品有 LW5 和 LW6 系列。LW5 系列可控制 5.5 kW 及以下的小容量电动机，LW6 系列只能控制 2.2 kW 及以下的小容量电动机。用于可逆运行控制时，只有在电动机停车后才允许反向启动。LW5 系列万能转换开关按手柄的操作方式可分为自复式和定位式两种：自复式是指用手转动到某一挡位后，手一松开，开关就自动返回原位；定位式则是指开关手柄置于某挡位时，停在该挡位，而不会自动返回原位。

万能转换开关手柄的操作角度依开关型号的不同而不同，其触点的数量也不同。由于其触点的数量多，且触点分合状态与操作手柄的位置有关，所以在电路图中触点的闭合或断开是采用展开图来表示的，即操作手柄的位置用虚线表示，虚线上的黑圆点表示操作手柄转到此位置时，该对触点闭合；如无黑圆点，表示该对触点断开。

此外，还应表示出操作手柄与触点分合状态的关系，即需要列出“触点闭合表”，表中用“×”表示触头闭合，无此标记的表示触头断开。其图形符号和触点闭合表如图 1－48 所示，当万能转换开关打向左 45°时，触点 1－2、3－4、5－6 闭合，触点 7－8 打开；开关打向 0°时，只有触点 5－6 闭合；开关打向右 45°时，触点 7－8 闭合，其余打开。

六、主令控制器

主令控制器，又称为凸轮控制器，是一种可以频繁操作的电器，可以对控制电路发布命令、与其他电路发生联锁或进行切换。主令控制器常配合磁力启动器对绕线式异步电动机的启动、制动、调速及换向实行远距离控制，被广泛用于各类起重机械的控制系统中。

主令控制器一般由外壳、触点、凸轮、转轴等组成，动作过程与万能转换开关相类似，也是

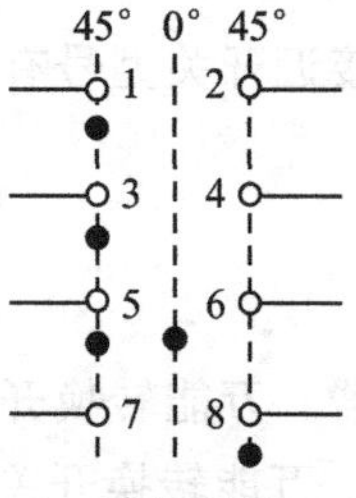

(a) 图形符号

LW5-15D0403/2				
触头编号		45°	0°	45°
	1—2	×		
	3—4	×		
	5—6	×	×	
	7—8			×

(b) 触点闭合表

图 1-48　万能转换开关的图形符号

由一块可转动的凸轮带动触点动作。但它的触点容量较大,操纵挡位也较多。

常用的主令控制器有 LK5 和 LK6 系列两种。其中 LK5 系列分有直接手动操作、带减速器的机械操作与电动机驱动等三种形式。LK6 系列的操作是由同步电动机和齿轮减速器组成定时元件,按规定的时间顺序,周期性地分合电路。

控制电路中,主令控制器触点也与操作手柄位置有关,其图形符号及触点分合状态的表示方法与万能转换开关相似。

从结构上讲,主令控制器分为两类:一类是凸轮可调式主令控制器;一类是凸轮固定式主令控制器。图 1-49 所示为凸轮可调式式主令控制器,其原理为:凸轮 1 和 7 固定于方轴上,动触点 2 固定于能绕轴 6 转动的支杆 5 上,当操作主令控制器手柄转动时,带动凸轮 1 和 7 转动,当凸轮 7 达到推压小轮 8 的位置时,为使小轮带动支杆 5 绕轴 6 转动,使支杆张开,从而使触头断开。其他情况下,由于凸轮离开小轮,触头是闭合的。这样只要安装一串不同形状的凸轮,就可以使触头按照一定顺序工作,若这些触头用来控制电路,便可获得按一定顺序工作的电路。

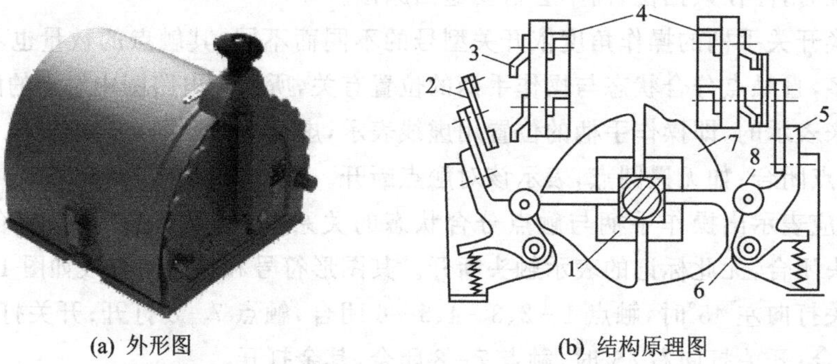

(a) 外形图　　(b) 结构原理图

1—凸轮;2—动触点;3—静触点;4—接线端子;5—支杆;6—转动轴;7—凸轮;8—小轮

图 1-49　凸轮可调式主令控制器

图 1-50 所示为凸轮固定式主令控制器及图形文字符号,其工作原理读者可以自行分析。

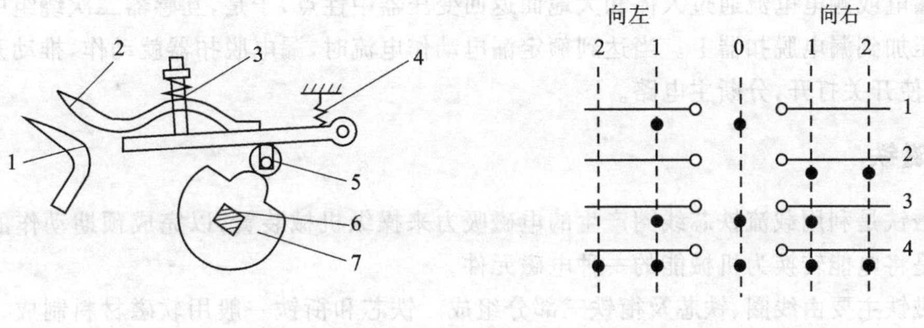

1—静触点；2—动触点；3—触点弹簧；4—复位弹簧；5—滚子；6—绝缘方轴；7—凸轮

图 1-50　凸轮固定式主令控制器及图形文字符号

专题 1.8　其他常用低压电器的认识

教学目标

了解漏电保护断路器、电磁铁、电磁阀和电磁离合器的工作原理。

在电气控制系统中，还有一些其他常用的低压电器，如起保护作用的漏电保护断路器；用于执行某种动作和实现传动功能的电器，如电磁铁、电磁阀和电磁离合器等。

一、漏电保护断路器

漏电保护断路器是最常用的一种漏电保护电器。当低压电网发生人身触电或设备漏电时，漏电保护器能迅速自动切断电源，从而避免造成事故。

漏电保护断路器按其检测故障信号的不同可分为电压型和电流型。下面介绍电磁式电流型漏电保护断路器。

电磁式电流型漏电保护断路器由开关装置、试验回路、电磁式漏电脱扣器和零序电流互感器组成，其工作原理如图 1-51 所示。当电网正常运行时，不论三相负载是否平衡，通过零序电流互感器主电路的三相电流的相量和等于零，因此，其二次绕组中无感应电动势，漏电保护器也工作于闭合状态。一旦电网中发生漏电或触电事故，上述三相电流的相量和不再等于零，

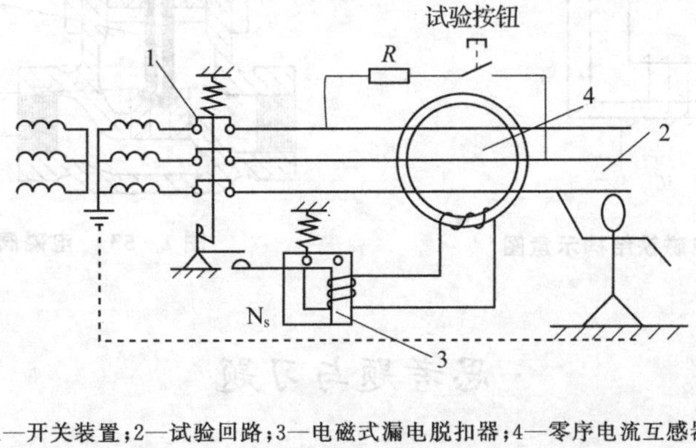

1—开关装置；2—试验回路；3—电磁式漏电脱扣器；4—零序电流互感器

图 1-51　电磁式电流型漏电保护断路器工作原理

因为有漏电或触电电流通过人体和大地而返回变压器中性点,于是,互感器二次绕组中便产生感应电压加到漏电脱扣器上。当达到额定漏电动作电流时,漏电脱扣器就动作,推动开关装置的锁扣,使开关打开,分断主电路。

二、电磁铁

电磁铁是利用载流铁芯线圈产生的电磁吸力来操纵机械装置,以完成预期动作的一种电器。它是将电能转换为机械能的一种电磁元件。

电磁铁主要由线圈、铁芯及衔铁三部分组成。铁芯和衔铁一般用软磁材料制成。铁芯一般是静止的,线圈总是装在铁芯上。开关电器的电磁铁的衔铁上还装有弹簧,如图 1-52 所示。

电磁铁的工作原理为:当线圈通电后,铁芯和衔铁被磁化,成为极性相反的两块磁铁,它们之间产生电磁吸力。当吸力大于弹簧的反作用力时,衔铁开始向着铁芯方向运动。当线圈中的电流小于某一定值或中断供电时,电磁吸力小于弹簧的反作用力,衔铁将在反作用力的作用下返回原来的释放位置。

三、电磁阀

电磁阀的结构如图 1-53 所示。电磁线圈中如果没有电流,则无磁场存在,电枢不受磁力但受压力弹簧之推送。活塞中心杆是和电枢接在一起的,所以中心杆向下推,活塞锥即套进锥座,这样从进口到出口之间的通路即被堵塞。如果线圈中有电流通过,产生磁场,磁力将电枢向上推。电枢必须克服弹簧下推的力量,才能使中心杆和活塞锥离开锥座,从进口到出口的通道即可畅通。电磁阀都是双位置装置,即不是全开就是全关。

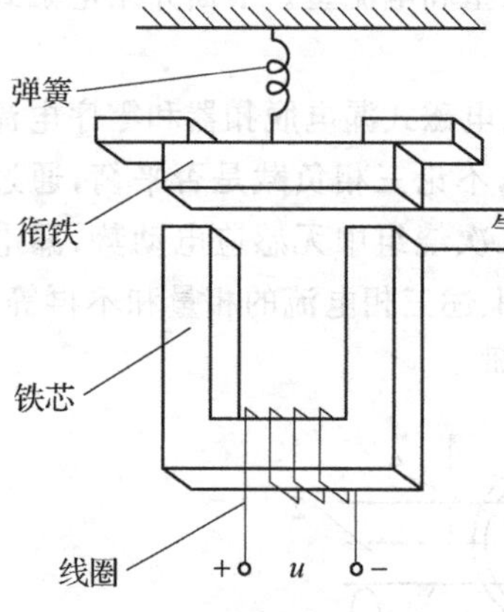

图 1-52　电磁铁结构示意图

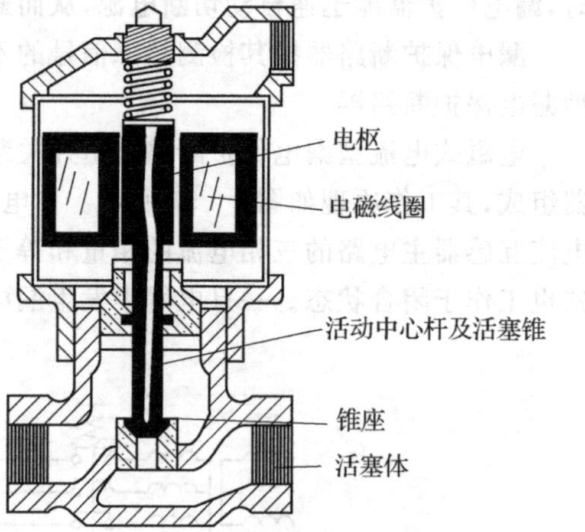

图 1-53　电磁阀结构示意图

思考题与习题

1-1　什么是电器?什么是低压电器?

1-2 常用的灭弧方法有哪些?

1-3 热继电器在电路中起什么作用,它能否替代熔断器作短路保护?为什么?

1-4 电动机启动时电流很大,热继电器是否会误动作?为什么?

1-5 行程开关、万能转换开关及主令控制器在电路中各起什么作用?

1-6 漏电保护断路器的工作原理是什么?

1-7 交流接触器在铁芯上安装短路环的目的是什么?为什么?

1-8 低压断路器在电路中的作用是什么?失压、欠压和过电流脱扣器各起什么作用?

1-9 接触器在控制电路中的作用是什么?根据结构特征如何区分交、直流接触器?

1-10 中间继电器的作用是什么?

1-11 如何选用熔断器、热继电器和接触器?

模块 2　电气控制系统的基本环节

专题 2.1　电气控制系统图的识读

教学目标

1）了解电气控制系统图的定义、种类及用途；

2）熟悉电气图形符号和文字符号的国家标准及规定原则；

3）能正确识读电气原理图。

一、电气控制系统图概述

电气控制系统是由许多电器元件按一定要求连接而成的。为了表达电气控制系统的结构、组成、原理等设计意图，同时也为了便于系统的安装、调试、使用和维修，将电气控制系统中的各电器元件的连接用一定的图形表达出来，这种图就称为电气控制系统图。

常用的电气控制系统图有 3 种，即电气原理图、电器元件布置图和电气安装接线图。

二、电气图形符号和文字符号

电气图示符号有图形符号、文字符号及回路标号等。电器元件的图形符号、文字符号必须采用最新国家标准，即 GB/T 4728—1996～2000《电气图用图形符号》、GB 6988—1993～2002《电气制图》、GB 7159—1987《电气技术中的文字符号制定通则》及 GB 4026—1992《电器设备接线端子和特定导线线端的识别及应用字母数字系统的通则》。

1. 图形符号

图形符号通常指用图样或其他文件表示一个设备或概念的图形、标记或字符。它由一般符号、符号要素、限定符号等组成：

① 一般符号。用以表示某类产品或产品特征的一种简单符号。它们是各类元器件的基本符号，如一般电阻器、电容器的符号。

② 符号要素。一种具有确定意义的简单图形，必须同其他图形组合以构成一个设备或概念的完整符号。如三相绕线式异步电动机是由定子、转子及各自的引线等几个符号要素构成的，这些符号要求有确切的含义，但一般不能单独使用，其布置也不一定与符号所表示的设备的实际结构相一致。

③ 限定符号。用以提供附加信息的一种加在其他符号上的符号。限定符号一般不能单独使用，但它可使图形符号更具多样性。如在电阻器一般符号的基础上分别加上不同的限定符号，则可得到可变电阻器、压敏电阻器、热敏电阻器等。

2. 文字符号

文字符号适用于电气技术领域中文件的编制，也可表示在电气设备、装置和元器件上或其近旁，以标明电气设备、装置和元器件的名称、功能和特征。文字符号分为基本文字符号和辅助文字符号，要求用大写正体拉丁字母表示。

(1) 基本文字符号

基本文字符号有单字母与双字母符号两种：

单字母符号用拉丁字母将各种电气设备、装置和元器件划分为 23 个大类，每一大类用一个专用单字母符号表示。如“C”代表电容器类，“M”代表电动机类。

双字母符号由一个表示种类的单字母符号与另一个字母组成。组合形式要求单字母符号在前，另一个字母在后。如“M”代表电动机类，“MD”代表直流电动机。

(2) 辅助文字符号

辅助文字符号是用以表示电气设备、装置和元器件以及线路的功能、状态和特征的。如“RD”表示红色，“L”表示限制等。辅助文字符号也可放在表示种类的单字母符号后边组成双字母符号，如“YB”表示电磁制动器，“SP”表示压力传感器等。辅助文字符号还可以单独使用，如“ON”表示接通，“N”表示中性线等。

3. 主电路和控制电路各接点标记

(1) 主电路各接点标记

三相交流电源引入线采用 L1、L2、L3 标记，中性线采用 N 标记。

电源开关之后的三相交流电源主电路分别按 U、V、W 顺序标记。

分级三相交流电源主电路采用三相文字代号 U、V、W 前加上阿拉伯数字 1、2、3 等来标记，如 1U、1V、1W，2U、2V、2W 等。

各电动机分支电路各接点标记，采用三相文字代号后面加数字来表示。数字中的个位数表示电动机代号，十位数表示该支路各接点的代号，从上到下按数字大小顺序标记。如 U11 表示 M1 电动机的第一相的第一个接点代号，U21 为第一相的第二个接点代号，依此类推。

电动机绕组的首端分别用 U、V、W 标记，尾端分别用 U′、V′、W′标记，双绕组的中点则用 U″、V″、W″标记。

(2) 控制电路接点标记

控制电路采用阿拉伯数字编号，一般由三位或三位以下的数字组成。标记方法按“等电位”原则进行。在垂直绘制的电路中，标号顺序一般由上而下编号，凡是被线圈、绕组、触点或电阻、电容等元件所间隔的线段，都应标以不同的电路标号。

三、电气原理图

电气原理图是用来表示电路中各电器元件的导电部件的连接关系和工作原理的。它应根据简单、清晰的原则，采用电器元件展开的形式来绘制，而不按电器元件的实际位置来画，也不反映电器元件的大小。其作用是为了分析电路的工作原理，指导系统或设备的安装、调试与维修。下面以图 2-1 所示的电气原理图为例，介绍电气原理图的绘制原则、方法及注意事项。

1. 电气原理图的绘制原则

① 电气原理图一般分主电路和辅助电路两部分。主电路是指从电源到电动机大电流通过的电路。辅助电路包括控制电路、照明电路、信号电路及保护电路等，它们由接触器和继电器的线圈、接触器的辅助触点、继电器触点、按钮、控制变压器、熔断器、照明灯、信号灯及控制开关等电器元件组成。

② 控制系统内的全部电机、电器和其他器械的带电部件，都应在原理图中表示出来。

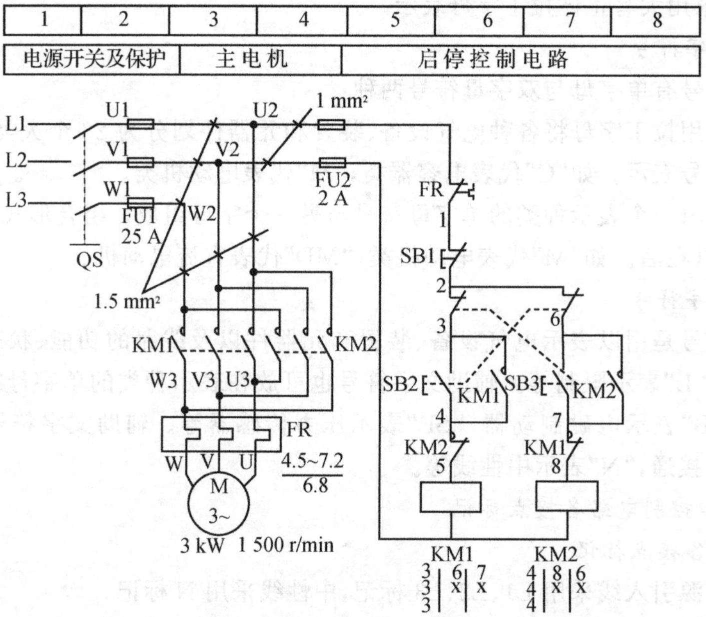

图 2-1　三相笼型异步电动机可逆运行电气原理图

③ 原理图中各电器元件不画实际的外形图,而采用国家规定的统一标准,图形符号、文字符号也要符合国家标准规定。

④ 原理图中各电器元件和部件在控制线路中的位置,应根据便于阅读的原则安排。同一电器元件的各个部件可以不画在一起,但必须采用相同的文字符号标明。

⑤ 图中各元器件和设备的可动部分,都按没有通电和没受外力作用时的自然状态画出。例如,接触器、继电器的触点,按吸引线圈不通电状态画;控制器按手柄处于零位时的状态画;按钮、行程开关等触点按不受外力作用时的状态画。

⑥ 原理图的绘制应布局合理、排列均匀,便于阅读;原理图可以水平布置,也可以垂直布置。

⑦ 电器元件应按功能布置,具有同一功能的电器元件应集中在一起,并按动作顺序从上到下、从左到右依次排列。

⑧ 原理图中有直接电联系的导线连接点,用黑圆点表示;无直接电联系的导线交叉点不画黑圆点,但应尽量避免线条的交叉。

2. 图幅分区及符号位置索引

为了便于确定原理图内容和各组成部分的位置,方便阅读,往往需要将图面划分为若干区域。图幅分区的方法是:在图的边框处,竖边方向用大写拉丁字母,横边方向用阿拉伯数字,编号顺序应从左上角开始。图幅分区示例如图 2-2 所示。

在具体使用时,对水平布置的电路,一般只需标明行的标记;对垂直布置的电路,一般只需标明列的标记;复杂的电路才采用组合标记。如图 2-1 中,只标明了列的标记。

另外在图区编号的下侧一般还设有用途栏,用文字注明该栏对应的下方电路或元件的功能,以利于理解全电路的工作原理。

由于接触器、继电器的线圈和触点在电气原理图中不是画在一起的,为了便于阅读,在接

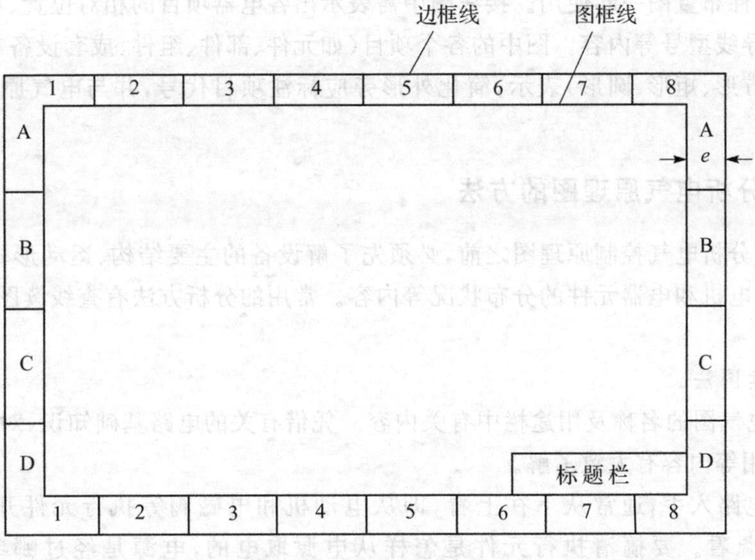

注：e表示图框线与边框线的距离，A0、A1号图纸为 20 mm，A2~A4 号图纸为10 mm。

图 2-2　图幅分区示例

触器、继电器线圈的下方画出其触点的索引表，阅读时可以通过索引表方便地在相应的图区找到其触点。如图 2-1 中的 KM1、KM2。

对于接触器，索引表有 3 栏，有主触点、辅助常开和常闭触点图区号。各栏的含义为：

左　栏	中　栏	右　栏
主触点所在图区号	辅助常开触点所在图区号	辅助常闭触点所在图区号

对于继电器，索引表只有两栏，有常开、常闭触点图区号。各栏的含义为：

左　栏	右　栏
常开触点所在图区号	常闭触点所在图区号

3. 电气原理图中技术数据的标注

电气原理图中各电器元件的相关数据及型号，一般在电器元件文字符号的下方标注出来。如图 2-1 中热继电器 FR 下方标注的数据，表示热继电器的动作电流值为 4.5～7.2 A 和整定电流值为 6.8 A；图中连接导线上的 1 mm^2、1.5 mm^2 字样表明该导线的截面积。

四、电器元件布置图

电器元件布置图主要是用来表明电气设备上所有电器元件的实际位置，为设备的安装及维修提供必要的资料。布置图可根据系统的复杂程度集中绘制或分别绘制。常用的有电气控制箱中的电器元件布置图和控制面板布置图等。

五、电气安装接线图

电气安装接线图主要用于电器的安装接线、线路检查、维修和故障处理。通常接线图与电气原理图及元件布置图一起使用。接线图中需表示出各电器项目的相对位置、项目代号、端子号、导线号和导线型号等内容。图中的各个项目(如元件、部件、组件、成套设备等)可采用其简化外形(如正方形、矩形、圆形)表示,简化外形旁应标注项目代号,并与电气原理图中的标注一致。

六、阅读和分析电气原理图的方法

在阅读和分析电气控制原理图之前,必须先了解设备的主要结构、运动形式、电力拖动形式、控制要求、电机和电器元件的分布状况等内容。常用的分析方法有查线读图法和逻辑代数法两种。

1. 查线读图法

① 了解电气图的名称及用途栏中有关内容。凭借有关的电路基础知识,对该电气图的类型、性质和作用等内容有大致了解。

② 从主电路入手,通常从下往上看,即从电动机和电磁阀等执行元件开始,经控制元件,顺次往电源看。要搞清执行元件是怎样从电源取电的,电源是经过哪些元件到达负载的。

③ 通过主电路中控制元件的文字符号,在控制电路中找到有关的控制环节及环节间的联系。

④ 在控制电路中从左到右看各条回路,分析各回路元器件的工作情况及对主电路的控制,搞清回路功能,各元件间的联系(如顺序、互锁等)、控制关系和回路通断的条件等。

⑤ 检查各个辅助电路,看是否有遗漏。包括电源显示、工作状态显示、照明和故障报警等部分,从整体上理解各控制环节之间的联系,理解电路中每个元件所起的作用。

2. 逻辑代数法

由接触器、继电器组成的控制电路中,电器元件只有两种状态,线圈通电或断电,触点闭合或断开。在逻辑代数中,变量只有“1”和“0”两种取值。因此,可以用逻辑代数来描述这些电器元件在电路中所处的状态和连接方法。

(1) 电器元件的逻辑表示

一般规定如下:继电器、接触器线圈通电状态为“1”、断电状态为“0”,继电器、接触器、按钮、行程开关等电器元件触点闭合时状态为“1”,断开时状态为“0”。元件线圈、常开触点用原变量表示,如接触器用 KM、继电器用 K、行程开关用 SQ 等,而常闭触点用反变量表示,如 $\overline{KM}$、$\overline{K}$、$\overline{SQ}$ 等。若元件为“1”状态,则表示线圈通电、常开触点闭合或常闭触点断开;若元件为“0”状态,则相反。

(2) 电路的逻辑表示

电路中,触点的串联关系可用逻辑“与”表示,即逻辑乘(·);触点的并联关系用逻辑“或”表示,即逻辑加(+)。

图 2-3 所示是一个电动机启停控制电路。停止按钮 SB1,启动按钮 SB2,其接触器 KM 线圈的逻辑式为

$$f(KM)=\overline{SB1}\cdot(SB2+KM)$$

线圈 KM 的通电和断电,取决于 SB1、SB2 及本身的初始状态。当

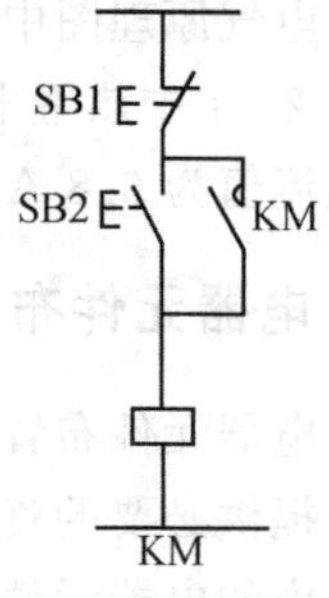

图 2-3 电动机启停控制电路

按下 SB2 时，则 SB2=1，由于 $\overline{SB1}=1$，所以 $f(KM)=1\cdot(1+KM)=1$，即线圈 KM 通电。当松开 SB2 后，则 $f(KM)=1\cdot(0+1)=1$，线圈仍然处于通电状态。

需要说明的是，实际电路的逻辑关系往往比本例复杂得多，但都是以“与”“或”“非”为基础的。有些复杂电路，通过对其逻辑表达式的化简，可使线路得到简化。

项目 2.2　三相异步电动机直接启动控制

教学目标

1）了解三相笼型异步电动机直接启动的方法、特点及使用条件；

2）了解手动开关直接启动控制线路的组成，并能讲述线路的工作原理；

3）掌握点动、连续运转控制线路的组成，并能讲述线路的工作原理；

4）掌握多地控制、顺序控制线路的组成，并能讲述线路的工作原理。

一、项目简介

某三相笼型异步电动机控制要求为：按下启动按钮，电动机连续工作；按下停止按钮，电动机停转；控制系统要求有短路保护、过载保护、失压及欠压等保护措施。试制作其控制线路。

二、项目相关知识

电动机接通电源后由静止状态过渡到稳定运行状态的过程，称为电动机的启动。直接启动就是通过开关或接触器将额定电压直接加在电动机的定子绕组上，因此又称全压启动。电动机直接启动所用电气设备少、电路简单；但启动电流很大，为额定值的 4～7 倍。过大的启动电流易使电机过热，加速老化缩短使用寿命，并且会使电网产生很大电压降而影响其他设备的稳定运行。因此功率较大的电动机，需采用降压启动，以减小启动电流。

一般功率小于 10 kW 的三相笼型异步电动机常采用直接启动。功率大于 10 kW 的三相笼型异步电动机是否可以采用直接启动，可按经验公式判断。若满足下式，即可直接启动：

$$\frac{I_{ST}}{I_N}\leqslant\frac{3}{4}+\frac{\text{电源容量}(\text{kV}\cdot\text{A})}{4\times\text{电动机额定功率}(\text{kW})}$$

式中，I_{ST} 为电动机直接启动电流(A)；I_N 为电动机额定电流(A)。

（一）手动开关直接启动控制

对于功率较小，且工作要求简单的电动机，如小型台钻、砂轮机、冷却泵的电动机，可用手动开关（如刀开关、转换开关、自动空气开关等）接通电源直接启动。其控制电路如图 2-4 所示。

（二）连续运转控制

图 2-5 所示是采用按钮与接触器控制的三相笼型异步电动机连续运转控制线路。电路分为两部分，主电路由刀开关 QS、熔断器 FU、接触器 KM 的主触点、热继电器 FR 的热元件组成；控制电路由按钮 SB1 和 SB2、热继电器 FR 常闭触点、熔断器 FU1 及接触器 KM 的线圈和常开辅助触点 KM 组成。

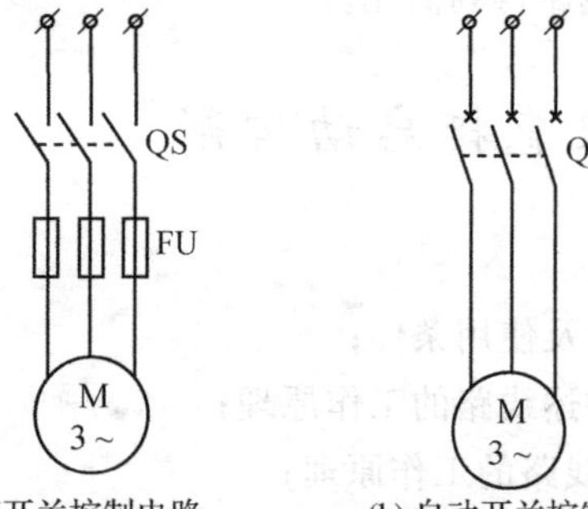

(a) 刀开关控制电路　(b) 自动开关控制电路

图 2-4　手动开关直接启动控制线路

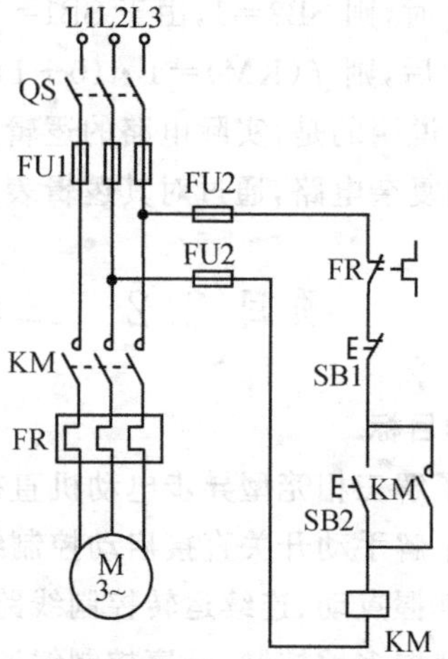

图 2-5　三相笼型异步电动机连续运转控制线路

启动时,合上刀开关 QS,按下启动按钮 SB2,接触器 KM 线圈通电,其常开主触点闭合,使电动机接通电源启动运转,同时与 SB2 并联的接触器常开辅助触点 KM 也闭合。当松开 SB2 时,KM 线圈通过其自身常开辅助触点继续保持通电,从而保证电动机的连续运行。这种依靠接触器自身辅助触点而使其线圈保持通电的现象,称为自锁或自保持;这个起自锁作用的辅助触点称为自锁触点。

停止运转时,可按下停止按钮 SB1,KM 线圈断电释放,主触点和自锁触点均断开,电动机脱离电源停止运转。松开 SB1 后,由于此时控制电路已断开,电动机不能恢复运转,只有再按下 SB2,电动机才能重新启动运转。

电路的保护环节如下:

① 由熔断器 FU1、FU2 分别实现对主电路和控制电路的短路保护。

② 由热继电器 FR 实现对电动机的过载保护。当电动机出现长期过载而使热继电器 FR 动作时,其在控制电路中的常闭触点 FR 断开,使 KM 线圈断电,电动机停转,实现对电动机的过载保护。

③ 自锁控制的欠压与失压保护。当电源电压由于某种原因欠压或失压时,接触器电磁吸力急剧下降或消失,衔铁释放,KM 的常开触点断开,电动机停转;而当电源电压恢复正常时,电动机不会自行启动,避免事故发生。

(三) 点动与连续运转控制

生产机械的运转状态有连续运转与短时间断运转,所以对电动机的控制也有点动与连续运转两种控制方式,如图 2-6 所示。

图 2-6(a)所示是最基本的点动控制线路。当按下点动按钮 SB 时,KM 线圈通电,电动机启动运转;松开按钮 SB,KM 线圈断电释放,电动机停转。这种电路只能实现点动,不能实现连续运转。

图 2-6(b)所示是用开关 SA 断开或接通自锁回路,既能实现点动也能实现连续运转的电路。当开关 SA 合上时,可实现连续运转;SA 断开时,可实现点动控制。

图 2-6(c)所示是用复合按钮 SB3 实现点动控制,SB2 实现连续运转控制的电路。当按

下 SB3 时，其常闭触点先将 KM 自锁回路切断，然后其常开触点接通，使 KM 通电，电动机启动运转；松开 SB3，其常开触点先断开，KM 线圈断电，电动机停转，实现点动控制。

（四）多地控制

在大型生产设备上，为使操作人员在不同的方位均能进行操作，常常要求多地控制。图 2－7 所示为三地控制线路，图中 SB2、SB4、SB6 为启动按钮，SB1、SB3、SB5 为停止按钮，分别安装在三个不同的地方。在任一地点按下启动按钮，KM 线圈都能通电并自锁；而在任一地点按下停止按钮，KM 线圈都会断电。从图中可以看出，实现多地控制时，启动按钮应并联，停止按钮应串联。

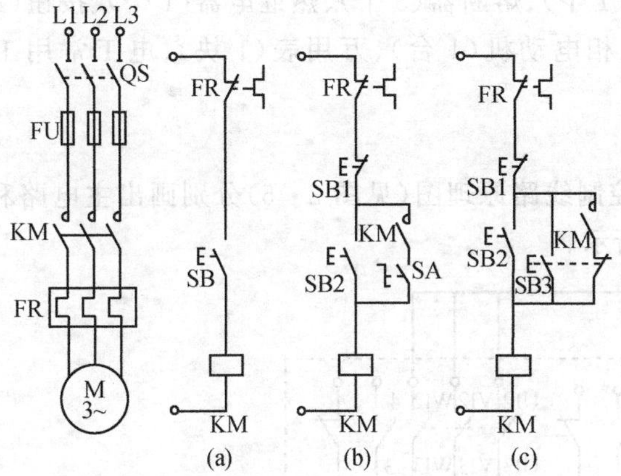

图 2－6　点动与连续运转控制线路

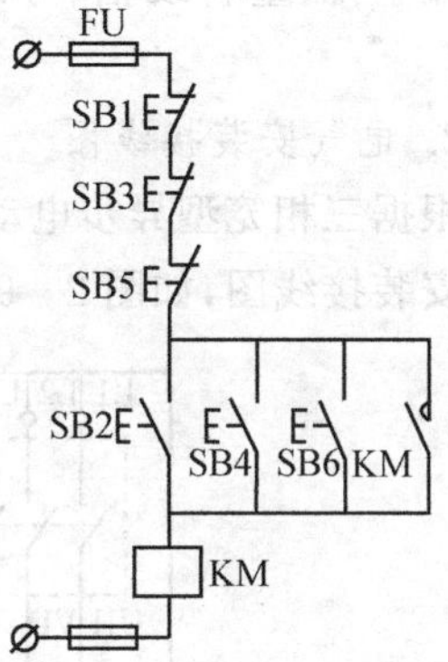

图 2－7　多地控制线路

（五）顺序控制

在生产实际中，有些设备常常要求多台电动机按一定的顺序实现启动和停止。例如车床主轴转动时，要求油泵先给润滑油，主轴停止后，油泵方可停止润滑，即要求油泵电动机先启动，主轴电动机后启动，主轴电动机停止后，才允许油泵电动机停止。图 2－8 所示是实现该过程的控制线路。

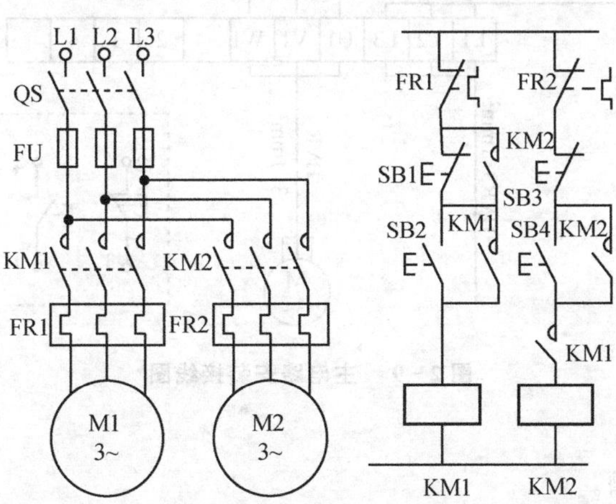

图 2－8　顺序控制线路

图 2－8 中，M1 为油泵电动机，M2 为主轴电动机。接触器 KM2 的线圈电路中串入了接

触器 KM1 的常开辅助触点,这样只有在接触器 KM1 线圈通电,常开触点闭合后,才允许 KM2 线圈通电,即电动机 M1 先启动后才允许电动机 M2 启动。将接触器 KM2 的常开触点并联在电动机 M1 的停止按钮 SB1 两端,这样当接触器 KM2 通电,电动机 M2 运转时,SB1 被 KM2 的常开触点短接,不起作用;只有当接触器 KM2 断电,SB1 才能起作用,油泵电动机 M1 才能停止。这样就实现了按顺序启动、按顺序停止的联锁控制。

三、项目的实现

1. 所需元件和工具

铁质网孔控制板(1 块)、交流接触器(1 个)、熔断器(5 个)、热继电器(1 个)、按钮(2 个)、接线端子排、塑料线槽、导线、号码管、三相电动机(1 台)、万用表(1 块)、电工常用工具(1 套)等。

2. 电气安装接线图

根据三相笼型异步电动机单向运转控制线路原理图(见图 2-5)分别画出主电路和控制电路安装接线图,如图 2-9 和图 2-10 所示。

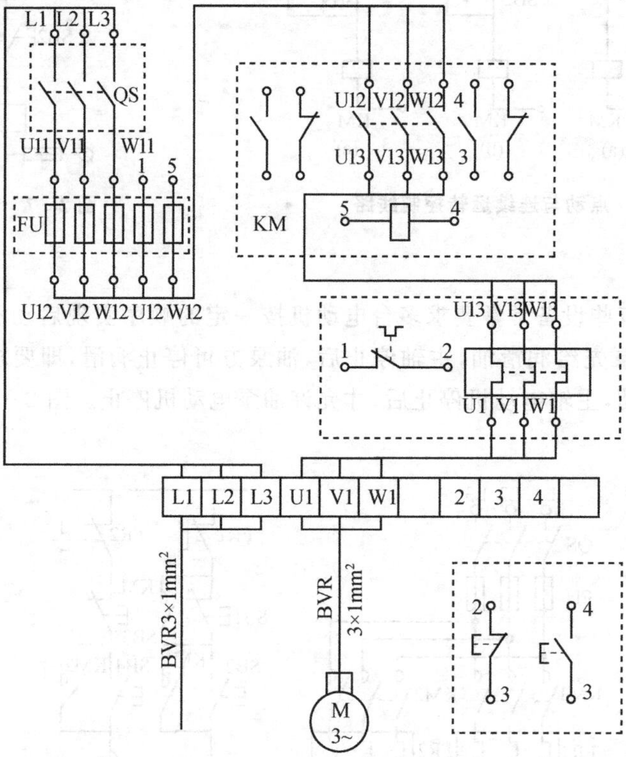

图 2-9 主电路安装接线图

3. 电路安装

① 安装电器与线槽。

② 电路接线。接线时应先接主电路,后接控制电路;先接串联电路,后接并联电路。另外按照从上到下,从左到右的顺序逐根连接。对于电气元件的进出线,必须按照上面为进线、下面为出线、左边为进线以及右边为出线的原则接线,以免造成元件被短接或错接。

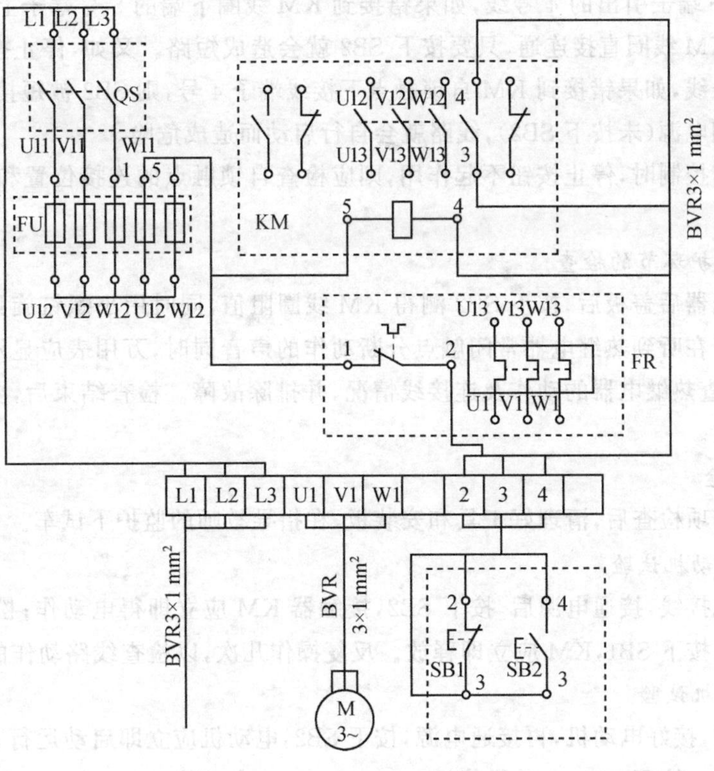

图 2-10　控制电路安装接线图

4. 电路检查

(1) 主电路的检查

在图 2-9 所示电路中,拔去主电路的熔断器,用万用表表笔分别测量 U11—V11、V11—W11、U11—W11 之间的电阻,结果均应该为断路。如果某次测量的结果为短路,则说明所测量的两相之间的接线有短路问题,应仔细逐线检查。

用手按压接触器主触点架,使三极主触点都闭合,重复上述测量,应分别测得电动机各相绕组的阻值。若某次测量结果为断路,则应仔细检查所测两相的各段接线。如测出 U11—V11 之间断路,则说明主电路 U1、V1 两相之间的接线有断路处,可将一支表笔接 U11 处,另一支表笔依次测 U12、U13、U1 各段导线两端的端子,再将表笔移到 V1、V13、V12、V11 各段导线两端测量,这样即可准确地查出断路点,并予以排除。

(2) 控制电路的检查

在图 2-10 电路中装上控制电路的熔断器,将万用表表笔接在 U12、W12 处,应测得断路。按下 SB2,应测得 KM 线圈的电阻值。检查自锁线路,松开 SB2 后,按下 KM 触点架,使其常开辅助触点闭合,应测得 KM 线圈的电阻值。检查停车控制,在按下 SB2 或按下 KM 触点架测得 KM 线圈电阻值后,同时按下停车按钮 SB1,应测得控制电路由通而断。

若操作 SB2 或按下 KM 触点架后,测得结果为断路,则应检查按钮及 KM 自锁触点是否正常,连接线是否正确,有无虚接及脱落。必要时用移动表笔缩小故障范围的方法探查断路点。

如在上述测量中测得短路,则重点检查不同线号的导线是否错接到同一端子上了。例如,启动按钮SB2下端子引出的4号线,如果错接到KM线圈下端的5号端子上,则控制电路的两相电源不经KM线圈直接连通,只要按下SB2就会造成短路。又如,停止按钮SB1下接线端子引出的3号线,如果错接到KM自锁触点下接线端子4号,则SB2被短接,不起作用。此时只要接通三相电源(未按下SB2),线路就会自行启动而造成危险。

如检查停车控制时,停止按钮不起作用,则应检查自锁触点的连接位置和按钮盒内接线,并排除错接。

(3) 过载保护环节的检查

拆下热继电器后盖板后,按下SB2测得KM线圈阻值,同时用小螺钉旋具缓慢向右拨动热元件自由端。在听到热继电器常闭触点分断动作的声音同时,万用表应显示控制电路由通变断;否则应检查热继电器的动作及连接线情况,并排除故障。检查结束后,要按下复位按钮使热继电器复位。

5. 通电试验

完成上述各项检查后,清理好工具和安装板,在指导教师的监护下试车。

(1) 不带电动机试验

拆下电动机接线,接通电源后,按下SB2,接触器KM应立即得电动作;松开SB2,KM能保持吸合状态。按下SB1,KM应立即释放。反复操作几次,以检查线路动作的可靠性。

(2) 带电动机试验

切断电源后,接好电动机,再接通电源,按下SB2,电动机应立即启动运行;松开SB2,电动机保持连续运转。按下SB1,电动机停转。

项目2.3 三相异步电动机可逆运转控制

教学目标

1) 了解三相异步电动机改变旋转方向的方法;

2) 了解手动开关可逆运转控制线路的组成,并能讲述线路的工作原理;

3) 掌握接触器互锁、双重互锁控制线路的组成,并能讲述线路的工作原理;

4) 掌握行程控制线路的组成,并能讲述线路的工作原理;

5) 学会电动机可逆运转控制线路的接线、调试及排除故障方法。

一、项目简介

某三相笼型异步电动机控制要求为:按下正转启动按钮,电动机连续正转工作;按下反转启动按钮,电动机连续反转工作,并且正反转可以直接转换;按下停止按钮,电动机停转。控制系统要求有完善的短路保护、过载保护、失压及欠压保护措施。试制作其控制线路。

二、项目相关知识

有许多生产机械要求具有上下、左右、前后等相反方向的运动,例如机床工作台的前进和后退,电梯的上升和下降等,这就要求电动机能够正、反向运转。对三相异步电动机来说,要实现正反转控制,只要改变接入电动机三相电源的相序即可。

（一）手动开关可逆运转控制线路

图 2－11 所示为用转换开关实现电动机的可逆运转控制线路。图中转换开关 SA 有 4 对触点、3 个工作位置。当 SA 置于上、下方不同位置时，通过其触点改变三相电源的相序，从而改变电动机的旋转方向。本控制线路是利用转换开关 SA 预选电动机的旋转方向，然后再由接触器 KM 控制电动机的启动与停止。由于采用接触器控制电动机，故可实现过载保护并具有欠压与失压保护功能。

（二）接触器互锁控制线路

图 2－12 所示为实现三相异步电动机可逆运转的控制线路。图中 KM1 为正转接触器，KM2 为反转接触器。在图 2－12(a)所示线路中，当按下正转启动按钮 SB2，KM1 线圈通电并自锁，电动机正转；按下反转启动按钮 SB3，KM2 线圈通电并自锁，电动机反转。但若在电动机正转运行时，又按下反转启动按钮 SB3，KM2 线圈也能通电并自锁，这时 KM1 与 KM2 主触点都闭合，将会使主电路发生两相电源短路事故。

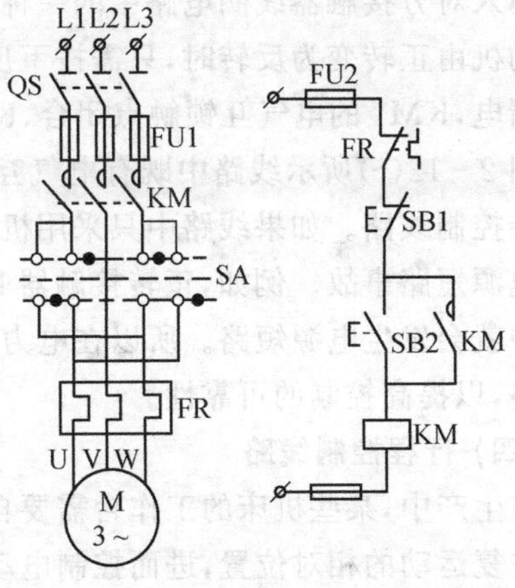

图 2－11　转换开关可逆运转控制线路

图 2－12(b)所示线路能避免上述事故的发生。它将接触器 KM1 与 KM2 常闭触点分别串接在对方线圈电路中，形成相互制约的控制，称为互锁或联锁控制。这种利用接触器(或继电器)常闭触点的互锁称为电气互锁。

当按下正转启动按钮 SB2 时，KM1 线圈通电，主触点闭合，电动机正转；同时其常闭辅助触点断开，切断反转接触器 KM2 线圈电路。这时即使按下反转启动按钮 SB3，KM2 线圈也不能通电。要使电动机反转，必须先按下停止按钮 SB1，使 KM1 线圈断电释放，再按下 SB3 才能实现。此线路保证了接触器不能同时通电，但也使正反转切换不够方便。

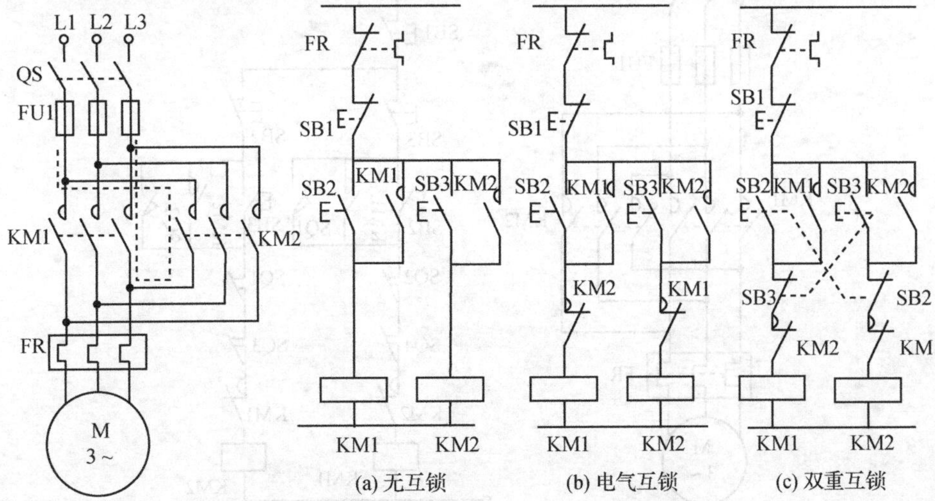

图 2－12　三相异步电动机可逆运转控制线路

(三) 双重互锁控制线路

图 2－12(c)所示线路可实现电动机正反转的直接转换。它是将正、反转启动按钮的常闭触点串入对方接触器线圈电路中的一种互锁控制,这种互锁称为按钮互锁或机械互锁。这样,当电动机由正转变为反转时,只需按下反转启动按钮 SB3,便会通过 SB3 的常闭触点使 KM1 线圈断电,KM1 的电气互锁触点闭合,KM2 线圈通电,从而实现电动机反转。

图 2－12(c)所示线路中既有电气互锁,又有机械互锁,所以称为具有双重互锁的电动机正反转控制线路。如果线路中只采用机械互锁,也能实现电动机正反转的直接转换,但可能会发生电源短路事故。例如,正转接触器 KM1 主触点发生熔焊现象时,再按下反转按钮 SB3,主电路中就会发生电源短路。所以在电力拖动控制系统中普遍使用双重互锁的电动机正反转控制线路,以提高控制的可靠性。

(四) 行程控制线路

在生产中,某些机床的工作台需要自动往复运行。自动往复运行通常是利用行程开关来检测往复运动的相对位置,进而控制电动机的正反转(或电磁阀的通断)来实现的。

图 2－13 为机床工作台自动往复运动示意图。行程开关 SQ1、SQ2 分别安装在床身两端,用来反映加工的终点与起点。撞块 A 和 B 固定在工作台上,跟随工作台一起移动,分别压下 SQ1、SQ2,来改变控制电路的通断状态,由此实现电动机的正反向运转,从而实现工作台的自动往复运动。SQ3 为反向极限保护开关,SQ4 为正向极限保护开关。

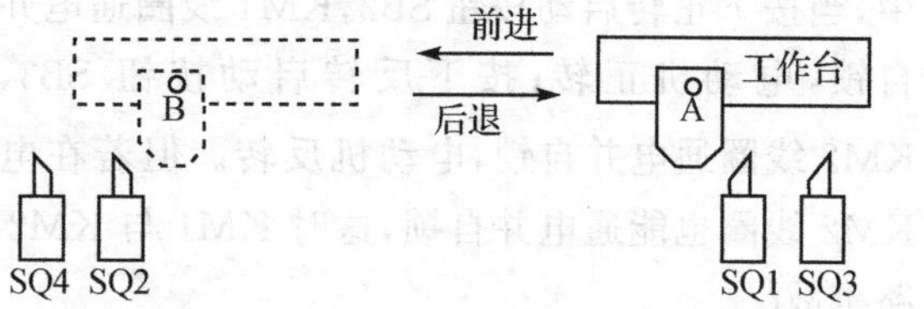

图 2－13 工作台自动往复运动示意图

图 2－14 所示是自动往复行程控制线路。图中 SQ1 为反向转正向行程开关,SQ2 为正向转反向行程开关。

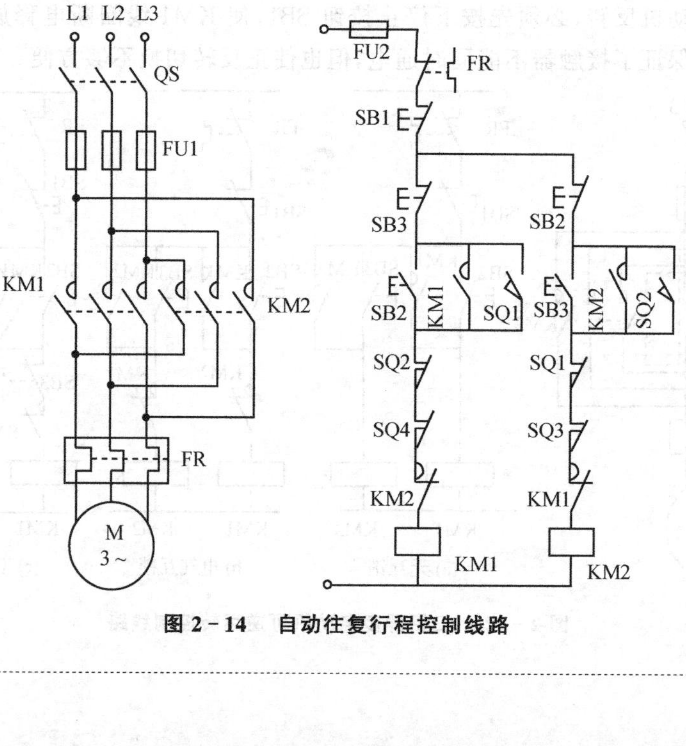

图 2－14 自动往复行程控制线路

电路工作原理如下：

合上电源开关 QS，按下正转启动按钮 SB2，KM1 线圈通电并自锁，电动机正转，工作台前进。当前进到位时，撞块 B 压下 SQ2，其常闭触点断开、常开触点闭合，使 KM1 线圈断电、KM2 线圈通电并自锁，电动机由正转变为反转，工作台后退。当后退到位时，撞块 A 压下 SQ1，使 KM2 断电、KM1 通电并自锁，电动机由反转变为正转，工作台又前进，如此周而复始自动往复工作。按下停止按钮 SB1，电动机停止，工作台停止运动。当行程开关 SQ1 或 SQ2 失灵时，则由极限保护开关 SQ3 或 SQ4 实现保护，避免工作台因超出极限位置而发生事故。

三、项目的实现

1. 所需元件和工具

铁质网孔控制板(1 块)、交流接触器(2 个)、熔断器(5 个)、热继电器(1 个)、电源隔离开关(1 个)、按钮(3 个)、接线端子排、塑料线槽、导线、号码管、三相电动机(1 台)、万用表(1 块)、电工常用工具(1 套)等。

2. 电气安装接线图

根据三相异步电动机可逆运转控制线路原理图(见图 2 -12)画出电路安装接线图，如图 2 -15 所示。

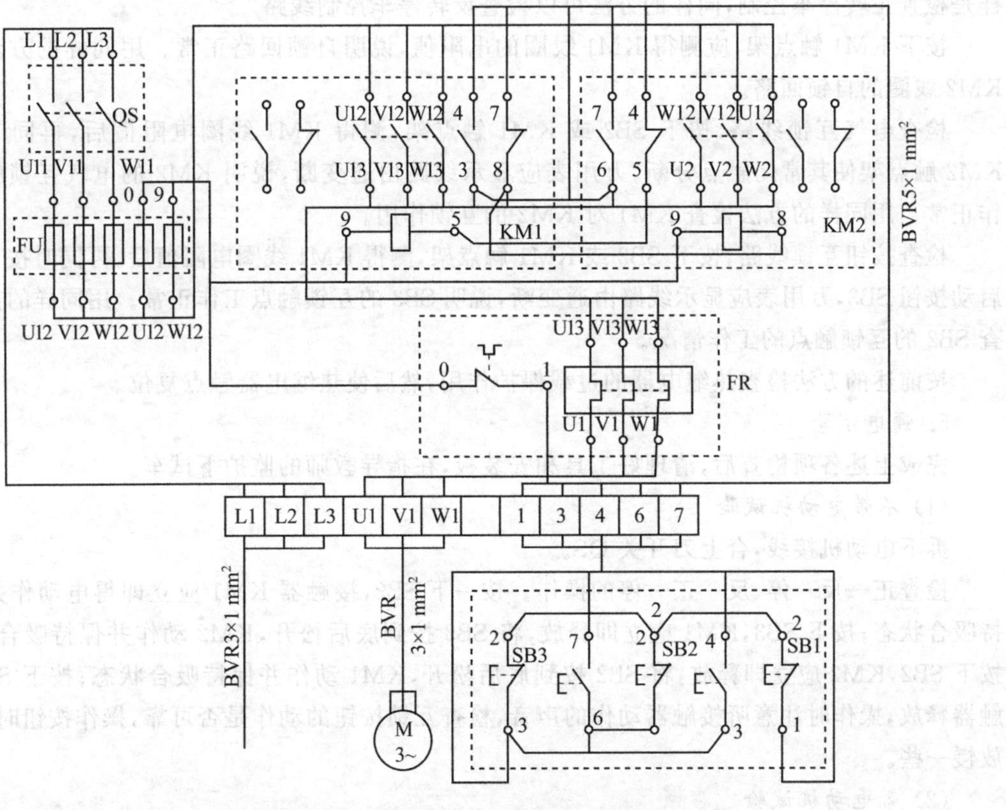

图 2 - 15 电动机可逆运转的安装接线图

3. 电路安装

电路安装的步骤如下:

① 安装电器与线槽。

② 电路接线。在按图 2-15 连接电路时,要注意主电路中 KM1 和 KM2 的相序连接。另外,两只接触器主触点端子之间的连线可以直接在主触点高度的平面内走线,不必向下贴近安装底板,以减少导线的弯折。控制电路中要注意 KM1、KM2 的辅助常开和辅助常闭触点的连接以及按钮互锁触点的连接。

4. 电路检查

(1) 主电路的检查

在图 2-15 电路中,拔去控制电路的熔断器,用万用表表笔分别测量 U11—V11、V11—W11、U11—W11 之间的电阻,结果均应该为断路。分别按下 KM1、KM2 的触点架,均应测得电动机各相绕组的阻值。检查电源换相通路,两支表笔分别接 U11 端子和接线端子板上的 U1 端子,按下 KM1 的触点架时应测得短路;松开 KM1 而按下 KM2 触点架时,应测得电动机绕组的电阻值。用同样的方法测量 V11—V1、W11—W1 之间的通路。

(2) 控制电路的检查

装上控制电路的熔断器,将万用表表笔接在 U3、W3 处,应测得断路。

按下 SB2,应测得 KM1 线圈的电阻值;同时再按下 SB1,万用表应显示线路由通变断。这样是检查正转停车控制,同样的方法可以检查反转停车控制线路。

按下 KM1 触点架,应测得 KM1 线圈的电阻值,说明自锁回路正常。用同样的方法检测 KM2 线圈的自锁回路。

检查电气互锁线路,按下 SB2 或 KM1 触点架,测得 KM1 线圈电阻值后,再同时按下 KM2 触点架使其常闭触点分断,万用表应显示线路由通变断,说明 KM2 的电气互锁触点工作正常。用同样的方法检查 KM1 对 KM2 的互锁作用。

检查按钮互锁线路,按下 SB2 或 KM1 触点架,测得 KM1 线圈电阻值后,再同时按下反转启动按钮 SB3,万用表应显示线路由通变断,说明 SB3 的互锁触点工作正常。用同样的方法检查 SB2 的互锁触点的工作情况。

按前述的方法检查热继电器的过载保护作用,然后使热继电器触点复位。

5. 通电试验

完成上述各项检查后,清理好工具和安装板,在指导教师的监护下试车。

(1) 不带电动机试验

拆下电动机接线,合上刀开关 QS。

检查正—反—停、反—正—停的操作。按一下 SB2,接触器 KM1 应立即得电动作并能保持吸合状态;按下 SB3,KM1 应立即释放,将 SB3 按到底后松开,KM2 动作并保持吸合状态;按下 SB2,KM2 应立即释放,将 SB2 按到底后松开,KM1 动作并保持吸合状态;按下 SB1,接触器释放,操作时注意听接触器动作的声音,检查互锁按钮的动作是否可靠,操作按钮时,速度放慢一些。

(2) 带电动机试验

切断电源后,接好电动机,再合上刀开关试验。操作方法同不带电动机试验。注意观察电动机启动时的转向和运行声音,如有异常立即停车检查。

项目 2.4　三相笼型异步电动机降压启动控制

教学目标

1）了解三相笼型异步电动机降压启动的方法、特点及使用条件；

2）了解定子串电阻降压启动控制线路的组成，并能讲述线路的工作原理；

3）掌握星形—三角形降压启动控制线路的组成，并能讲述线路的工作原理；

4）掌握自耦变压器降压启动控制线路的组成，并能讲述线路的工作原理；

5）学会电动机星形—三角形降压启动控制线路的接线、调试及排除故障。

一、项目简介

某三相笼型异步电动机控制要求为：按下启动按钮，电动机绕组接成星形降压启动运行，待转速接近额定转速时，自动将绕组换接成三角形全压正常运行；按下停止按钮，电动机停转。控制系统要求有完善的短路保护、过载保护、失压及欠压保护措施。试制作其控制线路。

二、项目相关知识

较大容量的三相笼型异步电动机因启动电流较大，一般都采用降压启动。所谓降压启动，是指启动时降低加在电动机定子绕组上的电压，待电动机启动后，再将电压恢复到额定值，并在额定电压下运行。常用的降压启动方法有定子串电阻降压启动、星形—三角形降压启动和自耦变压器降压启动。

(一) 定子串电阻降压启动控制线路

图 2-16 所示是定子串电阻降压启动控制线路。电动机启动时在定子绕组中串入电阻，使定子绕组上的电压降低，电流减小，启动结束后，再将电阻切除，使电动机在额定电压下运行。电路工作原理如下：

当合上刀开关 QS，按下启动按钮 SB2 时，KM1 通电并自锁，电动机串入电阻 R 启动；同时通电延时型时间继电器 KT 通电开始定时，当达到 KT 的整定值时，其延时闭合的动合触点闭合，使 KM2 通电吸合；KM2 主触点闭合，将启动电阻 R 短接，电动机全压运行。

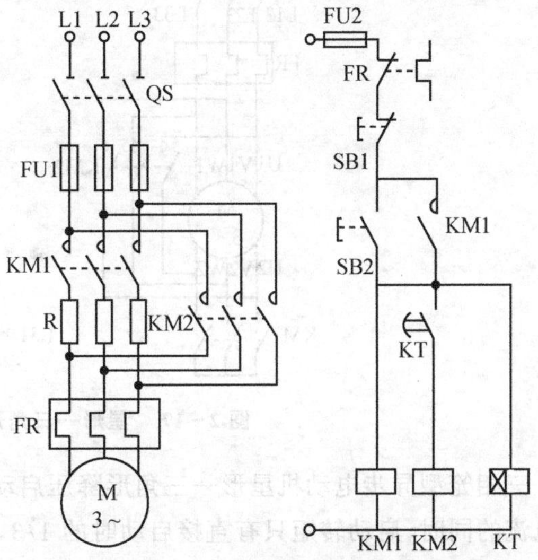

图 2-16　定子串电阻降压启动控制线路

该线路正常工作时，KM1、KM2、KT 均工作。若要使启动结束后只需 KM2 工作，而 KM1 和 KT 只在启动时短时工作，这样既可减少能量损耗，又能延长接触器和继电器的使用寿命。请读者自行设计满足此要求的控制线路。

定子串电阻降压启动方法由于不受电动机接线方式的限制,设备简单,因此常用于中小型生产机械中。对于大容量电动机,由于所串电阻能量消耗大,一般改用串接电抗器实现降压启动。另外,由于串电阻(电抗器)启动时,加到定子绕组上的电压一般只有直接启动时的一半,因此其启动转矩只有直接启动时的 1/4。所以定子串电阻(电抗器)降压启动方法,只适用于启动要求平稳、启动次数不频繁的空载或轻载启动。

(二) 星形—三角形降压启动控制线路

对于正常运行时定子绕组接成三角形的笼型异步电动机,均可采用星形—三角形降压启动方法,以达到限制启动电流的目的。启动时,定子绕组先接成星形,此时加在电动机定子绕组的电压是相电压,待转速上升到接近额定转速时,再将定子绕组换接成三角形,电动机便进入全压正常运行。

图 2-17 所示为星形—三角形降压启动控制线路。当合上刀开关 QS,按下启动按钮 SB2 时,KM1、KM3、KT 线圈同时通电并自锁,电动机接成星形启动,同时时间继电器开始定时。当电动机转速接近额定转速时,KT 动作,KT 的常闭触点断开,KM3 线圈断电,其主触点断开;同时 KT 的常开触点闭合,KM2 线圈通电并自锁,其主触点闭合,使电动机接成三角形全压运行。当 KM2 通电吸合后,KM2 常闭触点断开,使 KT 线圈断电,避免时间继电器长期工作。KM2、KM3 常闭触点实现互锁控制,防止星形和三角形同时接通造成电源短路。

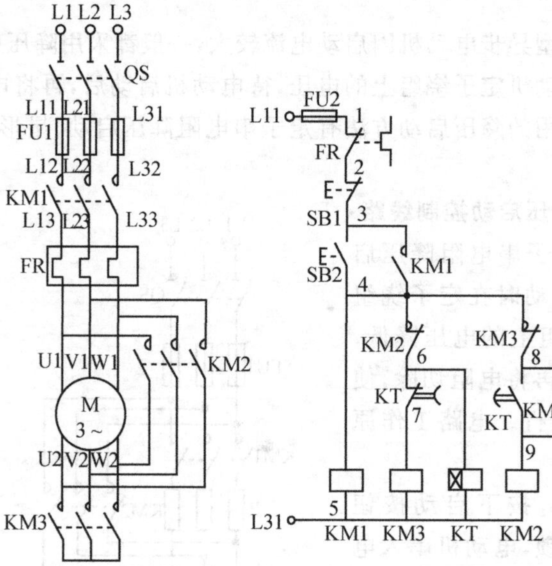

图 2-17　星形—三角形降压启动控制线路

三相笼型异步电动机星形—三角形降压启动具有投资少、线路简单的优点;但是在限制启动电流的同时,启动转矩只有直接启动时的 1/3,因此,它只适用于空载或轻载启动的场合。

(三) 自耦变压器降压启动控制线路

自耦变压器降压启动是将自耦变压器的一次侧接电源,二次侧低压接定子绕组。电动机启动时,定子绕组接到自耦变压器的二次侧,待电动机转速接近额定转速时,把自耦变压器切除,将额定电压直接加到电动机定子绕组,电动机进入全压正常运行。

图 2-18 所示为自耦变压器降压启动控制线路。KM1、KM2 为降压启动接触器,KM3 为

正常运行接触器,KT 为时间继电器,KA 为中间继电器。电路工作原理如下:

当合上刀开关 QS,按下启动按钮 SB2 时,KM1、KM2、KT 线圈同时通电并自锁,接入自耦变压器,电动机降压启动,同时时间继电器 KT 开始定时。当电动机转速接近额定转速时,KT 动作,KT 常开触点闭合,中间继电器 KA 线圈通电并自锁。KA 的常闭触点断开,使 KM1、KM2、KT 线圈均断电,将自耦变压器切除;KA 的常开触点闭合,使 KM3 线圈通电,KM3 主触点闭合,电动机全压正常运行。

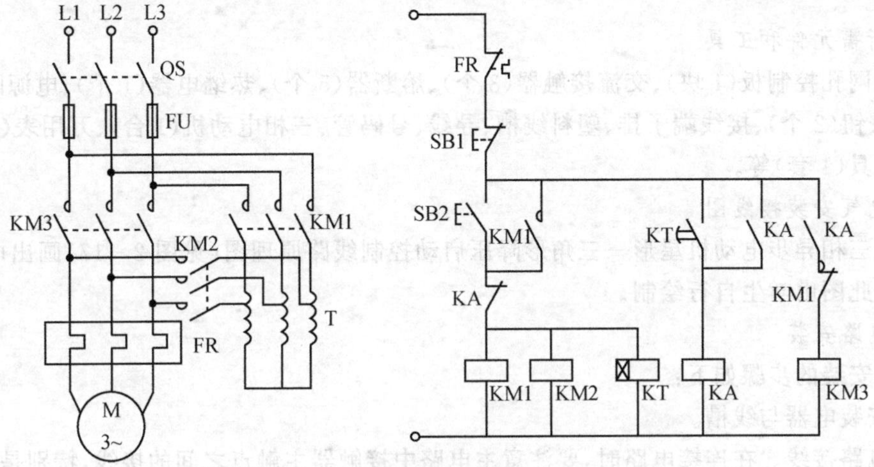

图 2-18　自耦变压器降压启动控制线路

自耦变压器降压启动方法适用于电动机容量较大,且正常工作时接成星形或三角形的电动机。它的优点是启动转矩可以通过改变自耦变压器抽头的位置而改变;缺点是自耦变压器价格较高,而且不允许频繁启动。

一般工厂常用的自耦变压器是采用成品的启动补偿器,它有手动和自动操作两种形式。XJ01 型自动补偿器适用于 14～ 28 kW 的电动机,其控制线路如图 2-19 所示。

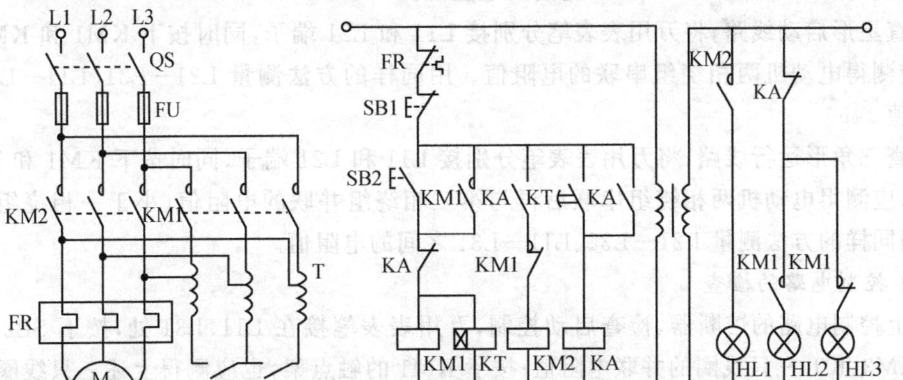

图 2-19　XJ01 型自动补偿器降压启动控制线路

电路工作原理如下:

合上电源开关 QS,HL3 灯亮,表明电源电压正常。按下启动按钮 SB2,KM1、KT 线圈同时通电并自锁,接入自耦变压器,电动机降压启动;同时指示灯HL3灭、HL2亮,表明电动机正进行降压启动。当电动机转速接近额定转速时,KT动作,KT常开触点闭合,中间继电器KA线圈通电并自锁。KA的常闭触点断开,使KM1线圈断电,将自耦变压器切除;KA的另一对常闭触点断开,HL2灯灭;KA的常开触点闭合,使KM2线圈通电,主触点闭合,电动机全压正常运行,同时HL1灯亮,表明电动机正常运行。

三、项目的实现

1. 所需元件和工具

铁质网孔控制板(1块)、交流接触器(3个)、熔断器(5个)、热继电器(1个)、电源隔离开关(1个)、按钮(2个)、接线端子排、塑料线槽、导线、号码管、三相电动机(1台)、万用表(1块)、电工常用工具(1套)等。

2. 电气安装接线图

根据三相异步电动机星形—三角形降压启动控制线路原理图(见图2-17)画出电路安装接线图。此图由学生自行绘制。

3. 电路安装

电路安装的步骤如下:

① 安装电器与线槽。

② 电路接线。在连接电路时,要注意主电路中接触器主触点之间的接线,特别是KM2主触点两端的线号要认真核对,一定要保证电动机绕组首尾相接。主电路中的电流较大,连接时各接线端要压接可靠,否则会引起接线端过热。控制电路中时间继电器的接点不要接错。

4. 电路检查

(1) 主电路的检查

在图2-17电路中,拔去控制电路的熔断器,检查KM1的控制作用,将万用表表笔分别接L11和U2端子,应测得断路;而按下KM1触点架时,应测得电动机一相绕组的阻值。再用同样的方法检测L21—V2、L31—W2之间的电阻值。

检查星形启动线路,将万用表表笔分别接L11和L21端子,同时按下KM1和KM3的触点架,应测得电动机两相绕组串联的电阻值。用同样的方法测量L21—L31、L11—L31之间的电阻值。

检查三角形运行线路,将万用表表笔分别接L11和L21端子,同时按下KM1和KM2的触点架,应测得电动机两相绕组串联后再与第三相绕组并联的电阻值(小于一相绕组的电阻值)。用同样的方法测量L21—L31、L11—L31之间的电阻值。

(2) 控制电路的检查

装上控制电路的熔断器,检查启动控制,万用表表笔接在L11、L31处,按下SB2应测得KM1、KM3、KT三只线圈的并联电阻值;按下KM1的触点架,也应测得上述三只线圈的并联电阻值。

检查联锁线路,万用表表笔接在L11、L31处,按下KM1的触点架,应测得线路中三只线圈的并联电阻值;再轻按KM2触点架使其常闭触点KM2(4—6)分断(不要放开KM1的触点架),切除了KM3、KT线圈,KM2(8—9)常开触点闭合,接通KM2线圈,此时应测得两只线圈的并联电阻值,测量的电阻值应增大。

检查KT的控制作用,将万用表的表笔放在KT(6—7)两端,此时应为接通,用手按下时间继电器的电磁机构不放,经过5 s的延时,万用表断开。用同样的方法检查KT(8—9)接点。

5. 通电试验

完成上述各项检查后,清理好工具和安装板,在指导教师的监护下试车。

(1) 不带电动机试验

拆下电动机接线,合上刀开关QS,按下SB2,KM1、KM3和KT应立即得电动作,约经5 s后,KT和KM3断电释放,同时KM2得电动作。按下SB1,则KM1和KM3释放。反复操作几次,检查线路动作的可靠性和延时时间,调节KT的延时旋钮,使其延时更准确。

(2) 带电动机试验

切断电源后,接好电动机,再合上刀开关QS试验。按下SB2,电动机应得电启动转速上升。此时应注意电动机运转的声音,约5 s后线路转换,电动机转速再次上升,进入全压运行。

专题2.5 三相绕线式异步电动机的启动控制

教学目标

1) 了解三相绕线式异步电动机启动的方法、种类及特点;

2) 掌握转子绕组串电阻启动控制线路的组成,并能讲述线路的工作原理;

3) 掌握转子绕组串频敏变阻器启动控制线路的组成,并能讲述线路的工作原理。

有些生产机械要求电动机具有较大的启动转矩和较小的启动电流,笼型异步电动机不能满足这种启动性能的要求,这时可采用绕线式异步电动机。它可以通过滑环在转子绕组中串接电阻或电抗,从而减小启动电流,提高启动转矩。按转子中串接装置的不同,有串电阻启动和串频敏变阻器启动两种方式。

一、转子绕组串电阻启动控制线路

绕线式异步电动机启动时,串接在转子绕组中的启动电阻,一般都按星形连接。刚启动时,将启动电阻全部接入;随着启动的进行,电动机转速的上升,启动电阻被逐段短接;启动结束时,转子外接电阻全部被短接。绕线式异步电动机的启动控制,根据转子电流变化及所需启动时间,可有时间原则控制和电流原则控制两种线路。

1. 时间原则控制线路

图2-20所示为按时间原则控制的绕线式异步电动机转子串电阻启动控制线路。图中KM为电源接触器,KM1、KM2、KM3为短接转子电阻接触器,KT1、KT2、KT3为时间继电器。启动时,合上电源开关QS,按下启动按钮SB2。由于接触器KM1、KM2、KM3线圈均未通电,其常闭辅助触点都处于闭合状态,所以电源接触器KM线圈通电吸合并自锁,其主触点闭合,电动机接通三相交流电源,转子中串入全部电阻开始启动。同时KM的常开辅助触点闭合,使通电延时型时间继电器KT1开始延时。当达到KT1的整定值时,其延时动合触点闭合,使KM1线圈通电,其主触点闭合切除电阻R1,同时KM1的常开辅助触点闭合,KT2开始延时。如此继续,直到KM3通电,切除全部启动电阻,启动过程结束,电动机全速运转。

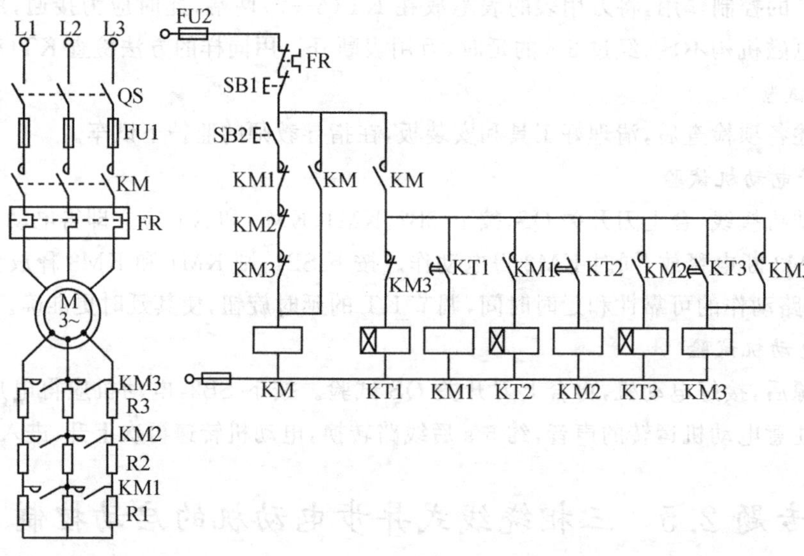

图 2-20　时间原则控制的绕线式异步电动机转子串电阻启动控制线路

2. 电流原则控制线路

图 2-21 所示为按电流原则控制的绕线式异步电动机转子串电阻启动控制线路。图中 KM 为电源接触器;KM1、KM2、KM3 为短接转子电阻接触器;KA 为中间继电器;KI1、KI2、KI3 为电流继电器,其线圈串联在电动机转子电路中,3 个电流继电器的吸合电流相同,但释放电流不同,从大到小依次为 KI1、KI2、KI3。

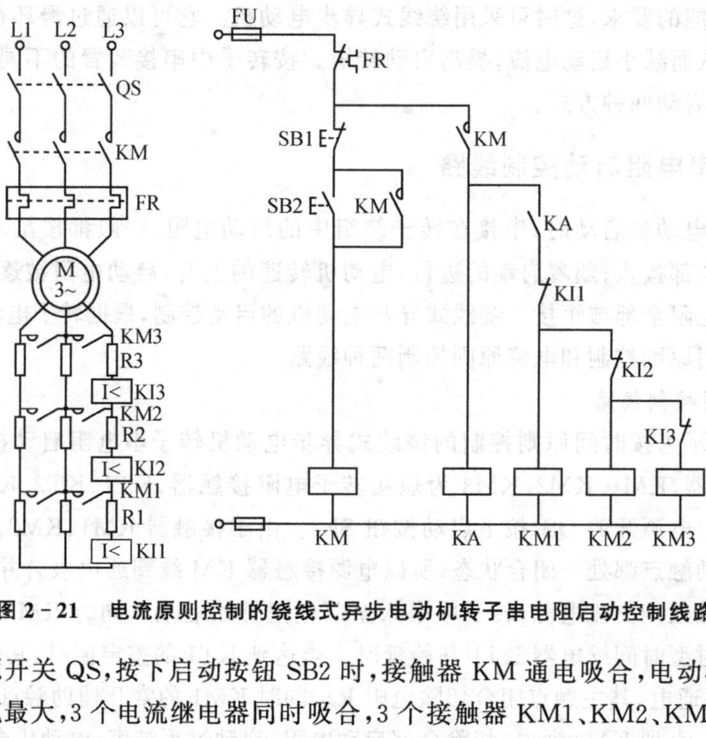

图 2-21　电流原则控制的绕线式异步电动机转子串电阻启动控制线路

当合上电源开关 QS,按下启动按钮 SB2 时,接触器 KM 通电吸合,电动机开始启动。此时由于转子电流最大,3 个电流继电器同时吸合,3 个接触器 KM1、KM2、KM3 线圈支路均被切断,电动机串入全部电阻启动。随着转子转速逐渐升高,转子电流逐渐减小,KI1 首先释放,

KM1 线圈通电吸合，切除电阻 R1。之后随着转速的上升，KM2 线圈吸合切除 R2，KM3 吸合切除 R3，电动机全速运行。

二、转子绕组串频敏变阻器启动控制线路

在转子串电阻启动线路中，由于启动过程中转子电阻是逐段切除的，电流和转矩都会产生突变，因而会产生机械冲击，并且使用的电器多、控制电路复杂、启动电阻发热消耗能量大。采用频敏变阻器来代替启动电阻，使控制电路简单，能量损耗小，所以转子串频敏变阻器启动的控制线路得到广泛应用。

1. 频敏变阻器简介

频敏变阻器实质上是一个铁芯损耗非常大的三相电抗器。其铁芯由几片或十几片较厚的钢板或铁板叠成，将 3 个绕组连接成星形，串联在转子回路中。

启动过程中，电动机转子中的感应电流频率是变化的。刚启动时，转子电流频率最高，$f_2=f_1$。此时，频敏变阻器的 R、X 最大，即等效阻抗最大，转子电流受到抑制，定子电流也就不致很大；随着电动机转速不断上升，$f_2=sf_1$（s 为转差率）便逐渐减小，其等效阻抗逐渐减小，电流也逐渐减小；当电动机正常运行时，f_2 很小，因此阻抗也变得很小。所以绕线式异步电动机串频敏变阻器启动时，随着启动过程中转子电流频率的降低，其阻抗值自动减小，实现了平滑无级的启动。

2. 转子串频敏变阻器启动控制线路

图 2－22 所示为绕线式异步电动机转子串频敏变阻器启动控制线路。图中 KM 为电源接触器，KM1 为短接频敏变阻器接触器，KT 为启动时间继电器。电路工作原理如下：

合上电源开关 QS，按下启动按钮 SB2，电源接触器 KM、通电延时型时间继电器 KT 线圈通电并自锁，KM 主触点闭合，电动机接通三相交流电源，转子串频敏变阻器启动；同时，时间继电器 KT 开始定时。随着转速上升，频敏变阻器阻抗逐渐减小，当转速上升到接近额定转速时，KT 整定时间到，其延时动合触点闭合，使 KM1 线圈通电并自锁，主触点闭合，将频敏变阻器短接，电动机进入正常运行。

该电路 KM 线圈通电需在 KT、KM1 触点工作正常条件下进行。若发生 KM1 触点粘连、KT 触点粘连、KT 线圈断线等故障时，KM 线圈将无法得电，从而避免了电动机直接启动和转子长期串接频敏变阻器的不正常现象发生。

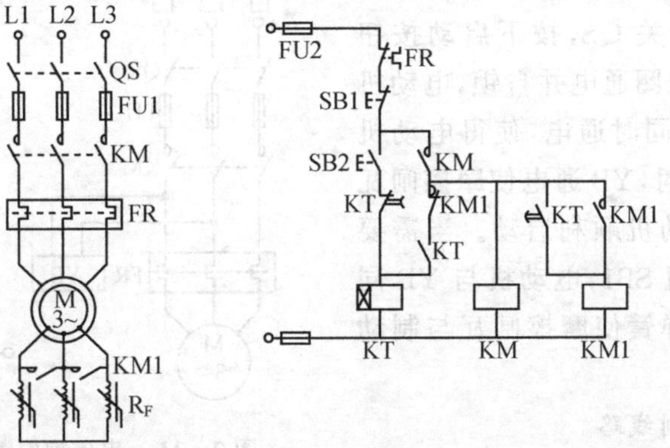

图 2－22　绕线式异步电动机转子串频敏变阻器启动控制线路

专题2.6　三相异步电动机的制动控制

教学目标

1) 了解三相异步电动机制动的目的、方法及原理;
2) 了解电磁抱闸制动控制线路的组成,并能讲述线路的工作原理;
3) 掌握反接制动控制线路的组成,并能讲述线路的工作原理;
4) 掌握能耗制动控制线路的组成,并能讲述线路的工作原理。

三相异步电动机切断电源后,由于惯性的作用,总要经过一段时间才能完全停下来。而有些生产机械要求迅速、准确地停车,这就要求对电动机进行强迫制动。制动的方法有机械制动和电气制动两大类。机械制动是用电磁铁操纵机械进行制动,如电磁抱闸制动器;电气制动是产生一个与原来转动方向相反的制动转矩。常用的电气制动方法有反接制动和能耗制动。

一、电磁抱闸制动控制线路

1. 电磁抱闸制动原理

电磁抱闸主要由制动闸轮、摩擦闸瓦、杠杆、弹簧及电磁铁等组成,有通电制动型和断电制动型两种。电磁抱闸的制动闸轮与电动机同轴连接。以断电制动型为例,电磁抱闸的制动原理为:电动机停机时,压力弹簧通过杠杆使摩擦闸瓦紧紧抱住制动闸轮实现制动;电动机启动时,抱闸电磁铁通电,克服弹簧的阻力,使摩擦闸瓦与制动闸轮分开,从而保证电动机正常启动。通电制动型与断电制动型正好相反。

2. 电磁抱闸控制线路

(1) 断电制动控制线路

断电制动控制由于其在断电情况下,仍能通过弹簧的压力,使摩擦闸瓦与制动闸轮紧紧抱住,而广泛用于电梯、起重机等设备中,使其不至于因电流中断或电气故障而降低制动的可靠性和安全性。

图2-23所示为电磁抱闸断电制动控制线路。当合上电源开关QS,按下启动按钮SB2时,接触器KM线圈通电并自锁,电动机与电磁抱闸线圈YB同时通电,使得电动机在获得启动转矩的同时,YB通电使摩擦闸瓦与制动闸轮分开,电动机顺利启动。当需要制动时,按下停止按钮SB1,电动机与YB同时断电,电磁抱闸的弹簧使摩擦闸瓦与制动闸轮抱紧实现制动。

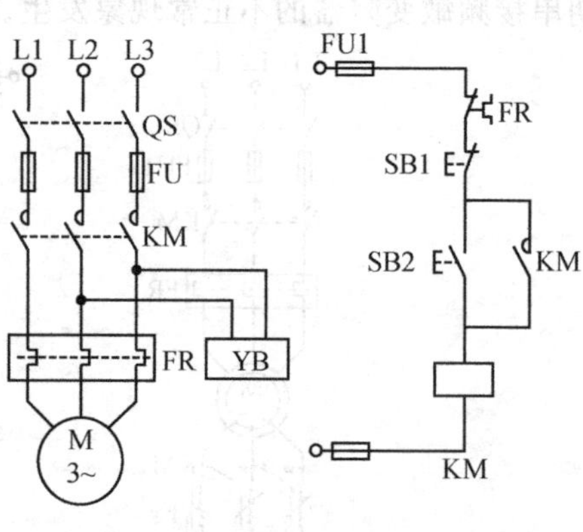

图2-23　电磁抱闸断电制动控制线路

(2) 通电制动控制线路

有些设备需要在断电状态下调整,如机床等,就不能采用断电制动控制,而应采用通电制动型控制线路,如图2-24所示。当合上电源开关 QS,按下启动按钮 SB2 时,接触器 KM 线圈通电并自锁,电动机接通电源启动运行,此时 YB 不通电。当按下停止按钮 SB1,KM 线圈断电释放,电动机断电的同时,停止按钮 SB1 使 KM1、KT 线圈通电并自锁,使电磁抱闸通电制动。制动时间到后,时间继电器的延时断开动断触点 KT 使 KM1、KT 断电释放,YB 断电,制动过程结束。

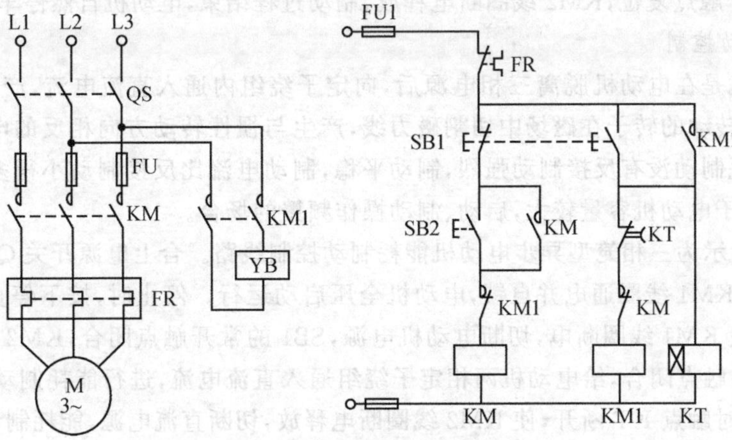

图 2-24 电磁抱闸通电制动控制线路

二、电气制动控制线路

1. 反接制动控制

反接制动是通过改变定子绕组中的电源相序,使其产生一个与转子旋转方向相反的电磁转矩来实现的。反接制动时,电动机定子绕组电流很大,相当于直接启动时的两倍。为了限制制动电流,通常在定子电路中串入反接制动电阻。但在制动到转速接近零时,应迅速切断电动机电源,以防电动机反向再启动。通常采用速度继电器来检测电动机的转速,并控制电动机反相电源的断开。

反接制动的优点是制动转矩大、制动迅速,缺点是能量损耗大、制动时冲击大、制动准确度差。图 2-25 所示为三相笼型异步电动机反接制动控制线路。

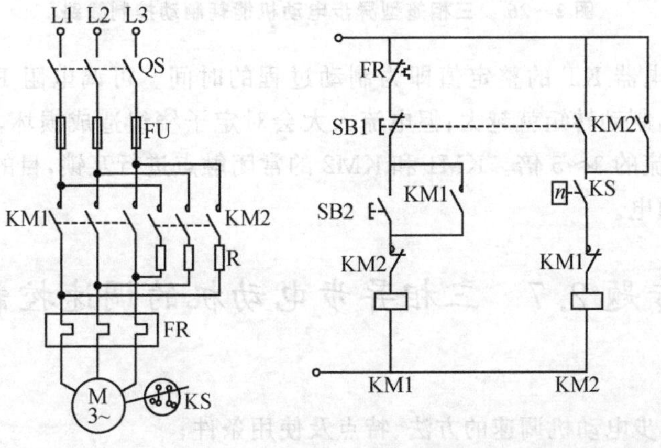

图 2-25 三相笼型异步电动机反接制动控制线路

合上电源开关 QS,按下启动按钮 SB2,接触器 KM1 线圈通电并自锁,电动机全压启动运行。当转速达到 120 r/min 以上时,速度继电器 KS 的常开触点闭合,为制动做好准备。停止时,按下停止按钮 SB1,KM1 断电释放,其主触点断开,KM2 通电并自锁,电动机定子串入制动电阻并接通反相序电源进行反接制动,电动机转速迅速下降。当转速下降至 100 r/min 以下时,KS 的常开触点复位,KM2 线圈断电释放,制动过程结束,电动机自然停车至零。

2. 能耗制动控制

能耗制动就是在电动机脱离三相电源后,向定子绕组内通入直流电流,产生一个静止磁场,使仍在惯性转动的转子在磁场中切割磁力线,产生与惯性转动方向相反的电磁转矩,达到制动目的。能耗制动没有反接制动强烈,制动平稳,制动电流比反接制动小得多,所消耗的能量小,通常适用于电动机容量较大,启动、制动操作频繁的场合。

图 2-26 所示为三相笼型异步电动机能耗制动控制线路。合上电源开关 QS,按下启动按钮 SB2,接触器 KM1 线圈通电并自锁,电动机全压启动运行。停止时,按下停止按钮 SB1,其常闭触点断开使 KM1 线圈断电,切断电动机电源,SB1 的常开触点闭合,KM2、KT 线圈通电并自锁,KM2 主触点闭合,给电动机两相定子绕组通入直流电流,进行能耗制动。当达到 KT 整定值时,其延时触点 KT 断开,使 KM2 线圈断电释放,切断直流电源,能耗制动结束。

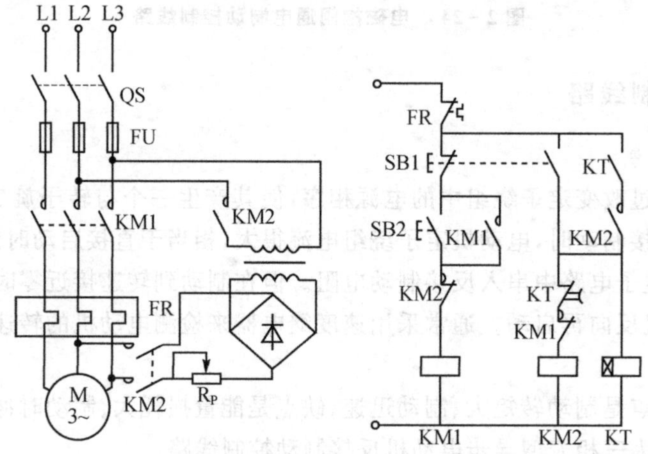

图 2-26 三相笼型异步电动机能耗制动控制线路

线路中时间继电器 KT 的整定值即为制动过程的时间。可调电阻 R_P 用来调节制动电流。制动电流越大,制动转矩就越大;但电流太大会对定子绕组造成损坏,一般根据要求可调节为电动机空载电流的 3~5 倍。KM1 和 KM2 的常闭触点进行互锁,目的是将交流电和直流电隔离,防止同时通电。

专题 2.7 三相异步电动机的调速控制

教学目标

1) 了解三相异步电动机调速的方法、特点及使用条件;

2) 了解三相笼型异步电动机变极调速控制线路的组成,并能讲述线路的工作原理;

3）掌握三相绕线式异步电动机转子串电阻调速控制线路的组成，并能讲述线路的工作原理。

在电力拖动控制系统中，根据控制设备的工艺要求，经常需要调整电动机的转速。由三相异步电动机的转速公式 $n = 60f(1-s)/p$ 可知，改变电动机的磁极对数 p、转差率 s 及电源频率 f 都可以实现调速。对笼型异步电动机可采用改变磁极对数、改变定子电压和改变电源频率的方法；而对绕线式异步电动机除可采用变频外，常用的方法是转子串电阻调速或串级调速。

一、三相笼型异步电动机变极调速控制线路

变极调速是通过改变定子绕组的接线方式，以获得不同的极对数来实现调速的。

图 2-27 所示为 4/2 极的双速电动机定子绕组接线示意图。三相定子绕组有六个接线端，图 2-27(a)所示是将电动机定子绕组的 U1、V1、W1 三个端接三相交流电源，将 U2、V2、W2 三个接线端悬空，三相定子绕组接成三角形。此时每相绕组中的①、②线圈串联，电流方向如图 2-27(a)所示，电动机的极数为 4 极，同步转速为 1500 r/min。当把 U1、V1、W1 三个端子短接，U2、V2、W2 接到三相电源上，如图 2-27(b)所示，则定子绕组由三角形接线变成双星形接线。此时每相绕组中的①、②线圈并联，电流方向如图 2-27(b)所示，电动机的极数变为 2 极，同步转速为 3000 r/min。须注意的是改变极对数后，其相序方向与原来相序相反。所以，变极时必须把电动机任意两个出线端对调，从而保证变极后转动方向不变。

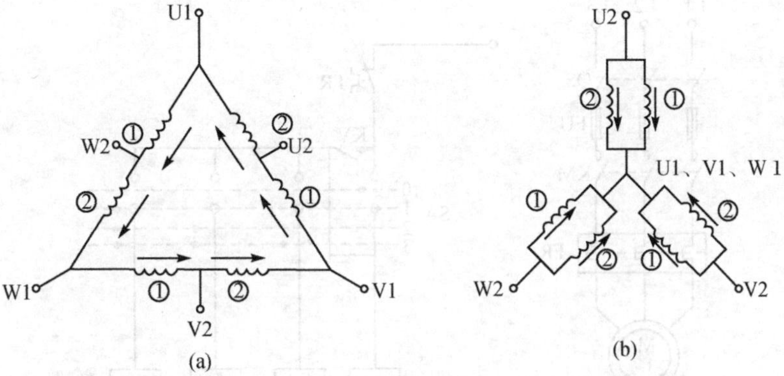

图 2-27　4/2 极双速异步电动机三相定子绕组接线示意图

图 2-28 所示为 4/2 极双速异步电动机控制线路。合上电源开关 QS，按下低速启动按钮 SB3，接触器 KM1 线圈通电并自锁，定子绕组接成如图 2-27(a)所示，磁极数为 4，电动机低速运行；若按下高速启动按钮 SB2，接触器 KM2、KM3 线圈通电并自锁，定子绕组接成如图 2-27(b)所示，磁极数为 2，电动机高速运行。

二、三相绕线式异步电动机转子串电阻调速控制线路

三相绕线式异步电动机串电阻调速方法，实际上是通过调节串接在转子上的电阻，改变电动机机械特性的斜率（改变转差率 s）来实现调速的一种方法。在负载转矩一定的情况下，串入的电阻越大，电动机机械特性越软，转速越低。

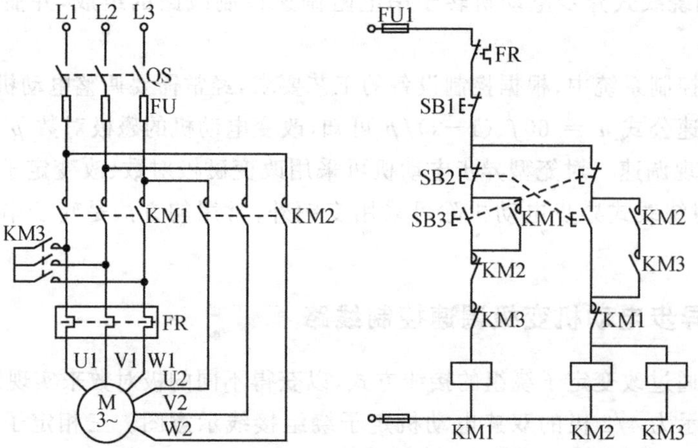

图 2-28　4/2 极双速异步电动机控制线路

图 2-29 所示为绕线式异步电动机转子串电阻调速控制线路。当主令控制器 SA 在“0”位时,零位继电器 KV 线圈通电并自锁。需要低速、中速、高速运行时,分别将 SA 推至“1”“2”“3”位,电动机将分别在转子串入 R1、R2 和不串电阻 3 种状态下运行,获得低、中、高 3 个转速。SA 在“0”位时,电动机停机。KV 在线路中起失压保护作用。每次断电后再启动,都需要将 SA 扳回“0”位。

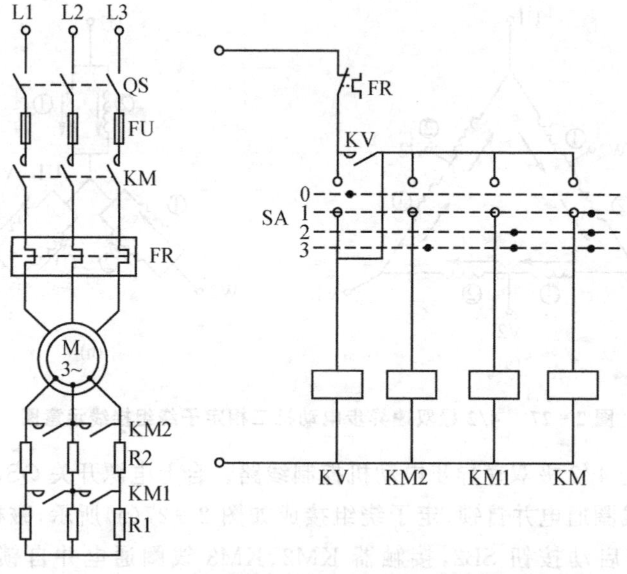

图 2-29　绕线式异步电动机转子串电阻调速控制线路

转子串电阻调速的缺点是所串电阻要消耗大量电能,但由于其方法简单、便于操作,所以在起重机、吊车类短时工作的生产机械上得到广泛应用。

三、调压调速

调压调速就是通过改变电动机的定子电压来实现调节电动机的转速。由电动机基本原理可知，在相同转速下，电磁转矩与定子电压的平方成正比。因此，改变定子外加电压（最高为其额定电压）就可以改变电动机的机械特性，使其在相同负载转矩下，工作在不同的速度点上，实现调压调速。目前主要采用晶闸管交流调压器实现变压调速，通过调整晶闸管的触发角来改变调压器的输出电压，使电动机的转速随电压不同而变化。这种调速过程中的转差功率损耗在转子里，所以效率较低。

四、变频调速

1. 变频调速原理

当三相异步电动机磁极对数不变时，电动机的转速与电源频率成正比；如果能够连续地改变电源的频率，就可以连续平滑地调节电动机的转速，这就是变频调速的原理。变频调速具有调速范围宽、平滑性好、机械特性较硬等优点，能够获得较好的调速性能。随着交流变频技术的成熟并进入实用化，变频调速已成为异步电动机最主要的调速方式，得到了广泛应用。

由定子电压平衡方程式 $U_1 \approx E_1 = 4.44 f_1 N_1 \Phi_m$ 可知，当改变电源的频率 f_1 进行调速时，必须同时改变电源电压 U_1，否则将导致磁通 Φ_m 变化。如当 f_1 降低时，若 U_1 保持不变，则磁通 Φ_m 将增加。因为电机在设计时其磁通已接近饱和值，所以磁通的进一步加大会出现饱和，造成励磁电流和铁损增加。反之，磁通的减少将会造成电机欠励磁，影响电动机的输出转矩。所以在调节 f_1 时，需同步调节电压 U_1，即保持 U_1/f_1 为常数，以维持磁通恒定。

异步电动机变频调速的控制方式主要有保持 U/f 比恒定的变频调速、恒转矩变频调速、恒功率变频调速和矢量控制变频调速等。目前使用较多的是 U/f 比恒定的控制方式。

2. 变频器简介

变频器是用于改变交流电源的频率来实现变频调速的装置。变频器最早的形式是旋转变频发电机组，随着电力电子技术的发展，这种变频装置已经被静止式变频电源所取代。目前使用的静止式变频器有很多种类，中小容量的通用变频器多采用 U/f 比恒定控制。变频的基本原理是先将电网的交流电变成直流电（称为整流），再将直流电变为频率和幅值均可调节的交流电（称为逆变），即所谓“交—直—交”方式。变频过程用 32 位微处理器芯片控制，使用时可先在变频器数字操作器上进行基本功能的设定，如电动机的运行频率、转向、U/f 类型、加速和减速时间等。数字操作器上可以显示电动机的运行基本数据（如电压、电流、转速等），并在发生故障时显示故障的种类状态等。还可以使用智能端子进行数字或模拟设定，或配用可编程控制器进行控制。有的变频器还备有标准通信接口，用以连接计算机进行上位控制和运行监控，其可控制和可操作的物理量达上百个。因此可以说，一个变频器已构成一个完善的自动控制系统。使用变频器，不仅可以控制电动机按多级速度自动变速、恒速运行，还可以直接控制电动机的正反转。另外，还能根据需要将外界的各种物理量（如压力、流量、温度等）作为设定频率的关联值，组成闭环控制系统，实现复杂的自动化控制。

思考题与习题

2-1　常用的电气控制系统图有哪三种？

2-2　电气原理图中 QS、FU、KM、KA、KT、SB、SQ 分别表示什么电器元件的文字符号？

2-3　什么是欠压与失压保护？用接触器与按钮控制的电路是如何实现欠压与失压保护的？

2-4　在电动机的主电路中,既然装了熔断器,为什么还安装热继电器?它们各起什么作用?

2-5　什么是自锁?什么是互锁?实现电动机正反转互锁控制的方法有哪两种?

2-6　三相笼型异步电动机在什么条件下可以直接启动?

2-7　分析图 2-30 中的各控制线路在正常操作时存在的问题,并加以改正。

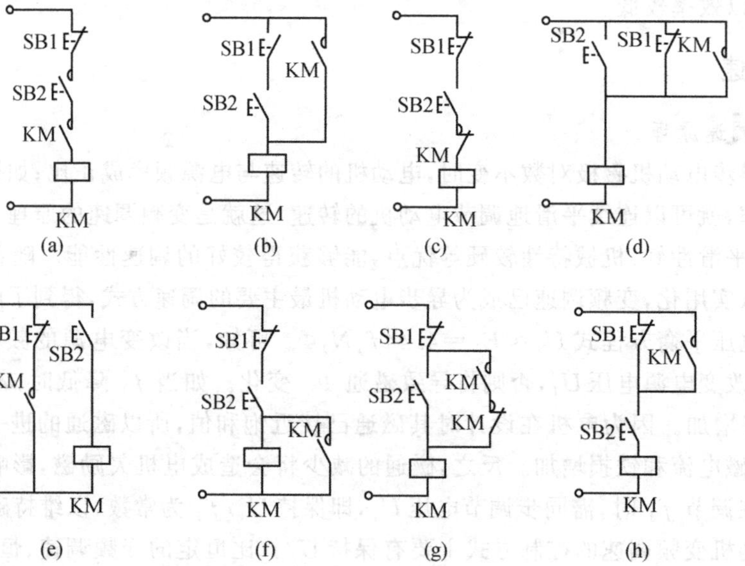

图 2-30　各种控制线路

2-8　什么叫反接制动?什么叫能耗制动?各有什么特点?

2-9　图 2-31 所示是供配电系统中常用的闪光电源控制线路,KA 是事故继电器的常开触点。当发生故障时,常开触点 KA 闭合,信号灯 HL 发出闪光信号。试分析闪光信号控制的工作原理。

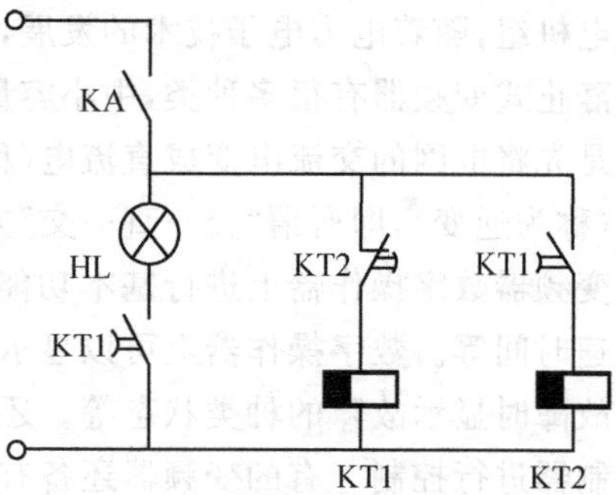

图 2-31　闪光电源控制电路

2-10　两台三相笼型异步电动机 M1、M2,要求既可实现 M1、M2 的分别启动和停止,又可实现同时停止。试设计其主电路与控制电路。

2-11　某一升降装置,由一台笼型电动机拖动,直接启动,采用电磁抱闸制动。控制要求为:按下启动按钮后,先松闸,经 3 s 后,电动机开始正向启动,工作台升起;上升 5 s 后,电动机停止并自动反向,工作台下降;经 5 s 后,电动机停止,电磁抱闸抱紧。试设计其主电路与控制电路。

2-12　试为某设备的两台电动机设计一个电气控制线路,其中一台为双速电动机。控制要求如下:① 两台电动机都能独立操作,可分别控制其启动与停止,互不影响;

② 能同时控制两台电动机的启动与停止;

③ 双速电动机的控制是先低速启动,后自动转为高速运转;

④ 当其中一台电动机发生过载时,两台电动机都停止;

⑤ 两台电动机的控制都具有短路保护和过载保护功能。

模块3 典型机械设备电气控制系统

项目3.1 CA6140车床电气故障检修

教学目标

1）了解CA6140卧式车床电气控制的特点；

2）能正确识读CA6140卧式车床电气控制原理图；

3）掌握机床检修常用的方法和步骤；

4）能正确分析并排除CA6140卧式车床常见故障。

一、项目简介

现有一台CA6140卧式车床在使用中出现以下电气故障，请予检修。

① KM1接触器不吸合，主轴电动机不工作。

② 主轴电动机缺相不能运转。

③ CA6140车床在运行中自动停车。

二、项目相关知识

CA6140卧式车床是机械加工中广泛使用的一种机床，可以用来加工各种回转表面、螺纹和端面。车床主轴由一台主电动机拖动，并经机械传动链，实现对工件切削主运动和刀具进给运动的联动输出，其运动速度可通过手柄操作变速齿轮箱进行切换。刀具的快速移动以及冷却系统和液压系统的拖动，则采用单独电动机驱动。

（一）CA6140车床结构、运动形式和控制要求

1. 车床结构及运动形式

如图3-1所示，CA6140卧式车床主要由床身、主轴变速箱、挂轮箱、进给箱、溜板箱、拖板与刀架、尾架、光杠和丝杆等部分组成。

车床主运动为工件的旋转运动，是由主轴通过卡盘或顶尖带动工件旋转，承受车削加工时的主要切削功率。车削加工时，应根据被加工工件的材料、工件尺寸、刀具种类、工艺要求等来选择不同的切削速度。这就要求主轴能在相当大的范围内调速。对于普通车床，调速范围（变比）一般大于70。车削加工时，一般不要求反转；但在加工螺纹时，为避免乱扣，要反转退刀，所以要求主轴能正、反转。主轴的正、反转是通过主轴变速箱来实现的。

车床的进给运动是溜板带动刀架的纵向或横向直线运动，其运动方式有手动或机动两种。加工螺纹时，工件的旋转速度与刀具的进给速度应有严格的比例关系。为此，车床溜板箱与主轴箱之间通过齿轮传动来连接，而主运动与进给运动由同一台电动机拖动。

车床的辅助运动有刀架的快速移动、尾架的移动以及工件的夹紧与放松等。

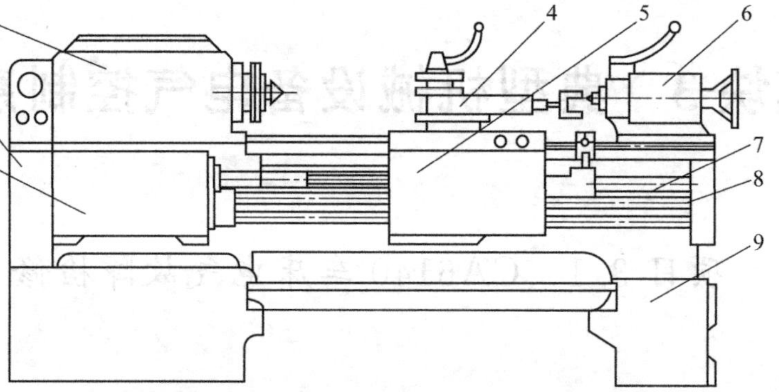

1—进给箱；2—挂轮箱；3—主轴变速箱；4—溜板与刀架；
5—溜板箱；6—尾架；7—丝杠；8—光杠；9—床身

图 3-1　CA6140 卧式车床的结构示意图

2. 车床对电气控制的要求

根据车床的运动情况和工艺要求，对 CA6140 车床的电气控制有如下要求：

① 主轴旋转要能调速，主拖动电动机一般选用三相笼型感应电动机。为满足调速要求，采用机械变速。

② 为车削螺纹，主轴要求正、反转。CA6140 车床主轴的正、反转靠摩擦离合器来实现，电动机只作单向旋转。

③ CA6140 车床的主轴电动机采用直接启动，停车时为自由停车。

④ 车削加工时，刀具与工件温度较高，需进行冷却。为此，设有一台冷却泵电动机，输出冷却液，且冷却泵与主轴电动机有着联锁关系，即冷却泵电动机应在主轴电动机启动后方可选择启动与否；当主轴电动机停止时，冷却泵电动机便立即停止。

⑤ 为实现溜板箱的快速移动，由单独的快速移动电动机拖动，采用点动控制。

⑥ 控制电路应具有安全可靠的保护环节和必要的照明及信号指示。

(二) CA6140 卧式车床电气控制系统分析

CA6140 卧式车床的电气控制系统原理图如图 3-2 所示。

1. 主电路分析

图 3-2 所示的主电路中有 3 台电动机。主电动机 M1 拖动主轴旋转，并通过进给机构实现车床的进给运动。由接触器 KM1 控制电动机 M1 的接通与断开；断路器 QF 将三相电源引入，并实现短路保护；采用热继电器 FR1 对电动机 M1 进行过载保护。

冷却泵电动机 M2 拖动冷却泵输出冷却液，由接触器 KM2 控制；熔断器 FU1 实现短路保护，热继电器 FR2 对电动机 M2 进行过载保护。

快速电动机 M3 拖动溜板实现快速移动，由接触器 KM3 控制，采用熔断器 FU2 实现短路保护。由于快速电动机工作时间短，所以可不加过载保护。

2. 控制电路分析

如图 3-2 所示，由于电动机 M1、M2、M3 功率均小于 10 kW，故都采用全压直接启动。由启动按钮 SB1、停止按钮 SB2 和接触器 KM1 构成的电路，实现对 M1 的控制。而主轴的正、反转是由摩擦离合器改变传动链来实现的。

冷却泵电动机 M2 是在主轴电动机 M1 启动之后，扳动开关 SA1 来控制接触器 KM2，实

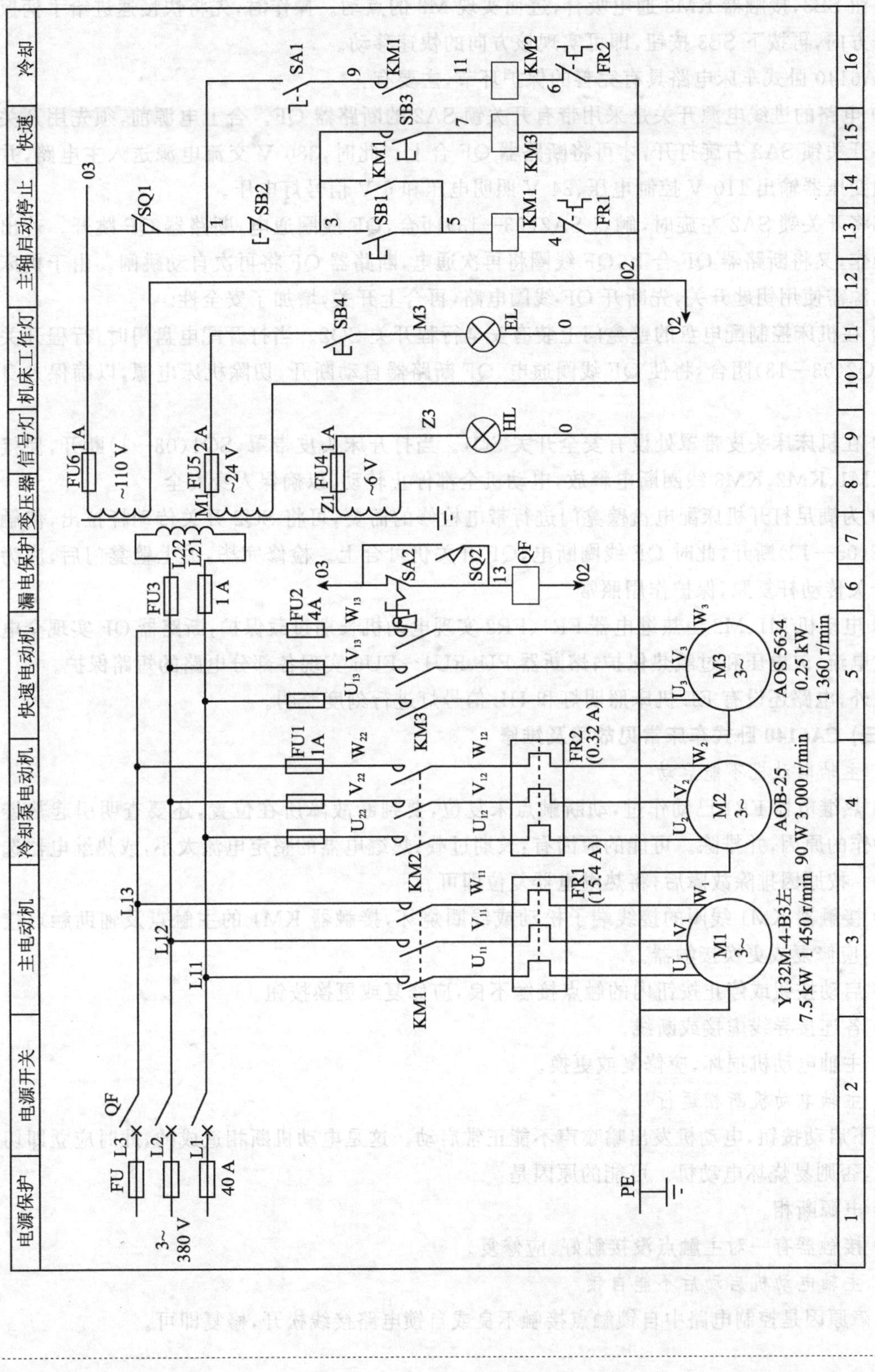

图 3-2 CA6140卧式车床电气控制原理图

现冷却泵电动机的启动与停止。由于 SA1 开关具有定位作用,故不设自锁触点。

快速移动电动机 M3 由装在溜板箱上的快速进给手柄控制,选择该手柄的位置,按住快速移动按钮 SB3,接触器 KM3 通电吸合,进而实现 M3 的点动。操作时,先将快慢速进给手柄扳到所需方向,再按下 SB3 按钮,即可实现该方向的快速移动。

CA6140 卧式车床电路具有完善的保护环节,主要有:

① 电路的进线电源开关是采用带有开关锁 SA2 的断路器 QF。合上电源前,须先用开关钥匙将开关锁 SA2 右旋打开,才可将断路器 QF 合上。此时,380 V 交流电源送入主电路,并经控制变压器输出 110 V 控制电压、24 V 照明电压和 6 V 信号灯电压。

如将开关锁 SA2 左旋时,触点 SA2(03—13)闭合,QF 线圈通电,断路器 QF 跳开。若出现误操作,又将断路器 QF 合上,QF 线圈将再次通电,断路器 QF 将再次自动跳闸。由于机床接通电源需使用钥匙开关,先断开 QF 线圈电路,再合上开关,增加了安全性。

② 在机床控制配电盘的壁龛门上装有安全行程开关 SQ2。当打开配电盘门时,行程开关触点 SQ2(03—13)闭合,将使 QF 线圈通电,QF 断路器自动断开,切除机床电源,以确保人身安全。

③ 在机床床头皮带罩处设有安全开关 SQ1。当打开床头皮带罩,SQ1(03—1)断开,使接触器 KM1、KM2、KM3 线圈断电释放,电动机全都停止转动,以确保人身安全。

④ 为满足打开机床配电盘壁龛门进行带电检修的需要,可将 SQ2 开关传动杆拉出,使触点 SQ2(03—13)断开,此时 QF 线圈断电,QF 开关仍可合上。检修完毕,关上壁龛门后,应为 SQ2 开关传动杆复原,保护作用照常。

⑤ 电动机 M1、M2 由热继电器 FR1、FR2 实现电动机长期过载保护;断路器 QF 实现全电路的过电流、欠电压和过载热保护;熔断器 FU、FU1～FU6 实现各部分电路的短路保护。

此外,电路还设有 EL 机床照明灯和 HL 信号灯进行刻度照明。

(三) CA6140 卧式车床常见故障及维修

1. 主轴电动机不能启动

① 热继电器 FR1 已动作过,动断触点未复位,要判断故障所在位置,还要查明引起热继电器动作的原因,并排除。可能的原因有:长期过载;热继电器的整定电流太小,或热继电器选择不当。按原因排除故障后,将热继电器复位即可。

② 接触器 KM1 线圈的接线端子松动或线圈烧坏,接触器 KM1 的主触点及辅助触点接触不良,应修复或更换接触器。

③ 启动按钮或停止按钮内的触点接触不良,应修复或更换按钮。

④ 各连接导线虚接或断线。

⑤ 主轴电动机损坏,应修复或更换。

2. 主轴电动机断相运行

按下启动按钮,电动机发出嗡嗡声不能正常启动。这是电动机断相造成的,此时应立即切断电源,否则易烧坏电动机。可能的原因是:

① 电源断相。

② 接触器有一对主触点没接触好,应修复。

3. 主轴电动机启动后不能自锁

故障原因是控制电路中自锁触点接触不良或自锁电路接线松开,修复即可。

4. 按下停止按钮主轴电动机不能停止

① 接触器主触点熔焊，不能断开电源，应修复或更换接触器。

② 停止按钮的动断触点被卡住，不能断开，应更换停止按钮。

5. 冷却泵电动机不能启动

① SA1 开关触点不能闭合，应更换；KM1(9—11)辅助触点不能闭合，应修复或更换。

② 熔断器 FU1 熔体熔断，应更换。

③ 热继电器 FR2 已动作过，未复位。

④ 接触器 KM2 线圈或触点已损坏，应修复或更换。

⑤ 冷却泵电动机已损坏，应修复或更换。

6. 快速移动电动机不能启动

① 按钮 SB3 内的触点接触不良，应修复或更换按钮。

② 接触器 KM3 线圈或触点已损坏，应修复或更换。

③ 快速移动电动机已损坏，应修复或更换。

三、项目的实现

1. 准备工作

① CA6140 车床实物或模拟实训装置 1 台；

② 电工常用工具 1 套、万用表 1 块、兆欧表 1 台、钳形电流表 1 块；

③ 在车床或模拟实训装置上人为设置好故障，每次只设置一处故障。

2. 电气故障检修

(1) KM1 接触器不吸合，主轴电动机不工作的检修

首先根据故障现象在电气原理图上标出可能的最小故障范围，然后按下面的步骤进行检查，直到找出故障点。检修步骤如下：

① 接通 QF 电源开关，观察电路中的各元件有无异常，如发热、焦味、异常声响等。如有异常现象发生，应立即切断电源，重点检查异常部位，并采取相应的措施。

② 用万用表的 AC500～750 V 挡检查 1—6 和 1—PE 间的电压，应为 127 V，判断 FU6 熔断器及变压器 TC 是否有故障。

③ 用万用表的 AC500～750 V 挡检查 1—2、1—3、1—4、1—5 各点的电压值，判断安全行程开关 SQ1、停止按钮 SB2、热继电器 FR1 的常闭触点以及接触器 KM1 的线圈是否有故障。

④ 切断电源开关 QF，将万用表 R×1 挡的表笔接到 6—3 两点，分别按启动按钮 SB1 及 KM1 的触点架使之闭合，检查 SB1 的触点、KM1 的自锁触点是否有故障。

⑤ 用万用表 R×1 挡测量 1—2、1—3、4—5 点的电阻值，用 R×10 挡测 5—6 点之间的电阻值。

注意事项：

① 带电操作时，应作好安全防护，穿绝缘鞋，身体各部分不得触碰机床，并且需要由教师监护。

② 正确使用仪表，各点测试时表笔的位置要准确，不得与相邻点碰撞，防止发生短路事故。一定要在断电的情况下使用万用表的欧姆挡测电阻。

③ 发现故障部位后，必须用另一种方法复查，准确无误后，方可修理或更换有故障的元

件,更换时要采用原型号规格的元件。

(2) CA6140车床主轴电动机缺相不能运转的检修

首先根据故障现象在电气原理图上标出可能的最小故障范围,然后按下面的步骤进行检查,直到找出故障点。检修步骤如下:

① 车床启动后,KM1接触器吸合后M1电动机不能运转,听电动机有无嗡嗡声,电动机外壳有无微微振动的感觉。如有,即为缺相运行,应立即停机。

② 用万用表的AC500～750 V挡测QF的进出三相线之间的电压,应为380(1±10%)V。

③ 拆除M1的接线启动机床。

④ 用万用表的AC500～750 V挡检查KM1接触器的进出线三相之间的电压,应为380(1±10%)V。

⑤ 若以上无误,则切断电源,拆开电动机三角形接线端子,用兆欧表检测电动机的三相绕组。

注意事项:

① 电动机有嗡嗡声,说明电动机缺相运行;若电动机不运行,则可能无电源。

② QF的电源进线缺相应检查电源,若出线缺相应检修QF开关。

③ 若KM1接触器进线电源缺相,则电力线路有断点;若出线缺相,则KM1的主触点损坏,需要更换触点。

④ 带电操作注意安全,正确选择仪表的功能、挡位和测试位置,防止表笔与相邻点接触造成短路。

(3) CA6140车床在运行中自动停车的检修

首先根据故障现象在电气原理图上标出可能的最小故障范围,然后按下面的步骤进行检查,直到找出故障点。检修步骤如下:

① 检查FR1热继电器是否动作,观察红色复位按钮是否弹出。

② 过几分钟待热继电器的温度降低后,按红色按钮使热继电器复位。

③ 启动机床。

④ 根据FR1动作情况将钳形电流表卡在电动机M1的三相电源的输入线上,测量其定子平衡电流。

⑤ 根据电流的大小采取相应的解决措施。

注意事项:

① 如电动机的电流等于或大于额定电流的120%,则电动机为过载运行,此时应减小负载。

② 如减小负载后电流仍很大,超过额定电流,则应检修电动机或检查机械传动部分。

③ 如果电动机的电流接近额定电流值时FR1动作,这是由于电动机运行时间过长,环境温度过高、机床振动造成热继电器的误动作。

④ 若电动机的电流小于额定电流,则可能是热继电器的整定值偏移或过小。此时应重新校验、调整热继电器。

⑤ 钳形电流表的挡位应选用大于额定电流值2～3倍的挡位。

项目 3.2　M7130 平面磨床电气故障检修

教学目标

1）了解 M7130 平面磨床电气控制的特点；

2）能正确识读 M7130 平面磨床电气控制原理图；

3）能正确分析并排除 M7130 平面磨床常见故障。

一、项目简介

一台 M7130 平面磨床的液压泵电动机 M3 不能启动。据分析是由于工件过长，工作台行程较大，往返工作几次后出现这一情况，并且吸盘无吸力，请予以检修。

二、项目相关知识

磨床是用砂轮的周边或端面进行加工的精密机床。砂轮的旋转是主运动，工件或砂轮的往复运动为进给运动，而砂轮架的快速移动及工作台的移动为辅助运动。下面以 M7130 卧轴矩台平面磨床为例进行分析与讨论。

（一）M7130 平面磨床结构、运动形式和控制要求

1. M7130 平面磨床结构及运动形式

M7130 平面磨床的主要结构包括床身、立柱、滑座、砂轮箱、工作台和电磁吸盘，如图 3-3 所示。磨床的工作台表面有 T 形槽，可以用螺钉和压板将工件直接固定在工作台上，也可以在工作台上装上电磁吸盘，用来吸持铁磁性的工件。平面磨床进行磨削加工的示意图如图 3-4 所示，砂轮与砂轮电动机均装在砂轮箱内，砂轮直接由砂轮电动机带动旋转；砂轮箱装在滑座上，而滑座装在立柱上。

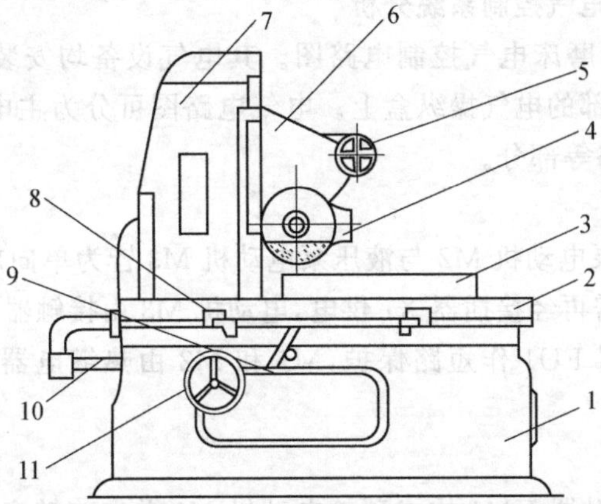

1—床身；2—工作台；3—电磁吸盘；4—砂轮箱；5—砂轮箱横向移动手轮；6—滑座；7—立柱；8—工作台换向撞块；9—工作台往复运动换向手柄；10—活塞杆；11—砂轮箱垂直进刀手轮

图 3-3　M7130 平面磨床结构示意图

磨床的主运动是砂轮的旋转运动，而进给运动则有以下 3 种运动：

① 工作台（带有电磁吸盘和工件）作纵向往复运动。

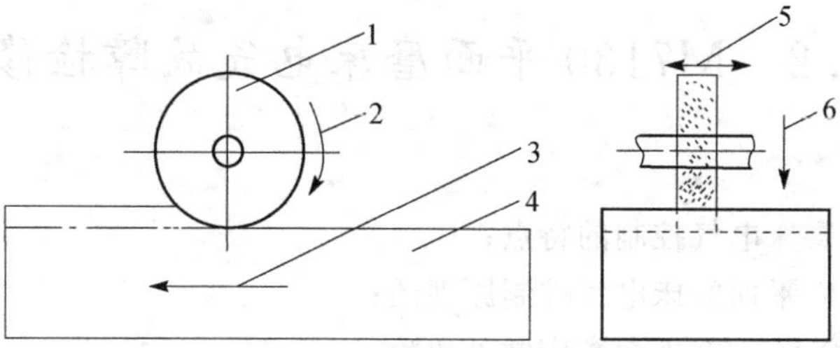

1—砂轮；2—主运动；3—纵向进给运动；4—工作台；5—横向进给运动；6—垂直进给运动

图 3-4　矩形工作台平面磨床工作图

② 砂轮箱沿滑座上的燕尾槽作横向进给运动。

③ 砂轮箱和滑座一起沿立柱上的导轨作垂直进给运动。

2. M7130 平面磨床电力拖动特点及电气控制要求

M7130 平面磨床采用多台电动机拖动，其电力拖动和电气控制、保护的要求是：

① 砂轮由一台笼型异步电动机拖动。因为砂轮的转速不需要调节，所以对砂轮电动机没有电气调速的要求，也不需要反转，可直接启动。

② 平面磨床的纵向和横向进给运动一般采用液压传动，所以需要由一台液压泵电动机驱动，液压泵电动机只须直接启动。

③ 同车床一样，也需要一台冷却泵电动机提供冷却液，冷却泵电动机与砂轮电动机也具有联锁关系，即要求砂轮电动机启动后才能开动冷却泵电动机。

④ 平面磨床往往采用电磁吸盘来吸持工件。电磁吸盘需要有直流电源，还要有退磁电路；同时，为防止在磨削加工时因电磁吸盘吸力不足而造成工件飞出，还要求有弱磁保护环节。

⑤ 具有各种常规的电气保护环节(如短路保护和电动机的过载保护)，并具有安全的局部照明装置。

(二) M7130 平面磨床电气控制系统分析

图 3-5 为 M7130 平面磨床电气控制电路图。其电气设备均安装在床身后部的壁龛盒内，控制按钮安装在床身前部的电气操纵盒上。电气电路图可分为主电路、控制电路、电磁吸盘控制电路及机床照明电路等部分。

1. 主电路分析

砂轮电动机 M1、冷却泵电动机 M2 与液压泵电动机 M3 皆为单向旋转。其中 M1、M2 由接触器 KM1 控制，但 M2 需再经接插器 X1 供电，电动机 M3 由接触器 KM2 控制。

3 台电动机共用熔断器 FU1 作短路保护，M1 和 M2 由热继电器 FR1、M3 由热继电器 FR2 作长期过载保护。

2. 控制电路分析

由按钮 SB1、SB2 与接触器 KM1 构成砂轮电动机 M1 单向旋转启动—停止控制电路；由按钮 SB3、SB4 与接触器 KM2 构成液压泵电动机 M3 单向旋转启动—停止控制电路。但 KM1、KM2 的导通必须通过在点 3 与点 4 间触点 KA 和 SA1 的并联支路，也即电动机必须在下述条件之一成立时方可启动：

① 电磁吸盘 YH 工作，且欠电流继电器 KA 通电吸合，表明吸盘电流足够大，足以将工件吸牢时，其触头 KA(3—4)闭合。

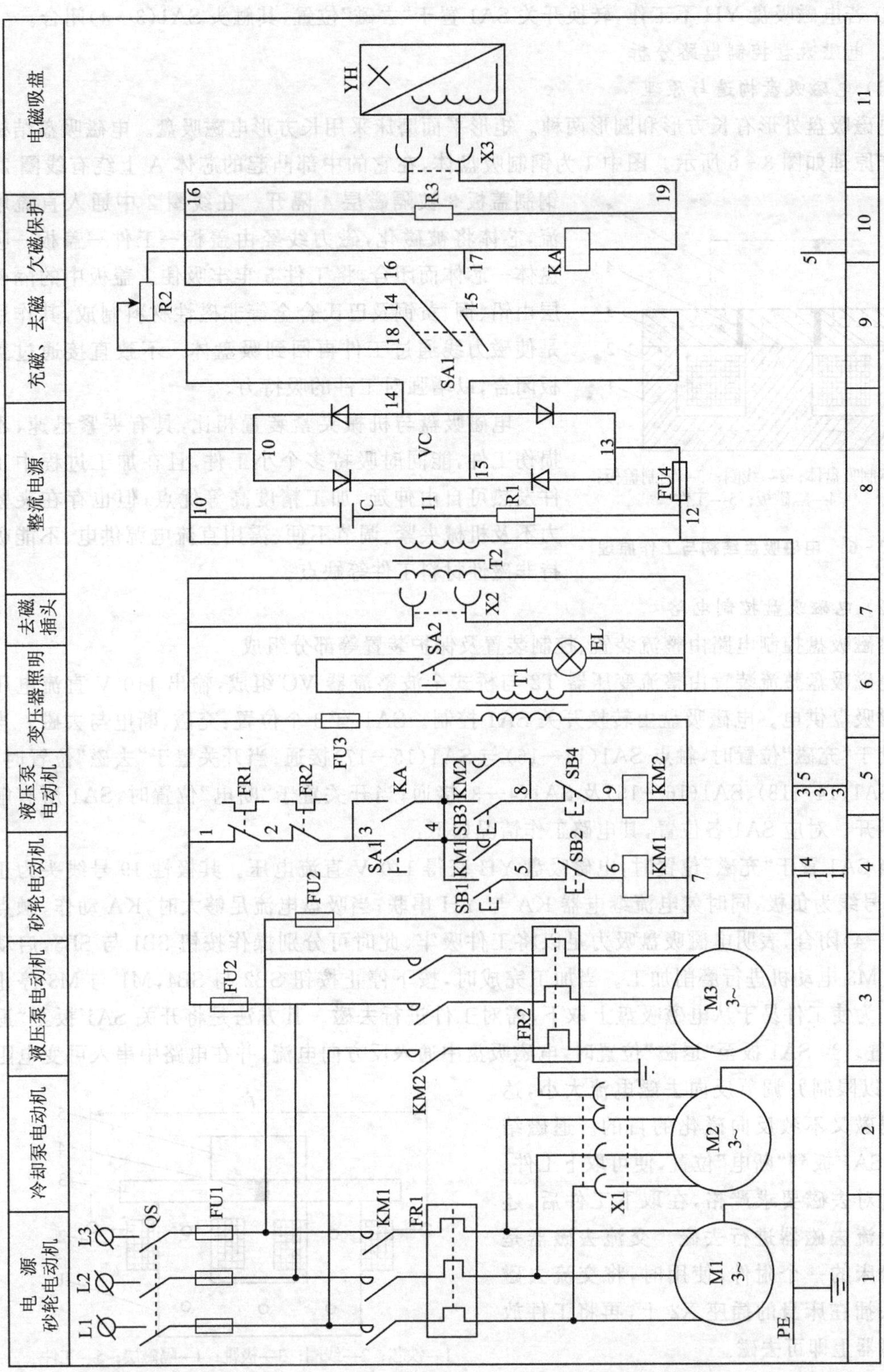

图3－5　M7130型平面磨床电气控制原理图

② 若电磁吸盘 YH 不工作,转换开关 SA1 置于“去磁”位置,其触头 SA1(3—4)闭合。

3. 电磁吸盘控制电路分析

(1) 电磁吸盘构造与原理

电磁吸盘外形有长方形和圆形两种。矩形平面磨床采用长方形电磁吸盘。电磁吸盘结构与工作原理如图 3-6 所示。图中 1 为钢制吸盘体,在它的中部凸起的芯体 A 上绕有线圈 2,钢制盖板 3 被隔磁层 4 隔开。在线圈 2 中通入直流电流,芯体将被磁化,磁力线经由盖板—工件—盖板—吸盘体—芯体而闭合,将工件 5 牢牢吸住。盖板中的隔磁层由铅、铜、黄铜及巴氏合金等非磁性材料制成,其作用是使磁力线通过工件再回到吸盘体。不致直接通过盖板闭合,以增强对工件的吸持力。

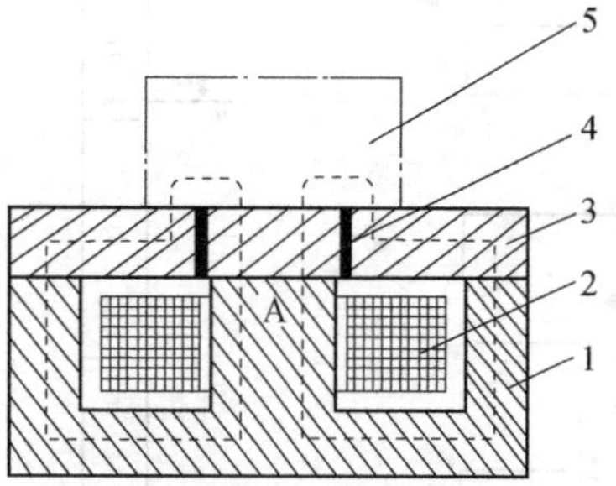

1—钢制吸盘体; 2—线圈; 3—钢制盖板; 4—隔磁板; 5—工件

图 3-6 电磁吸盘结构与工作原理

电磁吸盘与机械夹紧装置相比,具有夹紧迅速,不损伤工件,能同时吸持多个小工件,且在加工过程中工件发热可自由伸延,加工精度高等优点;但也存在夹紧力不及机械夹紧、调节不便、需用直流电源供电、不能吸持非磁性材料工件等缺点。

(2) 电磁吸盘控制电路

电磁吸盘控制电路由整流装置、控制装置及保护装置等部分组成。

电磁吸盘整流装置由整流变压器 T2 与桥式全波整流器 VC 组成,输出 110 V 直流电压对电磁吸盘供电。电磁吸盘由转换开关 SA1 控制。SA1 有 3 个位置:充磁、断电与去磁。当开关处于“充磁”位置时,触点 SA1(14—16)与 SA1(15—17)接通;当开关置于“去磁”位置时,触点 SA1(14—18)、SA1(16—15)及 SA1(4—3)接通;当开关置于“断电”位置时,SA1 所有触点都断开。对应 SA1 各位置,其电路工作情况如下:

当 SA1 置于“充磁”位置时,电磁吸盘 YH 获得 110 V 直流电压。其极性 19 号线头为正极,16 号线为负极,同时欠电流继电器 KA 与 YH 串联;当吸盘电流足够大时,KA 动作,触点 KA(3—4)闭合,表明电磁吸盘吸力足以将工件吸牢,此时可分别操作按钮 SB1 与 SB3,启动 M1 与 M3 电动机进行磨削加工。当加工完成时,按下停止按钮 SB2 与 SB4,M1 与 M3 停止旋转。为使工件易于从电磁吸盘上取下,需对工件进行去磁。其方法是将开关 SA1 扳至“退磁”位置。当 SA1 扳至“退磁”位置时,电磁吸盘中通入反方向电流,并在电路中串入可变电阻 R2,用以限制并调节反向去磁电流大小,达到既退磁又不致反向磁化的目的。退磁结束,将 SA1 扳到“断电”位置,便可取下工件。若工件对去磁要求严格,在取下工件后,还要用交流去磁器进行去磁。交流去磁器是平面磨床的一个附件,使用时,将交流去磁器插头插在床身的插座 X2 上,再将工件放在去磁器上即可去磁。

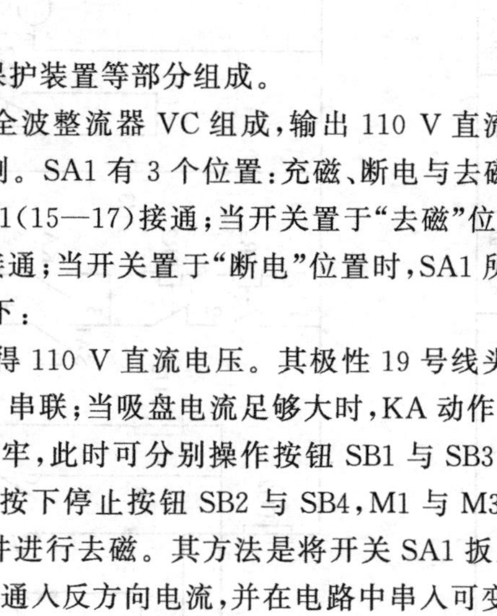

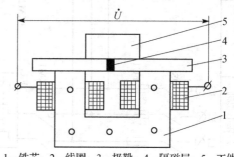

1—铁芯; 2—线圈; 3—极靴; 4—隔磁层; 5—工件

图 3-7 交流去磁器结构原理图

交流去磁器的构造和工作原理如图 3-7 所示。由硅钢片制成铁芯 1,在其上套有线圈 2 并通以交流电，在铁芯柱上装有极靴 3，在由软钢制成的两个极靴间隔有隔磁层 4。去磁时将工件在极靴平面上来回移动若干次，即可满足去磁要求。

(3) 电磁吸盘保护环节

电磁吸盘具有欠电流保护、过电压保护及短路保护等保护环节。

电磁吸盘的欠电流保护：为了防止平面磨床在磨削过程中出现断电事故或吸盘电流减小，致使电磁吸力消失或吸力减小，使工件飞出，造成设备及人身事故，故在电磁吸盘电路中串入欠电流继电器 KA。只有当电磁吸盘直流电压符合设计要求，吸盘具有足够吸力时，欠电流继电器 KA 才吸合动作，触点 KA(3—4)闭合，才能启动 M1、M3 电动机，为磨削加工作准备；否则不能开动磨床进行加工。若在磨削加工中，吸盘电流过小，将使欠电流继电器 KA 释放，触点 KA(3—4)断开，接触器 KM1、KM2 线圈断电，电动机 M1、M3 停止旋转，避免事故发生。

电磁吸盘线圈的过电压保护：电磁吸盘线圈匝数多，电感 L 大，通电工作时线圈中储有较大的磁场能量。当线圈断电时，由于电磁感应，在线圈两端产生大的感应电动势，为此在电磁吸盘线圈两端并联一个电阻 R3，作为放电电阻。

电磁吸盘的短路保护：在整流变压器 T2 的二次侧或整流装置输出端装有熔断器 FU4 作短路保护。

此外，在 T2 的二次侧还设有 R1、C 并联支路，用以吸收交流过电压和直流浪涌电压，实现整流装置的过电压保护。

4. 照明电路分析

由照明变压器 T1 将交流 380 V 降为 36 V，并由开关 SA2 控制照明灯 EL。在 T1 的一次侧接有熔断器 FU3 作短路保护。

（三）M7130 平面磨床常见故障及维修

M7130 平面磨床电路与其他机床电路的主要不同点在电磁吸盘电路，在此主要分析电磁吸盘电路的故障及维修。

1. 电磁吸盘无吸力

首先应检查三相交流电源是否正常；然后再检查 FU1、FU2 与 FU4 熔断器是否完好，接触是否正常；再检查接插器 X3 接触是否良好。如上述检查均未发现故障，则进一步检查电磁吸盘电路，包括欠电流继电器 KA 线圈是否断开，吸盘线圈是否断路等。

2. 电磁吸盘吸力不足

常见的原因有交流电源电压低，导致整流后直流电压相应下降，以致吸力不足。若直流电压正常，电磁吸力仍不足，则有可能是 X3 接插器接触不良。

造成电磁吸盘吸力不足的另一原因是桥式整流电路的故障。如整流桥一臂发生开路，将使直流输出电压下降一半，使吸力减小。若有一臂整流元件击穿形成短路，则与它相邻的另一桥臂的整流元件会因过电流而损坏，此时 T2 也会因电路短路而造成过电流，致使电磁吸盘吸力很小，甚至无吸力。

3. 电磁吸盘退磁效果差，造成工件难以取下

其故障原因往往在于退磁电压过高或去磁回路断开，无法去磁或去磁时间把握不好等。

三、项目的实现

1. 准备工作

① M7130 平面磨床实物或模拟实训装置 1 台。

② 电工常用工具 1 套、万用表 1 块。

③ 在磨床或模拟实训装置上人为设置好故障,每次只设置一处故障。

2. 电气故障检修

(1) 电路分析

根据以上故障现象,从电气原理图(图 3-5)上分析,故障可能出现在以下电路部分:一是电动机及控制回路,具体包括电动机本身故障,FU1、FU2 及接触器 KM2 的故障以及线路连接问题;二是电磁吸盘和整流电路部分。而根据故障现象,可以初步判断故障极有可能在电磁吸盘和整流电路部分。

(2) 检查线路

检查分两种,断电检查和通电检查。首先进行断电检查:用万用表对电磁吸盘及其引出线和插头插座进行检查,看是否断线和接触不良,有断线和接触不良应解决处理。若处理好后,试车故障仍然存在,同是发现吸盘仍无吸力,就要进行通电检查,看整流电路有无输出。

通电检查:接通电源,用万用表测 16 号线与 19 号线间的电压,无输出;再测 16 号线和 17 号线间的电压,有电压为直流 110 V。据此可以断定,问题出在 16 号线、17 号线、19 号线范围内,需要断电检查。经检查,17 号线至 19 号线间不通。进一步检查发现电流继电器 KA 的线圈损坏。更换电流继电器后,故障排除,磨床工作正常。

(3) 注意事项

① 通电检查时,最好将电磁吸盘拆除,用 110 V、100 W 的白炽灯作负载。一是便于观察整流电路的直流输出情况,二是因为整流二极管为电流元件,通电检查必须要接入负载。

② 通电检查时,必须熟悉电气原理图,弄清机床线路走向及元件部位。检查时要核对好导线线号,而且要注意安全防护和监护。

③ 用万用表测电磁吸盘线圈电阻时,因吸盘的直流电阻较小,要先调好零,选用低阻值挡。

④ 用万用表测直流电压时,要注意选用的量程和挡位,还要注意检测点的极性。

⑤ 用万用表检查整流二极管,应断电进行。测试时,应拔掉熔断器 FU4 并将 SA1 置于中间位置。

⑥ 检修整流电路时,不可将二极管的极性接错。若接错一只二极管,将会发生整流器和电源变压器的短路事故。

项目 3.3 Z3040 摇臂钻床电气故障检修

教学目标

1) 了解 Z3040 型摇臂钻床电气控制的特点;

2) 能正确识读 Z3040 型摇臂钻床电气控制原理图;

3) 能正确分析并排除 Z3040 型摇臂钻床常见故障。

一、项目简介

一台Z3040型摇臂钻床出现了“摇臂不能松开”的故障，请予以检修。

二、项目相关知识

钻床是一种用途广泛的万能机床，从机床的结构类型来分，有立式钻床、卧式钻床、深孔钻床及多头钻床等；而立式钻床中摇臂钻床用途较为广泛，在钻床中具有一定的典型性。现以Z3040型摇臂钻床为例，说明其电气控制线路的特点。

Z3040型摇臂钻床，最大钻孔直径为40 mm，适用于加工中小零件。可以进行钻孔、扩孔、铰孔、刮平面及攻螺纹等多种形式的加工，增加适当的工艺装备还可以进行镗孔。

（一）Z3040摇臂钻床结构、运动形式和控制要求

1. Z3040摇臂钻床结构及运动形式

Z3040摇臂钻床主要由底座、内立柱、外立柱、摇臂、主轴箱、工作台等组成，如图3-8所示。内立柱固定在底座上，在它外面套着空心的外立柱；外立柱可绕着固定的内立柱回转一周。摇臂一端的套筒部分与外立柱滑动配合，借助于丝杠摇臂可沿着外立柱上下移动；但两者不能作相对转动，因此，摇臂将与外立柱一起相对内立柱回转。主轴箱具有主轴旋转运动部分和主轴进给运动部分的全部传动机构和操作机构，包括主电动机在内，主轴箱可沿着摇臂上的水平导轨作径向移动。当进行加工时，利用夹紧机构将主轴箱紧固在摇臂上，外立柱紧固在内立柱上，摇臂紧固在外立柱上，然后进行钻削加工。

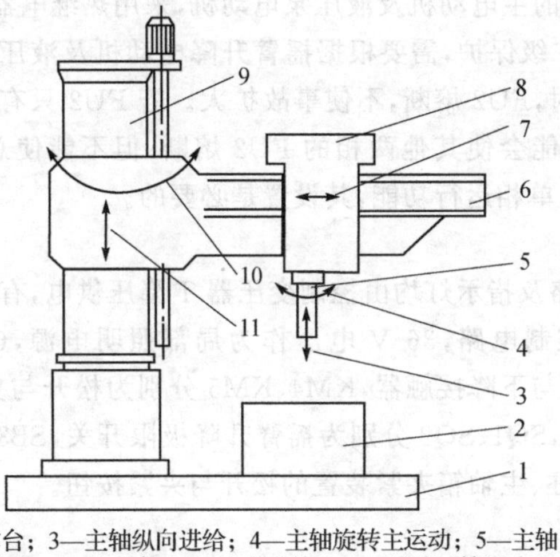

1—底座；2—工作台；3—主轴纵向进给；4—主轴旋转主运动；5—主轴；6—摇臂；
7—主轴箱沿摇臂径向运动；8—主轴箱；9—内外主柱；10—摇臂回转运动；11—摇臂垂直移动

图3-8　Z3040摇臂钻床结构及运动情况示意图

2. Z3040摇臂钻床电气控制要求

① 摇臂钻床运动部件较多，为简化传动装置，采用多电动机拖动。

② 摇臂钻床为适应多种形式的加工，要求主轴及进给有较大的调速范围。主轴在一般速度下的钻削加工常为恒功率负载；而低速时主要用于扩孔、铰孔、攻螺纹等加工，这时则为恒转矩负载。

③ 摇臂钻床的主运动与进给运动皆为主轴的运动,为此这两种运动由一台主轴电动机拖动,分别经主轴传动机构、进给传动机构实现主轴旋转和进给。所以主轴变速机构与进给变速机构都装在主轴箱内。

④ 为加工螺纹,主轴要求正、反转。摇臂钻床主轴正、反转一般采用机械方法来实现,这样主轴电动机只须单方向旋转。

⑤ 摇臂的升降由升降电动机拖动,要求电动机能正、反转。

⑥ 内外立柱的夹紧与放松、主轴箱与摇臂的夹紧与放松采用电气—液压装置控制方法来实现,由液压泵电动机拖动液压泵供出压力油来实现。

⑦ 摇臂的移动严格按照摇臂松开→移动→摇臂夹紧的程序进行,因此,摇臂的夹紧、放松与摇臂升降按自动控制进行。

⑧ 根据钻削加工需要,应备有冷却泵电动机,提供冷却液进行刀具的冷却。

⑨ 具有机床安全照明和信号指示。

⑩ 具有必要的联锁和保护环节。

(二) Z3040 摇臂钻床电路分析

图 3-9 是 Z3040 型摇臂钻床电气控制原理图。

1. 主电路分析

钻床的总电源由三相断路器 QF1 控制,并配有用作短路保护的熔断器 FU1。主电动机 M1、摇臂升降电动机 M2 及液压泵电动机 M3 由接触器通过按钮控制。冷却泵电动机 M4 根据工作需要,由三相断路器 QF2 控制。摇臂升降电动机与液压泵电动机采用熔断器 FU2 保护。按长期工作制运行的主电动机及液压泵电动机,采用热继电器作过载保护。

熔断器 FU2 是第二级保护,需要根据摇臂升降电动机及液压泵电动机的具体容量选择。因此,在发生短路事故时,FU2 熔断,不使事故扩大。若 FU2 只有一路熔断,使电动机单相运行,此时,增大的电流可能会使其他两相的 FU2 熔断;但不能使总熔断器 FU1 熔断。所以,FU2 又具有保护电动机单相运行功能,其设置是必要的。

2. 控制电路分析

控制电路、照明电路及指示灯均由控制变压器 T 降压供电,有 127 V、36 V、6.3 V 三种电压。127 V 电压供给控制电路,36 V 电压作为局部照明电源,6.3 V 作为信号指示电源。KM2、KM3 分别为上升与下降接触器,KM4、KM5 分别为松开与夹紧接触器,SQ3、SQ4 分别为松开与夹紧限位开关,SQ1、SQ2 分别为摇臂升降极限开关,SB3、SB4 分别为上升与下降按钮,SB5、SB6 分别为立柱、主轴箱夹紧装置的松开与夹紧按钮。

(1) 主电动机控制

按启动按钮 SB2,接触器 KM1 线圈通电吸合并自锁,其主触点接通电源,主电动机 M1 旋转工作。若需停止,按停止按钮 SB1,接触器 KM1 断电释放,主电动机 M1 被切断电源而停止工作。主电动机采用热继电器 FR1 作过载保护,采用熔断器 FU1 作短路保护。

主电动机的工作指示由 KM1 的辅助动合触点控制指示灯 HL3 来实现。当主电动机工作时,指示灯 HL3 亮。

(2) 摇臂的升降控制

摇臂升降对控制要求如下:

① 摇臂的升降必须在摇臂放松的状态下进行。

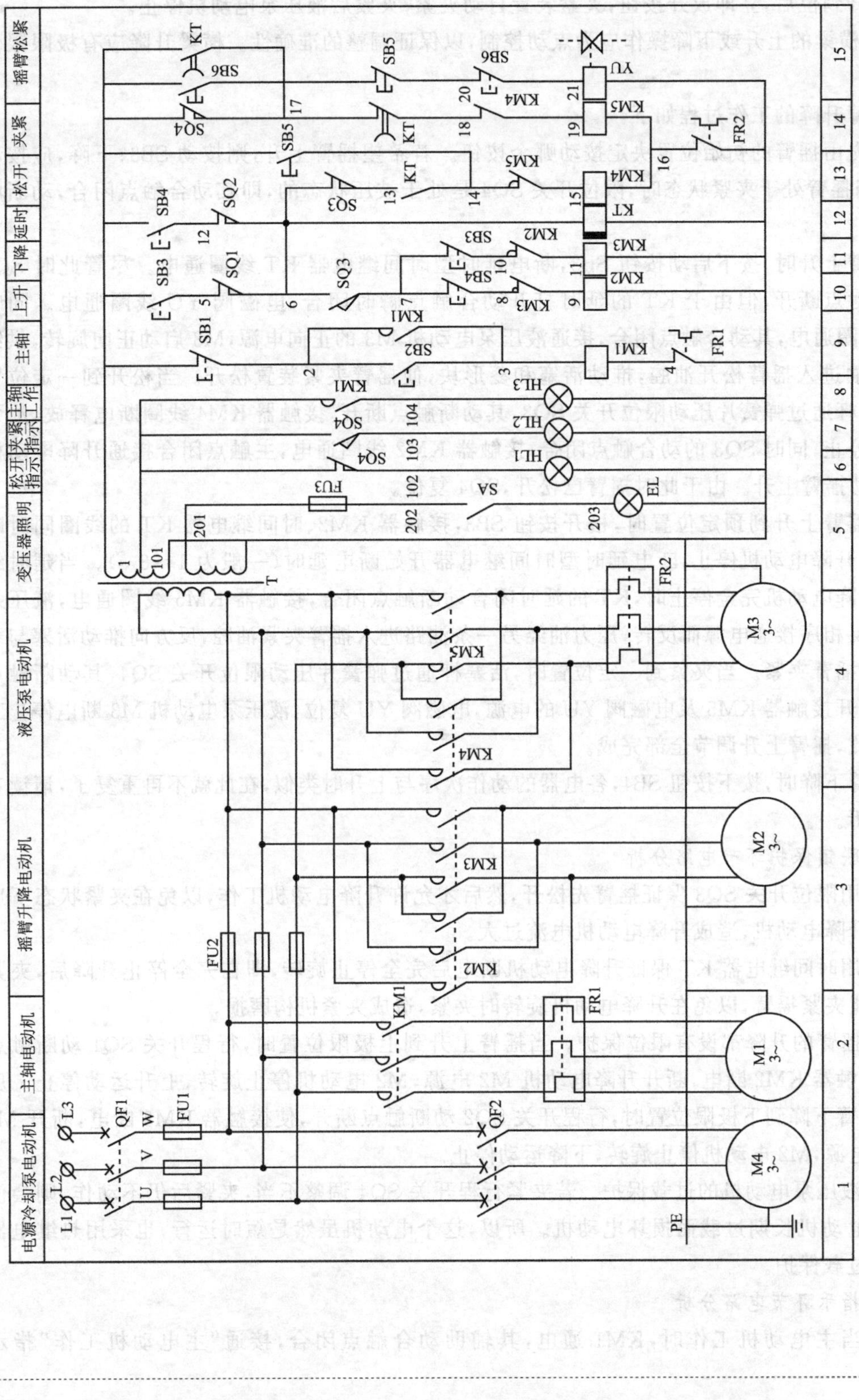

图3-9　Z3040摇臂钻床电气控制原理图

② 摇臂的夹紧必须在摇臂停止时进行。

③ 按压上升(或下降)按钮,首先使摇臂的夹紧机构放松;放松后,摇臂自动上升(或下降);上升到位后,立即放开按钮,夹紧装置自动夹紧;夹紧后液压泵电动机停止。

④ 横梁的上升或下降操作应为点动控制,以保证调整的准确性。横梁升降应有极限限位保护。

摇臂升降的工作过程如下:

首先由摇臂的初始位置决定按动哪个按钮。若希望摇臂上升,则按动SB3;下降,应按动SB4。当摇臂处于夹紧状态时,限位开关SQ4是处于被压状态的,即其动合触点闭合,动断触点断开。

摇臂上升时,按下启动按钮SB3,断电延时型时间继电器KT线圈通电。尽管此时SQ4的动断触点断开,但由于KT的延时打开动合触点瞬时闭合,电磁阀YU线圈通电。同时KM4线圈通电,其动合触点闭合,接通液压泵电动机M3的正向电源,M3启动正向旋转,供给的高压油进入摇臂松开油腔,推动活塞和菱形块,使摇臂夹紧装置松开。当松开到一定位置时,活塞杆通过弹簧片压动限位开关SQ3,其动断触点断开,接触器KM4线圈断电释放,油泵电动机停止;同时SQ3的动合触点闭合,接触器KM2线圈通电,主触点闭合接通升降电动机M2,带动摇臂上升。由于此时摇臂已松开,SQ4复位。

当摇臂上升到预定位置时,松开按钮SB3,接触器KM2、时间继电器KT的线圈同时断电,摇臂升降电动机停止,断电延时型时间继电器开始断电延时(一般为1~3 s)。当延时结束,即升降电动机完全停止时,KT的延时闭合动断触点闭合,接触器KM5线圈通电,液压泵电动机反相序接通电源而反转,压力油经另一条油路进入摇臂夹紧油腔,反方向推动活塞与菱形块,使摇臂夹紧。当夹紧到一定位置时,活塞杆通过弹簧片压动限位开关SQ4,其动断触点动作,断开接触器KM5及电磁阀YU的电源,电磁阀YU复位,液压泵电动机M3断电停止工作。至此,摇臂上升调节全部完成。

摇臂下降时,按下按钮SB4,各电器的动作次序与上升时类似,在此就不再重复了,请读者自行分析。

3. 联锁保护环节电路分析

① 用限位开关SQ3保证摇臂先松开,然后才允许升降电动机工作,以免在夹紧状态下启动摇臂升降电动机,造成升降电动机电流过大。

② 用时间继电器KT保证升降电动机断电后完全停止旋转,即在完全停止升降后,夹紧机构才能夹紧摇臂,以免在升降电动机旋转时夹紧,造成夹紧机构磨损。

③ 摇臂的升降都设有限位保护。当摇臂上升到上极限位置时,行程开关SQ1动断触点断开,接触器KM2断电,断开升降电动机M2电源,M2电动机停止旋转,上升运动停止。反之,当摇臂下降到下极限位置时,行程开关SQ2动断触点断开,使接触器KM3断电,断开M2的反向电源,M2电动机停止旋转,下降运动停止。

④ 液压泵电动机的过载保护。若夹紧行程开关SQ4调整不当,夹紧后仍不动作,则会使液压泵电动机长期过载而损坏电动机。所以,这个电动机虽然是短时运行,也采用热继电器FR2作过载保护。

4. 指示环节电路分析

① 当主电动机工作时,KM1通电,其辅助动合触点闭合,接通“主电动机工作”指示

灯 HL3。

② 当摇臂放松时，行程开关 SQ4 动断触点闭合，接通“松开”指示灯 HL1。

③ 当摇臂夹紧时，行程开关 SQ4 动合触点闭合，接通“夹紧”指示灯 HL2。

④ 当需要照明时，接通开关 SA，照明灯 EL 亮。

5. 主轴箱与立柱的夹紧与放松电路分析

立柱与主轴箱均采用液压操纵夹紧与放松，两者同时进行工作，工作时要求电磁阀 YU 不通电。

若需要使立柱和主轴箱放松(或夹紧)，则按下松开按钮 SB5(或夹紧按钮 SB6)，接触器 KM4(或 KM5)吸合，控制液压泵电动机正转(或反转)；压力油从一条油路(或另一条油路)推动活塞与菱形块，使立柱与主轴箱分别松开(或夹紧)。

(三) Z3040 摇臂钻床常见故障及维修

Z3040 型摇臂钻床控制电路的独特之处，在于其摇臂升降及摇臂、立柱和主轴箱松开与夹紧的电路部分。下面主要分析这部分电路的常见故障。

1. 摇臂不能松开

摇臂作升降运动的前提是摇臂必须完全松开，摇臂和主轴箱、立柱的松紧都是通过液压泵电动机 M3 的正、反转来实现的，因此先检查一下主轴箱和立柱的松、紧是否正常。如果正常，则说明故障不在两者的公共电路中，而在摇臂松开的专用电路上。如时间继电器 KT 的线圈有无断线，其动合触点(1—17)、(13—14)在闭合时是否接触良好，限位开关 SQ1 的触点 SQ1(5—6)、SQ2(12—6)有无接触不良，等等。

如果主轴箱和立柱的松开也不正常，则故障多发生在接触器 KM4 和液压泵电动机 M3 这部分电路上。如 KM4 线圈断线，主触点接触不良，KM5 的动断互锁触点(14—15)接触不良等。如果是 M3 或 FR2 出现故障，则摇臂、立柱和主轴箱既不能松开，也不能夹紧。

2. 摇臂不能升降

除前述摇臂不能松开的原因之外，可能的原因还有：

① 行程开关 SQ3 的动作不正常，是导致摇臂不能升降最常见的故障。如 SQ3 的安装位置移动，使得摇臂松开后，SQ3 不能动作；或者是液压系统的故障导致摇臂放松不够，SQ3 也不会动作，摇臂就无法升降。SQ3 的位置应结合机械、液压系统进行调整，然后紧固。

② 摇臂升降电动机 M2 控制其正、反转的接触器 KM2、KM3 以及相关电路发生故障，也会造成摇臂不能升降。在排除了其他故障之后，应对此进行检查。

③ 如果摇臂是上升正常而不能下降，或是下降正常而不能上升，则应单独检查相关的电路及电器部件(如按钮开关、接触器、限位开关的有关触点等)。

3. 摇臂上升或下降到极限位置时，限位保护失灵

检查限位保护开关 SQ1 或 SQ2，通常是 SQ1 或 SQ2 损坏，或是其安装位置移动。

4. 摇臂升降到位后夹不紧

如果摇臂升降到位后夹不紧(而不是不能夹)，通常是行程开关 SQ4 的故障造成的。如果 SQ4 移位或安装位置不当，使 SQ4 在夹紧动作未完全结束就提前断开，KM5 断电，M3 提前停转，从而造成夹不紧。

5. 主轴箱和立柱的松、紧动作不正常

当摇臂的松紧动作正常，但主轴箱和立柱的松、紧动作不正常时，应检查：

① 控制按钮 SB5、SB6 的触点有无接触不良,或接线松动。

② 液压系统是否出现故障。

三、项目的实现

1. 准备工作

① Z3040 型摇臂钻床实物或模拟实训装置 1 台。

② 电工常用工具 1 套、万用表 1 块。

③ 在钻床或模拟实训装置上人为设置好故障,每次只设置一处故障。

2. 电气故障检修

请学生参照磨床故障检修时对电路分析和检查线路的方法自行完成。

项目 3.4　X62W 型万能铣床电气故障检修

教学目标

1) 了解 X62W 型万能铣床电气控制的特点;

2) 能正确识读 X62W 型万能铣床电气控制原理图;

3) 能正确分析并排除 X62W 型万能铣床常见故障。

一、项目简介

一台 X62W 型万能铣床出现了工作台不能左右运动的故障,请予以检修。

二、项目相关知识

X62W 型万能铣床可用于工件的平面、斜面和沟槽等加工,安装分度头后可铣切直齿齿轮、螺旋面,若使用圆工作台还可以铣切凸轮和弧形槽。这是一种常用的通用机床。

一般中小型铣床主拖动都采用三相笼型异步电动机,并且主轴旋转主运动与工作台进给运动分别由单独的电动机拖动。铣床主轴的主运动为刀具的切削运动,它有顺铣和逆铣两种工作方式;工作台的进给运动有水平工作台左右(纵向)、前后(横向)以及上下(垂直)方向的运动,还有圆工作台的回转运动。

(一) X62W 型万能铣床结构、运动形式和控制要求

1. X62W 型万能铣床结构及运动形式

X62W 型万能铣床的主要结构如图 3-10 所示。床身固定于底座上,用于安装和支承铣床的各部件,在床身内还装有主轴部件、主传动装置及其变速操纵机构等。床身顶部的导轨上装有悬梁,悬梁上装有刀杆支架。铣刀则装在刀杆上,刀杆的一端装在主轴上,另一端装在刀杆支架上。刀杆支架可以在悬梁上作水平移动,悬梁又可以在床身顶部的水平导轨上水平移动,因此可以适应各种不同长度的刀杆。床身的前部有垂直导轨,升降台可以沿导轨上下移动,升降台内装有进给运动和快速移动的传动装置及其操纵机构等。在升降台的水平导轨上装有滑座,可以沿导轨作平行于主轴轴线方向的横向移动;工作台又经过回转盘装在滑座的水平导轨上,可以沿导轨作垂直于主轴轴线方向的纵向移动。这样,紧固在工作台上的工件,通过工作台、回转盘、滑座和升降台,可以在相互垂直的三个方向上实现进给或调整运动。在工

作台与滑座之间的回转盘还可以使工作台左右转动45°,因此工作台在水平面上除了可以作横向和纵向进给外,还可以实现在不同角度的各个方向上的进给,用以铣削螺旋槽。

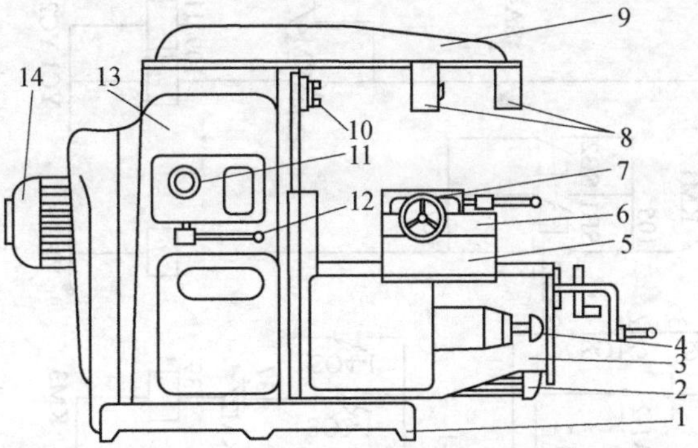

1—底座；2—进给电动机；3—升降台；4—进给变速手柄及变速盘；5—溜板；6—回转台；7—工作台；8—刀杆支架；9—悬梁；10—主轴；11—主轴变速盘；12—主轴变速手柄；13—床身；14—主轴电动机

图3－10　X62W型万能铣床结构示意图

由此可见,铣床的主运动是主轴带动刀杆和铣刀的旋转运动;进给运动包括工作台带动工件在水平的纵、横及垂直三个方向的运动;辅助运动则是工作台在三个方向的快速移动。

2. X62W型万能铣床电力拖动和控制要求

机床主轴的主运动和工作台进给运动分别由单独的电动机拖动,并有不同的控制要求:

① 主轴电动机M1(功率7.5 kW),空载直接启动,为满足顺铣和逆铣工作方式的要求,能够实现正、反转。为提高生产率,采用电磁制动器进行停车制动,同时从安全和操作方便考虑,换刀时主轴也处于制动状态,而主轴电动机要求能在两处实行启停控制操作。

② 工作台进给电动机M2,直接启动。为满足纵向、横向、垂直方向的往返运动,要求电动机能正、反转。为提高生产率,要求空行程时可快速移动。从设备使用安全考虑,各进给运动之间必须联锁,并由手柄操作机械离合器选择进给运动的方向。

③ 电动机M3拖动冷却泵,在铣削加工时提供切削液。

④ 主轴与工作台的变速由机械变速系统完成。变速过程中,当选定啮合的齿轮没能进入正常啮合时,要求电动机能点动至合适的位置,保证齿轮能正常啮合。

加工零件时,为保证设备安全,要求主轴电动机启动以后,工作台电动机方能启动工作。

(二) X62W型万能铣床电路分析

X62W型万能铣床控制电路如图3－11所示。图中电路可划分为主电路、控制电路和信号照明电路三部分。

1. 主电路分析

铣床是逆铣还是顺铣方式加工,开始工作前即已选定,在加工过程中是不可改变的。为简化控制电路,主轴电动机M1正转或反转接线是通过组合开关SA5手动选择的,控制接触器KM1的主触点只控制电源的接入与切断。

进给电动机M2在工作过程中可频繁变换转动方向,因而仍采用接触器正、反转控制。冷却泵电动机M3根据加工要求提供切削液,在主电路中采用手动转换开关SA3直接控制。

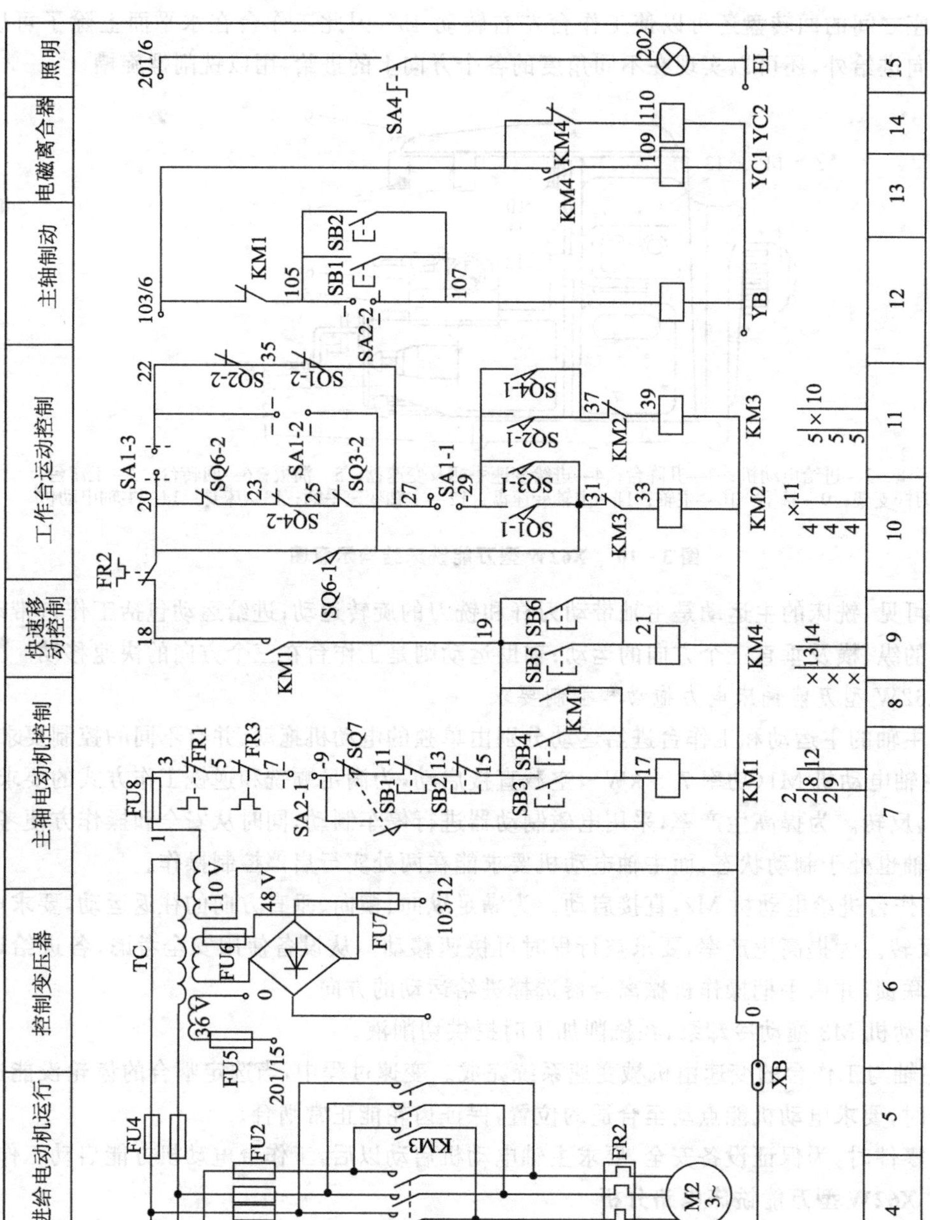

图 3-11　X62W型万能铣床电气控制原理图

2. 控制电路分析

(1) 主轴电动机 M1 的控制

① 主轴电动机启动控制：主轴电动机 M1 空载直接启动。启动前，先由组合开关 SA5 选定电动机的转向，控制电路中选择开关 SA2 选定主轴电动机为正常工作方式，即 SA2－1 触点闭合，SA2－2 触点断开，然后按下启动按钮 SB3 或 SB4，接通接触器 KM1 的线圈电路，其主触点闭合，主轴电动机 M1 按给定方向启动旋转。停止时，按下停止按钮 SB1 或 SB2，主轴电动机停转。按钮 SB1 与 SB3、SB2 与 SB4 分别位于两个操作板上，从而实现主轴电动机的两地操作控制。

② 主轴电动机制动及换刀制动：为使主轴能迅速停车，控制电路采用电磁制动器进行主轴的停车制动。按下停车按钮 SB1 或 SB2，其动断触点使接触器 KM1 的线圈失电，电动机定子绕组脱离电源，同时其动合触点闭合接通电磁制动器 YB 的线圈电路，对主轴进行停车制动。

当进行换刀和上刀操作时，为了防止主轴意外转动造成事故以及为上刀方便，主轴也需处在断电停车和制动的状态。此时工作状态选择开关 SA2 由正常工作状态位置扳到上刀制动状态位置，即 SA2-1 触点断开，切断接触器 KM1 的线圈电路，使主轴电动机不能转动；SA2-2 触点闭合，接通电磁制动器 YB 的线电路，使主轴处于制动状态不能转动，保证上刀、换刀工作的顺利进行。

③ 主轴变速时的瞬时点动：变速时，变速手柄被拉出，然后转动变速手轮选择转速，转速选定后将变速手柄复位。因为变速是通过机械变速机构实现的，变速手轮选定应进入啮合的齿轮后，齿轮啮合到位即可输出选定转速；但是当齿轮不能正常进入啮合状态时，则需要主轴有瞬时点动的功能，以调整齿轮位置，使齿轮正常啮合。实现瞬时点动控制是采用复位手柄与行程开关 SQ7 组合构成的点动控制电路。变速手柄在复位的过程中压动瞬时点动行程开关 SQ7，SQ7 的动合触点闭合，使接触器 KM1 的线圈得电，主轴电动机 M1 转动，SQ7 的动断触点切断 KM1 线圈电路的自锁，使电路随时可被切断。变速手柄复位后，松开行程开关 SQ7，电动机 M1 停转，完成一次瞬时点动。

手柄复位时要求动作迅速、连续，一次不到位应立即拉出，以免行程开关 SQ7 没能及时松开，电动机转速上升，在齿轮未啮合好的情况下打坏齿轮。如果瞬时点动一次不能实现齿轮良好的啮合时，应立即拉出复位手柄，重新进行复位瞬时点动的操作，直至完全复位，齿轮正常啮合工作为止。

(2) 进给电动机 M2 的控制

进给电动机 M2 的控制电路分为三部分：第一部分为顺序控制部分，当主轴电动机启动后，接触器 KM1 辅助动合触点闭合，进给用接触器 KM2 与 KM3 的线圈电路方能通电工作；第二部分为工作台各进给运动之间的联锁控制部分，实现水平工作台各运动之间的联锁，也可实现水平工作台与圆工作台工作之间的联锁；第三部分为进给电动机正、反转接触器线圈电路部分。

① 水平工作台纵向进给运动的控制：水平工作台纵向进给运动由操作手柄与行程开关 SQ1、SQ2 组合控制。纵向操作手柄有左右两个工作位和一个中间不工作位。手柄扳到工作位时，带动机械离合器，接通纵向进给运动的机械传动链，同时压动行程开关。行程开关的动合触点闭合使接触器 KM2 或 KM3 线圈得电，其主触点闭合，进给电动机正转或反转，驱动工

作台向左或向右移动进给。行程开关的动断触点在运动联锁控制电路部分构成联锁控制功能。选择开关 SA1 可选择水平工作台工作或是圆工作台工作。SA1-1 与 SA1-3 触点闭合构成水平工作台运动联锁电路,SA1-2 触点断开,切断圆工作台工作电路。工作台纵向进给的控制电路是由 KM1 辅助动合触点开始,工作电流经 SQ6-2→SQ4-2→SQ3-2→SA1-1→SQ1-1→KM3 到 KM2 线圈,或者由 SA1-1 经 SQ2-1→KM2 到 KM3 线圈。

手柄扳到中间位时,纵向机械离合器脱开,行程开关 SQ1 与 SQ2 不受压,因此进给电动机不转动,工作台停止移动。工作台的两端安装有限位撞块,当工作台运行到达终点位时,撞块撞击手柄,使其回到中间位置,实现工作台的终点停车。

② 水平工作台横向和升降进给运动控制:水平工作台横向和升降进给运动的选择和联锁是通过十字复式手柄和行程开关 SQ3、SQ4 的组合控制来实现的,操作手柄有上、下、前、后四个工作位置和中间一个不工作位置。扳动手柄到选定运动方向的工作位,即可接通该运动方向的机械传动链,同时压动行程开关 SQ3 或 SQ4。行程开关的动合触点闭合使控制进给电动机转动的接触器 KM2 或 KM3 的线圈得电,电动机 M2 转动,工作台在相应的方向上移动;行程开关的动断触点如纵向行程开关一样,在联锁电路中,构成运动的联锁控制。工作台横向与垂直方向进给控制过程是,控制电路由主轴接触器 KM1 的辅助动合触点开始,工作电流经 SA1-3→SQ2-2→SQ1-2→SA1-1,然后经 SQ3-1→KM3 到 KM2 线圈,或者由 SA1-1 经 SQ4-1→KM2 到 KM3 线圈。

十字复式操作手柄扳在中间位置时,横向与垂直方向的机械离合器脱开,行程开关 SQ3 与 SQ4 均不受压,因此进给电动机停转,工作台停止移动。固定在床身上的挡块在工作台移动到极限位置时,撞击十字手柄,使其回到中间位置,切断电路,使工作台在进给终点停车。

③ 水平工作台进给运动的联锁控制:由于操作手柄在工作时,只存在一种运动选择,因此铣床直线进给运动之间的联锁满足两操作手柄之间的联锁即可实现。联锁控制电路如前面联锁电路所述,由两条电路并联组成,纵向手柄控制的行程开关 SQ1、SQ2 动断触点串联在一条支路上,十字复式手柄控制的行程开关 SQ3、SQ4 动断触点串联在另一条支路上,扳动任一操作手柄,只能切断其中一条支路,另一条支路仍能正常通电,使接触器 KM2 或 KM3 的线圈不失电;若同时扳动两个操作手柄,则两条支路均被切断,接触器 KM2 或 KM3 断电,工作台立即停止移动,从而防止机床运动干涉造成设备事故。

④ 水平工作台的快速移动:水平工作台选定进给方向后,可通过电磁离合器接通快速机械传动链,实现工作台空行程的快速移动。快速移动为手动控制,按下启动按钮 SB5 或 SB6,接触器 KM4 的线圈得电,其动断触点断开,使正常进给电磁离合器 YC2 线圈失电,断开工作进给传动链,KM4 的动合触点闭合,使快速电磁离合器 YC1 线圈得电,接通快速移动传动链,水平工作台沿给定的进给方向快速移动;松开按钮 SB5 或 SB6,KM4 线圈失电,恢复水平工作台的工作进给。

⑤ 圆工作台运动控制:圆工作台工作时,工作台选择开关 SA1 的 SA1-1 和 SA1-3 两触点打开,SA1-2 触点闭合,构成圆工作台控制电路,此时水平工作台的操作手柄均扳在中间不工作位。控制电路由主轴接触器 KM1 的辅助动合触点开始,工作电流经 SQ6-2→SQ4-2→SQ3-2→SQ1-2→SQ2-2→SA1-2→KM3 到 KM2 线圈,KM2 主触点闭合,进给电动机 M2 正转,拖动圆工作台转动,圆工作台只能单方向旋转。圆工作台的控制电路串联了水平工作台工作行程开关 SQ1～SQ4 的动断触点,因此水平工作台任一操作手柄扳到工作位置,都

会压动行程开关,切断圆工作台的控制电路,使其立即停止转动,从而起着水平工作台进给运动和圆工作台转动之间的联锁保护控制。

⑥ 水平工作台变速时的瞬时点动:水平工作台变速瞬时点动控制原理与主轴变速瞬时点动相同。变速手柄拉出后选择转速,再将手柄复位。变速手柄在复位的过程中压动瞬时点动行程开关 SQ6,SQ6 的动合触点闭合接通接触器 KM2 的线圈电路,使进给电动机 M2 转动,动断触点切断 KM2 线圈电路的自锁。变速手柄复位后,松开行程开关 SQ6。与主轴瞬时点动操作相同,也要求手柄复位时迅速、连续,一次不到位,要立即拉出变速手柄,再重复瞬时点动的操作,直到实现齿轮处于良好啮合状态,进入正常工作为止。

3. 照明电路分析

照明灯 EL 由照明变压器 TC 提供 36 V 的工作电压,SA4 为灯开关,FU5 提供短路保护。

(三) X62W 型万能铣床常见故障及维修

X62W 型万能铣床电气控制电路较常见的故障主要是主轴电动机控制电路和工作台进给控制电路的故障。

1. 主轴电动机控制电路故障

(1) M1 不能启动

与前面分析过的机床的同类故障一样,可从电源开始,逐个检查主电路中 QS1、FU1、KM1 主触点、FR1 和换相开关 SA5,然后再检查控制电路。因为 M1 的功率较大,应注意检查 KM1 的主触点、SA5 的触点有无被熔化,有无接触不良。

此外,如果主轴换刀制动开关 SA2 仍处在“换刀”位量,SA2 - 1 断开;或者 SA2 虽处于正常工作的位置,但 SA2 - 1 接触不良,使控制电源未接通,M1 也不能启动。

(2) M1 停车时无制动

重点是检查电磁离合器 YB,如 YB 线圈有无断线,接点有无接触不良,整流电路有无故障等。此外还应检查控制按钮 SB1 和 SB2 是否工作正常。

(3) 主轴换刀时无制动

如果在 M1 停车时主轴的制动正常,而在换刀时制动不正常,从电路分析可知应重点检查制动控制开关 SA2。

(4) 按下停车按钮后 M1 不停

故障的主要原因可能是 KM1 的主触点熔焊。如果在按下停车按钮后,KM1 不释放,则可断定故障是由 KM1 主触点熔焊引起的。应注意此时电磁离合器 YB 正在对主轴起制动作用,会造成 M1 过载,并产生机械冲击。所以一旦出现这种情况,应马上松开停车按钮,进行检查,否则会很容易烧坏电动机。

(5) 主轴变速时无瞬时冲动

由于主轴变速行程开关 SQ7 在频繁动作后,造成开关位置移动,甚至开关底座被撞碎或触点接触不良,都将造成主轴无变速时的瞬时冲动。

2. 工作台进给控制电路故障

铣床的工作台应能够进行前、后、左、右、上、下六个方向的常速和快速进给运动,其控制是由电气和机械系统配合进行的,所以在出现工作台进给运动故障时,如果对机、电系统的部件逐个进行检查,是难以尽快查出故障所在的。此时可依次进行其他方向的常速进给、快速进给、进给变速冲动或圆工作台进给控制的试验，来逐步缩小故障范围，分析故障原因，然后再对故障范围的电器元件、触点、接线和接点进行检查。在检查时，还应考虑机械磨损或移位使操纵失灵等非电气的故障原因。这部分电路的故障较多，下面仅以一些较典型的故障为例来进行分析。

(1) 工作台不能纵向进给

此时应先对横向进给和垂直进给进行试验检查，如果正常，则说明进给电动机 M2、主电路、接触器 KM2、KM3 及与纵向进给相关的公共支路都正常，就应重点检查图 3-11 中的行程开关 SQ6-2、SQ3-2 及 SQ4-2，即接线端编号为 20—23—25—27 的支路，因为只要这三对动断触点之中有一对不能闭合、接触不良或者接线松脱，纵向进给就不能进行。同时，可检查进给变速冲动是否正常，如果也正常，则故障范围已缩小到在 SQ6-2 及 SQ1-1、SQ2-1 上了。一般情况下，SQ1-1、SQ2-1 两个行程开关的动合触点同时发生故障的可能性较小，而 SQ6-2(20—21)由于在进给变速时，常常会因用力过猛而容易损坏，所以应先检查它。

(2) 工作台不能向上进给

首先进行进给变速冲动试验，若进给变速冲动正常，则可排除与向上进给控制相关的支路 20—22—35—27 存在故障的可能性；再进行向左方向进给试验，若又正常，则又排除 27—29 和 37—39—0 支路存在故障的可能性。这样，故障点就已缩小到 SQ4-1(29—37)的范围内。例如，可能是在多次操作后，行程开关 SQ4 因安装螺钉松动而移位，造成操纵手柄虽已到位，但其触点 SQ4-1(29—37)仍不能闭合，因此工作台不能向上进给。

(3) 工作台各个方向都不能进给

此时可先进行进给变速冲动和圆工作台的控制，如果都正常，则故障可能在圆工作台控制开关 SA1-1 及其接线(27—29)上；但若变速冲动也不能进行，则应着重检查主电路，包括 M2 的接线及绕组有无故障。

(4) 工作台不能快速进给

如果工作台的常速进给运行正常，仅不能快速进给，则应检查 SB5、SB6 和 KM4。如果这三个电器无故障，电磁离合器电路的电压也正常，则故障可能发生在 YC2 本身。常见的有 YC2 线圈损坏或机械卡死，离合器的动、静摩擦片间隙调整不当等。

三、项目的实现

1. 准备工作

① X62W 型万能铣床实物或模拟实训装置 1 台。

② 电工常用工具 1 套、万用表 1 块。

③ 在铣床或模拟实训装置上人为设置好故障，每次只设置一处故障。

2. 电气故障检修

(1) 电路分析

根据“工作台不能左右运动”的故障现象，结合电气原理图(见图 3-11)，可断定故障的范围应在进给电路中。

从工作台垂直、横向(上、下、前、后)运动控制线路的路径和工作台纵向(左、右)运动控制线路的路径的特点可知，故障点引起工作台六个方向中的两个方向不能移动，说明进给电机的主电路完好，垂直、横向控制线路的路径正常，工作台左、右方向控制线路的公共路径存在故障，即 20 号线→SQ6 常闭→SQ4-2 常闭→25 号线→SQ3-2 常闭→27 号线。

(2) 检查线路

① 通电检查。在不扩大故障范围、不损伤电气和设备的前提下，接通电源，工作台方向手柄都处于中间位置，然后按下启动按钮 SB3(或 SB4)，主轴电动机启动正常；操作工作台左、右手柄和上、下、前、后手柄，工作台有上、下、前、后四个方向的运动，说明进给电机的主电路完好；控制回路中的 20 号线→SA1－3→22 号线→SQ2 常闭→35 号线→SQ1 常闭→与 SQ1 常闭相连的 27 号线、连接 KM2、KM3 的 0 号线正常；在操作工作台左、右两个方向的手柄时，注意到没有接触器吸合的响声，加上故障点只有一个的前提条件，应在工作台左、右控制回路的公共部分。为缩小故障范围，拉出进给变速手柄，瞬时压下 SQ6 后，观察到接触器 KM2 没有吸合。所以故障范围可缩小到与 SQ6 常开、SQ6 常闭相连的 23 号线→SQ4－2 常闭→25 号线→SQ3－2 常闭→27 号线。

② 断电检查。切断电源，为避免其他并联支路的影响，产生误判断，将工作台左、右方向的手柄放在向左(或右)的位置，切断上、下、前、后四个方向的电路回路，用万用表(R×1 挡)测量与 SQ4－2 常闭相连的 23 号线→阻值为 0(正常)→测量 SQ4－2 常闭→阻值为 0(正常)→测量与 SQ4－2 常闭、SQ3－2 常闭相连的 25 号线→阻值为∞(有断点)，修复 25 号线后，故障排除，机床工作正常。

思考题与习题

3－1　CA6140 卧式车床电气控制具有哪些特点？

3－2　CA6140 卧式车床电气控制具有哪些保护？它们是通过哪些电器元件实现的？

3－3　M7130 平面磨床采用电磁吸盘来夹持工件有什么好处？

3－4　M7130 平面磨床控制电路中欠电流继电器 KA 起什么作用？

3－5　M7130 平面磨床具有哪些保护环节，各由什么电器元件来实现的？

3－6　M7130 平面磨床的电磁吸盘没有吸力或吸力不足，试分析可能的原因。

3－7　分析 Z3040 摇臂钻床电路中，时间继电器 KT 与电磁阀 YU 在什么时候动作？时间继电器各触点作用是什么？

3－8　Z3040 摇臂钻床电路中，行程开关 SQ1～SQ4 的作用是什么？

3－9　试述 Z3040 摇臂钻床操作摇臂下降时电路的工作情况。

3－10　Z3040 摇臂钻床电路中有哪些联锁与保护？

3－11　Z3040 摇臂钻床发生故障，其摇臂的上升、下降动作相反，试由电气控制电路分析其故障的原因。

3－12　X62W 万能铣床电路中，电磁离合器 YC1、YC2 的作用是什么？

3－13　X62W 万能铣床控制电路采用哪四种联锁保护？

3－14　X62W 万能铣床电气控制线路中设置主轴及进给冲动控制环节的作用是什么？简述主轴变速冲动控制的工作原理。

3－15　X62W 万能铣床，如果出现以下故障，可能的原因有哪些？应如何处理？

① 主轴正反转运行都很正常，但要停转时，按下停止按钮，主轴不停。

② 工作台向右、向左、向前、向下进给都正常，但不能向上、向后进给。

③ 工作台垂直与横向进给都正常，但无纵向进给。

下　篇

可编程序控制器

模块 4　PLC 的基础知识

教学目标

1）了解可编程序控制器(PLC)的基本知识；

2）了解 PLC 的特点、用途及发展趋势；

3）掌握 PLC 的组成及工作原理。

专题 4.1　PLC 概述

可编程序控制器 PLC(Programmable Logical Controller)，简称为可编程控制器。它是一种以计算机为核心，综合了计算机技术、自动控制技术和通信技术等现代科技而发展起来的一种新型的工业自动化控制装置。它具有结构简单、性能优越，可靠性高等优点，广泛应用于工业自动化领域，被誉为现代工业生产自动化的三大支柱之一。

一、PLC 的产生

PLC 的产生与工业化生产方式的转变密切相关。在 20 世纪 60 年代末，由于市场的需要，工业生产从大批量、少品种的生产方式转变为小批量、多品种的生产方式。但是，当时这种大规模生产线的控制大多是继电器控制系统，其体积庞大，耗电多、可靠性差，如果生产工艺发生变化，就必须重新设计，硬件结构不易改变。1968 年，美国通用汽车公司(GM 公司)为满足汽车型号的不断更新、生产工艺不断变化的需要，实现小批量、多品种生产，提出要用新型控制装置取代继电器-接触器控制系统。GM 公司对新型控制器进行招标，并提出了以下 10 项指标：

① 编程方便，现场可修改程序；

② 维修方便，采用插件式结构；

③ 可靠性高于继电器控制装置；

④ 数据可直接输入管理计算机；

⑤ 输出电源可为市电；

⑥ 负载电流要求 2 A 以上，可直接驱动电磁阀和接触器等电气元件；

⑦ 用户存储器容量大于 4 KB；

⑧ 体积小于继电器控制装置；

⑨ 扩展时原系统变更最少；

⑩ 成本与继电器控制装置相比，有一定竞争力。

根据这些要求，美国数字设备公司(DEC 公司)于 1969 年研制成了第一台可编程控制器，型号为 PDP－14，并成功地应用于 GM 公司的汽车生产线控制，取得满意的效果，从此开创了可编程控制器的时代。

这一新型工业控制装置的出现，得到了世界其他国家的高度重视。1971年日本从美国引进了这项新技术，很快就研制出了日本第一台PLC。1973年西欧国家也研究出他们自己的PLC。我国的PLC从1974年开始研制，1977年开始工业应用。

二、PLC的定义

PLC自问世以来，发展迅速，在工业控制领域得到了十分广泛的应用。为了规范PLC的生产和发展，统一PLC的标准，国际电工委员会(IEC)于1987年2月对PLC作了如下定义：

"PLC是一种数字运算操作的电子系统，专为在工业环境下应用而设计。它采用可编程序的存储器，用来在其内部存储执行逻辑运算、顺序控制、定时、计数和算术运算操作等面向用户的指令，并通过数字式、模拟式的输入和输出，控制各种类型机械的生产过程。PLC及其有关设备，都应按易于与工业控制系统联成一个整体、易于扩充其功能的原则设计。"

三、PLC的发展

PLC的发展是和自动控制、计算机、半导体、通信等高新技术的发展紧密相关的。回顾PLC的发展历程，大致可以将其分为以下几个阶段：

(1) 数字电路构成的初创阶段

20世纪60年代末期第一台PLC问世到20世纪70年代中期。

1969年研制的世界上第一台PLC，主要由分立元件和中小规模集成电路组成，仅可完成简单的逻辑控制、定时和计数控制等，控制功能比较单一。

(2) 微处理器构成的实用型产品扩展阶段

20世纪70年代中后期到80年代初期。

20世纪70年代初出现了微处理器，将大规模集成电路引入PLC，增加了数值运算、数据传送和处理及闭环控制等功能；提高了运算速度，扩大了输入/输出规模，开始发展与其他控制系统相连的接口，构成了以PLC为主要部件的初级分散控制系统。PLC进入了实用化发展阶段。

(3) 大规模应用的成熟产品阶段

20世纪80年代初到80年代末。

20世纪80年代初，PLC进入成熟发展阶段并在先进工业国家中已获得了广泛的应用。这个时期PLC发展的特点是大规模、高速度、高性能和网络化，形成了多种系列化产品，出现了结构紧凑、功能强大、性能价格比高的新一代产品。

20世纪末期的PLC发展，从控制规模上，发展了大型机及超小型机；从控制能力上，诞生了各种各样的特殊功能单元，用于压力、温度、转速、位移等控制场合；从产品的配套能力上，产生了各种人机界面单元、通信单元，使应用PLC更加容易；从编程语言上，借鉴计算机高级语言，形成了面向工程技术人员、极易为工程技术人员掌握的图形语言。PLC已成为自动控制系统的主要设备和自动化技术的重要标志之一。

(4) 通用的网络产品开放阶段

20世纪80年代末到现在。

随着网络通信技术的飞速发展，近年来PLC在网络系统、设备冗余等方面都有了长足的进步；其通信功能逐步向开放、统一和通用的标准网络结构发展，如控制层的控制网络

(control net)、设备网络(device net)、现场总线(field bus)和管理层的以太网(Ethernet)等。通用的网络接口,卓越的通信能力使 PLC 在工业以太网及各种工业总线系统中获得了广泛的应用,如能完成对整个车间的监控,可在 CRT 上显示各种现场图像,灵活方便地完成各种控制和管理操作;可将多台 PLC 连接起来与大系统连成一体,实现网络资源共享。

进入 21 世纪后,PLC 有了更大的发展。为了适应现代化生产需求,扩大 PLC 在工业领域的应用范围,PLC 的发展趋势一是向超小型、专用化和低价格的方向发展;二是向大型化、高速、多功能和分布式全自动化网络方向发展,以适应现代企业自动化的需要。

专题 4.2 PLC 的特点及应用

一、PLC 的主要特点

可编程控制器是现代计算机技术与传统继电器-接触器控制技术相结合的产物,专用于工业控制环境,具有许多其他控制器件所无法相比的优点。

(1) 可靠性高、抗干扰能力强

工业生产中对控制器的可靠性要求很高,可靠性也是用户选择控制装置的首要条件。为保证 PLC 能在工业环境下可靠工作,在设计和生产过程中,从硬件和软件上都采取了抗干扰的措施,使 PLC 能在恶劣的环境中可靠地工作,其平均故障间隔时间一般可达几十万小时。

① 硬件方面:I/O 通道采用光电隔离,有效地抑制了外部干扰源对 PLC 的影响;对供电电源及线路采用多种形式的滤波,从而抑制或消除了高频干扰;对 CPU 等重要部件采用良好的导电、导磁材料进行屏蔽,以减少空间电磁干扰;对有些模块设置了联锁保护、自诊断电路等。

② 软件方面:PLC 采用扫描方式,减少了由于外界环境干扰引起的故障;在 PLC 系统程序中设有故障检测和自诊断程序,能对系统硬件电路的故障实现检测和判断;当由外界干扰引起故障时,能立即将当前重要信息加以封存,禁止任何不稳定的读写操作,一旦外界环境正常,便可恢复到故障发生前的状态,继续原来的工作。

(2) 功能完善、扩展方便、组合灵活、实用性强

现代 PLC 具有数字量和模拟量的输入输出(I/O)接口、各种扩展单元和特殊功能模块,可以方便灵活地组合成各种不同规模和要求的控制系统,以适应各种工业控制的需要。

(3) 编程简单、使用方便

PLC 采用面向控制过程和操作者的“自然语言”——梯形图作为基本编程语言,容易学习和掌握。PLC 控制系统采用软件编程来实现控制功能,当生产工艺流程改变或生产线设备更新时,可在不改变硬件设备的情况下,方便地改变控制程序,具有很强的灵活性和“柔性”。

(4) 体积小、质量轻,是实现“机电一体化”的理想产品

由于 PLC 内部电路主要采用微电子技术设计,因此它具有结构紧密、体积小巧、质量轻等特点,易于装入机械设备内部,可简化机械结构设计,因而成为实现机电一体化的理想设备。

(5) 性价比高

PLC 完善的功能、可靠的性能以及其诸多实用的特点,使其具有较高的性价比。

二、PLC 的主要应用

目前,PLC 在机械、电力、冶金、能源、化工、交通等领域有着广泛的应用,已成为现代工业

控制的三大支柱(PLC、ROBOT、CAD/CAM)之一。根据PLC在工业控制中的特点,可将其应用形式归纳为以下几种类型:

(1) 开关量逻辑控制

逻辑控制是PLC最基本、最广泛的应用领域。它取代传统的继电器-接触器控制系统,应用于单机控制、多机群控或生产线自动控制中,如各种机床设备、机械装置、自动化生产线、冶炼设备、货物存取、交通运输及电梯控制等。

(2) 机械运动控制

运动控制就是用PLC控制运动部件的速度或加速度,实现平滑的直线运动或圆弧运动。如数控机床中,控制模块(刀具)按照给定的坐标移动一轴或数轴到目标位置。

(3) 过程控制及构成集散控制系统(DCS)

过程控制是指连续不间断的生产控制。如石油、化工生产过程,其控制参数(温度、压力、速度和流量等)多为模拟量。PLC除了基本的数模(D/A)、模数(A/D)转换外,还具有数据运算功能。PLC通过比例-积分-微分即PID(Proportional-Integral-Derivative)模块或主机自带的PID指令可实现闭环过程控制,可实现单回路、多回路的调节控制。“计算机→PLC→现场仪表”是目前构成集散控制系统(DCS)的基本结构。

(4) 数据处理

现代的PLC具有算术、逻辑运算和数据传送、比较、转换、通信等数据处理能力。把PLC和计算机数值控制(CNC)设备紧密结合,通过数据采集和监控,使PLC实现对连续生产过程的信息控制和管理。

(5) 通信联网

PLC的通信包括主机与远程I/O间的通信、多台PLC之间的通信、PLC与其他智能设备(计算机、变频器、数控装置、智能仪表)之间的通信。随着PLC通信功能不断加强,现代PLC均具有通信接口或专用网络通信模块,用双绞线、同轴电缆将它们连成网络,以实现信息的交换。还可以构成“集中管理、分散控制”的分布控制系统。I/O模块按功能各自放置在生产现场分散控制,然后利用网络连接构成集中管理信息的分布式网络系统。

不过,并不是所有的PLC都具有上述全部功能,有的小型PLC只具备上述部分功能,但价格比较低。

专题4.3 PLC的分类、主要技术指标及生产厂家

一、PLC的分类

目前PLC的产品种类很多,型号规格也不统一,通常可按以下3种形式分类。

1. 按I/O点数和程序容量分类

PLC按I/O点数和程序容量可分为小型机、中型机和大型机3类。

(1) 小型机

输入输出点数在256点以下的PLC称为小型机。有时把64点以下的叫微型机,其用户程序容量一般小于4 K字。以开关量输入/输出为主,主要功能有逻辑运算、定时、计数和算术运算。其特点是价格低廉、体积小巧,结构紧凑,适合于替代继电器、接触器控制的单机控制

场合。

(2) 中型机

中型 PLC 的 I/O 点数在 256～2048 点之间,也以开关量输入/输出为主,用户程序容量一般小于 32 K 字。它除了具有小型机功能外,还具有模拟量控制功能和通信联网功能,有较丰富的指令系统、更大的内存容量和更快的扫描速度。可应用于较为复杂的连续生产过程控制。

(3) 大型机

大型 PLC 的 I/O 点数在 2048 点以上,用户程序容量大于 32 K 字,并可扩展。除一般类型的输入/输出模块外,还有特殊类型的信号处理模块和智能控制单元,能进行数学计算、PID 调节、整数、浮点运算和二进制、十进制转换运算等;还具有自诊断功能、通信联网功能,可构成三级通信网。适合于自动化控制、过程控制和过程监控系统,实现生产管理的自动化。

2. 按结构形式分

根据 PLC 的外形和硬件安装结构的特点,PLC 可分为整体式、模块式和混合式 3 种。

(1) 整体式结构

整体式结构又称箱体式或单元式结构,它是把 PLC 的 CPU、存储器、I/O 接口、电源、通信端口等都合装在一个金属或塑料机壳内,结构紧凑。机壳的两侧安装输入、输出接线端子和电源进线,并有相应的指示灯(发光二极管)显示。面板上有编程器插座、通信口插座、外存储器插座和扩展单元接口插座等,同时也配有多种功能扩展单元。体积小、质量轻、价格低,适用于工业生产中的单机控制。如西门子公司的 S7－200 系列 PLC,其整体式结构外形如图 4－1 所示;另外还有 A－B 公司的 MicroLogix1000 系列、三菱公司的 F1/F2 和 FX 系列、欧姆龙公司的 C 系列 P 型机等多种。

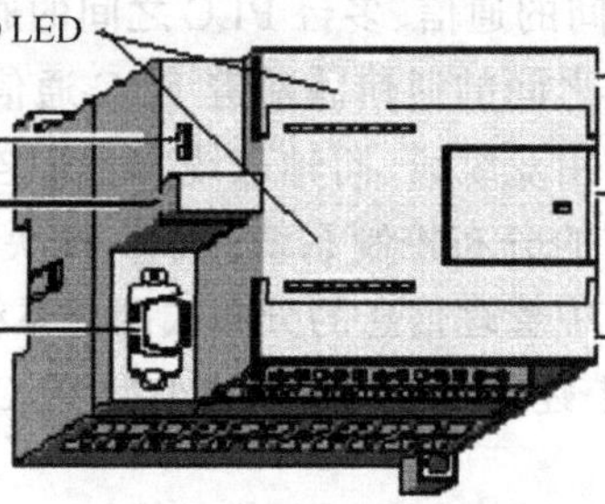

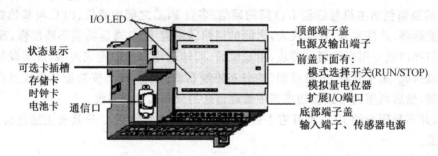

图 4－1　S7－200 型 PLC 外形图

(2) 模块式结构

为了扩展方便,大中型 PLC 和部分小型 PLC 常采用模块式结构。PLC 由机架和模块两部分组成,模块安插在插座上,模块插座焊在机架总线连接板上,有不同槽数的机架供用户选用,各机架之间用接口模块和电缆相连。

模块式结构的 PLC 通常把 CPU、存储器、输入/输出接口等均做成各自相互独立的模块,功能单一、品种繁多。系统规模可根据实际要求配置。这种结构 PLC 具有较多的输入/输出点数,且有扩展方便和模块组合灵活的特点,适用于复杂的过程控制。这种系统有 A－B 公司的 SLC500 系列和 PLC－2、PLC－3、PLC－5 系列,西门子公司的 S5－100 系列和 S7－300、400 系列,三菱公司的 A 系列和 Q 系列,欧姆龙公司的 CVM、CSI 系列,MODICOND 的 TSX　Quantum 和三菱公司的 FX2 系列等。图 4－2 为西门子公司的 S7－400 模块化结构。

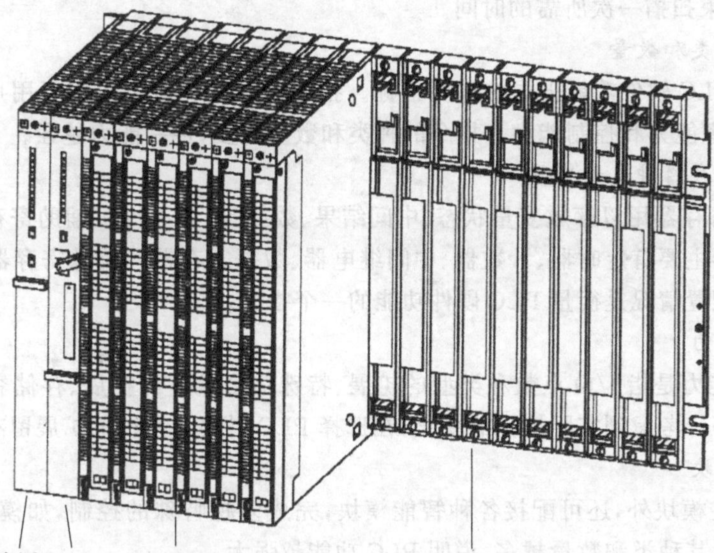

图 4－2　S7－400 型 PLC 模块化结构

二、PLC 的主要技术性能指标

各公司产品的技术性能指标不同，各有特色。一般可按 CPU 档次、I/O 点数、存储容量、扫描速度、网络功能等方面来衡量 PLC 的性能。PLC 性能指标是控制系统设计选型的重要依据。

(1) I/O 点数

I/O 点数是 PLC 最重要的一项技术指标，是指 PLC 能够处理的输入、输出端子的总数(通常开关量的输入、输出用点数表示，模拟量的输入、输出用通道数表示)。它决定了 PLC 在实际应用中的规模大小。I/O 点数包括主机的 I/O 点数和最大可扩展的点数，I/O 点数越多，能够控制的器件和设备越多。

(2) 内存容量

PLC 的存储器包括系统软件存储器和用户应用存储器两部分，主要用来存储程序和系统参数。系统软件由生产厂家编制并已固化在内部的存储器中。PLC 的存储容量通常指用户应用存储器的容量，即所谓的“内存容量”。

在 PLC 中，程序指令是按“步”存放的，1“步”占用 1 个地址单元，1 个地址单元一般占 2 字节。如一个内存容量为 2 KB 的 PLC，可存放指令 1000 步。用户程序容量与最大 I/O 点数大体成正比，其大小决定了用户所能编写程序的最大长度。因此，用户必须根据实际情况来选择足够的内存容量。绝大多数 PLC 都配置有较大容量的存储器，一般能够满足实际控制要求。

(3) 扫描速度

PLC 是以循环扫描方式运行的。它在一个扫描周期内，执行系统内部处理、输入采样、输出刷新所需时间是基本固定的，但它执行用户程序所需的时间随程序长短和指令复杂程度而变化。扫描速度一般以扫描 1 KB 的用户程序(典型指令)所需时间来衡量，其单位为 ms/KB；也有用 1 步指令的执行时间计，以 μs/步为单位；有时也用扫描时间表述，即 CPU 按逻辑顺序,从开始到结束扫描一次所需的时间。

(4) 指令种类和数量

这是衡量 PLC 软件功能强弱的重要指标。指令的种类和数量决定了用户编制程序的方式和 PLC 的处理能力和控制能力。指令的种类和数量越多,控制能力越强。

(5) 内部寄存器种类和数量

PLC 内部寄存器用以存放变量状态、中间结果、数据等,还有许多辅助寄存器可供用户使用。内部寄存器主要有定时器、计数器、中间继电器、数据寄存器和特殊寄存器等。PLC 寄存器种类和数量配置情况是衡量 PLC 硬件功能的一个指标。

(6) 扩展能力

PLC 扩展能力是指 I/O 点数和类型的扩展、特殊信号处理的扩展、存储容量和控制区域(联网)的扩展等。考虑到实际情况的变化,在选择 PLC 时要为系统的扩展留有适量的余地。

(7) 智能模块

PLC 除主控模块外,还可配接各种智能模块,完成多种特殊的控制,如模拟量控制、远程控制及通信等。其种类和数量越多,说明 PLC 功能越强大。

(8) 编程语言与编程工具

每种类型 PLC 都具有多种编程语言,具有互相转换的可移植性;但不同类型 PLC 的编程语言互不相同、互不兼容。一般由厂家提供专用编程工具,包括专用编程器和专用编程软件。编程器一般使用助记符语言,编程软件可在 PC 机上操作,普遍采用梯形图、功能图或高级计算机语言(如 C、BASIC 或 PASCAL 语言)进行编程。

三、PLC 的主要生产厂家

目前,世界上生产 PLC 的厂家已有 200 多个,有各种型号和系列。

比较著名的有美国 A - B、通用电气(GE)、莫迪康(Modicon)公司;日本的三菱电机(Mitsublshi)、欧姆龙(Omron)、富士电机(FUJI)、松下电工公司;德国的西门子(Siemens)公司;法国的 TE 与施耐德(Schneider)公司;韩国的三星(Sumsung)与 LG 等公司。其中德国和美国是以大型 PLC 而闻名,而日本主要生产小型 PLC。

我国有无锡华光等公司,生产多种型号 PLC,如 SU、SG 等,发展也很快,并在价格上很有优势。

专题 4.4 可编程控制器的结构组成和工作原理

一、PLC 的结构组成

PLC 的结构组成图如图 4 - 3 所示,主要包括中央处理单元(CPU)、存储器、I/O 接口电路、电源、I/O 扩展接口、外部设备接口等。其内部采用总线结构进行数据和指令的传输。外部的各种信号送入 PLC 的输入接口,在 PLC 内部进行逻辑运算或数据处理,最后以输出变量的形式经输出接口,驱动输出设备进行各种控制。各部分的作用如下:

1. 中央处理单元(CPU)

中央处理单元 CPU(Centre Processing Unit),主要由控制电路、运算器和寄存器等部分

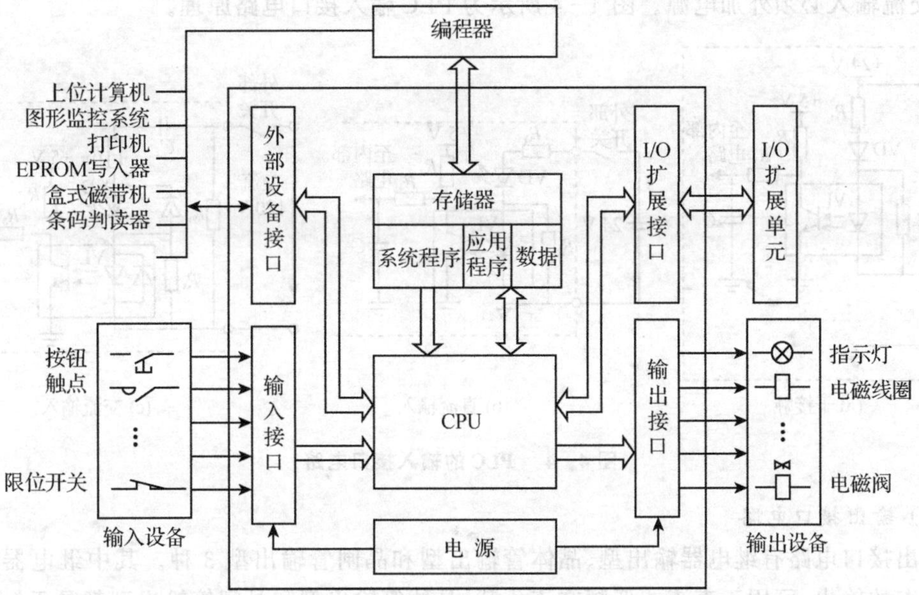

图 4-3 PLC 结构示意图

组成，是 PLC 的运算和控制中心。

PLC 常用的 CPU 有通用微处理器、单片机和双极型位片式微处理器。通用微处理器常用的是 8 位或 16 位，如 Z80A、8085、8086、M68000 等；单片机是将 CPU、存储器和 I/O 接口集成在一起，因此性价比高，多为中小型 PLC 采用，常用的单片机有 8051、8098 等；位片式微处理器的特点是运算速度快，以 4 位为 1 片，可以多片级联，组成任意字长的微处理器，因此多为大型 PLC 采用，常用的位片式微处理器有 AM2900、AM2901、AM2903 等。目前，PLC 的位数多为 8 位或 16 位，高档机已采用 32 位，甚至更高位数。

2. 存储器

存储器的功能是存放程序和数据。可分为系统程序存储器和用户程序存储器两大类：

① 系统程序存储器。用来存放管理程序、监控程序以及内部数据，由 PLC 生产厂家设计提供，用户不能更改。

② 用户程序存储器。主要存放用户已编制好或正在调试的应用程序。存放在 RAM 中的用户程序可方便地修改。

3. 输入/输出接口电路

输入/输出接口电路的作用是将输入信号转换为 CPU 能够接收和处理的信号，并将 CPU 输出的弱电信号转换为外部设备所需要的强电信号，而且能有效地抑制干扰，起到与外部电路的隔离作用。

(1) 输入接口电路

输入接口由光电耦合、输入电路和微处理器输入接口电路组成。光电耦合输入电路的作用是隔离输入信号，防止现场的强电干扰进入微机；对交流输入信号还采用变压器或继电器隔离，有的还用滤波环节来增强抗干扰性能。

各种 PLC 的输入电路大都相同，通常有直流输入、交流输入两种基本类型。直流输入电源有外部直流电源和 PLC 内部电源，当直流输入电源为 PLC 内部的直流电源时，又称为干接触式,交流输入必须外加电源。图 4-4 所示为 PLC 输入接口电路原理。

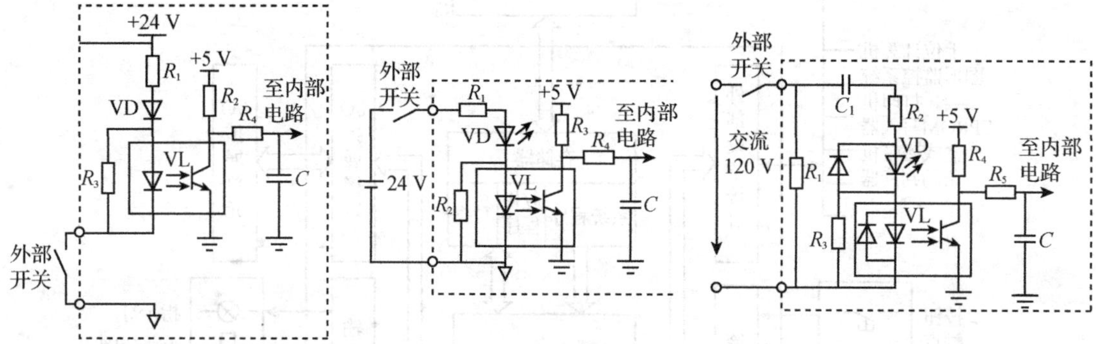

(a) 干接触　(b) 直流输入　(c) 交流输入

图 4-4　PLC 的输入接口电路

(2) 输出接口电路

输出接口电路有继电器输出型、晶体管输出型和晶闸管输出型 3 种。其中继电器输出型为有触点的输出,可用于直流或低频交流负载;晶体管输出型和晶闸管输出型都是无触点的输出,前者适用于高速、小功率直流负载,后者适用于高速、大功率交流负载。图 4-5 为 3 种输出形式的输出接口电路。

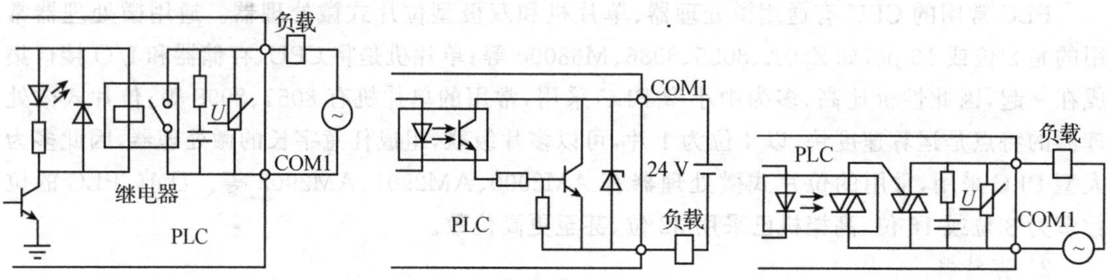

(a) 继电器输出　(b) 晶体管输出　(c) 晶闸管输出

图 4-5　输出接口电路

4. 电　源

在 PLC 中,为避免电源间干扰,输入与输出接口电路的电源彼此相互独立。小型 PLC 电源往往和 CPU 单元合为一体,中大型 PLC 都有专门的电源单元。直流电源常采用开关稳压电源,稳压性能好、抗干扰能力强,不仅可提供多路独立的电压供内部电路使用,而且还可为输入设备提供标准电源。

5. I/O 扩展接口

当主机(基本单元)的 I/O 点数不能满足输入输出设备点数需要时,可通过此接口用扁平电缆线将 I/O 扩展单元与主机相连,以增加 I/O 点数。A/D、D/A 单元也通过该接口与主机相接。

6. 编程器

编程器是 PLC 的重要外围设备。利用编程器能将用户程序送入 PLC 的存储器,还可以检查、修改程序,并监视 PLC 的工作状态。编程器一般分简易型和智能型两类。小型 PLC 常用简易型，大中型 PLC 多用智能型。现在普遍采用微机作为编程器，在微机内添加专用编程软件，即可对 PLC 编制控制程序并显示梯形图或语句指令，非常方便，因此得到了广泛应用。

7. 外部设备接口

外部设备接口是指在主机外壳上与外部设备配接的插座。通过电缆可配接编程器、计算机、打印机、EPROM 写入器、条码判读器等。

二、PLC 的工作原理

PLC 采用循环扫描的工作方式。从第一条指令开始，按顺序逐条地执行用户程序，直至遇到结束符，完成一次扫描，然后再返回第一条指令，开始新一轮扫描，这样周而复始地反复进行。PLC 每进行一次扫描循环所用的时间称为扫描周期。通常一个扫描周期约为几十毫秒。影响扫描周期的主要因素：一是 CPU 执行指令的速度，二是执行每条指令所占用的时间，三是程序中指令条数的多少。

在 PLC 的一个扫描周期中主要有输入采样、程序执行和输出处理 3 个阶段，如图 4－6 所示。

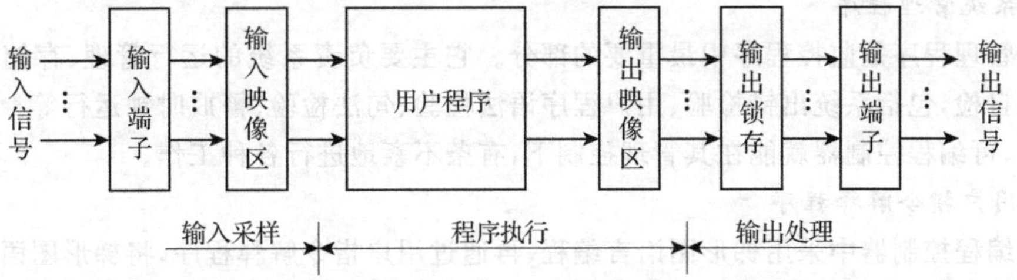

图 4－6　PLC 工作过程

1. 输入采样阶段（输入刷新阶段）

PLC 在系统程序控制下以扫描方式顺序读取输入端口的状态（如开关的接通或断开），并写入输入状态寄存器（输入映像寄存器）内，此时输入状态寄存器被刷新。然后转入程序执行阶段，在程序执行期间，即使输入状态发生变化，输入状态寄存器的内容也不会改变。只能等到下一个扫描周期输入采样到来时，才能重新读入。

2. 程序执行阶段

PLC 按照“先左后右、先上后下”的顺序扫描执行每一条用户程序。执行程序时所用的输入输出变量，从相应的输入输出状态寄存器中取用，并将运算结果写入输出状态寄存器（输出映像寄存器）。

3. 输出处理阶段（输出刷新阶段）

CPU 在执行完所有的指令后，把输出状态寄存器中的内容转存到输出锁存器中，并通过输出接口电路将其输出，来驱动 PLC 的外部负载，控制设备的相应动作，形成 PLC 的实际输出。

实际上，在每个扫描周期内，CPU 除了执行用户程序外，还要进行系统自诊断和通信请求，并及时接收外来的控制命令，以提高 PLC 工作的可靠性，但所占用时间很短。

由上可见，PLC 通过周期性循环扫描，并采取集中采样和集中输出的方式执行用户程序，这与计算机的工作方式不同。计算机在工作过程中，如果输入条件没有满足，程序将等待，直到条件满足才继续执行;而 PLC 在输入条件不满足时,程序照样往下执行,它将依靠不断的循环扫描,一次次通过输入采样捕捉输入变量。当然由此也带来一个问题,如果在本次扫描之后输入变量才发生变化,则只有等待下一次扫描时才能确认。这就造成了输入与输出响应的滞后,在一定程度上降低了系统的响应速度,但由于 PLC 的一个工作周期仅为数十毫秒,故这种很短的滞后时间对一般的工业控制系统影响不大。

专题 4.5 PLC 的软件及编程语言

PLC 是一种工业控制计算机。与计算机一样,PLC 的软件也分为系统软件和应用软件。

一、系统软件

PLC 的系统软件就是系统监控程序,也有人称之为 PLC 的操作系统。它是每台可编程控制器都必须包括的部分,用于控制 PLC 本身的运行,是由 PLC 制造厂家编制的。系统监控程序可分为 3 个部分:

(1) 系统管理程序

系统管理程序是监控程序中最重要的部分。它主要负责系统的运行管理、存储空间的管理和系统自检,包括系统出错检验、用户程序语法检验、句法检验、警戒时钟运行等。有了系统管理程序,可编程控制器就能在其管理控制下,有条不紊地进行各种工作。

(2) 用户指令解释程序

在可编程控制器中采用梯形图语言编程,再通过用户指令解释程序,将梯形图语言逐条翻译成机器语言。由于在执行指令过程中需要对指令逐条解释,所以降低了程序的执行速度。好在 PLC 控制的对象多是机电控制设备,这些滞后的时间(μs 或 ms 级)完全可以忽略不计。尤其是当前 PLC 的主频越来越高,这种时间上的延迟将越来越短。

(3) 标准程序模块和系统调用

这部分是由许多独立的程序块组成的,各自实现不同的功能,如输入、输出、运算或特殊运算等。可编程控制器的各种具体工作都是由这部分程序完成的,这部分程序的多少,就决定了 PLC 的性能。

整个系统监控程序是一个整体,它的质量的好坏,很大程度上决定了可编程控制器的性能。

二、PLC 的编程语言

PLC 的编程语言多种多样,不同厂家、不同系列 PLC 的编程语言不尽相同。常用的编程语言有梯形图语言、指令语句表、逻辑符号图、功能表图、高级语言等。

(1) 梯形图语言

梯形图编程语言习惯上叫梯形图。它将 PLC 内部的各种编程元件和各种具有特定功能的命令用专用图形符号定义,并按控制要求将有关图形符号按一定规律连接起来,构成描述输入、输出之间控制关系的图形,这种图形称为 PLC 梯形图。梯形图形象直观、实用,与继电器-接触器线路图在形式上相似,易为电气技术人员所接受,是目前使用最多的一种 PLC 语言。PLC 梯形图和继电器-接触器线路图相比,如图 4-7(a)、(b)所示。两种电路图的逻辑含义相同，但具体表述方式及基本内涵是有区别的。

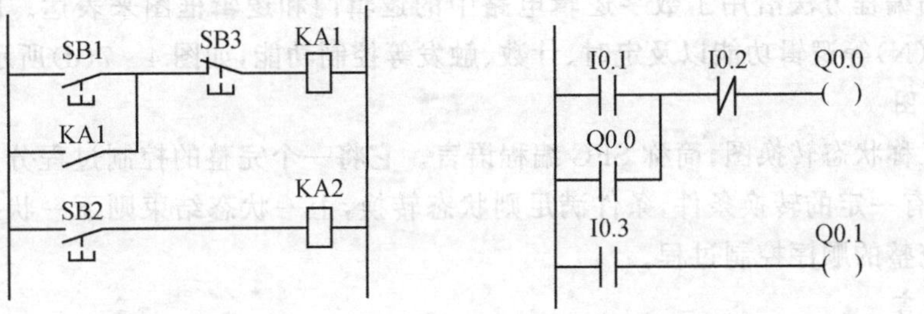

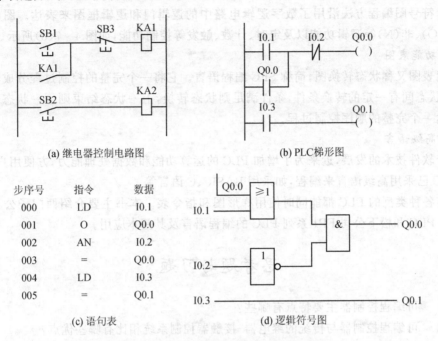

(a) 继电器控制电路图　　　　(b) PLC梯形图

步序号	指令	数据
000	LD	I0.1
001	O	Q0.0
002	AN	I0.2
003	=	Q0.0
004	LD	I0.3
005	=	Q0.1

(c) 语句表

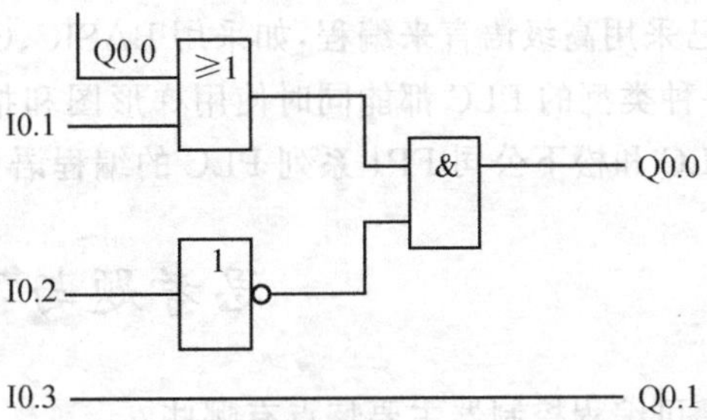

(d) 逻辑符号图

图 4－7　继电器控制电路图与 PLC 编程语言

① 电气元件与能流。PLC 梯形图只是一个控制程序并不是实际电路，梯形图中的继电器、定时器、计数器也不是物理继电器，而是存储器中的存储位，因此称其为“软器件”。相应位为“1”状态时，表示继电器线圈通电或常开触点闭合、常闭触点断开；相应位状态为“0”时，表示该继电器线圈断电，或其常开、常闭触点保持原状态。PLC 梯形图两端并没有电源，也没有真实电流，仅是概念性电流，称其为“能流”或“使能流”。

② 继电器。PLC 中的继电器有输出继电器、辅助继电器等。与传统的继电-接触器中的继电器相比，PLC 中的继电器是“软继电器”，其触点从理论上讲可以无限次使用。

③ 触点。PLC 中的继电器触点是对应的存储器存储单元，在程序运行中仅是对存储状态的读取，可以无限次重复使用，因此可认为 PLC 的每个“软继电器”具有无数对常闭或常开触点供用户使用，也没有使用寿命的限制，无需用复杂的程序结构来减少触点的使用次数。

④ 工作方式。继电-接触器线路图通电后是并行工作方式，也就是按同时执行方式工作，一旦形成电流通路可能有多条支路同时工作；而 PLC 梯形图是串行工作方式，按梯形图的扫描顺序，自左至右、自上而下执行，并循环扫描，不存在几条并列支路同时动作。这种串行工作方式可以在梯形图设计时减少许多有约束关系的连锁电路，使电路设计简化。

(2) 指令语句表

指令语句表也是一种常用的编程语言，使用一种与计算机汇编语言相类似的助记符编程方式，它采用一些简捷易记的文字符号表达 PLC 的各种指令。梯形图语言虽然直观、方便、易懂，但必须配有较大的显示器才能输入图形，一般多用于计算机编程环境中。而指令语句表常用于手持编程器，通过输入助记符语言在生产现场编制、调试程序。对于同一厂家的 PLC 产品，其指令表语言与梯形图语言是相互对应的，可以互相转换。如图 4－7 中，图(b)是梯形图语言，图 (c)是与之对应的指令表语言。

(3) 逻辑符号图

逻辑符号图编程方法沿用了数字逻辑电路中的逻辑门和逻辑框图来表达。图中包括与(A)、或(O)、非(N)等逻辑功能以及定时、计数、触发等控制功能,如图 4-7(d)所示。

(4) 功能表图

功能表图又称状态转换图,简称 SFC 编程语言。它将一个完整的控制过程分成若干个动作状态,状态间有一定的转换条件,条件满足则状态转换,上一状态结束则下一状态开始。以此来表达一个完整的顺序控制过程。

(5) 高级语言

随着软件技术的发展,近来为了增加 PLC 的运算功能和数据处理能力,方便用户,许多大中型 PLC 已采用高级语言来编程,如采用 BASIC、C 语言等。

目前各种类型的 PLC 都能同时使用梯形图和指令表。本书主要介绍西门子公司的 S7-200 系列 PLC 和松下公司 FP1 系列 PLC 的编程语言及其基本应用。

思考题与习题

4-1 可编程控制器主要特点有哪些?

4-2 可编程控制器与传统的继电器-接触器控制系统相比有哪些优点?

4-3 可编程控制器在结构上有哪几种形式?说明它们的区别。

4-4 PLC 主要由哪几个部分组成?简述各部分的主要作用。

4-5 简述 PLC 的三种输出接口电路的特点。它们分别适用于什么类型的负载?

4-6 简述 PLC 的工作过程。何谓扫描周期?

4-7 从软、硬件两个角度说明 PLC 的高抗干扰性能。

4-8 PLC 有哪几项主要的技术性能指标?

4-9 影响 PLC 输出响应滞后的因素有哪些?

4-10 PLC 有哪几种编程语言?

模块 5　S7 - 200 系列 PLC 的组成与编程基础

教学目标

1) 了解 S7 - 200 系列小型 PLC 的基本组成及性能；

2) 掌握 STEP 7 - Micro/WIN 编程软件的使用方法。

专题 5.1　S7 - 200 系列 PLC 的组成及性能

西门子 S7 - 200 系列 PLC 属于小型机种，有 CPU21X 和 CPU22X 两代产品。其中，CPU22X 代 PLC 有 CPU221、CPU222、CPU224 和 CPU226 四种基本型号。

一、S7 - 200 系列 PLC 的组成

S7 - 200 系列 PLC 采用整体式结构，具有很高的性价比。用户可以根据控制规模的大小选择相应的主机单元。根据需要，除了 CPU221 型以外的主机单元都可以扩展以下设备：数字量 I/O 扩展单元、模拟量 I/O 扩展单元、通信模板、文本/图形显示器和人机界面等。一个典型的 S7 - 200 控制系统的组成示意图如图 5 - 1 所示。

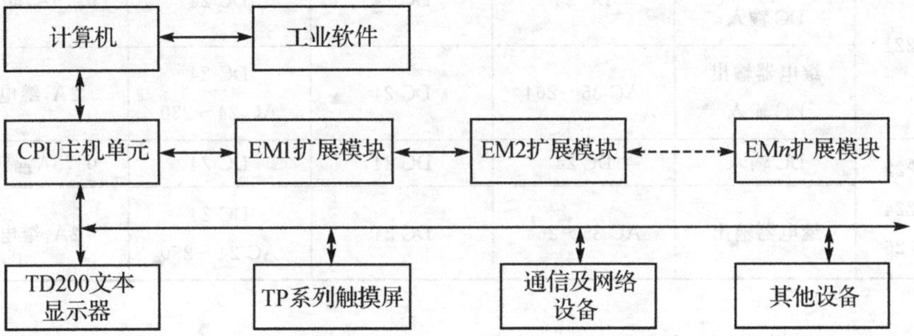

图 5 - 1　S7 - 200 PLC 控制系统的组成

1. 主机单元

主机单元又称 CPU 模块。S7 - 200 系列的主机单元包括 CPU、存储器、基本输入/输出点、通信接口和电源，这些组件都被集成在一个紧凑、独立的外壳中。CPU 负责执行程序，输入部分从现场设备中采集信号，输出部分则输出控制结果，驱动外部负载。实际上，主机单元就是一个完整的系统，可以单独完成一定的控制任务。SIMATIC S7 - 200 系统 CPU22X 系列 PLC 主机(CPU 模块)的外形及与相关扩展连接图如图 5 - 2 所示。

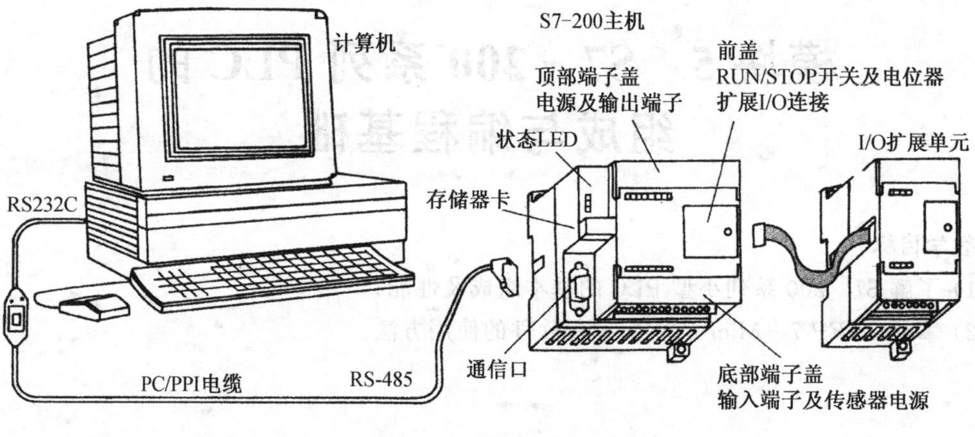

图 5-2　S7-200 PLC 的主机、扩展单元的外形及连接图

2. I/O 系统

(1) 主机的基本 I/O 类型及参数

CPU22X 型 PLC 具有两种不同的电源供电电压，输出电路分为继电器输出和晶体管输出两大类。CPU22X 系列 PLC 可提供 4 个不同型号的 CPU 基本单元供用户选用，其类型如表 5-1 所列。

表 5-1　CPU22X 系列 PLCI/O 点的类型及参数

CPU	I/O 类型	电源电压/V	输入电压/V	输出电压/V	输出电流，类型
CPU221	DC 输出 DC 输入	DC 24	DC 24	DC 24	0.75A，晶体管
	继电器输出 DC 输入	AC 85～264	DC 24	DC 24 AC 24～230	2A，继电器
CPU222 CPU224 CPU226	DC 输入	DC 24	DC 24	DC 24	0.75A，晶体管
	继电器输出	AC 85～264	DC 24	DC 24 AC 24～230	2A，继电器

下面以 S7-226 为例来说明其 I/O 系统。CPU226 的输入电路采用了双向光电耦合器，DC 24V 的极性可任意选择，系统中端子 1M 为输入端子 I0.0～I1.4 的公共端，2M 为输入端子 I1.5～I2.7 的公共端。在晶体管输出电路中采用了 MOSFET 功率驱动器件，并将数字量分为两组，各有一个独立的公共端 1L 和 2L，可接入不同的负载电源。CPU226 的外部端子连接图如图 5-3 所示。

(2) 主机的I/O 点数及其扩展能力

当主机单元的 I/O 点数不能满足控制要求时，可以通过 I/O 扩展接口增加 I/O 模块。SIMATIC S7-200 系统 CPU22X 系列 PLC 主机的基本 I/O 点数及扩展的模块数量如表 5-2 所列。

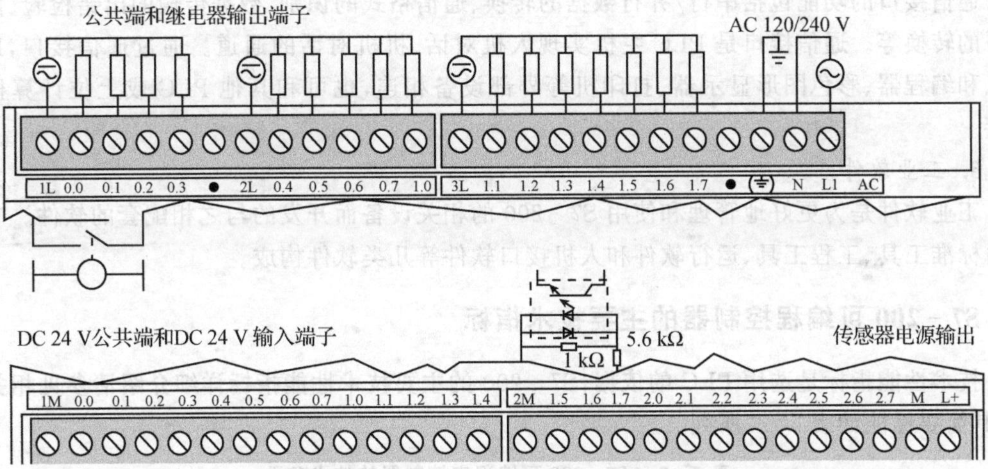

注：① 实际元件值可能有变更；② 把 AC 线连到 L 端；③ 可接受任何极性；④ 接地可选。

图 5－3　CPU226 的端子连接图

表 5－2　CPU22X 系列 PLC 主机的 I/O 点数及可扩展的模块数

型　号	主机输出类型	主机输入点数/点	主机输出点数/点	可扩展模块/个
CPU221	DC/继电器	6	4	无
CPU222	DC/继电器	8	6	2
CPU224	DC/继电器	14	10	7
CPU226	DC/继电器	24	16	7

(3) 高速反应 I/O

CPU226 PLC 有 6 个高速计数脉冲输入端(I0.0～I0.5)，用于捕捉比 CPU 扫描周期更快的脉冲信号。CPU226 PLC 有 2 个高速脉冲输出端(Q0.0～Q0.1)，输出的脉冲频率可达 20 kHz，用于 PTO(高速脉冲束)和 PWM(宽度可变脉冲输出)和高速脉冲输出。

3. 特殊功能单元

特殊功能单元是指能完成某种特殊控制任务的一些装置，如位置控制单元 EM235、PROFIBUS－DP 总线从站通信处理器单元 EM277、调制解调器单元 EM241、以太网通信处理器单元 CP243－1、AS－I 网主站通信处理器单元 CP243－2 等。当需要实现某些特殊功能的控制任务时，可以扩展特殊功能单元。

4. 相关设备

为了对 PLC 进行应用及资源开发，需要相配套的相关设备。主要有 PC 机、人机操作界面以及网络设备等，如装有编程软件的计算机、PC/PPI 电缆线、TD200 文本显示器和 TP070 触摸屏等。

5. 通信口

在 S7－200 主机模块上有通信口，可与计算机或其他外围设备相连，以实现编程、调试、运行、监视、打印和数据传送等功能。

S7－200 提供的是 RS485 通信口，要与计算机相连需经过专用的 PC/PPI 电缆。RS485

串行通信接口的功能包括串行/并行数据的转换、通信格式的识别、数据传输的出错检验、信号电平的转换等。通信接口是PLC主机实现人机对话、机机对话的通道。通过通信接口，PLC可以和编程器、彩色图形显示器、打印机等外部设备相连，也可和其他PLC或上位计算机相连接。

6. 工业软件

工业软件是为更好地管理和使用S7-200的相关设备而开发的与之相配套的软件。它主要由标准工具、工程工具、运行软件和人机接口软件等几类软件构成。

二、S7-200可编程控制器的主要技术指标

技术性能指标是选用PLC的依据，S7-200的主要技术性能指标详细介绍请参见相关手册，其简要性能如表5-3所列。

表5-3　S7-200可编程序控制器的技术参数

CPU模块型号	CPU215	CPU216	CPU221	CPU222	CPU224	CPU226
用户程序容量/KB	4	4	2	2	4	4
用户数据容量/KB	2.5	2.5	1	1	2.5	2.5
程序结构	循环控制(OBI)，中断控制，时间控制					
本机输入点数/点	14	24	6	8	14	24
本机输出点数/点	10	16	4	6	10	16
模块扩展能力/个	7	7	无	2	7	7
可扩展I/O数字量/点	120	128	无	78	168	248
可扩展I/O模拟量/点	16	16	无	10	35	35
通信接口	RS485	RS485	RS485	RS485	RS485	RS485
内部标志数/个	256	256	256	256	256	256
定时器数/个	256	256	256	256	256	256
计数器数/个	256	256	256	256	256	256
高速计数器数/个	3(20 kHz)	3(20 kHz)	4(30 kHz)	4(30 kHz)	6(30 kHz)	6(30 kHz)
脉冲输出数/个	2(4 kHz)	2(4 kHz)	2(20 kHz)	2(20 kHz)	2(20 kHz)	2(20 kHz)

专题5.2　S7-200 PLC的内部元器件和寻址方式

一、存储器中的数据类型

所有的数据在PLC中都是以二进制形式表示的，数据的长度和表示方式称为数据格式。S7-200的指令对数据格式有一定要求，指令与数据之间的格式一致才能正常工作。

1. 用1位二进制数表示开关量

二进制数的1位(bit)只有0和1这两种不同的取值，可以用来表示开关量(或称数字量)的两种不同的状态。如果该位为1，表示梯形图中对应的线圈“通电”，对应的常开触点接通，

常闭触点断开，以后称该编程元件为 1 状态，或称该编程元件 ON(接通)。如果该位为 0，对应的线圈和触点的状态与上述的相反，称为编程元件为 0 状态，或称该编程元件 OFF(断开)。位数据的数据类型为 BOOL(布尔)型。

2. 多位二进制数

可以用多位二进制数来表示数字，二进制数遵循逢 2 进 1 的运算规则，每一位都有一个固定的权值，从右往左的第 n 位(最低位为第 0 位)的权值为 2^n，第 3 位至第 0 位的权值分别为 8、4、2、1，所以二进制数又称为 8421 码。以二进制数 1010 为例，它的最低位为 0，对应的十进制数可以用下式计算：

$$1\times2^3+0\times2^2+1\times2^1+0\times2^0=10$$

S7－200 用 2＃来表示二进制常数，例如 2＃11011010 就是二进制数 11011010。

3. 十六进制数

多位二进制数读写起来很不方便，为了解决这个问题，可以用十六进制数来表示。十六进制数使用 16 个数字符号，即 0～9 和 A～F，A～F 分别对应于十进制数 10～15。可以用数字后面加“H”来表示十六进制常数，例如 2FH。S7－200 用数字前面的“16＃”来表示十六进制常数。4 位二进制数对应 1 位十六进制数，例如二进制数 2＃1010111001110101 可以转换为 16＃AE75。

十六进制数采用逢 16 进 1 的运算规则，从右往左第 n 位的权值为 16^n(最低位的 n 为 0)，16＃2F 对应的十进制数为 $2\times16^1+15\times16^0=47$。

4. 字节、字与双字

8 位二进制数组成 1 个字节(Byte)，其中的第 0 位为最低有效位(LSB)，第 7 位为最高有效位(MSB)。如输入字节 IB3(B 是 Byte 的缩写)表示由 I3.0～I3.7 这 8 个位组成，也表示 I3.0 到 I3.7 共 8 个输入继电器。

相邻的两个字节组成 1 个字，VW100 是由 VB100 和 VB101 组成的一个字。其中的 V 为区域标识符，表示存储器的区域名；W 表示字(Word)，100 为起始字节的地址。注意 VB100 是最高字节。

5. 负数的表示方法

PLC 一般用二进制补码来表示有符号数，其最高位为符号位。最高位为 0 时为正数，为 1 时为负数，最大的 16 位正数为 16＃7FFF(即 32767)。正数的补码是它本身，将正数的补码逐位取反(0 变 1，1 变 0)后加 1，得到绝对值与它相同的负数的补码。将负数的补码的各位取反后加 1，得到它的绝对值。例如，十进制正整数 35 对应的二进制补码为 2＃00100011，十进制数－35 对应的二进制数补码为 2＃11011101。不同的数据类型、数据长度以及对应的数值范围如表 5－4 所列。

表 5－4　数据大小范围及相关整数范围

数据大小	无符号整数表示范围		符号整数表示范围	
	十进制	十六进制	十进制	十六进制
B(字节)，8 位值	0～255	0～FF	－128～127	80～7F

续表 5-4

数据大小	无符号整数表示范围		符号整数表示范围	
	十进制	十六进制	十进制	十六进制
W(字),16 位值	0～65 535	0～FFFF	－32 768～32 767	8000～7FFF
D(双字),32 位值	0～ 4 294 967 295	0～FFFFFFFF	－2 147 483 648～2 147 843 647	80000000～7FFFFFFF

6. BCD 码

BCD 是 Binary Coded Decimal Numbers(二进制编码的十进制数)的缩写。BCD 码用 4 位二进制数的组合来表示 1 位十进制数。BCD 码常用于输入输出设备,例如拨码开关输入的是 BCD 码,送给七段显示器的数字也是 BCD 码。

二、数据存储区

PLC 的存储区分为程序区、系统区、数据区。程序区用于存放用户程序,系统区用于存放 PLC 配置结构的内部参数。如 PLC 主机及扩展模块的 I/O 配置和编址等。

数据区是存储器的特定区域。它包括输入映像寄存器(I)、输出映像寄存器(Q)、变量存储器(V)、内部标志位存储器(M)、顺序控制继电器存储器(S)、特殊标志位存储器(SM)、局部存储器(L)、定时器存储器(T)、计数器存储器(C)、模拟量输入映像寄存器(AI)、模拟量输出映像寄存器(AQ)、累加器(AC)、高速计数器(HC)等。

1. 数据区存储器的地址表示格式

存储器是由许多存储单元组成的,每个存储单元都有唯一的地址,可以依据存储器地址来存储数据。存储器地址的表示有位、字节、字和双字等格式。

(1) 位地址格式:Ax.y

这里的 A 是存储器区域标识符,x 是字节地址号,y 是位号。例如,图 5-4 中黑色标记的位地址用 I4.5 表示,I 表示输入映像寄存器的区域标识符,4 表示字节地址号,5 是位号;在字节地址 4 与位号 5 之间用点号“.”隔开,这是位地址的特点。图 5-4 中,MSB 表示最高位,

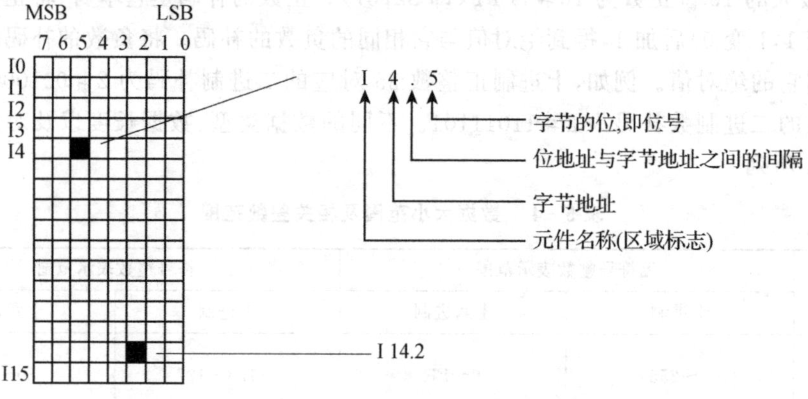

图 5-4　位地址格式

LSB表示最低位。

(2) 字节、字、双字地址格式:ATx

这里的A是区域标识符,T是数据长度,x是该字节、字或双字的起始字节地址。如图5-5所示,用VB100、VW100、VD100分别表示字节、字、双字地址。VW100由VB100、VB101两个字节组成,VD100由VB100～VB103的4个字节组成。

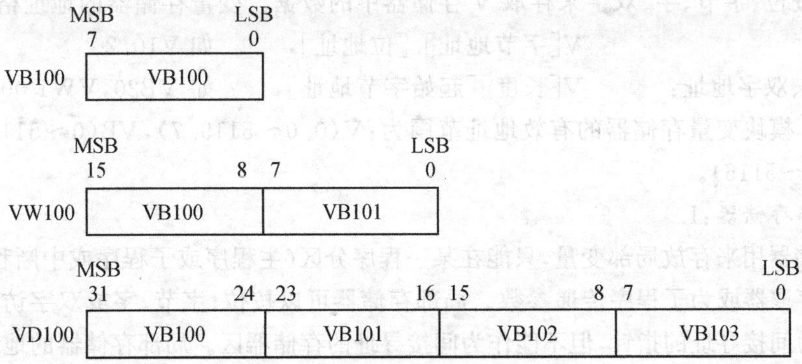

图5-5　字节、字、双字地址格式

(3) 其他地址格式:Ay

数据区存储器区域中,还包括定时器存储器(T)、计数器存储器(C)、累加器(AC)、高速计数器(HC)等。它们代表相关的电气元件,地址格式为Ay,由区域标识符A和元件号y组成。例如,T是定时器的区域标识符,T24表示一个定时器的地址,其中24是定时器编号。

2. 数据存储器区域的划分

(1) 输入映像寄存器:I

在每次扫描周期的开始,CPU对各输入点进行采样,并将采样值写入输入映像寄存器。可以按位、字节、字或双字存取输入映像寄存器中的数据。输入映像寄存器的地址格式可表示为:

位地址格式:　　　　　　I[字节地址].[位地址],　　　如I0.1

字节、字、双字地址格式:　I[长度][起始字节地址],　　如IB4,IW2,ID0

(2) 输出映像寄存器:Q

CPU将输出判断结果存放在输出映像寄存器中,在每次扫描周期的结尾,CPU以批处理方式将输出映像寄存器的数值复制到相应的输出端子上,通过输出模块将输出信号传送给外部负载。可以按位、字节、字或双字来存取输出映像寄存器中的数据。输出映像寄存器的地址格式为:

位地址:　　　　　　　　Q[字节地址].[位地址],　　如Q1.1

字节、字、双字地址:　　Q[长度][起始字节地址],　　如QB5, QW2,QD0

(3) 内部标志位存储器:M

内部标志位存储器M也称为内部线圈或辅助继电器,是模拟继电器-接触器控制系统中的中间继电器,它存放中间操作状态,或存储数据。内部标志位存储器以位为单位使用,也可以字节、字、双字为单位使用,内部标志位存储器的地址格式为:

位地址:　　　　　　　　M[字节地址].[位地址],　　如M26.7

字节、字、双字地址：　　M[长度][起始字节地址]，　　如 MB0,MW12,MD20

CPU226 模块内部标志位存储器的有效地址范围为：M(0.0～31.7),MB(0～31),MW(0～30),MD(0～28)。

(4) 变量存储器：V

变量存储器 V 在程序执行的过程中存放中间结果,或用来保存与工序或任务有关的其他数据。可以按位、字节、字、双字来存取 V 存储器中的数据。变量存储器的地址格式为：

位地址：　　V[字节地址].[位地址]，　　如 V10.2

字节、字、双字地址：　　V[长度][起始字节地址]，　　如 VB20,VW1 00,VD320

CPU226 模块变量存储器的有效地址范围为：V(0.0～5119.7),VB(0～5119),VW(0～5118),VD(0～5116)。

(5) 局部存储器：L

局部存储器用来存放局部变量,只能在某一程序分区(主程序或子程序或中断程序)中使用,可用作暂时存取器或为子程序传递参数。局部存储器可以按位、字节、字或双字访问;也可把局部存储器作为间接寻址的指针,但不能作为间接寻址的存储器区。局部存储器的地址格式为：

位地址：　　L[字节地址].[位地址]，　　如 L0.0

字节、字、双字地址：　　L[长度][起始字节地址]，　　如 LB43,LW34,LD4

CPU226 模块局部存储器的有效地址范围为：L(0.0～63.7),LB(0～63),LW(0～62),LD(0～60)。

(6) 顺序控制继电器：S

顺序控制继电器用于组织设备的顺序控制(或步进控制)。顺序控制继电器指令(SCR)基于顺序功能图(SFC)的编程方式。SCR 指令提供控制程序的逻辑分段,从而实现顺序控制。顺序控制继电器的地址格式为：

位地址：　　S[字节地址].[位地址]，　　如 S3.1

字节、字、双字地址：　　S[长度][起始字节地址]，　　如 SB3,SW2,SD16

CPU226 模块顺序控制继电器的有效地址范围为：S(0.0～31.7),SB(0～31),SW(0～30),SD(0～28)。

(7) 特殊标志位存储器：SM

特殊标志位存储器即特殊内部线圈,用于 CPU 和用户之间交换信息,为用户提供一些特殊的控制功能及系统信息,用户的一些特殊要求也通过特殊标志位 SM 通知系统。特殊标志位区域分为只读区域(SM0.0～SM29.7,前 30 个字节为只读区)和可读写区域。在只读区特殊标志位,用户只能利用其触点。例如：

SM0.0——RUN 监控,PLC 在 RUN 方式时,SM0.0 总为 1。

SM0.1——初始脉冲,PLC 由 STOP 转为 RUN 时,SM0.1 接通一个扫描周期。

SM0.2——在 RAM 中数据丢失时,该位在一个扫描周期中为 1。用于出错处理。

SM0.3——PLC 上电进入 RUN 方式时,SM0.3 接通一个扫描周期。

SM0.4——分脉冲,该位输出一个占空比为 50%的分时钟脉冲。可做时间基准或简易延时。

SM0.5——秒脉冲,占空比为 50%,周期为 1 s 的脉冲。

用户可以按位、字节、字或双字的形式来存取特殊标志位存储器中的数据。特殊标志位存储器的地址格式为：位地址：　SM[字节地址].[位地址]，　　如 SM0.1

字节、字、双字地址：　　　SM[长度][起始字节地址]，　如 SMB86

CPU226 模块特殊标志位存储器的有效地址范围为：SM(0.0～549.7)，SMB(0～549)，SMW(0～548)，SMD(0～546)。

(8) 定时器存储器：T

定时器存储器 T 相当于继电器系统中的时间继电器。S7－200 有 3 种定时器，它们的时基增量分别为 1 ms、10 ms 和 100 ms。定时器寻址有两种形式：

① 当前值：16 位有符号整数，存储定时器所累计的时间。

② 定时器位：按照当前值和预置值的比较结果置位或复位。预置值是定时器指令的一部分，由用户在使用定时器时赋值。

两种寻址使用同样的格式，用定时器地址（T＋定时器编号，如 T33）来存取这两种形式的定时器数据。究竟使用哪种形式取决于所使用的指令。定时器的地址格式为：

T＋定时器号，　如 T37

(9) 计数器存储器：C

在 S7－200 CPU 中提供了三种类型的计数器：一种只能增计数；一种只能减计数；另一种既可以增计数，又可以减计数。在程序中，计数器可以按照以下两种方式寻址：

① 当前值：16 位有符号整数，存储累计值。

② 计数器位：按照当前值和预置值的比较结果置位或复位。预置值是计数器指令的一部分，由用户在使用计数器时赋值。

可以用计数器地址（C＋计数器号，如 C0）来存取这两种形式的计数器数据。究竟使用哪种形式取决于所使用的指令。计数器存储器的地址格式为：

C＋计数器号，　如 C37

(10) 高速计数器：HC

高速计数器对高速事件计数，它独立于 CPU 的扫描周期。高速计数器有一个 32 位的有符号整数计数值（或当前值）。若要存取高速计数器中的值，则应给出高速计数器的地址，即存储器类型（HC）加上计数器号（如 HC0）。高速计数器的当前值是只读数据，可作为双字（32 位）来寻址。高速计数器的地址格式为：

HC＋高速计数器号，　如 HC1

(11) 累加器：AC

S7－200 提供 4 个 32 位累加器（AC0、AC1、AC2 和 AC3）。可以按字节、字或双字的形式来存取累加器中的数值。按字节、字只能存取累加器的低 8 位或低 16 位，双字存取全部的 32 位。存取的数据长度取决于访问累加器时所使用的指令。例如在指令“MOVW AC2，VW100”中，AC2 按字（W）存取。

(12) 模拟量输入映像寄存器：AI

S7－200 的模拟量输入电路将外部输入的模拟量（如温度、电压、压力等）转换成 1 个字长（16 位）的数字量，存入模拟量输入映像寄存器区域，可以用区域标志符（AI）、数据长度（W）及字节的起始地址来存取这些值。因为模拟量输入是一个字长，且从偶数位字节（如 0、2、4）开始，所以必须用偶数字节地址（如 AIW0、AIW2、AIW4）来存取这些值。模拟量输入值为只读数据。模拟量转换的实际精度是 12 位。模拟量输入映像寄存器的地址格式为：

AIW＋起始字节地址，　如 AIW4

(13) 模拟量输出映像寄存器:AQ

S7－200 把 1 个字长(16 位)的数字量按比例转换为电流或电压。可用区域标志符(AQ)、数据长度(W)及字节的起始地址来改变这些值。因模拟量输出为一个字长,且从偶数位字节(如 0、2、4)开始,所以必须用偶数字节地址(如 AQW0、AQW2 等)来改变这些值。模拟量输出值为只写数据。模拟量转换的实际精度是 12 位。模拟量输出映像寄存器的地址格式为:

AQW ＋起始字节地址，　如 AQW4

三、寻址方式

S7－200 数据寻址方式有立即寻址、直接寻址和间接寻址 3 大类。立即寻址的数据在指令中以常数形式出现,直接寻址和间接寻址方式有位、字节、字和双字 4 种寻址格式。下面对直接寻址和间接寻址方式加以说明。

1. 直接寻址

直接寻址方式就是直接使用存储器或寄存器的元件名称和地址编号查找数据。在指令中明确指出存取数据的存储器地址,允许用户程序直接存取信息。

① 直接存取存储器中的数据。若按位存取,可以直接对存储区域中的某一位进行存取。

② 若要存取 CPU 中的 1 个字节、字或双字数据,则必须以类似位寻址的方式给出地址,包括存储器标识符、数据大小,以及该字节、字或双字的起始字节地址。S7－200 支持按照字节(B)、字(W)或双字(D)来存取各存储器区域(V、I、Q、M、S、L 及 SM)中的数据,如图 5－6 所示。

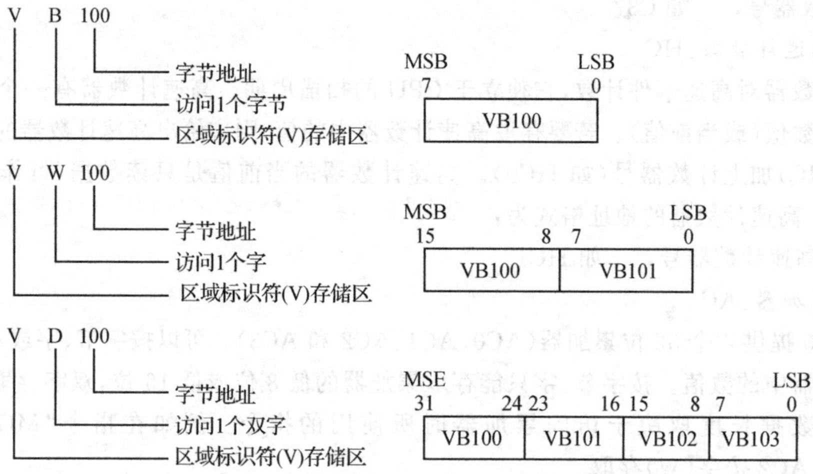

图 5－6　按字节、字、双字访问存储区

③ 在其他 CPU 存储器区域(如 T、C、HC 和累加器)中存取数据时,使用的地址格式包括区域标识符和设备号,以类似的方式访问。例如:

```
TON     T33,  50
MOVD    AC1,  MD8
INCD    AC1
```

2. 间接寻址方式

间接寻址方式是指使用地址指针来存取存储器中的数据。使用前，首先将数据所在单元的内存地址放入地址指针寄存器中，然后根据此地址存取数据。S7－200 CPU 中允许使用指针进行间接寻址的存储器有 I、Q、V、M、S、T（仅当前值）及 C（仅当前值）；但不可对独立的位（b）或模拟量进行间接寻址。

① 为了对存储器的某一地址进行间接寻址，需要先为该地址建立指针。指针为双字节值，可用来存放另一个存储器的地址。只能使用变量区域（V）、局部存储区（L）或累加器（AC1，AC2，AC3）存放指针。为了生成指针，必须使用双字传送指令（MOVD）将存储器某个存储单元的地址放入存储器另一允许区域或累加器作为指针。指令的输入操作数必须使用符号"&"表示某一单元的地址，而不是它的值。例如：

MOVD　　&VB200，　　VD300（表示将 VB200 的地址传送到 VD300 建立指针）
MOVD　　&MB10，　　AC2 （表示将 MB10 的地址传送到 AC2 建立指针）
MOVD　　&C2，　　LD12 （表示将 C2 的地址传送到 LD12 建立指针）

注意：建立指针用 MOVD 指令。

② 使用指针来存取数据时，在操作数前面加"*"号来表示该操作数为一个指针。

例如：图 5－7 中，使用指针寻址将存于 VB200 和 VB201 中的值移至累加器 AC0 中。

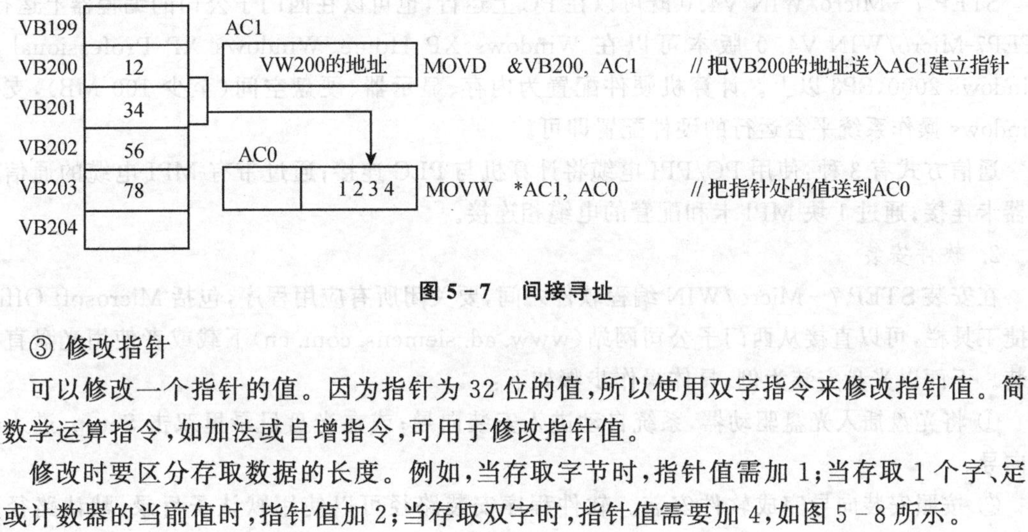

图 5－7　间接寻址

③ 修改指针

可以修改一个指针的值。因为指针为 32 位的值，所以使用双字指令来修改指针值。简单的数学运算指令，如加法或自增指令，可用于修改指针值。

修改时要区分存取数据的长度。例如，当存取字节时，指针值需加 1；当存取 1 个字、定时器或计数器的当前值时，指针值加 2；当存取双字时，指针值需要加 4，如图 5－8 所示。

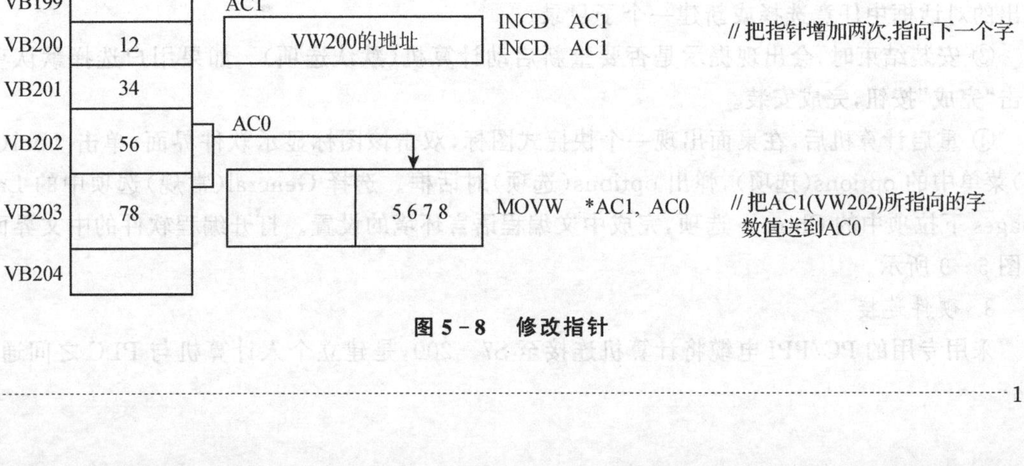

图 5－8　修改指针

专题5.3 STEP 7 - Micro/WIN编程软件的使用

S7-200系列PLC使用STEP 7-Micro/WIN编程软件编程。它功能强大,为用户开发、编辑和监控自己的应用程序提供了良好的编程环境,是西门子公司S7-200用户不可缺少的开发工具。

本专题重点介绍编程软件的功能和编程软件的使用。通过对本专题的学习,使读者熟悉编程软件的功能、使用方法、程序的调试和运行监控方法。

一、编程软件安装

1. 系统要求

STEP 7-Micro/WIN V4.0是专为S7-200 PLC设计的编程和配置软件,是西门子公司S7-200系列PLC用户不可缺少的开发工具。STEP 7-Micro/WIN编程软件是基于Windows操作系统平台的应用软件,其功能非常强大,操作方便,使用简单,容易学习。软件支持中文界面,其基本功能是创建、编辑和修改用户程序以及编译、调试、运行和实时监控用户程序。

STEP 7-Micro/WIN V4.0既可以在PC上运行,也可以在西门子公司的编程器上运行。STEP7-Micro/WIN V4.0版本可以在Windows XP Home、Windows XP Professional或Windows 2000,SP3以上。计算机硬件配置为内存、显示器、硬盘空间(至少100 MB),支持Windows操作系统平台运行的硬件配置即可。

通信方式有3种:使用PC/PPI电缆将计算机与PLC连接;通过带有MPI电缆的通信处理器卡连接;通过1块MPI卡和配套的电缆相连接。

2. 软件安装

在安装STEP 7-Micro/WIN编程软件之间,要关闭所有应用程序,包括Microsoft Office快捷工具栏,可以直接从西门子公司网站(www.ad.siemens.com.cn)下载或者使用光盘直接安装。下面以光盘安装为例,具体操作步骤如下:

① 将光盘插入光盘驱动器,系统自动进入安装向导;或在光盘目录里双击Setup,进入安装向导。

② 按照安装向导完成软件安装。软件程序安装路径可以使用默认子目录,默认路径为C:\Program Files\Siemens\STEP 7-Micro WIN V4.0。用户也可以根据需要,用“浏览”按钮弹出的对话框中任意选择或新建一个子目录。

③ 安装结束时,会出现提示是否要重新启动计算机(默认选项)。如果用户选择默认项,单击“完成”按钮,完成安装。

④ 重启计算机后,在桌面出现一个快捷式图标,双击该图标显示软件界面,单击Tool(工具)菜单中的options(选项),弹出options(选项)对话框。选择General(常规)选项中的Languages下拉项中的Chinese选项,完成中文编程语言环境的设置。打开编程软件的中文界面,如图5-9所示。

3. 硬件连接

采用专用的PC/PPI电缆将计算机连接至S7-200,是建立个人计算机与PLC之间通信的最常用的方式。可以使用个人计算机(PC)作为主设备,通过 PC/PPI 电缆或 MPI 卡与 1 台或多台 PLC 相连,实现主、从设备之间的通信。

典型的单主机连接如图 5－10 所示,即 1 台 PLC 用 PC/PPI 电缆与个人计算机连接,不需要外加其他硬件设备。PC/PPI 电缆是一条支持个人计算机的按照 PPI 通信协议设置的专用电缆线。电缆线中间有通信模块,模块外部设有波特率设置开关,两端分别为 RS232 和 RS485 接口。PC/PPI 电缆的 RS232 端连接到个人计算机的 RS232 通信接口 COM1 或 COM2 上,PC/PPI 另一端(RS485 端)接到 S7－200 通信口上。

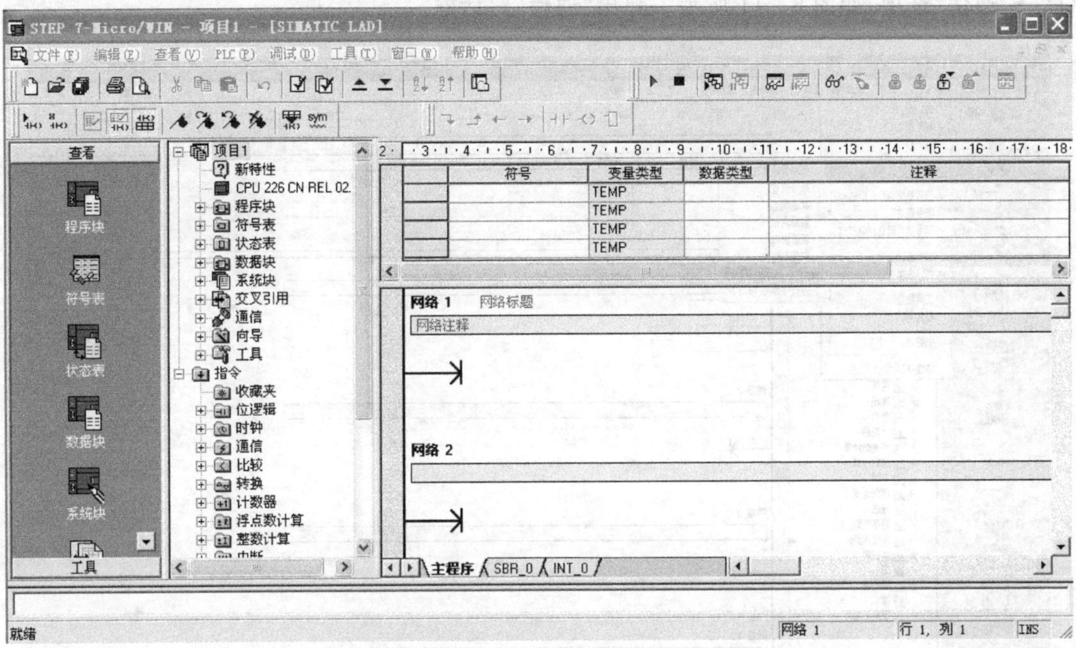

图 5－9　STEP 7－Micro/WIN 中文界面

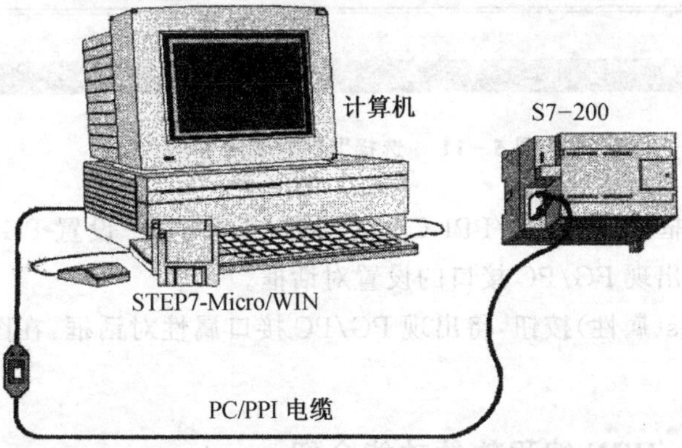

图 5－10　S7－200 PLC 的主机与计算机的连接

有 5 种支持 PPI 协议的波特率可以选择,系统默认值为 9 600 波特。PC/PPI 电缆波特率选择开关 PPI 的位置应与软件系统设置的通信波特率相一致。

4. 参数设置

STEP7-Micro/WIN 和 RS232/PPI 多主站电缆的默认设置为:

① PC/PPI 电缆的通信地址为 0;

② 接口使用 COMI;

③ 传输波特率用 9.6 kb/s(b 为 bit,位)。

完成软件安装且设置连接好硬件之后,可以按下面的步骤核实默认的参数:

① 在 STEP7 - Micro/WIN 软件运行后,单击"通信 "图标,或者选择菜单"检视"→"元件"→"通信"选项,如图 5 - 11 所示。弹出"通信"对话框。

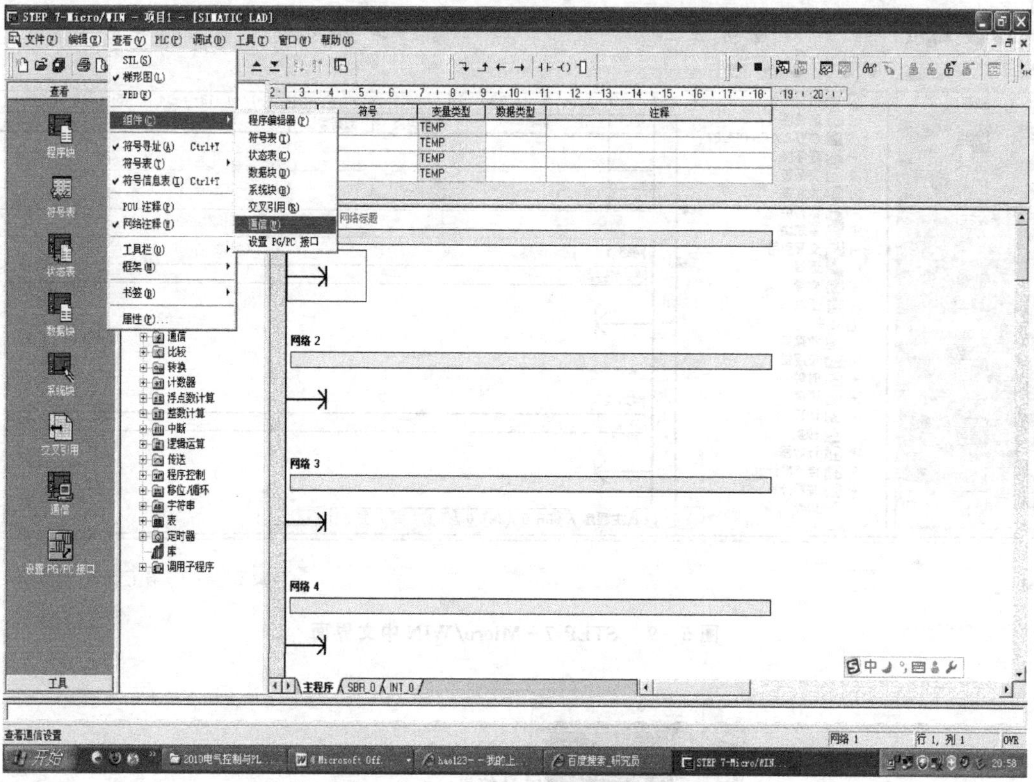

图 5 - 11　选择"通信"命令图标

② 在"通信"对话框中双击 PC/PPI Cable 图标,或者单击"设置 PG/PC 接口"(Set PG/PC Interface)按钮,将出现 PG/PC 接口的设置对话框。

③ 单击 Properties(属性)按钮,将出现 PG/PC 接口属性对话框,在图中检查各参数的属性是否正确。

二、STEP 7 - Micro/WIN 编程软件功能介绍

(一) 基本功能

STEP 7 - Micro/WIN 的基本功能是协助用户完成开发应用程序的任务,如创建用户程序、修改和编辑原有的用户程序。它也可以直接用软件设置 PLC 的工作方式和参数,上传和

下载用户程序和程序运行监控等操作。编辑过程中编辑器具有简单语法检查功能；同时它还有一些工具性的功能，如用户程序的文档管理和加密等。此外，还可以直接用软件设置 PLC 的工作方式、参数和运行监控等。

（二）STEP 7－Micro/WIN 主界面各部分的功能

STEP 7－Micro/WIN 编程软件主界面如图 5－12 所示。它采用了标准的 Windows 程序界面，主要包括以下几个区域：菜单栏（包含 8 个主菜单）、工具栏（快捷按钮）、指令树、引导栏（快捷操作）、浏览条等。

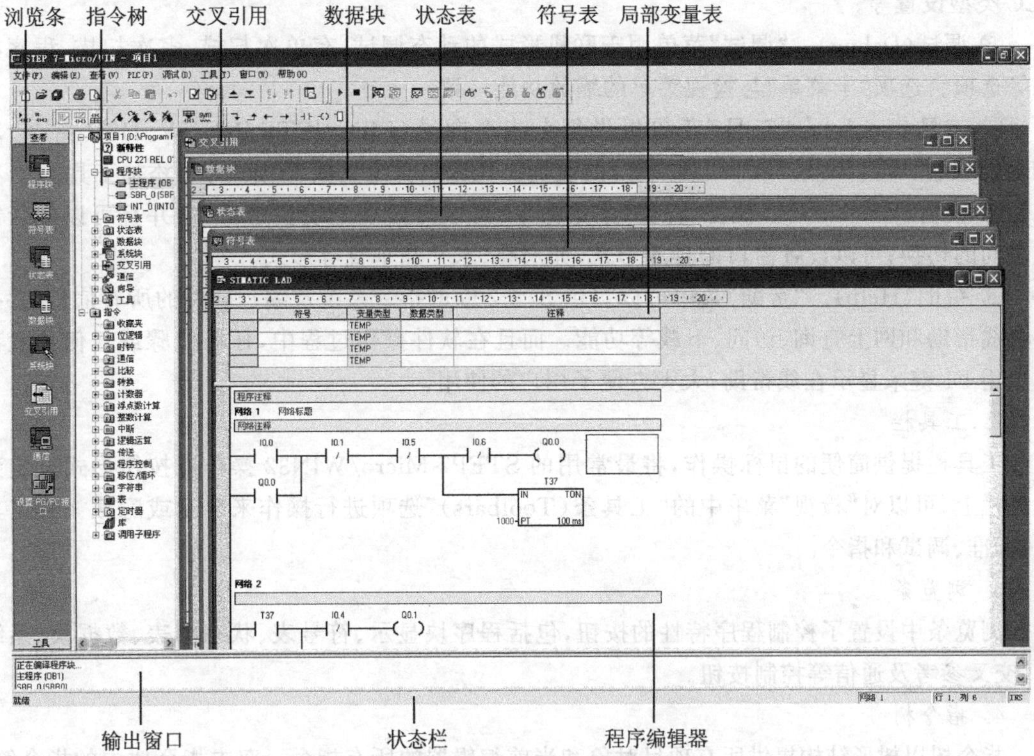

图 5－12　STEP7－Micro/WIN 窗口组件

编程器窗口包含的各组件名称及功能如下：

1. 菜单栏

同其他基于 Windows 系统的软件一样，位于窗口最上面的就是编程软件的主菜单。它包括 8 个主菜单选项，这些菜单包含了通常情况下控制编程软件运行的功能和命令（括号后的字母为对应的操作热键）。各菜单功能简介如下：

① 文件（File）。“文件”的操作下拉菜单有新建、打开、关闭、保存、另存、导入、导出、上载、下载、页面设置、打印及预览等。

② 编辑（Edit）。“编辑”菜单提供程序的撤销、剪切、复制、粘贴、全选、插入、删除、查找、替换等子程序，用于程序的修改操作。

③ 检视（View）。“检视”菜单的功能有 6 项：

◆ 可以用来选择在程序数据显示窗口区显示不同的程序编辑器，如语句表（STL）、梯形图（阶梯）、功能图（FBC）；

◆ 可以进行数据块、符号表的设定；

◆ 对系统块配置、交叉引用、通信参数进行设置；

◆ 工具栏区可以选择浏览栏、指令树及输出视窗的显示与否；

◆ 缩放图像项可对程序区显示的百分比等内容进行设定；

◆ 对程序块(OBI)的属性进行设定。

④ PLC(可编程控制器)。PLC 菜单用以建立与 PLC 联机时的相关操作，如用软件改变 PLC 的工作模式，对用户程序进行编辑，清除 PLC 程序及电源启动重置，显示 PLC 信息及 PLC 类型设置等。

⑤ 调试(Debug)。“调试”菜单用于联机形式的动态调试，有单次扫描、多次扫描、程序状态等选项。选项“子菜单”与检视菜单的缩放功能一致。

⑥ 工具(Tools)。“工具”菜单提供复杂指令向导(PID、NETR/NETW、HSC 指令)和 TD200 设置向导，以及 TP070(触摸屏)的设置。在客户自定义项(子菜单)可添加工具。

⑦ 视窗(Windows)。执行“视窗”菜单命令，可以打开一个或多个窗口，并且可以进行窗口之间的切换；可以设置窗口的排放形式，如层叠、水平和垂直等形式。

⑧ 帮助(Help)。“帮助”菜单可以提供 S7 - 200 的指令系统及编程软件的所有信息，并提供在线帮助和网上查询、访问、下载等功能。而且在软件操作过程中，任何步骤或任何位置都可以用 F1 键来显示在线帮助，大大方便了用户的使用。

2. 工具栏

工具栏提供简便的鼠标操作，将最常用的 STEP7-Micro/WIN32 操作以按钮形式设定到工具栏上，可以对“检视”菜单中的“工具条(Toolbars)”选项进行操作来显示或隐藏 3 种工具栏：标准、调试和指令。

3. 浏览条

浏览条中设置了控制程序特性的按钮，包括程序块显示、符号表、状态图表、数据块、系统块、交叉参考及通信等控制按钮。

4. 指令树

指令树以树形结构提供所有项目对象和当前编辑器的所有指令。双击指令树中的指令符，可自动在梯形图显示区光标位置插入所选的梯形图指令(在语句表程序中，指令树只作参考)。

5. 程序编辑器窗口

程序编辑器窗口包含项目所用编辑器的局部变量表、符号表、状态图表、数据块、交叉引用、程序视图(梯形图、功能块图或语句表)和制表符。制表符在窗口的最下方，在制表符上单击，可使编程器显示区的程序在子程序、中断及主程序之间移动。

① 交叉引用。交叉引用窗口用以提供用户程序所用的 PLC 资源信息。在进行程序编译后，利用浏览条中的交叉参考按钮可以查看程序的交叉参考窗口(或选择“检视”→“交叉引用”，进入交叉参考窗口)，以了解程序在何处使用了何符号及内存赋值。

② 数据块。数据块允许对 V(变量存储器)进行初始数据赋值，操作形式分为字节、字或双字。

③ 状态图。在向 PLC 下载程序后，可以建立一个或多个状态图表，用于联机调试时监视各变量的值和状态。

在 PLC 运行方式下，可以打开状态图窗口，当程序扫描执行时，可连续、自动地更新状态图表的数值。打开状态图是为了检查程序,但不能对程序进行编辑。程序的编辑需要在关闭状态图的情况下运行。

④ 符号表/全局变量表。在编程时,为增加程序的可读性,可以不采用元件的直接地址作为操作数,而用带有实际含义的自定义符号名作为编程元件的操作数。这时需要用符号表建立自定义符号名与直接地址编号之间的对应关系。

符号表和全局变量表的区别是数据类型列。符号表是 SIMATIC 编程模式,无数据类型。全局变量表是 IEC 编程模式,有数据类型列。利用符号表或全局变量表可以对 3 种程序组织单位(POU)中的全局符号进行赋值。该符号值能在任何 POU(S7-200 的 3 种程序组织单位,指主程序、子程序和中断程序)中使用。

⑤ 局部变量表。局部变量表包括 POU 中局部变量的所有赋值。变量在表内的地址(暂时存储区)由系统处理。

使用局部变量有两个优点:创建可移植的子程序时,可以不引用绝对地址或全局符号;使用局部变量作为临时变量(局部变量定义为 TEMP 类型)进行计算时,可以释放 PLC 内存。

三、程序编制及运行

(一) 用户程序创建

1. 新建文件

创建一个新文件的方法有 3 种:

① 单击工具栏中□快捷按钮;

② 打开"文件(F)"菜单,单击"新建(N)"按钮,建立一个新文件;

③ 单击浏览条中的"程序块"图标,新建一个 SETP7-Micro/WIN32 项目。

用户可以根据实际编程需要进行以下操作:

(1) 选择 PLC 的 CPU 类型

在打开一个项目开始写程序之前,可以选择 PLC 的类型。CPU 的类型有两种确定方法:

① 在指令树中右击"项目 1(CPU)",在弹出对话框中单击"类型(T)…"项,即弹出"PLC 类型"对话框,在该对话框中选择所用 PLC 型号后确认即可;

② 用 PLC 菜单选择"类型(T)…"项,即弹出"PLC 类型"对话框,然后选择正确的 CPU 类型即可。

(2) 程序文件更名

项目文件更名:如果新建了一个程序文件,可执行"文件(File)"菜单中"另存为(Save As)"命令,然后在弹出的对话框中键入新的项目文件。

子程序和中断程序更名:在指令树中,右击要更名的子程序或中断程序名称,在弹出的选择按钮中单击"重命名(Rename)",然后输入新的程序名即可。

主程序的名称一般用默认的 MAIN,任何项目文件的主程序只有一个。

(3) 添加一个子程序或中断程序

添加一个子程序或中断程序可用以下 3 种方法中的任意一种来实现:

① 在指令树窗口中,右击"程序块(Program Block)"图标,在弹出的选择按钮中单击"插入子程序(Insert Subroutine)"或"插入中断程序(Insert Interrupt)"选项。

② 执行"编辑(Edit)"菜单中的"插入(Insert)"命令。

③ 在编辑窗口中单击编辑区,在弹出的菜单选项中执行“插入(Insert)”命令。

(4) 编辑程序

编辑程序块中的任何一个程序,只要在指令树窗口中双击该程序的图标即可。

2. 打开已有文件

打开一个磁盘中已有的程序文件,可执行“文件(F)”菜单中“打开(O)”命令,即引导到现存项目,再打开文件;也可由文件名打开,因为最近的工作项目的文件名在文件菜单下会列出,所以可直接选择而不必打开对话框。当然与 Windows 操作界面一样,也可单击工具栏中的按钮来完成。

3. 上　载

在已经与 PLC 建立通信后,如果要上传 PLC 存储器中的项目文件,可单击“文件(F)”菜单中的“上载(Upload)”选项,也可以单击工具栏中的按钮来完成。

(二) 梯形图编辑器

编程人员利用编程软件要做的最基本的工作是编辑和修改控制程序。该软件具有较强的编辑功能,本节只以梯形图编辑器为例介绍一些基本的编辑操作。下面以图 5-13 所示的梯形图为例,介绍程序的编辑过程和各种操作。

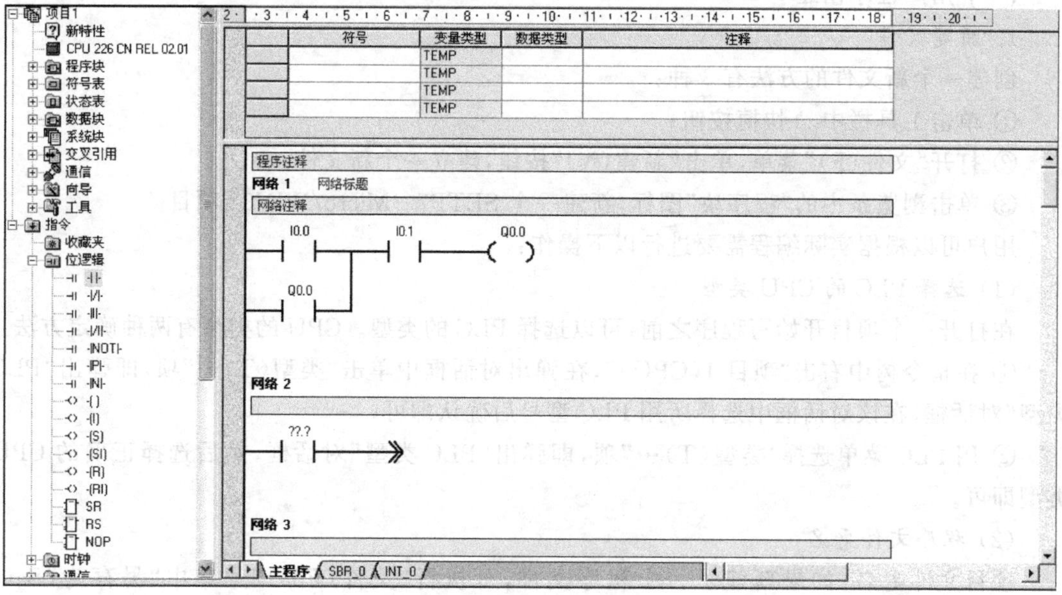

图 5-13　梯形图指令编辑器

1. 在梯形图中输入指令(编辑元件)

(1) 进入梯形图(LAD)编辑器

打开“检视”菜单,单击“梯形图(L)”选项,可以进入梯形图编辑状态,程序编辑窗口将显示梯形图编辑图标。

(2) 指令的输入方法

编程元件包括线圈、触点、指令盒及导线等。程序一般是顺序输入的,即自上而下,自左至右地在光标所在处放置编程元件,也可以移动光标在任意位置输入元件。每输入一个元件,光标自动向前移到下一列。换行时点击下一行位置移动光标。

编程元件的输入有指令树双击、拖放和单击工具栏快捷操作等若干方法。在梯形图编辑器中，单击工具栏快捷按钮或用快捷 F4（触点）、F6（线圈）、F9（指令盒）及指令树双击均可以选择输入指令。

工具栏有 7 个编程按键，前 4 个为连接导线，后 3 个为触点、线圈、框盒。

元件的输入首先是在程序编辑窗口中将光标移到需要放置元件的位置，然后输入指令（元件）。指令的输入有以下两种方法：

① 用指令树窗口中所列的一系列指令，指令按类别分别编排在不同的子目录中，找到要输入的指令并双击，即可在矩形光标处放置所选的编程元件（见图 5－13）。

② 用指令工具栏上的一组编辑按钮，单击触点、线圈和指令盒，从弹出的窗口下拉菜单所列的指令中选择要输入的指令，单击即可，如图 5－14 所示。

图 5－14　编程按钮

2. 程序的编辑及参数设定

程序的编辑包括程序的剪切、拷贝、粘贴、插入和删除，字符串的替换、查找等。

（1）插入和删除操作

程序删除和插入的选项有行、列、阶梯、向下分支的竖直垂线、中断或子程序等。插入和删除的方法有两种：

① 在程序编辑区单击右键，在弹出的下拉菜单中单击“插入”或“删除”项，在弹出的子菜单中单击对应选项进行程序编辑；

② 用编辑菜单选择“插入”或“删除”项，在弹出的子菜单中单击对应选项进行程序编辑。

（2）程序的复制、粘贴

可以由编辑菜单选择“复制/粘贴”项进行复制；也可以单击工具栏中的“复制”和“粘贴”快捷按钮进行复制；还可以右击“编程元件”，在下拉菜单中单击“复制”项。网络复制可通过在复制区拖动光标或使用 Shift 及上、下移位键，选择单个或多个相邻网络，在网络变黑（被选中）后单击“复制”。光标移到粘贴后，可以用已有效的“粘贴”按钮进行粘贴。

（3）符号表

利用符号对 POU 中符号赋值的方法：单击浏览条中的“符号表”按钮，在程序显示窗口的符号表内输入参数，建立符号表。符号表的使用方法有两种：编程时使用符号名称的，在符号表中填写符号名和对应的直接地址；编程时使用直接地址的，在符号表中填写符号名和对应的直接地址，编译后，软件将直接赋值。使用符号表并经编译后，由“检视”菜单选中“符号寻址”项，则直接地址将变换成符号表中对应的符号名。由“检视（V）”菜单选中“符号信息表”项，在梯形图下方将出现符号表，格式如图 5－15 所示。

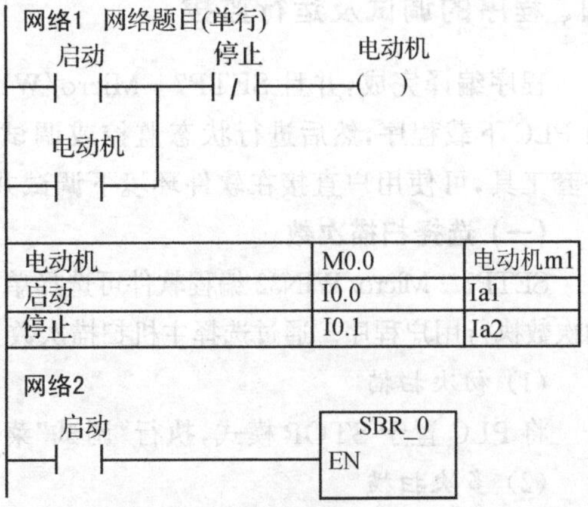

电动机	M0.0	电动机m1
启动	I0.0	Ia1
停止	I0.1	Ia2

图 5－15　带符号表的梯形图

（4）局部变量表

打开局部变量表的方法是，将光标移到编

辑器的程序编辑器区的上边缘,拖动上边缘向下,则自动露出局部变量表,此时即可设置局部变量表。使用带参数的子程序调用指令时会用到局部变量表。局部变量表有 4 种定义类型:IN(输入)、OUT(输出)、IN - OUT(输入-输出)及 TEMP(临时)。

IN、OUT 类型的局部变量:由调用 POU(3 种程序)提供输入参数或由调用 POU 返回输出参数的变量。

IN - OUT 类型的局部变量:数值由调用 POU 提供参数,经子程序的修改后,返回 POU。

TEMP 类型的局部变量:临时保存在局部数据堆栈区内的变量,一旦 POU 执行完成,则临时变量的数据将不再有效。

3. 程序注释

梯形图编辑器中的"网络 *n*(Network *n*)"标志每个梯级,同时又是标题栏,可在此为本梯级加标题或必要的注释说明,使程序清晰易读。方法:双击"网络 *n*"区域,弹出对话框,此时可以在"题目(Title)"文本框中键入标题,在"注释(Comment)"文本框中键入注释。

4. 编程语言转换

软件可以实现 3 种编程语言(编程器)之间的任意切换。选择"视图(View)"菜单,然后单击 STL、LAD 或 FBD 便可进入对应的编程环境。使用最多的是 STL 和 LAD 之间的互相切换。

5. 程序的编译及上载、下载

① 编译。输入 SIMATIC 指令且编译完程序后,可用 CPU 的下拉菜单或单击工具栏中编译快捷按钮☑对程序进行编译。经编译后,在显示器下方的输出窗口中将显示编译结果,并能明确指出错误的网络段。可以根据错误提示对程序进行修改,然后再次编译,直至编译无误。

② 下载。用户程序编译成功后,单击标准工具栏中的下载快捷按钮▼,或打开文件菜单,选择"下载"项,将弹出"下载"对话框。选定程序块、数据块、系统块等下载内容后,单击"确认"按钮,可将选中内容下载到 PLC 存储器中。

③ 上载。上载指令的功能是将 PLC 中未加密的程序或数据送入编程器(PC 机)。

上载的方法是单击标准工具栏中上载快捷键▲或者打开 CPU 菜单选择"上载"项,在弹出的上载对话框中选择程序块、数据块、系统块等上载内容后,在程序显示窗口上载 PLC 内部程序和数据。

四、程序的调试及运行监控

程序编译完成,并且 SETP7 - Micro/WIN32 与 PLC 之间的通信关系也成功建立,此时可向 PLC 下载程序,然后进行状态监控或调试程序。SETP7 - Micro/WIN32 编程软件提供了一套工具,可使用户直接在软件环境下调试并监视用户程序的执行。

(一) 选择扫描次数

SETP7 - Micro/WIN32 编程软件可选择单次或多次扫描监视用户程序,可以指定主机以有限的次数执行用户程序。通过选择主机扫描次数,当过程变量改变时,可以监视用户程序的执行。

(1) 初次扫描

将 PLC 置于 STOP 模式,执行"调试"菜单中的"第一次扫描"命令。

(2) 多次扫描

方法:将 PLC 置于 STOP 模式。

执行"调试"菜单中的"多次扫描"命令,来确定扫描次数,然后单击"确认"按钮进行监视。

(二) 监控、调试程序

SETP7－Micro/WIN32 编程软件可使用状态图表来监视用户程序，并可以读、写监视和强制 PLC 的内部变量，并可强制操作修改用户程序中的变量。

1. 状态图表监控

程序调试时为了模拟运行中工作条件的变化，需人为改变相关程序中的一些变量，观察有关器件的变化，这项工作可使用状态图表来完成。具体操作时，在引导条窗口中单击“状态图”或单击“检视”菜单中的“状态图”。当程序运行时，可使用状态图来读、写和监视其中的变量，如图 5－16 所示。

	地址	格式	当前值	新值
1	I0.0	位	2#0	
2	I0.1	位	2#1	
3	I0.4	位	2#0	
4	I0.5	位	2#0	
5	I0.6	位	2#0	
6	Q0.0	位	2#0	
7	Q0.1	位	2#1	

图 5－16　状态图表的监视

当用状态图表时，可将光标移到某一个单元格。右击单元格，在弹出的下拉菜单中单击一项，可实现相应的编辑操作。根据需要，可建立多个状态图表。

状态图表的工具图标在编程软件的工具栏区内。单击可激活这些工具图标，如顺序排序、逆序排序、全部写、单字读、读所有强制、强制和解除强制等。

2. 强制指定值

可以用强制表操作修改用户程序中的变量。使用状态图表强制用指定值对变量附值，所有强制改变的值都存到主机固定的 EEPROM 存储器中。

(1) 强制变量的范围

强制改变的变量种类可以是一个 Q 位或所有 Q 位；可以是强制改变最多 16 个 V 或 M 存储器的数据，变量可以是字节、字或双字类型；还可以强制改变模拟量映像存储器 I/O(AI 或 AQ)，变量类型为偶字节开始的字类型。

同时，采用输出强制时，以某一个指定值作输出。当主机是 STOP 方式时，输出将变为强制值，而不是设定值。

(2) 强制一个值

当需要强制一个新值时，可在状态图表的“新数值”栏键入新值，然后单击工具栏中的“强制”按钮。

若强制一个已经存在的值，可以在“当前数值”栏单击并点亮这个值，然后单击“强制”按钮。

(3) 读所有强制操作

打开状态图表窗口，单击工具栏中的读按钮，则状态图表中所有被强制的当前值的单元格中会显示强制符号。

(4) 解除一个强制操作

单击“当前数值”栏，点亮这个值，然后单击工具栏中的解除按钮。

(5) 解除所有强制操作

打开状态图表，单击工具栏中的解除按钮。

(三) 运行模式下的编辑

在运行模式下编辑,可以在对控制过程影响较小的情况下,对用户程序做少量的修改。下载修改后的程序时,会立即影响系统的控制运行,所以使用时应特别注意。可进行这种操作的 PLC 有 CPU224、CPU226 和 CPU226XM 等。

操作步骤:

① 执行“调试”菜单中的“在运行状态编辑程序”命令。因为 RUN 模式下只能编辑主机中的程序,如果主机中的程序与编程软件窗口中的程序不同,系统会提示用户存盘。

② 屏幕弹出警告信息。单击“继续”按钮,所连接主机中的程序将被上载到编程主窗口,这样便可以在运行模式下进行编辑。

③ 在运行模式下进行下载

在程序编译成功后,可执行“文件”菜单中“下载”命令,或单击工具栏中的“下载”按钮,将程序块下载到 PLC 主机。

④ 退出运行模式编辑

执行“调试”菜单中的“在运行状态编辑程序”命令,然后根据需要选择“选项”中的内容。

(四) 程序监视

3 种程序编辑器(梯形图、语句表和功能图)都可在 PLC 运行时监视程序的执行状态,并可监视操作数的数值。下面以梯形图监视为例说明。

1. 梯形图监视

利用梯形图编辑器可以监视在线程序状态,如图 5-17 所示。图中被点亮的元件表示处于接通状态。

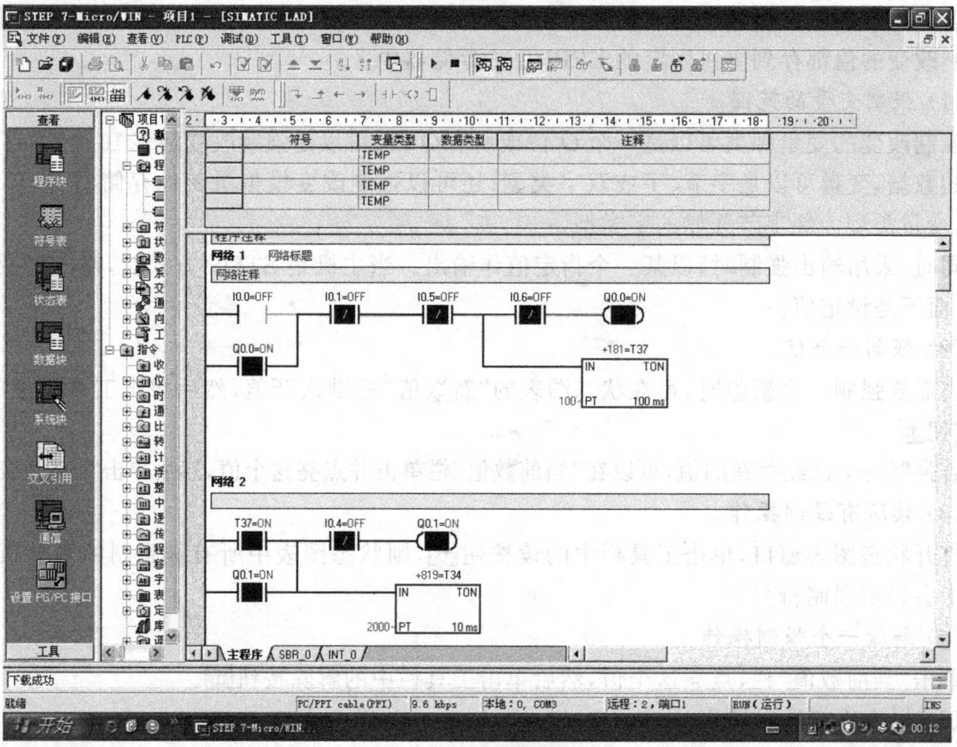

图 5-17 梯形图监视

梯形图中显示所有操作数的值，所有这些操作数状态都是PLC在扫描周期完成时的结果。在使用梯形图监控时，SETP7-Micro/WIN32编程软件不是在每个扫描周期都采集状态值显示在屏幕上的梯形图中，而是要间隔多个扫描周期采集一次状态值，然后刷新梯形图中各值的状态显示。在通常情况下，梯形图的状态显示不反映程序执行时的每个编程元素的实际状态；但这并不影响使用梯形图来监控程序状态；而且在大多数情况下，使用梯形图也是编程人员的首选。

实现方法是：执行“工具”菜单中的“选项”命令，打开选项对话框，选择“LAD状态”选项卡，然后选择一种梯形图的样式。梯形图可选择的样式有3种：指令内部显示地址和外部显示值；指令外部显示地址和外部显示值；只显示状态值。最后打开梯形图窗口，在工具栏中单击“程序状态监控”按钮，即可进行梯形图监视。

2. 语句表监视

用户可利用语句表编辑器监视在线状态。语句表程序状态按钮连续不断地更新屏幕上的数值，操作数按顺序显示在屏幕上。这个顺序与它们出现在指令中的顺序一致，当指令执行时，这些数值将被捕捉，它可以反映指令的实际运行状态。

实现方法是：单击工具栏上的“程序状态监控”按钮，出现图5-18所示的显示界面。其中，语句表的程序代码出现在左侧的STL状态窗口里，包含操作数的状态区显示在右侧。间接寻址的操作数将同时显示存储单元的值和它的指针。

网络1　网络标题

网络注释

		操作数1	操作数2	操作数3	0123	中
LD	I0.0	OFF			0000	0
O	Q0.0	ON			1000	1
AN	I0.1	OFF			1000	1
AN	I0.2	OFF			1000	1
LPS					1100	1
=	Q0.0	ON			1100	1
AN	T37	OFF			1100	1
AN	Q0.1	ON			0100	0
=	Q0.2	OFF			0100	0
LPP					1000	1
AN	Q0.1	ON			0000	0
TON	T37, +105	+0	+105		0000	0

图5-18　语句表监视

可以单击工具栏中的按钮暂停，则当前的状态数据将保留在屏幕上，直到再次单击这个按钮。

思考题与习题

5-1　简述S7-200 PLC系统的基本组成。

5-2　S7-200 CPU22X系列有哪些产品？

5-3　S7-200系列PLC主机中有哪些主要编程元件？

5-4　STEP7-Micro/WIN编程软件如何安装在“C:\”下？如何进行中文设置？

5-5　STEP7-Micro/WIN编程软件提供了哪几种编程方式？相互间如何转换？

5-6　练习SETP7-Micro/WIN编程软件的使用。

模块6　S7－200 PLC基本逻辑指令及应用

项目6.1　三相异步电动机的单向运行控制

教学目标

1）熟悉梯形图的特点和设计规则；

2）掌握LD LDN ＝ A AN O ON OLD ALD指令；

3）能利用所学习的基本指令编程实现简单的PLC控制；

4）会利用编程软件编程及下载调试程序；

5）掌握PLC外部结构及外部接线。

一、项目内容

模块2中图2－5是采用按钮与接触器控制的三相笼型异步电动机连续运转控制线路。启动时，合上刀开关QS，按下启动按钮SB2，接触器KM线圈通电，其常开主触点闭合，使电动机接通电源启动运转，同时与SB2并联的接触器常开辅助触点KM也闭合。当松开SB2时，KM线圈通过其自身常开辅助触点继续保持通电，从而保证电动机的连续运行。停止运转时，可按下停止按钮SB1，KM线圈断电释放，主触点和自锁触点均断开，电动机脱离电源停止运转。松开SB1后，由于此时控制电路已断开，电动机不能恢复运转，只有再按下SB2，电动机才能重新启动运转。

本项目的学习要求是采用PLC控制来实现图2－5所示的三相笼型异步电动机的连续运转控制。

二、项目相关知识

S7－200 PLC的指令丰富，一般分基本指令和功能指令。SIMATIC指令中常用的有梯形图（ladder diagram）、语句表（statement list）、功能块图（function block diagram）3种编程语言。梯形图（LAD）和语句表（STL）是PLC最基本的编程语言。梯形图和语句表指令具有不同的指令格式，但两者有着严格的对应关系，可单独使用也可互相转换。

S7－200系列PLC中有27条逻辑指令。逻辑指令包括基本位操作指令、置位/复位指令、立即指令、边沿触发指令、逻辑堆栈指令、定时器/计数器指令、比较指令、取非和空操作指令等。在本模块中通过项目化训练，主要学习这些基本逻辑指令的使用及编程方法。

（一）S7－200 PLC编程语言

1. 梯形图（LAD）

梯形图是PLC最常用的指令格式，由线圈、触点和指令盒组成。在梯形图中有一个提供"能量"的左母线，假想的电流（称为能流或使能）从左母线出发向右流动，西门子S7系列PLC

梯形图程序中最右边的母线被省略。梯形图中的各种符号如下：

常开触点符号	bit ─┤ ├─	常闭触点符号	bit ─┤/├─
线圈符号	bit ──( )	指令盒符号	─┤□

符号上的“bit”表示所处的位地址。

梯形图成阶梯形结构，形同继电接触控制系统的电路图，可以分成多个独立小段，每个段称为一个网络(或梯级)，每个网络是由触点或线圈的符号以及直接位地址两部分组成。含有直接位地址的指令又称位操作指令，操作数的寻址范围是 I、Q、M、SM、T、C、V、S、L 等。基本位操作指令格式如表 6－1 所列。

表 6－1　基本位操作指令格式

LAD	STL	功　能
bit ─┤ ├─　bit ─┤/├─ bit ──( )	LD　BIT，LDN　BIT	用于网络段起始的常开/常闭触点
	A　BIT，AN　BIT	常开/常闭触点串联，逻辑与/与非指令
	O　BIT，ON　BIT	常开/常闭触点并联，逻辑或/或非指令
	=　BIT	线圈输出，逻辑置位指令

梯形图中的常开、常闭触点是代表 CPU 对存储器的读操作。由于计算机读操作的次数不受限制，所以这些触点的使用次数也不受限制，即可以无限次地使用。梯形图中的线圈是代表 CPU 对存储器的写操作。由于 CPU 采用自上而下的扫描方式工作，在一个用户程序中，每个线圈只能使用一次，如果要多次重复使用，其状态以最后一次为准。梯形图中的指令盒代表一些功能较复杂的附加指令，如定时器、计数器或数学运算等的附加指令。

2. 语句表(STL)

语句表指令是由助记符与操作数两部分组成的。即：

助记符＋操作数（软元件）

助记符是用一些容易记忆的字符(一般为英文名称的缩写字母)来代表某种操作功能，如用“LD”表示“装载”，“AN”表示“与非”等；操作数用编程元件表示，指明操作的地址。每个指令的操作数可以是单个的也可能是多个的；但有的特殊指令没有操作数，称为无操作数指令，仅用于对指令间的关联作辅助说明。

操作数由寄存器元件和地址两部分组成，中间用空隔分开。如指令“LD I0.0”，其中的 LD 是指令助记符；I0.0 是位操作数，I 是寄存器元件，0.0 是位地址，所以位操作数 I0.0 是代表 I 寄存器中 0 号字节的 0 号位。

S7－200 系列产品指令的操作数编号范围如表 6－2 所列。

表 6－2　S7－200 系列产品指令的操作数范围

寻址方式	CPU221	CPU222	CPU224	CPU226
位存取 (字节，位)	I0.0～15.7　Q0.0～15.7　M0.0～31.7　S0.0～31.7　T0～255　C0～255　L0.0～63.7			
	V0.0～2047.7		V0.0～8191.7	V0.0～10239.7
	SM0.0～165.7	SM0.0～299.7	SM0.0～549.7	

续表 6 - 2

寻址方式	CPU221	CPU222	CPU224	CPU226
字节存取	IB0～15 QB0～15 MB0～31 SB0～31 LB0～63 AC0～3 KB 常数			
	VB0～2047		VB0～8191	VB0～10239
	SMB0～165	SMB0～299	SMB0～549	
字存取	IW0～14 QW0～14 MW0～30 SW0～30 T0～255 C0～255 LW0～62 AC0～3 KB 常数			
	VW0～2046		VW0～8190	VW0～10238
	SMW0～164	SMW0～298	SMW0～548	
	AIW0～30 AQW0～30		AIW0～62 AQW0～62	
双字存取	ID0～12 QD0～12 MD0～28 SD0～28 LD0～60 AC0～3 HC0～5 KB 常数			
	VD0 ～2044		V0～8188	VD0～10236
	SMD0～162	SMD～296	SMD0～546	

3. 功能块图(FBD)

功能块图程序设计语言是采用逻辑门电路的编程语言,有数字电路基础的人很容易掌握。功能块图指令由输入、输出段及逻辑关系函数组成。

(二) S7 - 200 PLC 程序结构

S7 - 200 CPU 的控制程序由主程序、子程序和中断程序组成。

1. 主程序

主程序(OB1)是程序的主体,每一个项目都必须并且只能有一个主程序。在主程序中,可以调用子程序和中断程序。

主程序通过指令控制整个应用程序的执行,每个扫描周期都要执行一次主程序。STEP7 - Micro/WIN 的程序编辑器窗口下部的标签用来选择不同的程序。因为各个程序都存放在独立的程序块中,各程序结束时不需要加入无条件结束指令或无条件返回指令。

2. 子程序

子程序是可选的,仅在被其他程序调用时执行。同一个子程序可以在不同的地方被多次调用。使用子程序可以简化程序代码和缩短扫描时间。设计得好的子程序容易移植到其他项目中去。

3. 中断程序

中断程序用来及时处理与用户程序的执行时序无关的操作,或者不能事先预测何时发生的中断事件。中断程序不是由用户程序调用,而是在中断事件发生时由操作系统调用。中断程序是用户编写的。因为不能预知何时会出现中断事件,所以不允许中断程序改写可能在其他程序中使用的存储器。

(三) 基本位操作指令

位操作指令是 PLC 常用的基本指令,梯形图指令有触点和线圈两大类,触点又分为动合触点(也称为常开触点)和动断触点(也称为常闭触点)。位操作指令能够实现基本位逻辑运算和控制。

1. LD、LDN 和＝指令

LD(LOAD)：装载指令。用于常开触点与左母线相连接，每一个以常开触点开始的逻辑段都要使用这条指令。

LDN(LOAD NOT)：装载指令。用于常闭触点与左母线相连接，每一个以常闭触点开始的逻辑行都要使用这条指令。

＝(OUT)：线圈驱动指令。用于线圈输出，一般线圈放在梯形图最右侧，线圈右边不能再有触点。

说明：

① LD 与 LDN 指令用于与起始母线相接的触点，也可用于与 OLD、ALD 指令的配合，作为分支电路的起点。

② ＝指令是驱动线圈指令，用于驱动各类继电器线圈，但在梯形图中不应出现输入继电器的线圈。

③ ＝指令可以并行使用任意次，但不能串联使用。

2. A 和 AN 指令

A(AND)：与操作指令。将一个常开触点与前面触点(或电路块)串联的指令。

AN(AND NOT)：与非操作指令。将一个常闭触点与前面触点(或电路块)串联的指令。

说明：

A 和 AN 指令用于单个触点与前面触点(或电路块)的串联(此时不能用 LD、LDN)。串联触点的次数不限，即该触点可多次重复使用。

3. O 和 ON 指令

O(OR)：或操作指令。将一个常开触点与前面触点(或电路块)并联的指令。

ON(OR NOT)：或非操作指令。将一个常闭触点与前面触点(或电路块)并联的指令。

说明：

① O 和 ON 是用于将单个触点与上面的触点(或电路块)并联连接的指令。

② O 和 ON 指令引起的并联是从 O 和 ON 一直并联到前面最近的母线上，且并联的次数不受限制。

【例 6－1】 位操作指令程序的应用如图 6－1 所示。图中左边是梯形图，中间为语句表，最右边为文字指令说明。

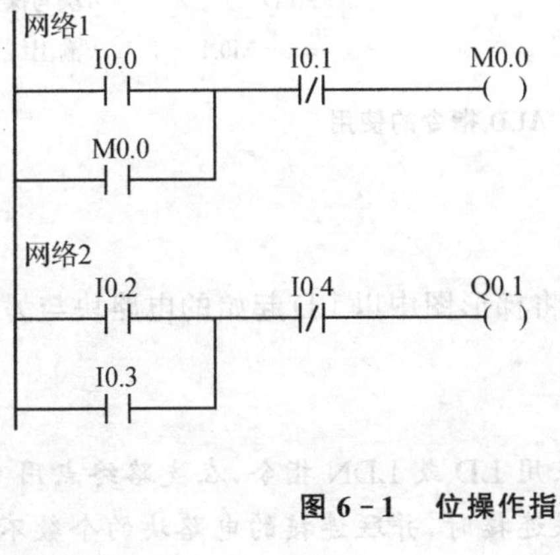


```
NETWORK 1
LD   I0.0        //装入常开触点
O    M0.0        //或常开触点
AN   I0.1        //与常闭触点
=    M0.0        //输出线圈

NETWORK 2
LD   I0.2        //装入常开触点
O    M0.3        //或常开触点
AN   I0.4        //与常闭触点
=    Q0.1        //输出线圈
```

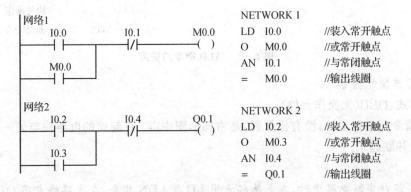

图 6－1　位操作指令程序应用

图6-1梯形图中的逻辑关系可以表示为：

网络段1：　$M0.0=(I0.0+M0.0)\overline{I0.1}$

网络段2：　$Q0.1=(I0.2+I0.3)\overline{I0.4}$

图6-1的网络1中，触点I0.0与母线相连，用“LD”指令；触点M0.0与I0.0并联，用“O”指令；I0.1与前面触点串联，用“AN”指令；继电器线圈M0.0用输出“=”指令。当输入点I0.0状态为1时，线圈M0.0通电(即内部标志位M0.0=1)，其常开触点闭合并自锁，即使I0.0复位为0，M0.0线圈仍然保持导通。当I0.1触点断开时，M0.0线圈才断电，电路停止工作。网络段2的工作原理与上相似。

(四) STL对较复杂梯形图的描述方法

有些梯形图的触点结构比较复杂，有重复的串联、并联或在1个节点上存在多个分支。列写这类梯形图的指令表时，不能用简单的与、或、非等逻辑关系，而需要用触点块及堆栈操作指令。

1．块的与操作指令

指令格式：ALD (无操作元件)

ALD指令只有助记符，没有操作数，是将梯形图中以LD起始的电路块与另一个以LD起始的电路块串联起来。

说明：

① 将并联电路块与前面电路串联时，并联电路块始端用LD或LDN指令生成一条新母线，使用ALD指令将并联电路块与前面电路串联连接。

② 如果将多个并联电路块顺次以ALD指令与前面电路连接时，ALD的使用次数不受限制。

【例6-2】 图6-2示例中，触点I0.1与M0.1并联组成一电路块，I0.2与M0.2并联组成另一电路块，ALD指令就是将这两个电路块进行与操作。

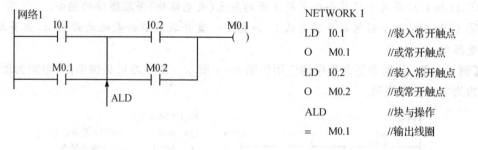

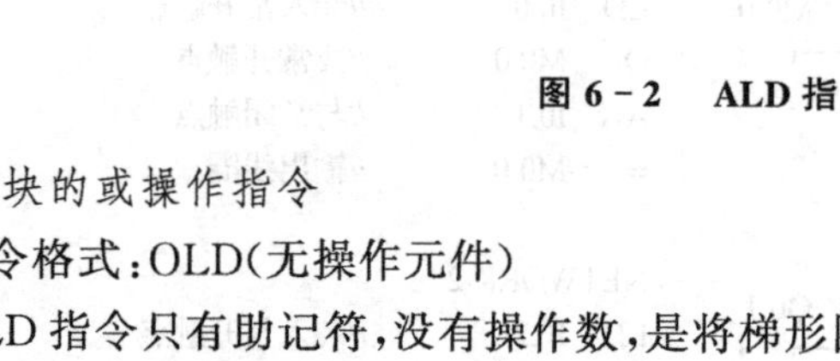


```
NETWORK 1
LD   I0.1      //装入常开触点
O    M0.1      //或常开触点
LD   I0.2      //装入常开触点
O    M0.2      //或常开触点
ALD            //块与操作
=    M0.1      //输出线圈
```

图6-2　ALD指令的使用

2. 块的或操作指令

指令格式：OLD(无操作元件)

OLD指令只有助记符，没有操作数，是将梯形图中以LD起始的电路块与另一个以LD起始的电路块并联起来。

说明：

① 并联连接串联电路块时，在支路起点用LD或LDN指令，在支路终点用OLD指令。

② 用上述方法，将多个串联电路块并联连接时，并联连接的电路块的个数不受限制。

【例 6－3】 图 6－3 示例中，触点 I0.1 与 I0.2 串联组成一电路块，M0.0 与 I0.3 串联组成另一电路块，将这两个电路块相或就是用 OLD 指令。

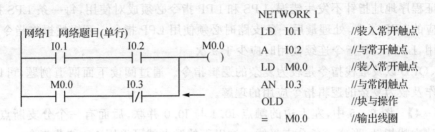

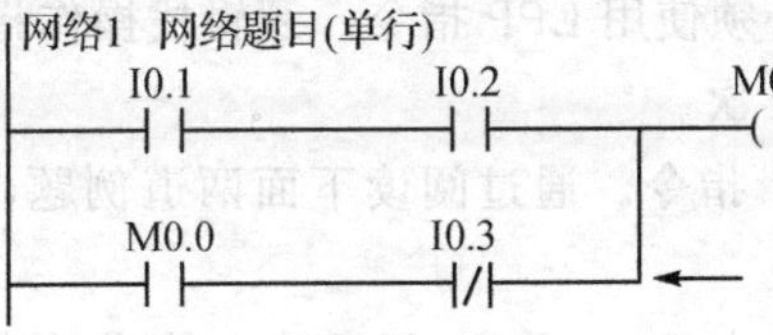


```
NETWORK 1
LD   I0.1     //装入常开触点
A    I0.2     //与常开触点
LD   M0.0     //装入常开触点
AN   I0.3     //与常闭触点
OLD           //块与操作
=    M0.0     //输出线圈
```

图 6－3　OLD 指令的使用

3. 栈操作指令

在复杂梯形图电路中，不仅有简单电路块的串并联，还会有复杂电路的串并联，形成多重分支电路。若生成一条分支母线，需再次使用 LD 装载指令，这时就要用语句表的栈操作指令。常用的栈操作指令有 LPS 逻辑入栈（也称逻辑堆栈）、LRD 逻辑读栈和 LPP 逻辑出栈（也称逻辑弹栈）指令。

S7－200 采用模拟栈结构，用于存放逻辑运算结果以及保存断点地址。上述 3 个栈操作指令只有助记符，没有操作数。指令格式如下：

逻辑入栈指令：　　LPS（LOGIC PUSH）　（无操作数）

逻辑读栈指令：　　LRD（LOGIC READ）　（无操作数）

逻辑出栈指令：　　LPP（LOGIC POP）　（无操作数）

逻辑入栈（LPS）指令的作用是，在梯形图的分支结构中，用于生成一条新的母线，其左侧为原有的主逻辑块，新的“从逻辑行”由此开始。逻辑入栈指令复制栈顶的值并将其压入堆栈的下一层，栈中原来的数据依次向下一层推移，栈底值被推出丢失，如图 6－4 所示。

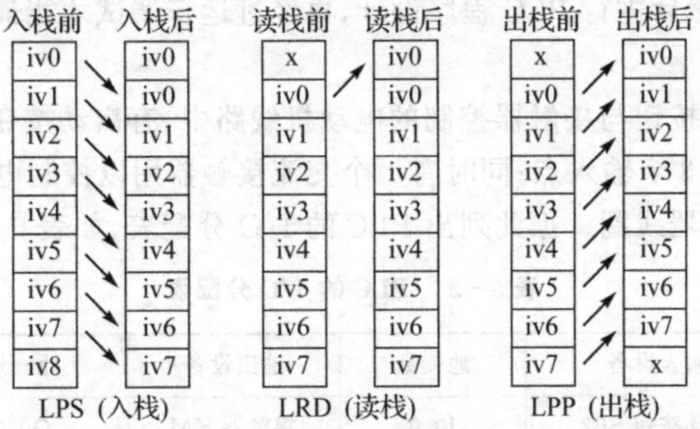

图 6－4　LPS、LRD、LPP、LDS 指令的操作过程

逻辑读栈（LRD）指令的作用是，从新母线开始，生成第 2 个或更多的从逻辑块。读栈操作时，将堆栈中的第 2 层值进行复制，并将复制值存放到栈顶，第 2～9 层的数据不变，但是原栈顶值消失。需要注意的是，在对 LPS 指令后的第一个和最后一个从逻辑块编程时，不需用 LRD 指令。

逻辑出栈（LPP）指令的作用是，将 LPS 指令生成的新母线进行恢复。弹栈操作时，栈区内容按照“后进先出”原则依次弹出,将栈顶内容弹入程序的地址寄存器,栈区内容依次上移 1 位。此时栈顶值弹出,第 2 层值上升进入栈顶,栈区内容串行上移 1 格,深度减 1,栈底内容将生成一个随机值。

为保证程序地址指针不发生错误,LPS 和 LPP 指令必须成对使用,每一条 LPS 指令必须有一条对应的 LPP 指令,处理最后一条支路时必须使用 LPP 指令。逻辑栈操作指令(LPS)可以嵌套使用,LPS、LPP 指令连续使用时应少于 9 次。

ALD、OLD 以及堆栈指令是较为复杂的逻辑指令。通过阅读下面两道例题,可以加深对多层栈操作及较为复杂的逻辑指令应用的理解。

【例 6-4】 图 6-5 中,左上边的触点 I0.1 与 I0.0 并联,后面有一个分支断点①,需用 LPS 指令建立栈指针,形成一条分支母线。这以下的触点就可采用 LD 装载指令。

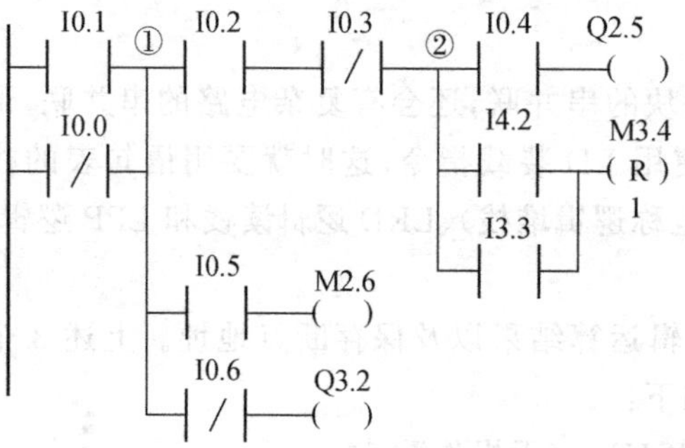

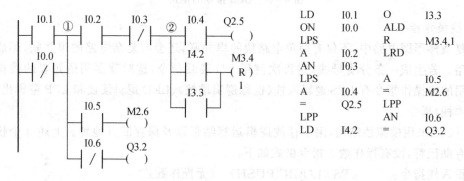

LD	I0.1	O	I3.3
ON	I0.0	ALD	
LPS		R	M3.4,1
A	I0.2	LRD	
AN	I0.3		
LPS		A	I0.5
A	I0.4	=	M2.6
=	Q2.5	LPP	
LPP		AN	I0.6
LD	I4.2	=	Q3.2

图 6-5 堆栈应用示例

【例 6-5】 如图 6-6 所示,这是复杂逻辑指令在实际应用中的一段程序。

三、项目的实现

本项目是要用 PLC 实现异步电动机的连续运行控制。为此要列出 PLC 的 I/O 分配表,画出硬件接线示意图,然后进行 PLC 程序设计,再经过运行调试才能最后完成。

1. I/O 分配表

在前面介绍的采用按钮与接触器控制的电动机线路中,有启动按钮、停止按钮和热过载保护元件,所以 PLC 需要 3 个输入点;同时有 1 个交流接触器用以控制电动机,所以 PLC 需要 1 个输出点用于驱动接触器线圈。据此列出 PLC 的 I/O 分配表,如表 6-3 所列。

表 6-3 PLC 的 I/O 分配表

输入设备	地 址	输出设备	地 址
启动按钮 SB2	I0.0	接触器 KM	Q0.0
停止按钮 SB1	I0.1	—	—
热继电器 FR	I0.2	—	—

2. PLC I/O 接线图

根据所列出的 I/O 分配表,可以画出 PLC I/O 接线图,如图 6-7 所示。

说明:

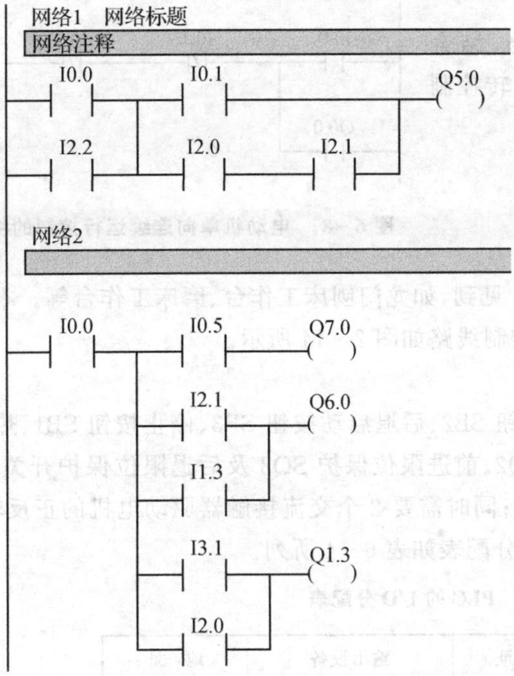


```
LD    I0.0   //装入常开触点
O     I2.2   //或常开触点
LD    I0.1   //被串的块开始
LD    I2.0   //被并路开始
A     I2.1   //与常开触点
OLD          //栈装载或,并路结束
ALD          //栈装载与,串路结束
=     Q5.0   //输出触点
LD    I0.0   //装入常开触点
LPS          //逻辑推入栈,主控
A     I0.5   //与常开触点
=     Q7.0   //输出触点
LRD          //逻辑读栈,新母线
LD    I2.1   //装入常开触点
O     I1.3   //或常开触点
ALD          //栈装载与
=     Q6.0   //输出触点
LPP          //逻辑弹出栈,母线复原
LD    I3.1   //装入常开出触点
O     I2.0   //或常开触点
ALD          //栈装载与
=     Q1.3   //输出触点
```

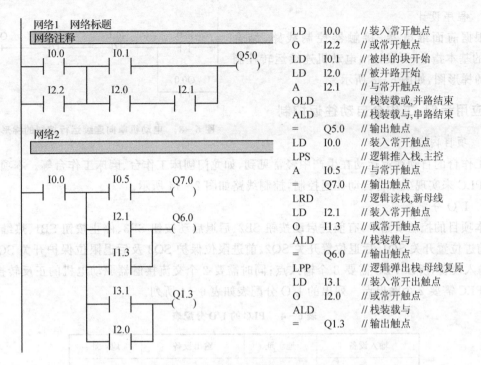

图 6 - 6　复杂逻辑指令的应用

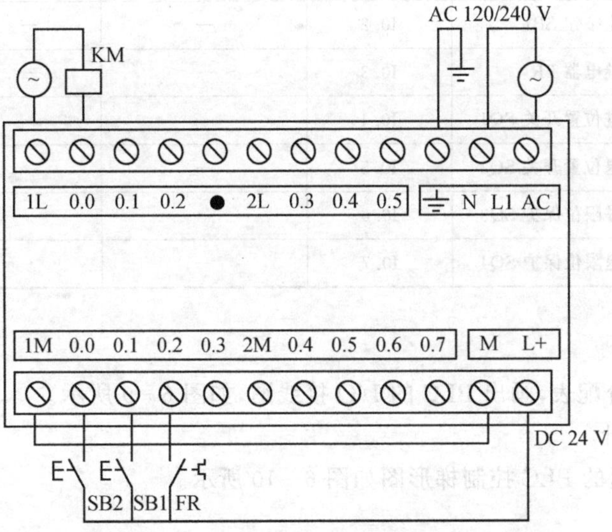

图 6 - 7　单向连续运行控制电路的 PLC 外部接线

在 PLC 接线图中,常将停止按钮 SB1、热继电器 FR 等输入触点改用常开触点,这样可使 PLC 的输入口在大多数时间内处于断开状态。这样做既可以节电,又可以延长 PLC 输入口的使用寿命,同时在转换为梯形图时也能保持与继电器控制原理图的习惯相一致,不会给编程带来麻烦。

3. 程序设计

根据前面继电器-接触器控制线路,结合 PLC 的基本指令,可设计出电动机连续运转控制电路的梯形图,如图 6-8 所示。

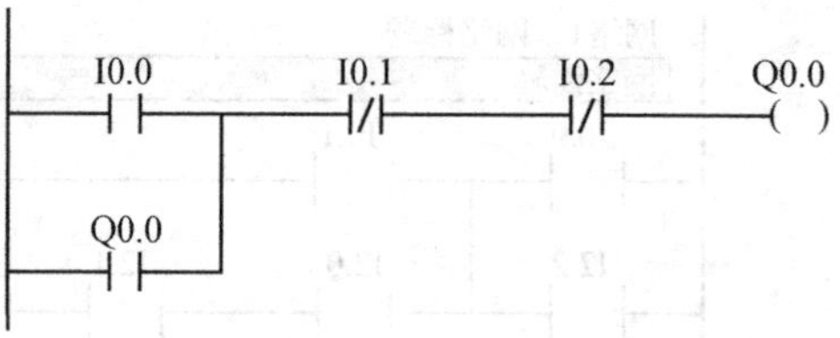

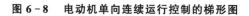

图 6-8 电动机单向连续运行控制的梯形图

四、应用示例:工作台自动往返控制

1. 项目内容

工作台的自动往返运动在生产中经常见到,如龙门刨床工作台、磨床工作台等。本项目要求用 PLC 来实现工作台自动往返控制,控制线路如图 2-14 所示。

2. I/O 分配表

本项目的控制线路中,有前进启动按钮 SB2、后退启动按钮 SB3、停止按钮 SB1、热继电器 FR、前进位置开关 SQ1、后退位置开关 SQ2、前进限位保护 SQ3 及后退限位保护开关 SQ4 共 8 个输入设备,所以 PLC 需要 8 个输入点;同时需要 2 个交流接触器驱动电机的正反转控制,所以 PLC 需要 2 个输出点。列出的 I/O 分配表如表 6-4 所列。

表 6-4 PLC 的 I/O 分配表

输入设备	地 址	输出设备	地 址
前进启动按钮 SB2	I0.0	前进接触器 KM1	Q0.0
后退启动按钮 SB3	I0.1	后退接触器 KM2	Q0.1
停止按钮 SB1	I0.2	—	—
热继电器 FR	I0.3	—	—
前进位置开关 SQ1	I0.4	—	—
后退位置开关 SQ2	I0.5	—	—
前进限位保护 SQ3	I0.6	—	—
后退限位保护 SQ4	I0.7	—	—

3. PLC I/O 接线

根据以上 I/O 分配表,画出 PLC 的 I/O 接线图,如图 6-9 所示。

4. 系统程序设计

工作台自动往返的 PLC 控制梯形图如图 6-10 所示。

编程注意事项:

① PLC 梯形图中的各编程元器件的触点,可以反复使用,数量不限。

② 梯形图中每一行都是从左母线开始,触点在左边,线圈在最右边,触点不能放在线圈右边。

③ 线圈不能直接与左母线相连。

④ 梯形图中若有多个线圈输出,则这些线圈可并联输出,但不能串联输出。

⑤ 同一程序中一般不能出现双线圈输出。所谓"双线圈输出"是指同一程序中同一编号的线圈使用两次。双线圈输出容易引起误操作。

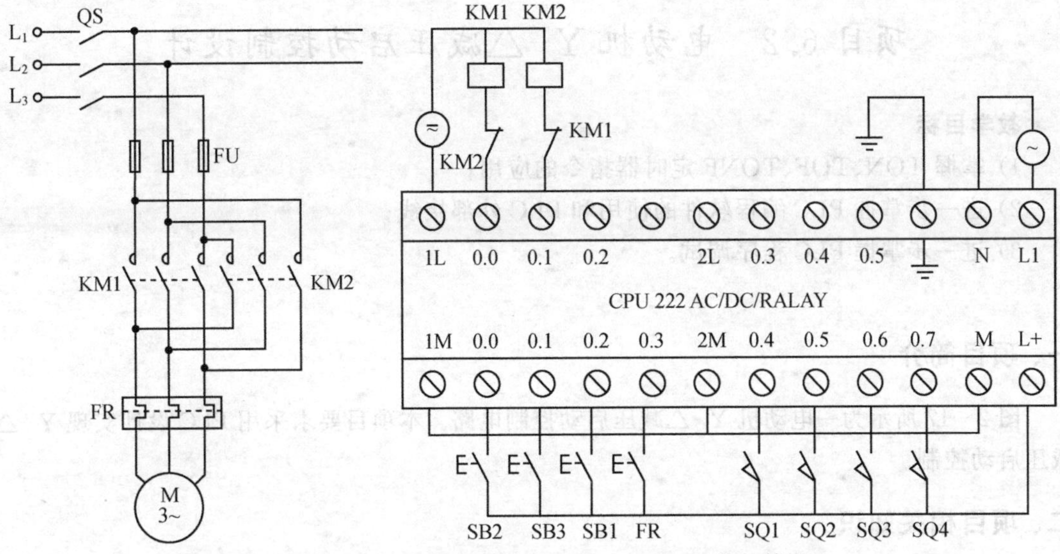

(a) 主电路　　(b) PLC的I/O接线

图 6－9　自动往返的 PLC 控制硬件接线图

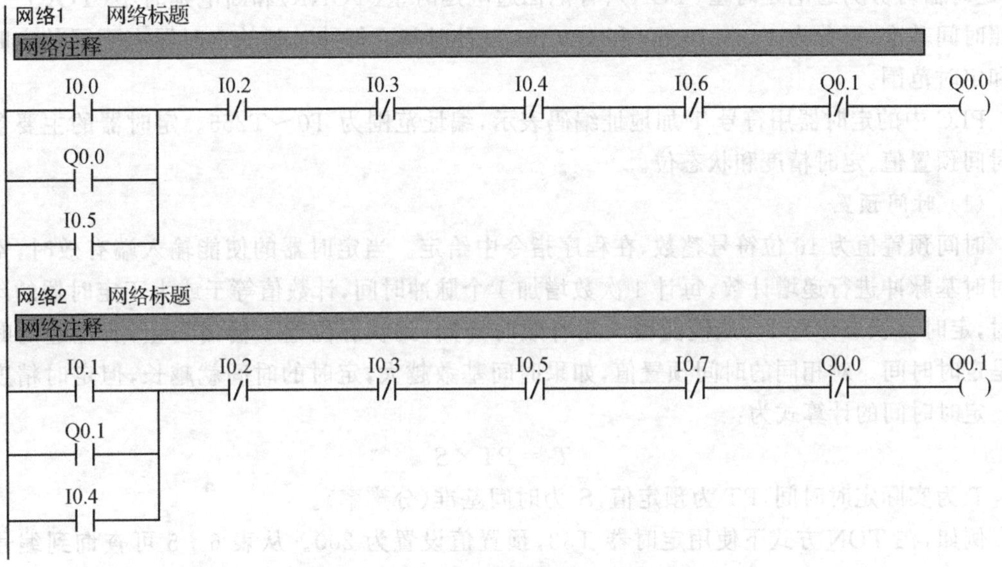

图 6－10　自动往返控制 PLC 梯形图

⑥ 梯形图中的触点不能出现“桥式”连接，如图 6－11 中的 I0.2 所示。

⑦ 编程时适当安排顺序，尽可能减少程序步数。一般触点串联多的电路应尽量放在上部，并联多的电路应靠近左母线。

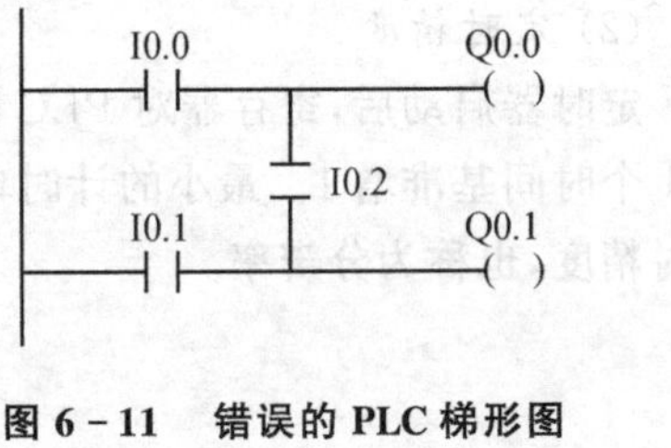

图 6－11　错误的 PLC 梯形图

项目 6.2　电动机 Y-△减压启动控制设计

教学目标

1) 掌握 TON、TOF、TONF 定时器指令的应用;
2) 进一步掌握 PLC 编程软件的使用和 PLC 外部接线;
3) 进一步掌握 PLC 程序调试。

一、项目简介

图 2-17 所示为一电动机 Y-△减压启动控制电路。本项目要求采用 PLC 设计实现 Y-△减压启动控制。

二、项目相关知识

1. 定时器分类

定时器用于实现时间控制,S7-200 系列 PLC 的定时器为增量型定时器。按照工作方式,定时器可分为通电延时型(TON)、有记忆通电延时型(TONR)和断电延时型(TOF)三种。按照时间基准,可分为 1 ms、10 ms 和 100 ms 三种时基。每种时基的定时器有不同的定时精度和定时范围。

PLC 中的定时器用符号 T 加地址编码表示,编址范围为 T0～T255。定时器的主要参数有时间预置值、定时精度和状态位。

(1) 时间预置

时间预置值为 16 位符号整数,在程序指令中给定。当定时器的使能输入端有效时,寄存器对时基脉冲进行递增计数,每计 1 次数增加 1 个脉冲时间,计数值等于或大于定时器的预置值时,定时器状态位置 1。从使能输入端有效时开始,到状态位置 1 输出为止,所经过的时间就是定时时间。对相同的时间预置值,如果时间基数越大,定时的时间就越长,但定时精度降低。定时时间的计算式为:

$$T = \mathrm{PT} \times S$$

T 为实际定时时间,PT 为预定值,S 为时间基准(分辨率)。

例如,在 TON 方式下使用定时器 T33,预置值设置为 200。从表 6-5 可查询到编号为 T33 定时器的时基脉冲为 10 ms,则其定时时间应为:

$$T = 200 \times 10\ \mathrm{ms} = 2000\ \mathrm{ms} = 2\ \mathrm{s}$$

(2) 定时精度

定时器启动后,寄存器对 PLC 内部的时基脉冲进行增 1 计数。当前值从零开始增加,每隔 1 个时间基准增 1。最小的计时单位就是 1 个时基脉冲宽度,所以,时间基准代表定时器的定时精度,也称为分辨率。

表 6-5　定时器的工作类型和编号

类　型	分辨率(时间基准)/ms	最大定时时间/s	定时器号
TONR	1	32.767	T0,T64
	10	327.67	T1～T4,T65～T68
	100	3276.7	T5～T31,T69～T95
TON/TOF	1	32.767	T32,T96
	10	327.67	T33～T36,T97～T100
	100	3276.7	T37～T63,T101～T255

(3) 状态位

定时器的当前值增加到等于或大于预置值后,状态位为 1。此时梯形图中代表状态位的触点动作,常开触点闭合,常闭触点打开。

CPU22X 系列 PLC 有 256 个定时器,分属 TON(TOF)和 TONR 两组工作方式,具有 3 种时基标准。其中 TON 与 TOF 共用一组定时器,但不能重复使用。其详细分类方法及定时范围参见表 6-5。使用时应参照表中的时间基准和工作方式,根据需要的延时时间和定时精度合理地选择定时器编号。

2. 定时器指令

定时器指令用来实现时间控制,在表 6-6 中列出 3 种不同功能的定时器指令及应用示例。梯形图指令盒内的 IN 是使能输入端;PT 是预置值输入端,其最大预置值为 32767,数据类型为 INT(整数);指令盒上的 Txx 是定时器地址编号,其范围为 T0～T255。

在表 6-6 中,通电延时型定时器 T37 的时基为 100 ms,在 I2.3 接通后开始计时,3 s 到时后,定时器的触点 T37 闭合,控制输出线圈 Q0.1 导通。当 I2.3 断开时,T37 复位。

断电延时型定时器 T33 的时基为 10 ms,在 I0.0 接通时 T33 触点立即接通,在 I0.0 断开后 T33 触点继续接通,延时 2 s 后才断开,并使 T33 复位。(注意:对断电延时型定时器的动作要仔细分析。)

有记忆通电延时型定时器 T2 的时基为 10 ms,在 I2.1 接通 100 ms 后到时(I2.1 可以多次断续接通,累计时间达到 100 ms 即可),定时器 T2 的触点控制 Q0.0 接通。定时器 T2 必须用复位指令才能复位。表中,当 I0.3 接通时,复位指令 R 使 T2 复位。

三类定时器的工作过程如下:

通电延时定时器(TON)和有记忆通电延时定时器,在使能输入"IN"端接通时开始计时。当前值大于或等于 PT 端的预置值时,定时器位被置位。达到预设时间后,当前值仍继续计数,一直计到最大值 32767。输入电路断开时,TON 的当前值置 0,定时器位变为 OFF;而对于有记忆的定时器 TONR,当前值保持不变,其当前值的复位需用复位指令,如表 6-6 中,TONR 的两次延时时间 $t1+t2\geqslant 100$ ms 时,T2 定时器位变为 ON,TONR 只能用复位指令(R)来复位。在程序开始时,在第一个扫描周期,所有的定时器位都被清零,但可以在系统块中设置 TONR 的当前值,它有断电保持功能。

表 6-6　定时器指令及程序例

指令表达形式	梯形图指令及时序应用例	语句表指令	操作数范围
通电延时型 TON Txx ,PT 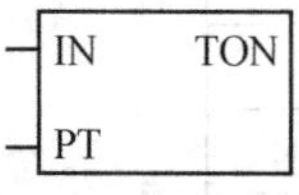 	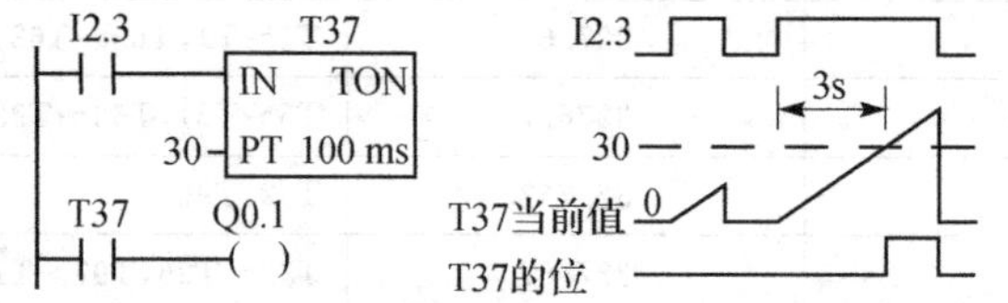 	Network 1 LD I2.3 TON T37,+30 Network 2 LD T37 = Q0.1	Txx:(WORD) 常数 T0~T255 IN:(BOOL)I、Q、V、M、SM、S、T、C、L、能流 PT:(INT)IW,QW,VW,MW,SMW,T,C,LW,AC,VD,AIW,LD,*AC,常数
断电延时型 TOF Txx ,PT 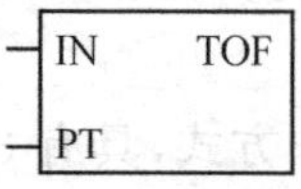 	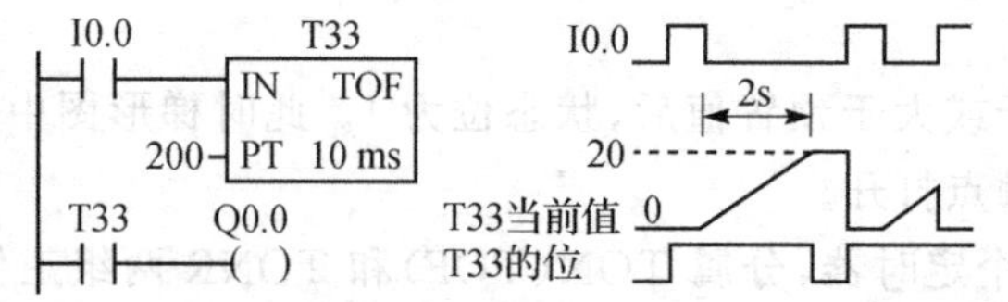 	Network 1 LD I0.0 TOF T33,+200 Network 2 LD T33 = Q0.0	
有记忆 通电延时型 TONR Txx ,PT 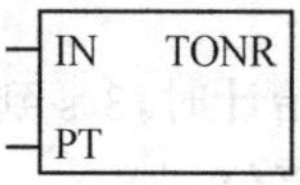 	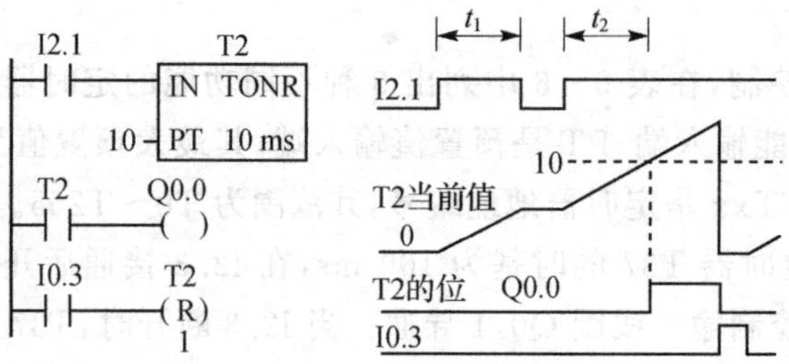 	Network 1 LD I2.1 TONR T2,+10 Network 2 LD T2 = Q0.0 Network 3 LD I0.3 R T2,1	

注：* 表示地址指针,用于间接寻址。

断电延时定时器(TOF)在使能输入端 IN 接通时,定时器位立即接通,并把当前值设为 0。当 IN 端断开时启动计时。当前值从 0 开始增大,达到设定值 PT 时,定时器位断开变为 OFF,当前值保持不变且停止计数。当 IN 输入断开的时间短于预置值时,定时器位保持接通。

需要说明的是,对于 TON 定时器,连接定时器 IN 端信号触点接通的时间必须大于等于其设定值,这样定时器的触点才会转换。对于 TOF 定时器,连接定时器 IN 端信号触点的断开时间必须大于等于其设定值,这样定时器的触点才会转换。

【例 6-6】　用通电延时型定时器产生一个机器扫描周期的脉冲输出,如图 6-12 所示。Q0.0 在 T37 计时时间到时准确地接通一个扫描周期,可以输出一个 OFF 时间为 30 s,ON 时间为一个扫描周期的时钟脉冲。

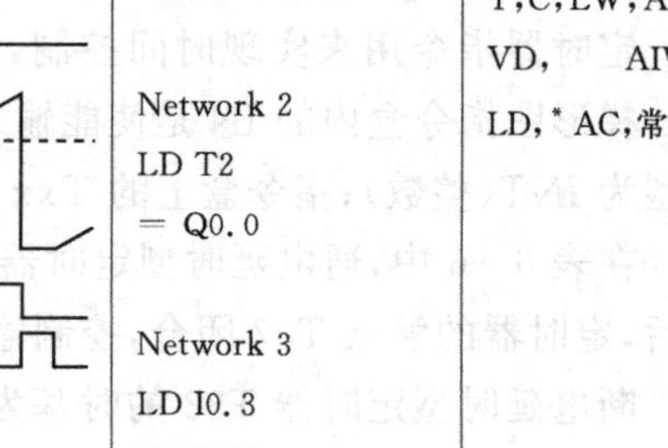

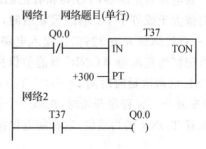

图 6-12　一个扫描周期的脉冲输出

时间继电器在延时、顺序控制中应用广泛。

例 6-7 为利用两个延时器来扩大延时范围的实例，例 6-8 为 3 台电动机的延时顺序启动实例。

【例 6-7】 用两个定时器扩大延时范围，如图 6-13 所示。T33 延时动作后接着 T34 延时动作。

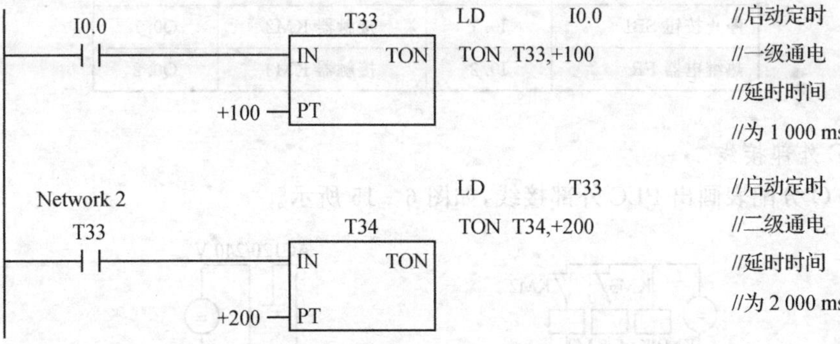

图 6-13　用两定时器扩大延时范围

【例 6-8】 有 3 台电动机，要求按顺序启动。电机 M1 先启动，运行 20 s 后 M2 启动，再经 30 s 后 M3 启动。如图 6-14 所示，图中输出继电器 Q0.1、Q0.2、Q0.3 分别控制电动机 M1、M2、M3。

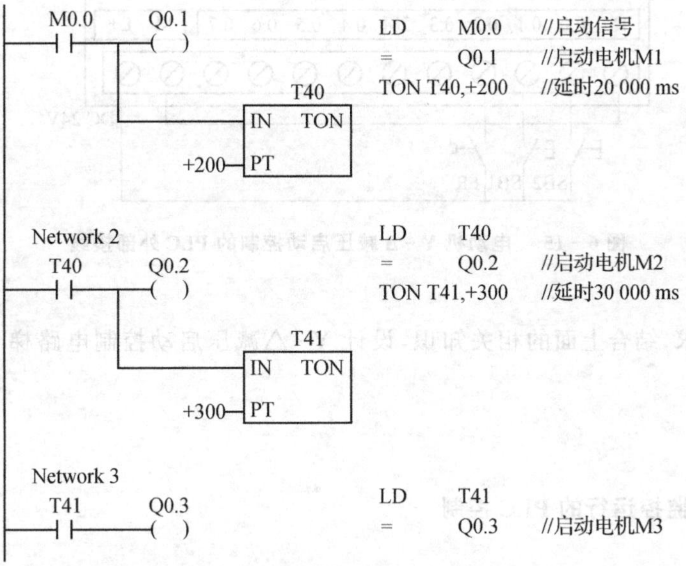

图 6-14　电动机的顺序启动控制

三、项目的实现

根据本项目的控制要求，采用 PLC 设计实现电动机的 Y-△减压启动控制。

1. I/O 分配表

先要列出 PLC 的 I/O 分配表，分析上述项目控制要求。PLC 输入设备有启动按钮 SB2、停止按钮 SB1、热继电器 FR，共 3 个输入点；输出点有接触器 KM1、KM2、KM3，共 3 个输出点。其 I/O 分配表如表 6-7 所列。

表 6-7　PLC 的 I/O 分配表

输入设备	地　址	输出设备	地　址
启动按钮 SB2	I0.0	接触器 KM1	Q0.0
停止按钮 SB1	I0.1	接触器 KM2	Q0.1
热继电器 FR	I0.2	接触器 KM3	Q0.2

2. PLC 外部接线

根据 I/O 分配表画出 PLC 外部接线,如图 6-15 所示。

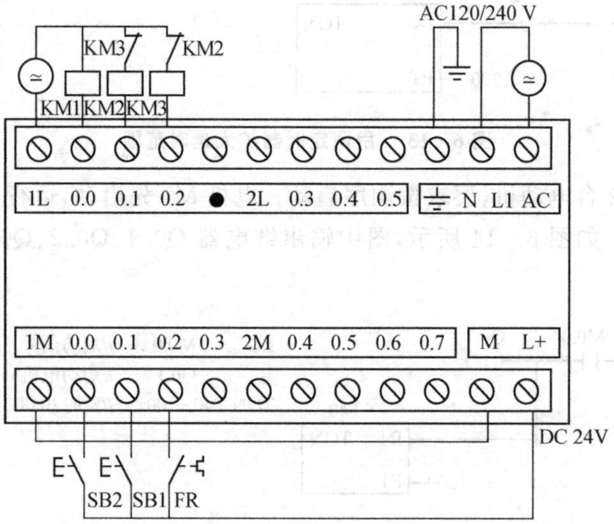

图 6-15　电动机 Y-Δ 减压启动控制的 PLC 外部接线

3. 程序设计

根据控制要求,结合上面的相关知识,设计 Y-△减压启动控制电路梯形图,如图 6-16 所示。

四、应用示例

(一) 通风机监控运行的 PLC 控制

1. 控制要求

3 台通风机用各自的启停按钮控制其运行,并采用 1 个指示灯显示 3 台风机的运行状态:

① 3 台风机都不转,指示灯显示平光;

② 1 台风机运转,指示灯慢闪(设 $T=1$ s);

③ 2 台以上风机运转,指示灯快闪(设 $T=0.4$ s)。

2. PLC 的 I/O 配置

根据控制要求,PLC 的 I/O 配置如表 6-8 所列。

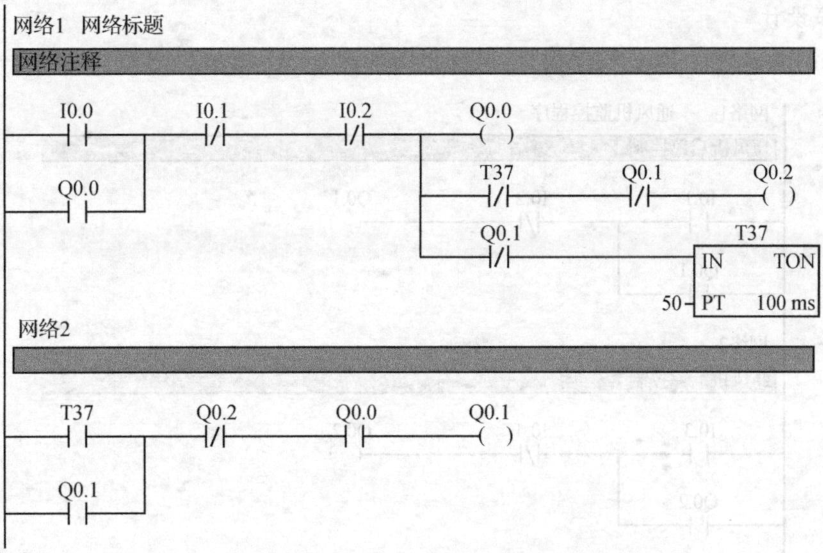

图 6－16　电动机 Y－△减压启动控制的 PLC 梯形图

表 6－8　PLC 的 I/O 分配表

输入设备	地　址	输出设备	地　址
监视开关 SA	I0.0	指示灯	Q0.0
1＃风机启动 SB1	I0.1	1＃风机	Q0.1
1＃风机停止 SB2	I0.2	2＃风机	Q0.2
2＃风机启动 SB3	I0.3	3＃风机	Q0.3
2＃风机停止 SB4	I0.4	—	—
3＃风机启动 SB5	I0.5	—	—
3＃风机停止 SB6	I0.6	—	—

3．PLC 的 I/O 接线图

PLC 的 I/O 接线图如图 6－17 所示。

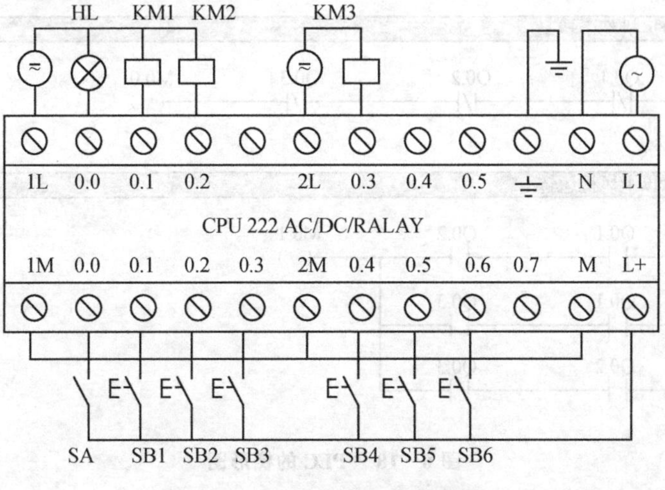

图 6－17　PLC 的 I/O 接线图

4. 程序设计

根据控制要求进行 PLC 程序设计,其梯形图如图 6-18 所示。

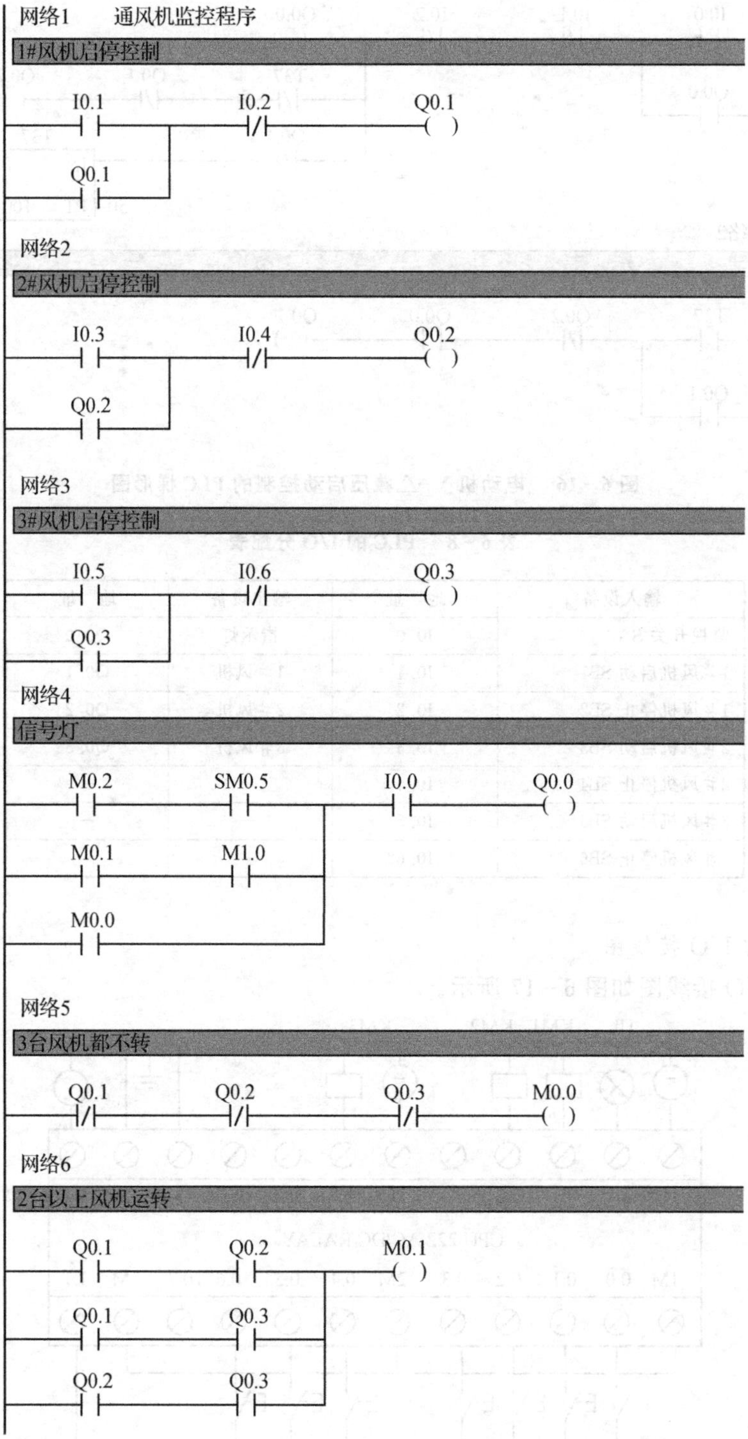

图 6-18 PLC 的梯形图

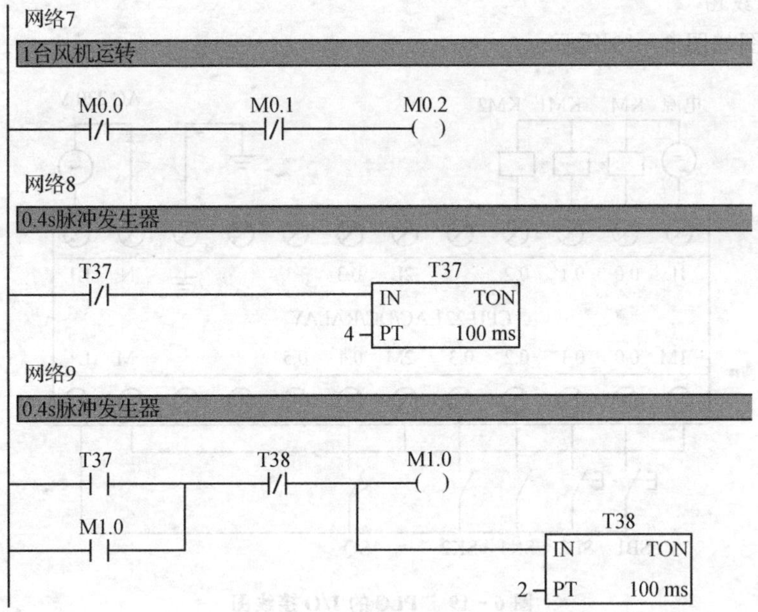

图6-18　PLC的梯形图(续)

本程序中,定时器T37和自身的动断触点构成循环计时电路,每隔0.4 s接点转换1次。T37的动断触点复位,动合触点接通;辅助继电器M1.0通电自锁,同时定时器T38开始延时,0.2 s后M1.0断开。再过0.2 s后,定时器T37的动合触点再次接通。如此往复循环,构成周期为0.4 s的闪烁电路,实现指示灯快闪,SM0.5提供周期为1 s的时钟脉冲,实现指示灯慢闪。

(二)弯管机的PLC控制

1. 控制要求

弯管机在弯管时,首先使用传感器检测是否有管。若没有管,则等待;若有管,则延迟2 s后电磁卡盘将管子夹紧。随后检测待弯曲的管子是否安装有连接头。若没有连接头,则弯管机将管子松开推出弯管机等待下一根管子的到来;若有连接头,则弯管机在延迟5 s后,启动主电机开始弯管。弯管完成后,将弯好的管子推出弯管机。系统设有启动按钮和停止按钮,当启动按钮按下时,弯管机处于等待检测管子的状态。在任何时候都可以用停止按钮停止弯管机的运行。

2. PLC的I/O配置

根据控制要求,PLC的I/O配置如表6-9所列。

表6-9　PLC的I/O分配表

输入设备	地　址	输出设备	地　址
停止按钮SB1	I0.0	电磁卡盘卡紧接触器KM	Q0.0
启动按钮SB2	I0.1	推管液压阀接触器KM1	Q0.1
管子检测传感器SK1	I0.2	弯管主电机接触器KM2	Q0.2
连接头检测传感器SK2	I0.3	—	—
弯管到位检测开关SQ	I0.4	—	—

3. I/O接线图

I/O接线图如图6-19所示。

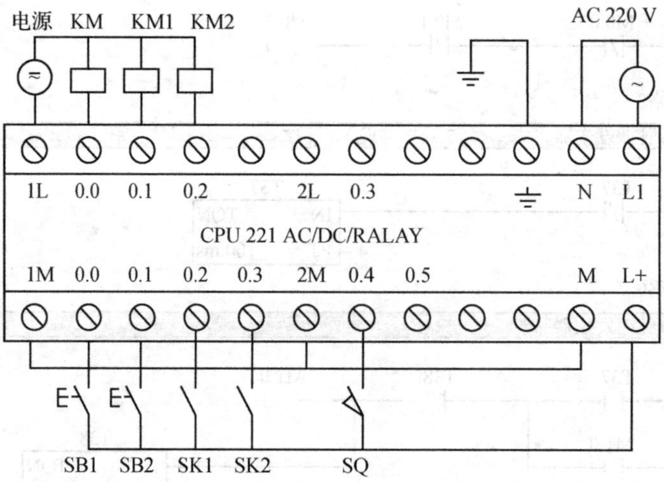

图6-19　PLC的I/O接线图

4. 程序设计

根据控制要求进行PLC程序设计,其梯形图如图6-20所示。

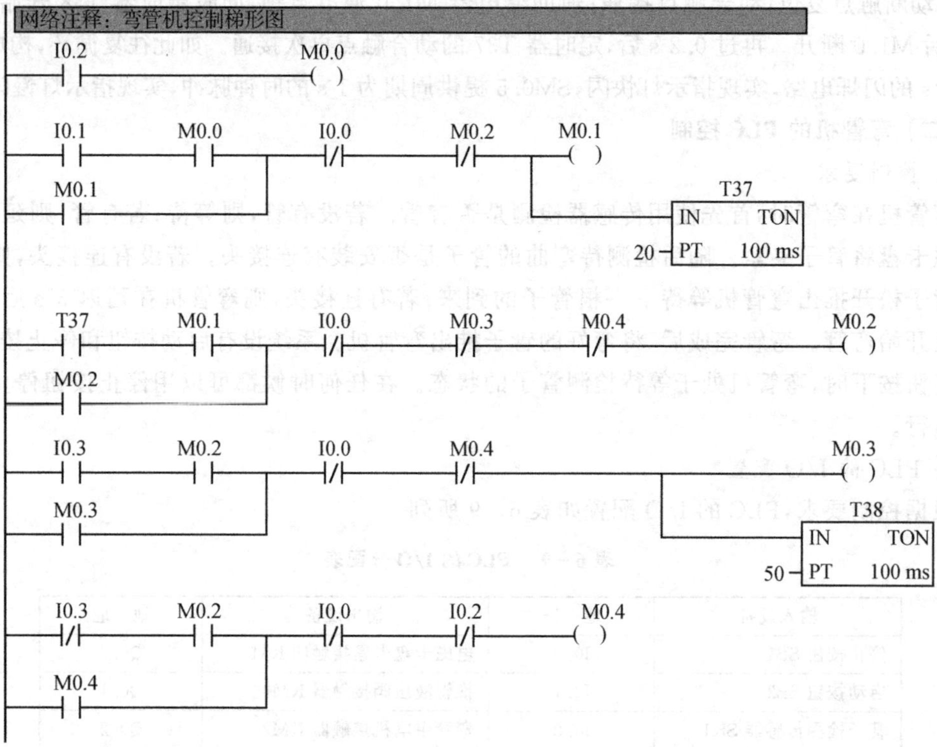

图6-20　弯管机PLC控制梯形图

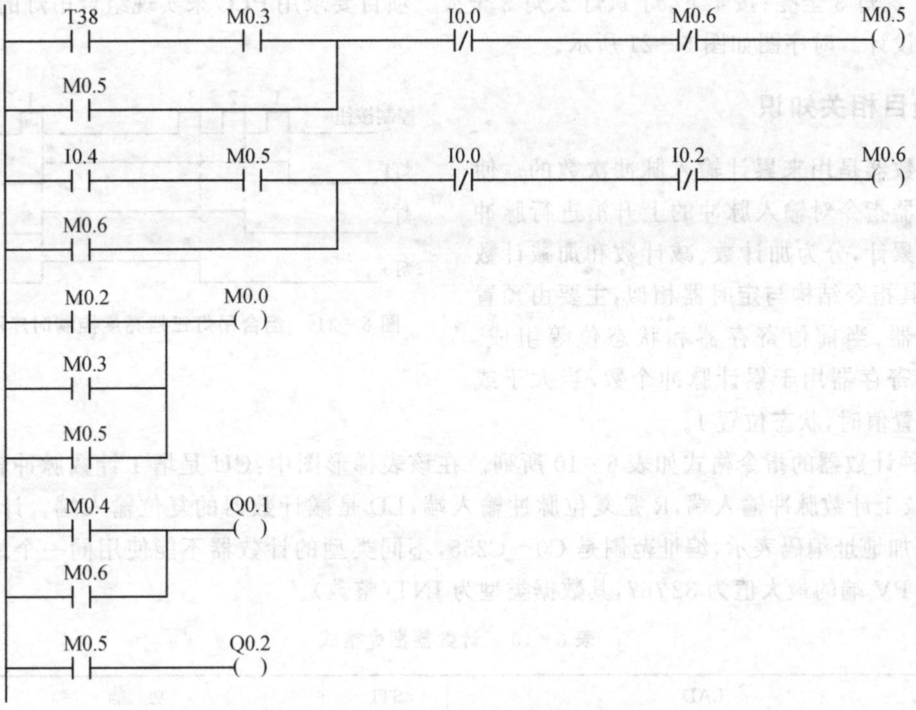

图 6－20　弯管机 PLC 控制梯形图(续)

程序分析：

当检测传感器感测到有管子时，SK1(I0.0)闭合，M0.0 得电，按下启动按钮 SB1(I0.1)，M0.1 闭合并自锁；同时时间继电器 T37 延时，延时 2 s 后 M0.2 得电，M0.2 闭合，Q0.0 得电，电磁卡盘将管子夹紧，随后检测被弯曲的管上是否装有连接头。若没有连接头，SK2 断开，I0.3 不能闭合，但此时 M0.4 得电，M0.4 闭合使得 Q0.1 得电(KM1 得电)，弯管机将管子松开推出弯管机；若有连接头，SK2(I0.3)闭合，M0.3 得电，T38 开始计时，在延时 5 s 后，M0.5 得电，M0.0 触点闭合，Q0.0 得电，电磁卡盘夹紧，同时 Q0.2(KM2)得电，弯管主电机工作，开始弯管。弯管到位后，到位检测开关 SQ 闭合，I0.4 得电，使 M0.6 得电，Q0.1 线圈得电，弯管机将管子松开，推出弯管机。

项目 6.3　组合吊灯亮度控制设计

教学目标

1) 熟练掌握 CTU、CTD、CTUD 计数器指令；

2) 能利用计数器指令进行编程及应用；

3) 会利用编程软件编程及下载调试相关程序。

一、项目简介

用 1 只按钮控制组合吊灯 3 档亮度。按钮按 1 下，灯 1 亮；按 2 下，灯 1、灯 2 亮；按 3 下，灯 1、灯 2、灯 3 全亮;按 4 下,灯 1、灯 2、灯 3 全灭。项目要求用 PLC 来实现组合吊灯的三挡亮度控制设计。时序图如图 6-21 所示。

二、项目相关知识

计数器是用来累计输入脉冲次数的。使用计数器指令对输入脉冲的上升沿进行脉冲个数的累计,分为加计数、减计数和加减计数 3 种。其指令结构与定时器相似,主要由预置值寄存器、当前值寄存器和状态位等组成。当前值寄存器用于累计脉冲个数,当大于或等于预置值时,状态位置 1。

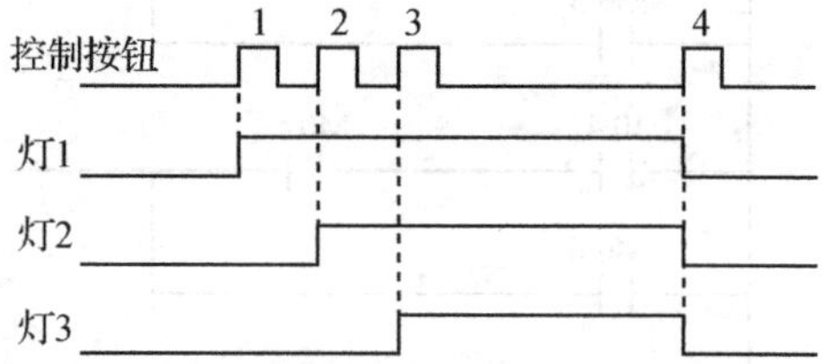

图 6-21　组合吊灯三挡亮度控制时序图

3 种计数器的指令格式如表 6-10 所列。在该表梯形图中:CU 是增 1 计数脉冲输入端,CD 是减 1 计数脉冲输入端,R 是复位脉冲输入端,LD 是减计数器的复位输入端。计数器用符号 C 加地址编码表示,编址范围是 C0～C255,不同类型的计数器不能使用同一个地址号。预置值 PV 端的最大值为 32767,其数据类型为 INT(整数)。

表 6-10　计数器指令格式

LAD	STL	功　能
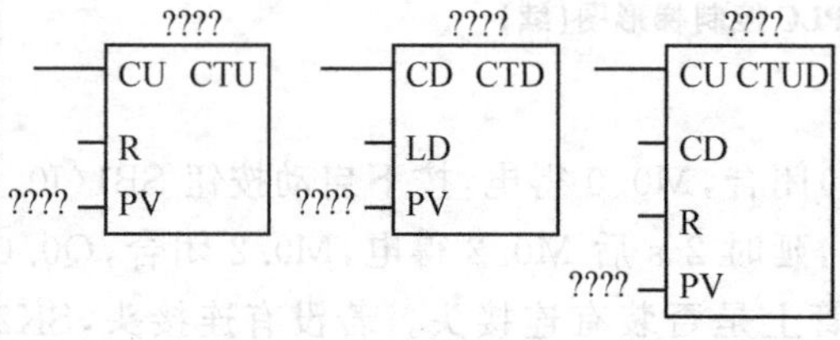	CTU	(Counter Up)增计数器
	CTD	(Counter Down)减计数器
	CTUD	(Counter Up/Down)增/减计数器

上述 3 种类型计数器指令的原理及应用方法如下:

1. 加计数器(CTU)

使用时,当复位输入(R)为 OFF,加计数脉冲从 CU 端输入时,计数器的当前值每次加 1,直至最大值 32767。当前值等于或大于预置值(PV)时,计数器位被置 1。

当复位输入(R)为 ON 时,计数器被复位,计数器位变为 OFF,当前值被清零。

2. 减计数器(CTD)

使用时,在减计数脉冲从 CD 端输入时,从设定值开始,计数器的当前值每次减 1。直减至 0 时,停止计数,计数器位被置 1。

3. 加减计数器(CTUD)

使用时,在每一个加计数脉冲输入时,增计数(当前值加 1);在每一个减计数脉冲输入时,减计数(当前值减 1)。当前值大于或等于设定值(PV)时,计数器位 C 被置位(见表 6-11);否则,计数器位关断。当复位输入端(R)接通或执行复位指令时,计数器复位。当达到预置值 PV 时,CTUD 计数器停止计数。当前值为最大值 32767 时,下一个 CU 输入的上升沿使当前值变为最小值−32768。当前值为−32768 时,下一个 CD 输入的上升沿使当前值变为最大值 32767。

3 种计数器指令及程序示例如表 6－11 所列。在使用时，如果将计数器位的常开触点作为复位输入信号，则可实现循环计数。

表 6－11　计数器指令及程序示例

指令表达形式	指令应用举例	操作数范围
加计数器指令 CTU Cxx,PV 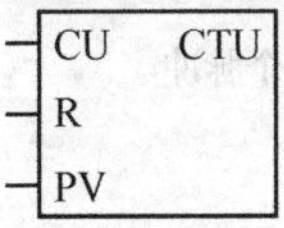	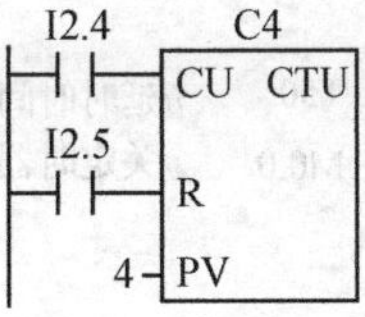 LD I2.4 LD I2.5 CTU C4,4 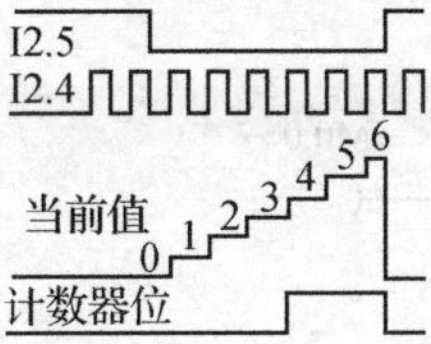	Cxx:(WORD) 常数 C0～C255
减计数器指令 CTD Cxx,PV 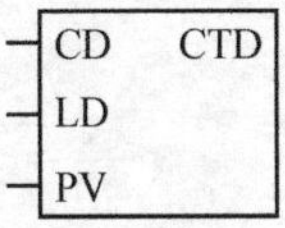	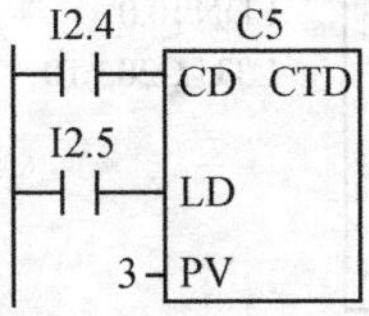 LD I2.4 LD I2.5 CTD C5,3	CU、CD、LD、R (BOOL):I、Q、V、M、SM、S、T、C、L、能流
加减计数器指令 CTUD Cxx,PV 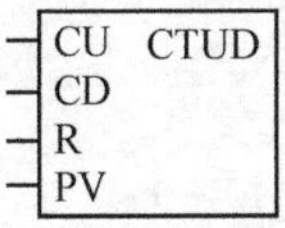	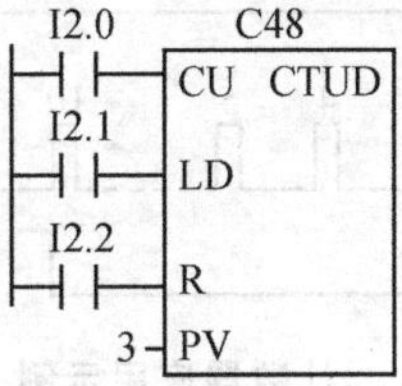 LD I2.0 LD I2.1 LD I2.2 CTUD C48,3	PV:(INT)IW,QW,VW,MW,SMW,T,C,SW,LW,AC,AIW,*VD,*LD,*AC,常数

注：* 表示地址指针，用于间接寻址。

注意：计数器的预置值设置在 PV 端，在当前值等于预置值时，计数器的位触点动作。计数器的计数当前值具有自保持功能，复位时需在复位端 R 送入复位信号。计数信号由 CU 或 CD 端输入，从使能流的角度看，定时器的输入信号是连续的，计数器的输入信号是断续的。

【例 6－9】　用计数器和定时器配合增加延时时间，如图 6－22 所示。请读者自行分析延时时间。

三、项目的实现

1. I/O 分配表

分析上述项目控制要求，可确定 PLC 需要 1 个控制按钮作为输入点，有 3 组灯共需要3 个输出点。其 I/O 分配表如表 6－12 所列。

表 6－12　PLC 的 I/O 分配

输入设备	地　址	输出设备	地　址
控制按钮	I0.0	灯 1	Q0.0
—	—	灯 2	Q0.1
—	—	灯 3	Q0.2

2. 完成 PLC 输入输出接线

PLC 的输入输出接线示意图如图 6－23 所示。

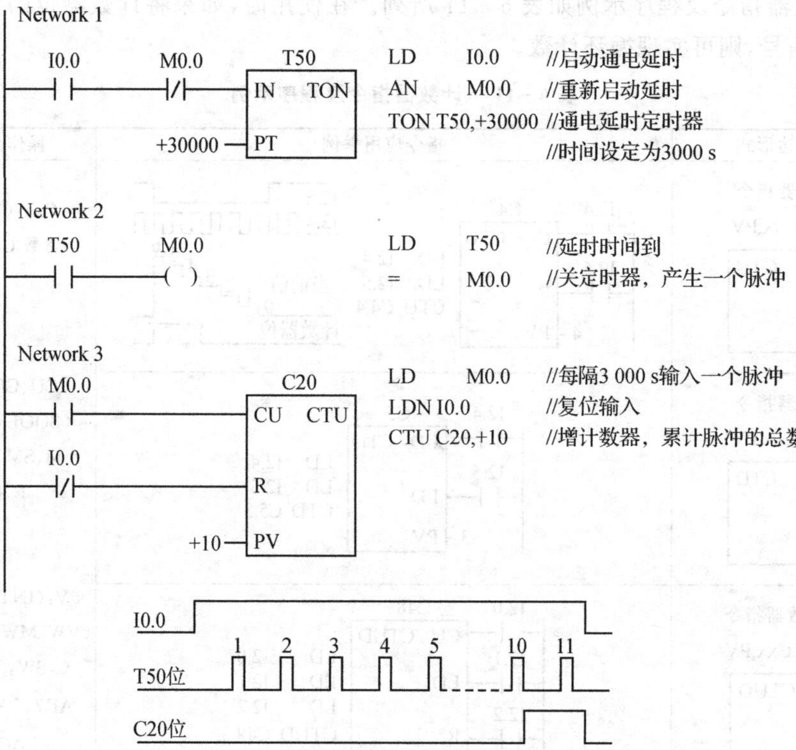

图 6-22　计数器应用示例

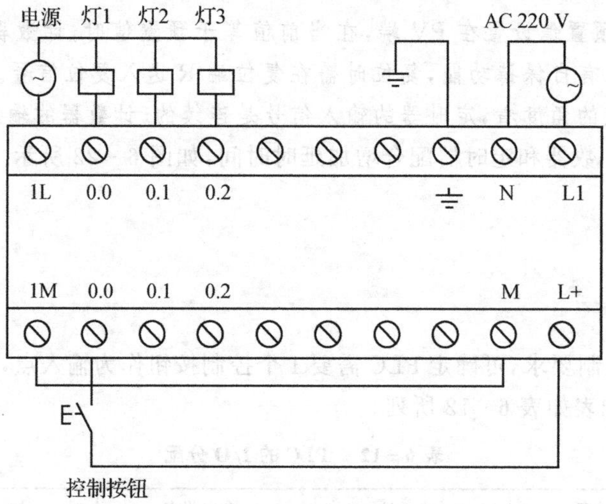

图 6-23　PLC 输入输出接线示意图

3. 程序设计

根据控制要求，结合上述相关知识，完成用 1 只按钮控制组合吊灯 3 挡亮度的梯形图，如图 6-24 所示。

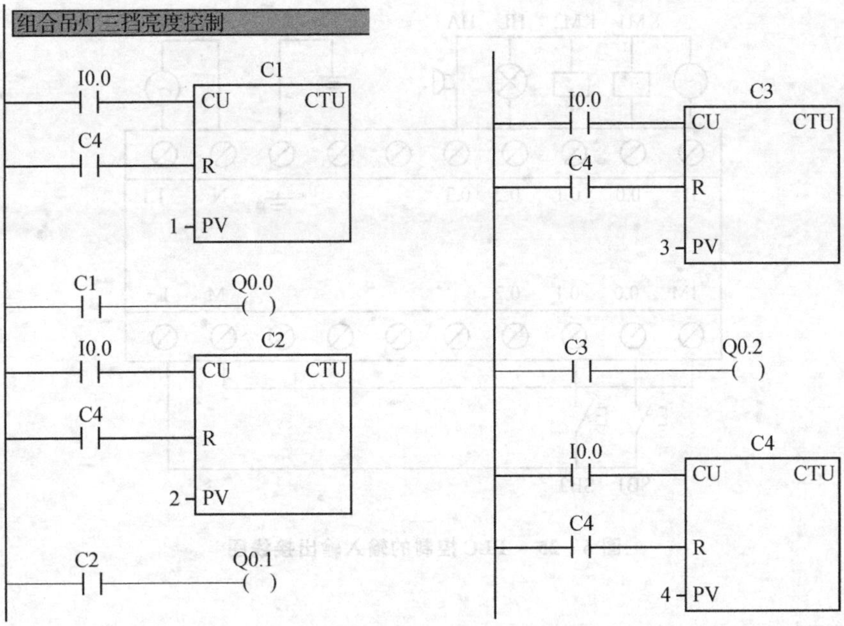

图 6－24　组合吊灯 3 挡亮度 PLC 控制梯形图

四、应用示例

（一）电动葫芦升降机构运行控制

1．项目内容

某电动葫芦升降机构的动负荷试验控制要求如下：按下启动按钮 SB1，升降电动机开始自动运行。上升 6 s→停止 9 s→下降 6 s→停止 9 s，反复运行 5 轮后，发出声光信号，并停止运行。升降机构可由停止按钮 SB2 控制其在任意位停止，但不进行报警。试编制相应的梯形图程序。

2．完成 PLC 控制的 I/O 设置

分析电动葫芦升降机构运行控制要求，PLC 的 I/O 分配如表 6－13 所列。

表 6－13　PLC 的 I/O 分配表

输入设备	地　址	输出设备	地　址
启动按钮 SB1	I0.0	上升接触器 KM1	Q0.0
停止按钮 SB2	I0.1	下降接触器 KM2	Q0.1
—	—	灯光报警 HL	Q0.2
—	—	声音报警 HA	Q0.3

3．完成 PLC 控制的输入输出接线

PLC 控制的输入输出接线图如图 6－25 所示。

4．完成梯形图设计

根据控制要求，设计的梯形图如图 6－26 所示。

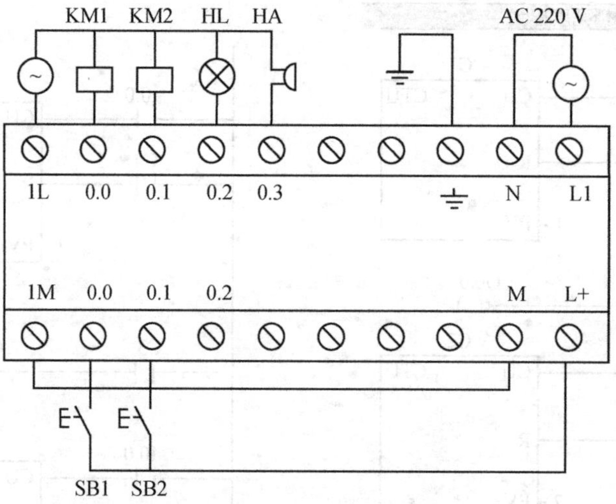

图 6-25 PLC 控制的输入输出接线图

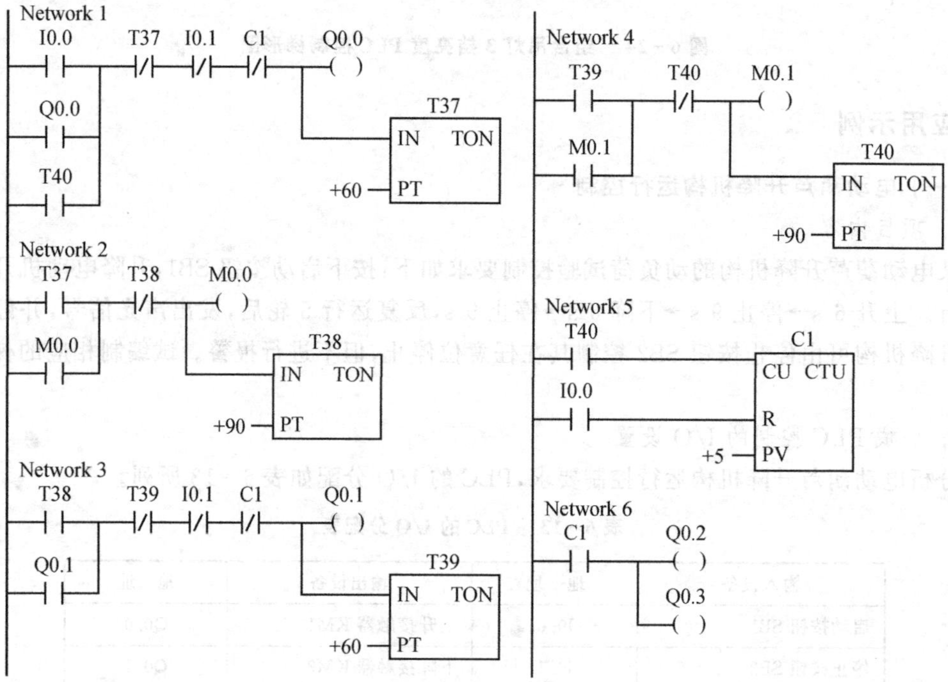

图 6-26 电动葫芦升降机构 PLC 控制梯形图

(二) 水果自动装箱生产线控制

1. 项目内容

某水果自动装箱生产线控制示意图如图 6-27 所示。其控制要求如下：

① 按下启动按钮 SB1,传送带 2 启动运行。当水果箱进入指定位置时,行程开关 SQ1 动作,传送带 2 停止。

② SQ1 动作后，延时 1 s，传送带 1 启动。水果逐一落入箱内，由 B1 检测水果的数量，在水果通过时发出脉冲信号。

③ 当落入箱内的水果达到 10 个时，传送带 1 停止，传送带 2 启动……

④ 按下停止按钮 SB2，传送带 1 和 2 均停止。

试根据控制要求，完成 PLC 程序设计。

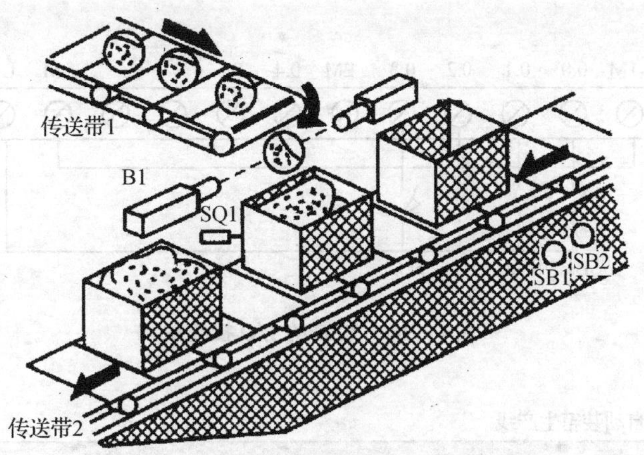

图 6－27　水果自动装箱生产线控制示意图

2. 完成 PLC 控制的 I/O 设置

分析水果自动装箱生产线控制要求，PLC 的 I/O 分配如表 6－14 所列。

表 6－14　PLC 的 I/O 设置

输入设备	地　址	输出设备	地　址
启动按钮 SB1	I0.0	传送带 1 电动机接触器 KM1	Q0.0
停止按钮 SB2	I0.1	传送带 2 电动机接触器 KM2	Q0.1
计数检测 B1	I0.2	—	—
位置检测 SQ1	I0.3	—	—

3. 完成 PLC 控制的输入输出接线

PLC 控制的输入输出接线图如图 6－28 所示。

4. 完成 PLC 控制程序

PLC 程序如图 6－29 所示。按下 SB1，I0.0 接通，M0.1 接通使 Q0.1 接通，传送带 2 启动运行。当箱子进入定位位置，SQ1 动作，I0.3 接通，M0.1 断电，Q0.1 断电传送带 2 停止。同时 M0.2 通电自锁，通过 T37 延时 1 s 后，M0.3 通电自锁使 Q0.0 通电，启动传送带 1 物品逐一落入箱内，由 B1 检测物品，在物品通过时发出脉冲信号，并由计数器计数。落入箱内的水果达到 10 个，计数器 C20 的状态位接通，启动传送带 2，同时传送带 1 停止。按下停止按钮，传送带 1、2 均停止。

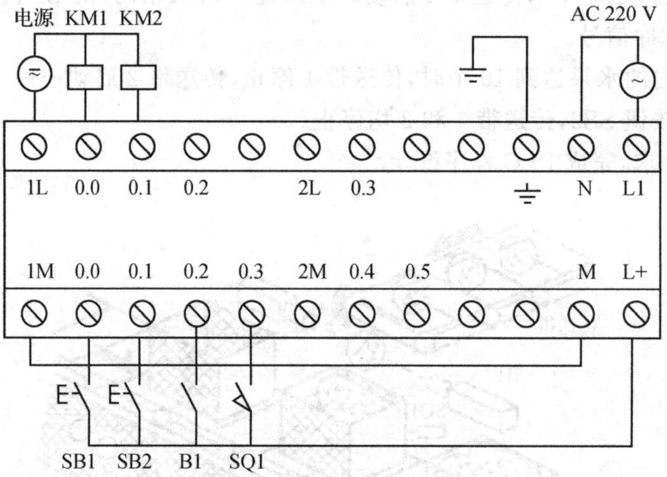

图 6-28 PLC 的 I/O 接线图

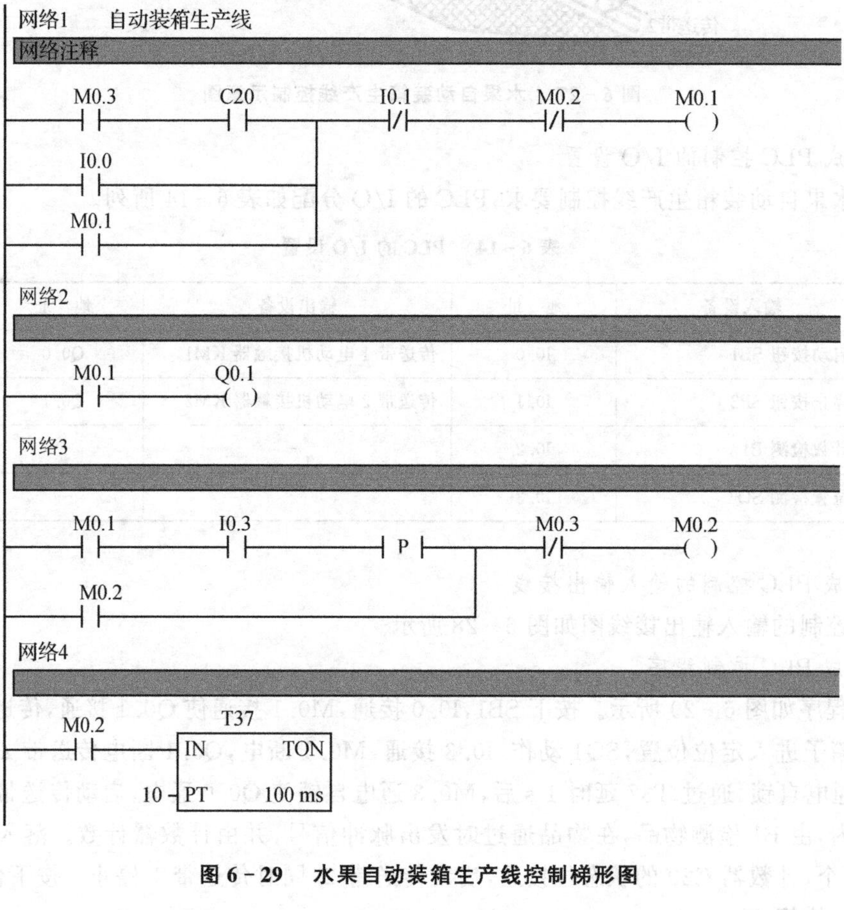

图 6-29 水果自动装箱生产线控制梯形图

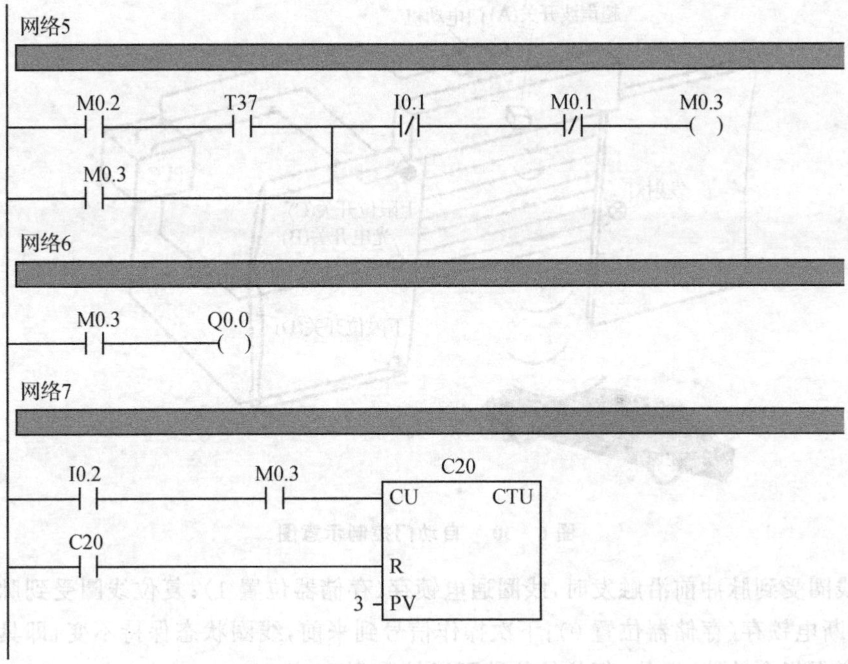

图 6－29　水果自动装箱生产线控制梯形图(续)

项目 6.4　自动门控制设计

教学目标

1）掌握 S、R、SI、RI、EU、ED 指令；

2）掌握 PLC 编程软件的使用和 PLC 外部接线；

3）掌握 PLC 程序调试。

一、项目简介

图 6－30 为一自动门控制示意图。当有车辆(或物体)到达大门前时，自动门开始上升打开，当门升到一定高度后，上限开关动作，升门动作停止；当物体完全通过大门时，自动门开始降门动作，下降到一定高度时，下限位开关动作，完成关门动作。项目要求用 PLC 来实现自动门控制设计。

二、项目相关知识

1. S/R 指令

S 指令又称置位(置 1)指令，R 指令又称复位(置 0)指令。

在梯形图中，常用线圈的通电与否来描述存储器位的置位与复位操作。线圈获得能量流时为线圈通电(存储器位置 1)，能量流不能到达时为线圈断电(存储器位置 0)。但这里的置位、复位指令是将线圈设计成置位线圈和复位线圈两个部分，将存储器的置位、复位功能分离

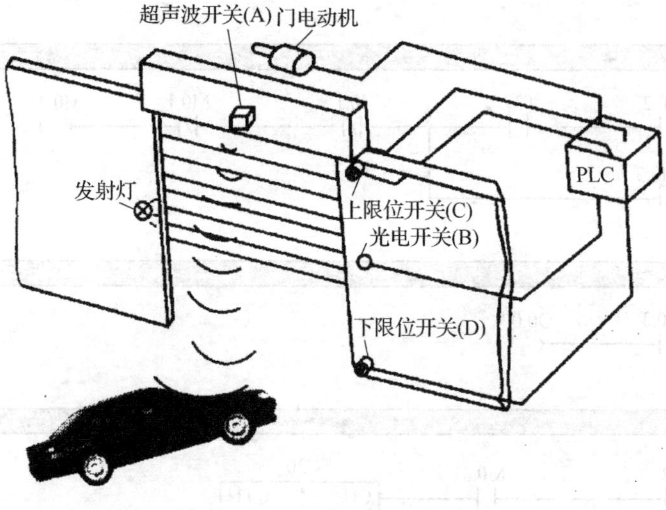

图 6-30　自动门控制示意图

开。置位线圈受到脉冲前沿触发时,线圈通电锁存(存储器位置1);复位线圈受到脉冲前沿触发时,线圈断电锁存(存储器位置0);下次操作信号到来前,线圈状态保持不变,即具有自锁功能。为了增强指令功能,置位、复位的位数可以扩展到 N 位。

置位、复位指令格式如表 6-15 所列。表中S代表置位;R代表复位;S-bit代表起始位;N 代表从起始位开始置位或复位的元件数,即从操作数直接位地址(bit)开始的 N 个点都被置位或复位,N 最多为255个。

表 6-15　置位、复位指令格式

LAD	STL	功　能
S-bit —(S) N　　S-bit —(R) N	S　S-bit,N	从起始位(S-bit)开始的 N 个元件置1
	R　S-bit,N	从起始位(S-bit)开始的 N 个元件清0

【例 6-10】 图 6-31 为置位、复位指令的应用示例。在网络1中,当I0.0为ON时刻,在脉冲上升沿,置位指令S使Q0.0为ON,即使I0.0再断开,Q0.0仍保持接通。在网络2中,当I0.1为ON时刻,同样在脉冲上升沿,复位指令R使Q0.0为OFF,即使I0.1再断开,Q0.0仍断开。

说明:

① S、R指令具有"记忆"功能。当使用S指令时,其线圈具有自保持功能;当使用R指令时,自保持功能消失,不管触发信号如何变化,输出断开并保持。

② S、R指令的编写顺序可任意安排,但当S、R指令被同时接通时,编写顺序在后的指令执行有效,如图 6-32 所示。

③ 如果被指定复位的是定时器(T)或计数器(C),则定时器或计数器的当前值清零。

④ 为了保证程序的可靠运行,S、R指令的驱动通常采用短信号脉冲。

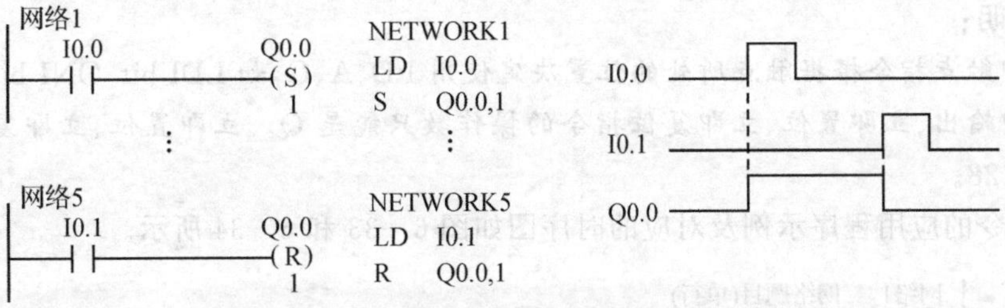

图 6－31　置位、复位指令应用示例

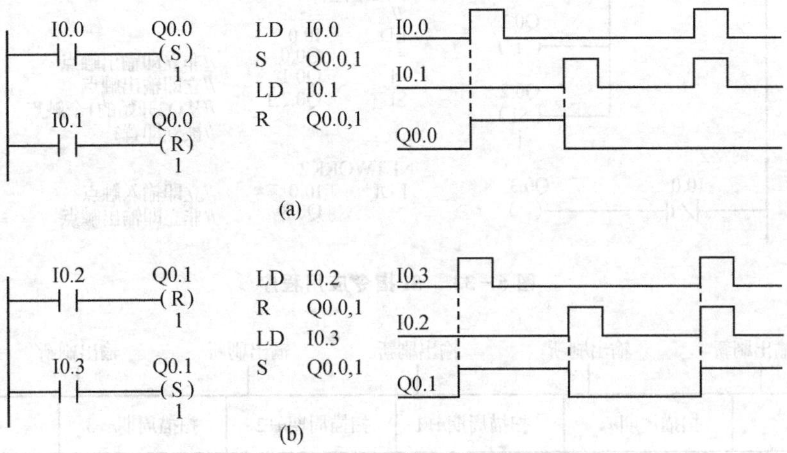

图 6－32　置位、复位指令同时受触发的应用示例

2. 立即指令 I(Immediate)

立即指令是为了提高 PLC 对输入/输出的响应速度而设置的，它不受 PLC 循环扫描工作方式的影响，允许对输入/输出点进行快速直接存取。当用立即指令读取输入点的状态时，对 I 进行操作，相应的输入映像寄存器中的值并未更新；当用立即指令访问输出点时，对 Q 进行操作，新值同时写到 PLC 的物理输出点和相应的输出映像寄存器。立即指令的格式及功能如表 6－16 所列。

表 6－16　立即指令的格式及功能

指令名称	LAD	STL	功能说明
立即触点	bit ─┤I├─ bit ─┤/I├─	LDI/LDNI bit AI/ANI bit OI/ONI bit	立即动合触点和动断触点
立即触点	bit ─(I)	＝I bit	立即将运算结果输出到某个继电器
立即触点	bit ─(SI) N	SI bit N	立即将从指定地址开始的 N 个位置置位
立即触点	bit ─(RI) N	RI bit N	立即将从指定地址开始的 N 个位置复位

使用说明：

① 立即触点指令根据触点所处的位置决定使用 LD、A、O，如 LDI bit，ONI bit 等。

② 立即输出、立即置位、立即复位指令的操作数只能是 Q。立即置位、立即复位指 N 的范围为 1～128。

立即指令的应用程序示例及对应的时序图如图 6－33 和 6－34 所示。

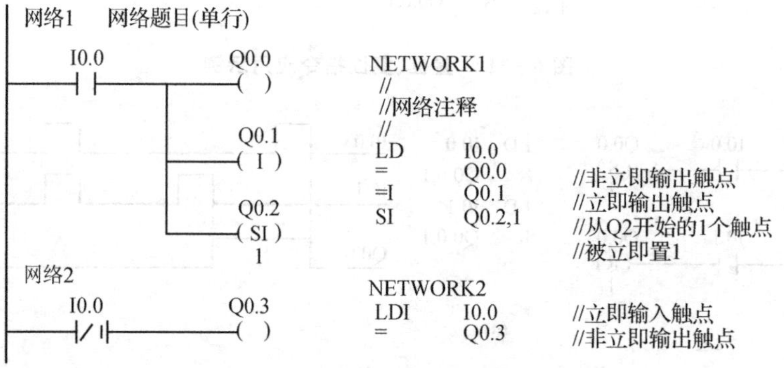

图 6－33　SI 指令应用程序

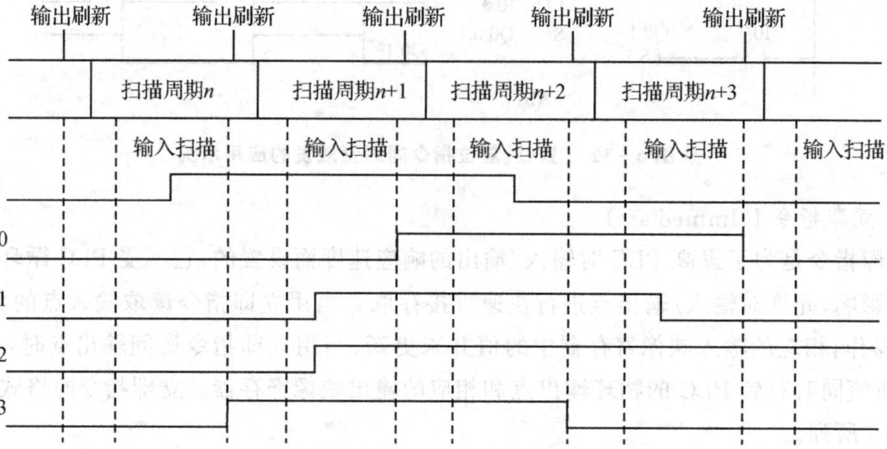

图 6－34　SI 指令应用程序对应的时序图

3. 边沿触发指令

边沿触发指令为 EU(Edge Up)、ED(Edge Down)，是用输入脉冲的边沿作触发信号，产生一个机器周期的扫描脉冲，通常用作脉冲整形。边沿触发指令分为正跳变触发(脉冲上升沿)和负跳变触发(脉冲下降沿)两类。正跳变触发是指输入脉冲的上升沿，使触点接通一个扫描周期；负跳变触发是指输入脉冲的下降沿，使触点接通一个扫描周期。边沿触发指令的格式如表 6－17 所列。在指令表语句中用 EU 代表正跳变触发指令，用 ED 代表负跳变触发指令。这两个脉冲可以用来启动一个运算过程、启动一个控制程序、记忆一个瞬时过程、结束一个控制过程等。

表 6－17　边沿触发指令格式

LAD	STL	功能及注释
┤P├	EU(Edge Up)	正跳变，无操作元件
┤N├	ED(Edge Down)	负跳变，无操作元件

【例 6－11】 图 6－35 为边沿触发指令应用示例。网络 1 中常开触点 I0.0 动作后，经正跳变触发指令 EU，使线圈 M0.0 导通 1 个扫描周期。网络 2 中常开触点 M0.0 闭合，置位指令 S 使 Q0.0 保持导通。网络 3 中 I0.1 动作的下降沿，经负跳变触发指令 ED，复位指令 R 使 Q0.0 复位。

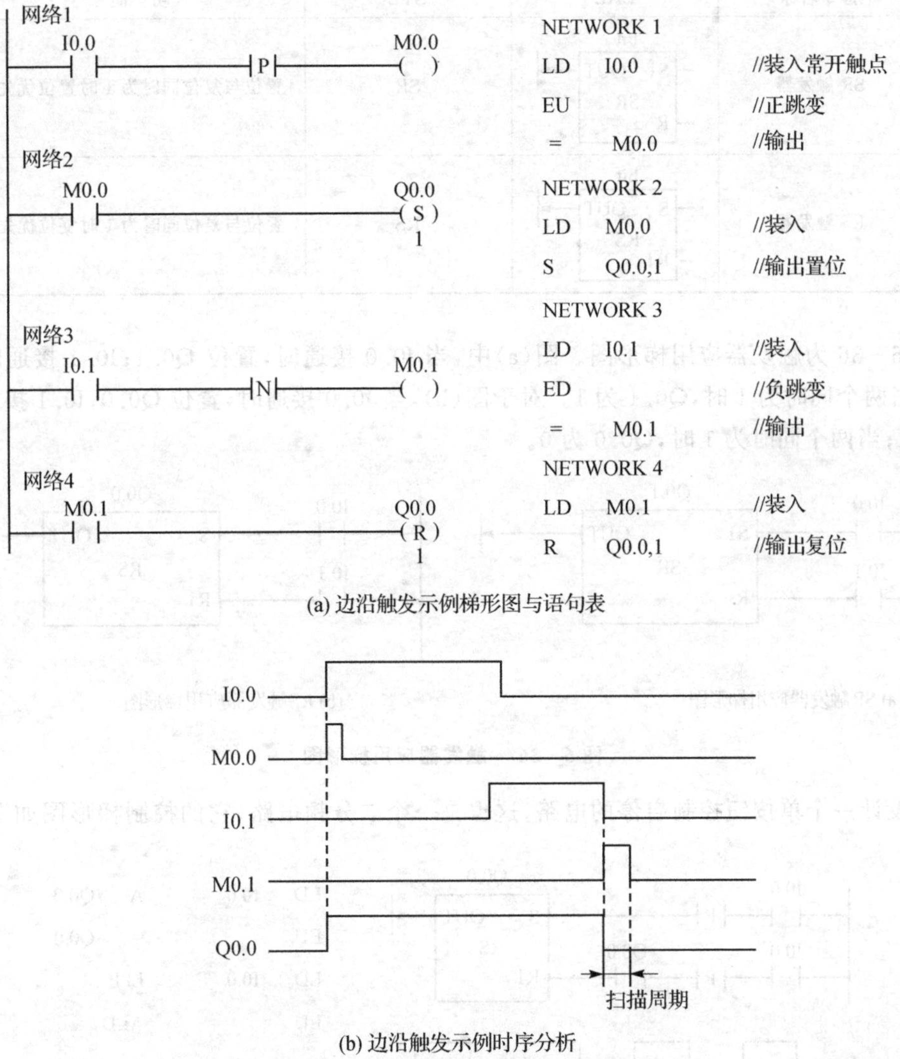

(a) 边沿触发示例梯形图与语句表

(b) 边沿触发示例时序分析

图 6－35　边沿触发指令应用示例

说明：

① EU、ED 指令仅在输入信号发生变化时有效，其输出信号的脉冲宽度为 1 个扫描周期；

② 对开机时就为接通状态的输入条件,EU 指令不执行;

③ EU、ED 指令无操作数;

④ EU、ED 使用次数无限制。

4. 触发器指令

S7-200系列 PLC 提供了触发器指令,指令中的触发器和逻辑电路中的 RS 触发器原理是一样的。触发器指令分为 SR 触发器和 RS 触发器,它是根据输入端的优先权决定输出是置位或复位,SR 触发器是置位优先,RS 触发器是复位优先。操作数为 Q、V、M、S。触发器指令的格式及功能如表 6-18 所列。

表 6-18　触发器指令的格式及功能

指令名称	LAD	STL	功　能
SR 触发器	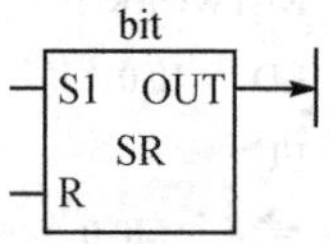	SR	置位与复位同时为 1 时置位优先
RS 触发器	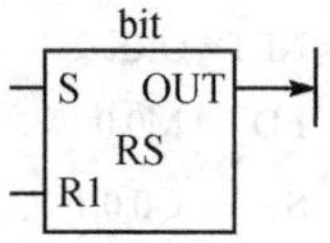	RS	置位与复位同时为 1 时复位优先

图 6-36 为触发器应用梯形图。图(a)中,当 I0.0 接通时,置位 Q0.1;I0.1 接通时,复位 Q0.1;当两个同时为 1 时,Q0.1 为 1。对于图(b),当 I0.0 接通时,置位 Q0.0;I0.1 接通时,复位 Q0.1;当两个同时为 1 时,Q0.0 为 0。

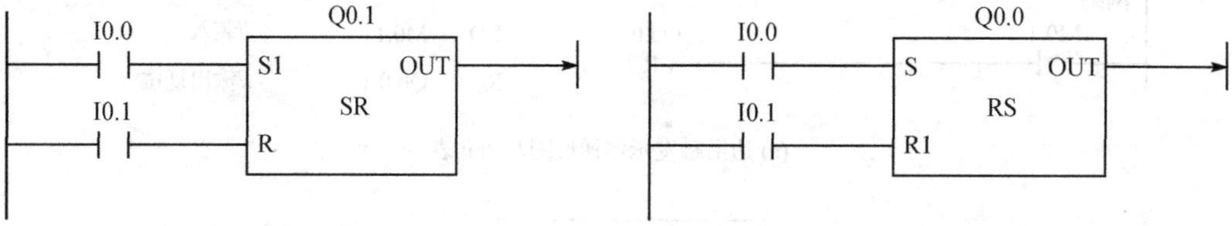

(a) SR触发器应用梯形图　　(b) RS触发器应用梯形图

图 6-36　触发器应用梯形图

如设计一个单按钮控制启停的电路,这也是一个二分频电路,它的控制梯形图如图 6-37

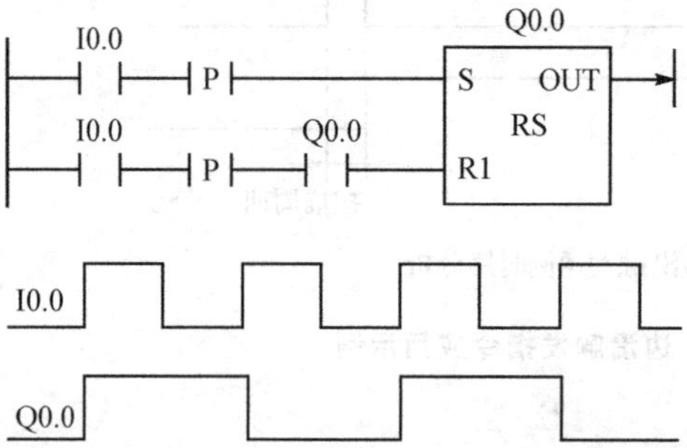


```
LD   I0.0
EU
LD   I0.0
EU
A    Q0.0
NOT
LPS
A    Q0.0
=    Q0.0
LPP
ALD
O    Q0.0
=    Q0.0
```

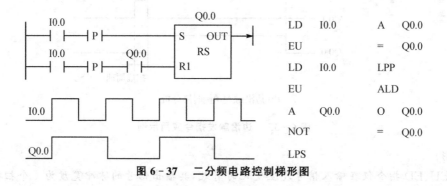

图 6-37　二分频电路控制梯形图

所示。它由 RS 触发器构成，复位优先，I0.0 第一个脉冲来时 Q0.0 置位；第二个脉冲来时，Q0.0 复位。

5. 取非与空操作指令

取非指令与空操作指令都没有操作数，指令格式如表 6－19 所列。

表 6－19　取非与空操作指令格式

LAD	STL	功　能
─┤NOT├─	NOT	取非
N ─[NOP]─	NOP N	空操作指令

(1) 取非指令(NOT)

取非指令(NOT)可对存储器位进行“非”操作，以改变能量流的状态。在梯形图(LAD)中，取非指令用触点形式表示。其作用是将触点左边电路的逻辑运算结果取反后送出，所以当触点左侧为 1 时，右侧为 0，能量流不能到达右侧，输出无效；反之，触点左侧为 0 时，右侧为 1，能量流可以通过触点向右侧传送。

(2) 空操作指令(NOP)

使用空操作指令(NOP)主要为方便对程序的检查和修改。空操作指令也起增加程序容量作用。当使能输入有效时，执行空操作指令，可稍微延长扫描周期长度，但不会影响用户程序的执行，不会使能流输出断开。在梯形图(LAD)中，空操作指令 NOP 写在一个方框里，方框上面的 N 表示需要做空操作的次数。这种方框称为指令盒，指令盒也是梯形图的重要组成部分。

取非与空操作指令的应用如图 6－38 所示。图中触点 $\overline{\text{I0.0}}$ 动作断开后，使能经由取非指令 NOT 输入，使程序执行 NOP 指令并空操作 20 次。

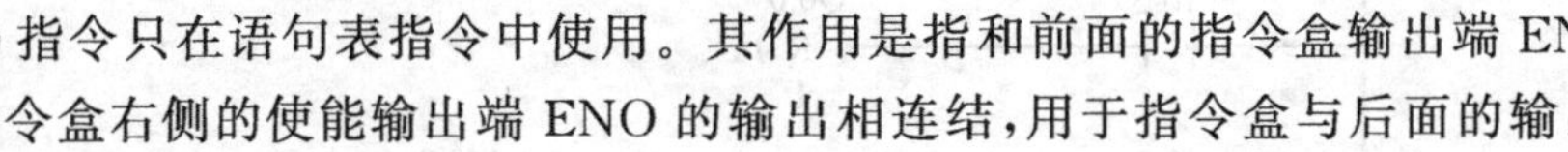

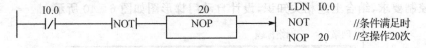

图 6－38　取非与空操作指令应用

(3) AENO 指令(AND ENO)

指令格式：AENO(无操作数)

AENO 指令只在语句表指令中使用。其作用是指和前面的指令盒输出端 ENO 相与，是与梯形图指令盒右侧的使能输出端 ENO 的输出相连结，用于指令盒与后面的输出线圈相串联。如果后面不串联元件，则可作为指令行的结束。

三、项目的实现

1. I/O 分配表

分析本项目控制要求可确定 PLC 需要 4 个输入点，2 个输出点，其 I/O 分配表如表 6－20 所列。

表 6-20 I/O分配表

输入设备	地 址	输出设备	地 址
超声波开关 SB1	I0.0	升门接触器 KM1	Q0.0
光电开关 SB2	I0.1	降门接触器 KM2	Q0.1
上限位开关 SQ1	I0.2	—	—
下限位开关 SQ2	I0.3	—	—

2. PLC 外部接线

PLC 的外部接线示意图如图 6-39 所示。

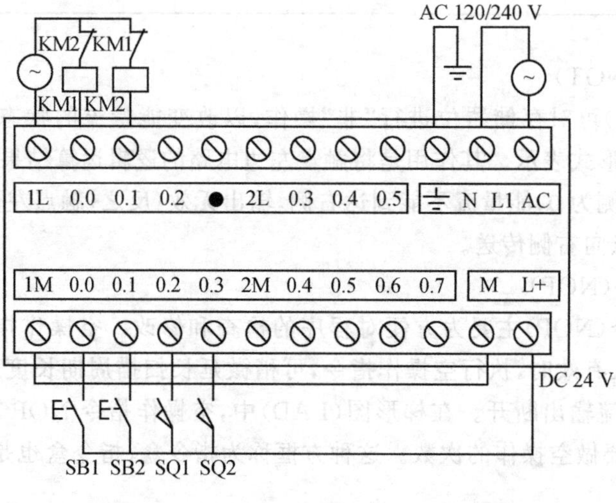

图 6-39 自动门控制的 PLC 外部接线

3. 程序设计

根据控制要求,结合上述相关知识,设计自动门梯形图如图 6-40 所示。

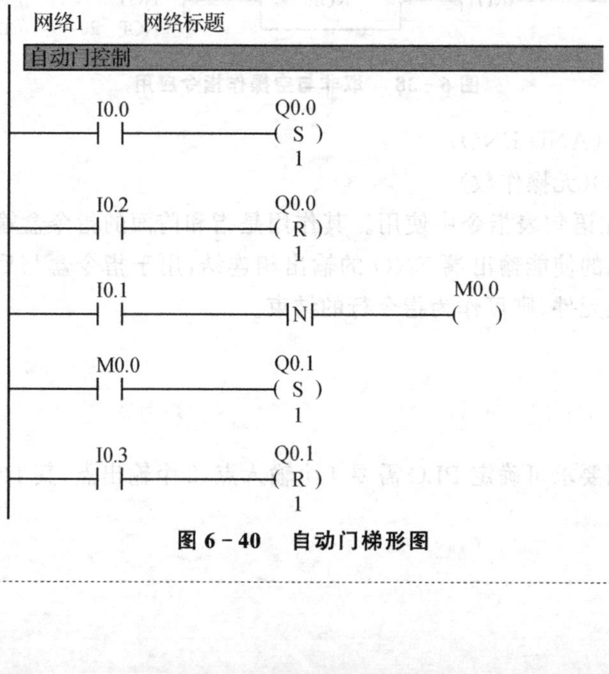

图 6-40 自动门梯形图

当超声波开关检测到门前有人(或物体)时,I0.0动合触点闭合,升门信号Q0.0被置位,升门动作开始。当升门到位时,门顶限位开关动作,I0.2动合触点闭合,升门信号Q0.0被复位,升门动作完成。当人(或物体)进入到大门遮断光电开关的光束时,光电开关I0.1动作,其动合触点闭合。

人完全进入大门后,接收器重新接收到光束,I0.1触点由闭合状态变化为断开状态。此时ED指令在其后沿使M0.0产生一脉冲信号,降门信号Q0.1被置位,降门动作开始。当降门到位时,门底限位开关动作,I0.3动合触点闭合,降门信号Q0.1被复位,降门动作完成。当再次检测到门前有人时,又重新开始动作。

四、应用示例

(一) 彩灯的PLC控制

1. 控制要求

用S7 - 200实现彩灯的自动控制。控制过程为:按下启动按钮SB1,红灯亮;10 s后,绿灯亮(同时红灯灭);20 s后,黄灯亮(同时绿灯灭);再过10 s后返回到红灯亮(同时黄灯灭),如此循环。按下停止按钮SB2,程序终止运行。

2. I/O分配表

分析本项目控制要求可确定PLC需要启动按钮与停止按钮2个输入点,红、黄、绿三色灯3个输出点,其I/O分配表如表6 - 21所列。

表6 - 21　I/O分配表

输入设备	地　址	输出设备	地　址
启动按钮SB1	I0.0	红灯	Q0.0
停止按钮SB2	I0.1	绿灯	Q0.1
—	—	黄灯	Q0.2

3. PLC外部接线

根据PLC I/O分配表画出PLC的外部接线示意图,如图6 - 41所示。

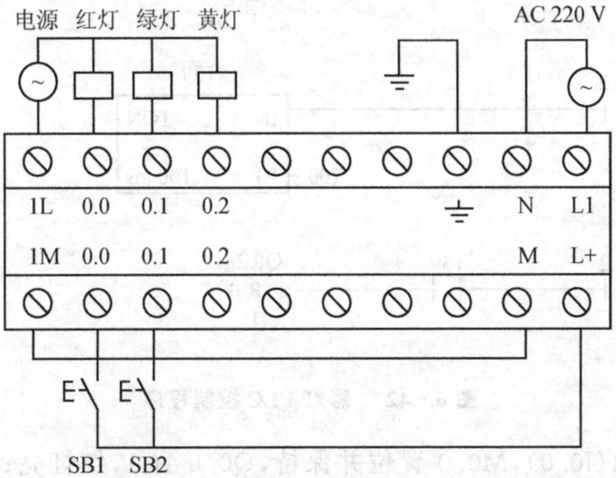

图6 - 41　PLC外部接线示意图

4. 程序设计

根据控制要求,设计的彩灯 PLC 控制程序如图 6-42 所示。

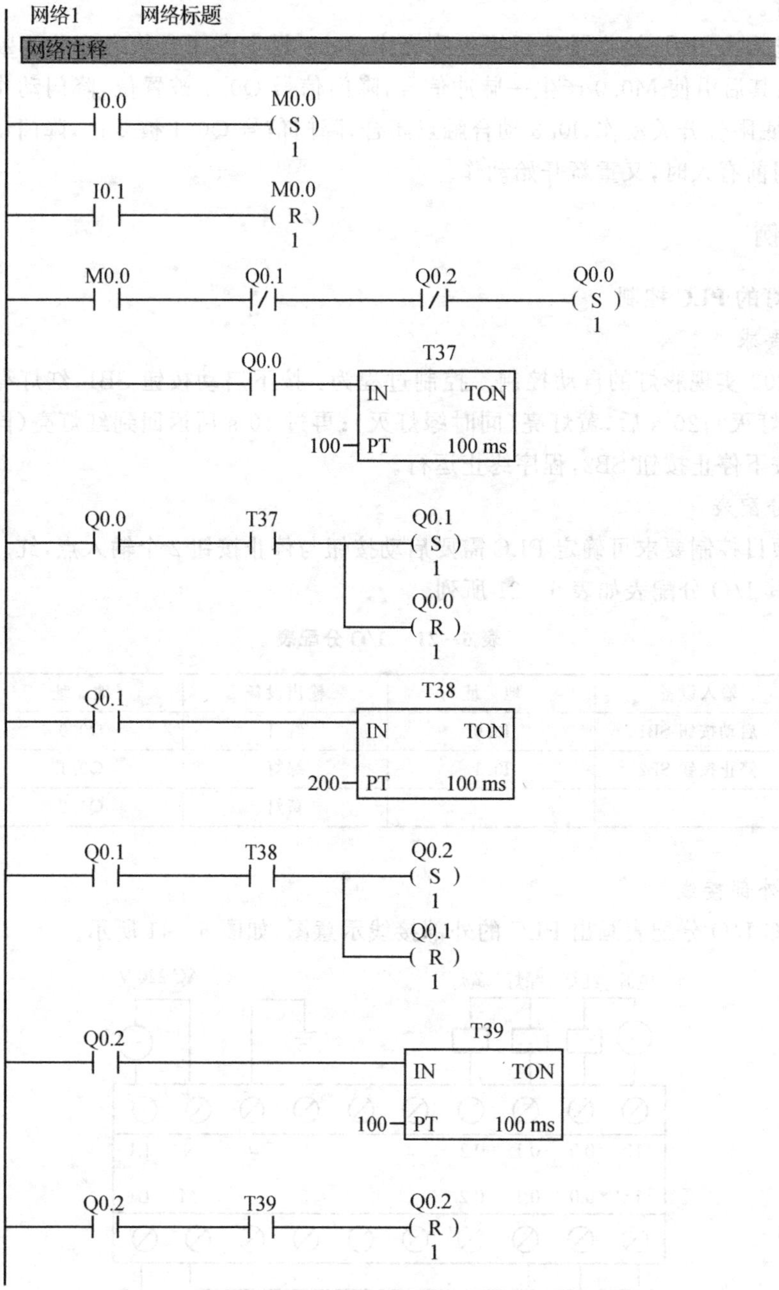

图 6-42 彩灯 PLC 控制程序

按下启动按钮 SB1(I0.0),M0.0 置位并保持,Q0.0 置 1,红灯亮;同时 T37 得电开始计时,计时时间(10 s)到,T37 触头闭合,Q0.0 复位,Q0.1 置 1,红灯灭绿灯亮;T38 开始计时,计时时间(20 s)到,T38 触头闭合,Q0.1 复位,Q0.2 置 1,绿灯灭黄灯亮;同时 T39 开始计时,计时时间(10 s)到,T39触头闭合,Q0.2复位,黄灯灭。由于Q0.1、Q0.2常闭触头闭合,M0.0闭合,Q0.0得电并保持,开始新一轮循环。

(二) 具有过载报警的电动机单向运行PLC控制

1. 控制要求

用复位置位指令编程实现具有过载报警功能的电动机单向运行控制。

2. I/O分配表

分析本项目控制要求,可确定PLC需要3个输入点,3个输出点,其I/O分配表如表6-22所列。

表6-22　PLC I/O分配表

输入设备	地　址	输出设备	地　址
停止按钮SB1	I0.0	接触器KM	Q0.0
启动按钮SB2	I0.1	蜂鸣器HA	Q0.1
过载FR	I0.2	闪光灯HL	Q0.2

3. PLC外部接线

用置位复位指令编程的具有过载报警的电动机单向运行PLC控制外部接线如图6-43所示。

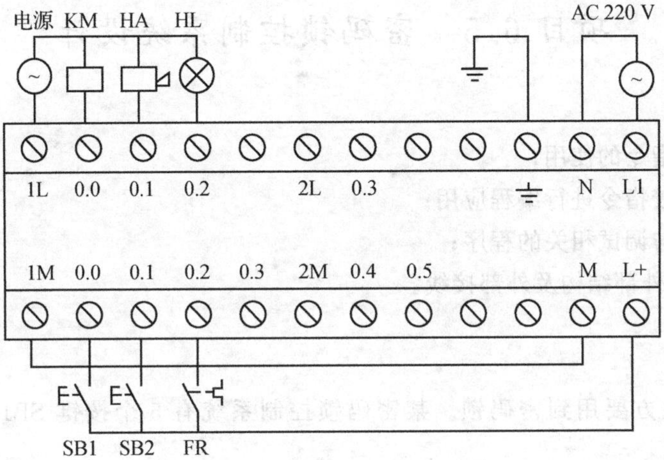

图6-43　PLC的I/O接线图

4. 程序设计

具有过载报警的电动机单向运行PLC程序如图6-44所示。

按下启动按钮SB2,输入继电器I0.1闭合,Q0.0置位并保持,KM线圈得电,电动机启动运行。按下停止按钮SB1,输入继电器I0.0闭合,Q0.0复位,KM失电,电动机停止运行。过载时,FR闭合,I0.2闭合,Q0.0复位并保持,电动机停转;同时,I0.2闭合,产生上升沿脉冲,通过上升脉冲指令,使M0.0得电一个扫描周期,M0.0触头闭合,Q0.1得电,蜂鸣器报警,同时Q0.2得电,闪光报警。此时T37得电,开始延时,延时时间到,Q0.1(HA)失电,Q0.2(HL)失电,停止蜂鸣器报警及闪光报警。

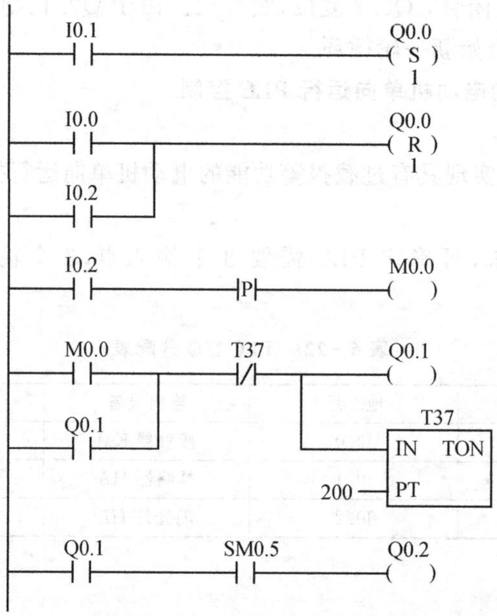

图 6-44 具有过载报警的电动机单向运行 PLC 程序

项目 6.5 密码锁控制系统设计

教学目标

1) 掌握比较指令的使用;
2) 能利用比较指令进行编程应用;
3) 学会安装与调试相关的程序;
4) 掌握 PLC 外部结构及外部接线。

一、项目简介

生活中很多地方要用到密码锁。某密码锁控制系统有 5 个按键 SB1～SB5,其控制要求如下:

① SB1 为启动键,按下 SB1 键,才可进行开锁工作。

② SB2、SB3 为可按压键。开锁条件为:SB2 设定按压次数为 3 次,SB3 设定按压次数为 2 次;同时,SB2、SB3 是有顺序的,先按 SB2,后按 SB3。如果按上述规定按压,密码锁自动打开。

③ SB4 为复位键,按下 SB4 键后,可重新进行开锁作业。如果按错键,则必须进行复位操作,所有的计数器都被复位。

④ SB5 为不可按压键,一旦按压,警报器就发出警报。

二、项目相关知识

比较指令用于两个相同数据类型的有符号数或无符号数 IN1 和 IN2 的比较判断操作。两个操作数进行比较时,其逻辑关系有=(等于)、>(大于)、<(小于)、>=(大于等于)、<=

(小于等于)和<>(不等于)等几种。在梯形图中用带有参数和运算符的触点表示比较指令,条件满足时,比较触点闭合,否则打开。比较触点可以装入,也可以串联或并联。

比较指令的格式如表 6－23 所列,表中的梯形图给出了 2 字节作相等比较的符号。

表 6－23　比较指令的梯形图格式

指令名称	梯形图	说　明	操作对象
字节比较	IN1 ─┤==B├─ IN2	若 IN1＝IN2,则触点闭合 比较式还可以是 IN1≥IN2、IN1≤IN2、IN1>IN2、IN1<IN2 和 IN1<>IN2	IN1、IN2:无符号数的 IB、QB、MB、SMB、VB、SB、LB、AC、常数、* VD、* AC、* LD
整数比较	IN1 ─┤==I├─ IN2	与字节比较类似,不同的是两比较数是有符号数 16＃7FFF>A6＃8000	IN1、IN2:有符号数的 IW、QW、MW、SMW、VW、SW、LW、AIW、AC、常数、* VD、* AC
双字整数比较	IN1 ─┤==D├─ IN2	两个双整型有符号数比较 (16＃7FFFFFFF>A6＃80000000)	IN1、IN2:有符号数 ID、QD、MD、SMD、VD、SD、LD、HC、AC、常数、* VD、* AC、* LD
实数比较	IN1 ─┤==R├─ IN2	两个实数型数据进行比较	IN1、IN2:有符号数 ID、QD、MD、SMD、VD、SD、LD、AC、常数、* VD、* AC、* LD

注:* 表示地址指针,用于间接寻址。

【例 6－12】　现有一自动仓库需对货物进出进行计数。货物多于 1000 箱时,灯 L1 亮;货物多于 5000 箱时,灯 L2 亮。L1 和 L2 分别受 Q0.0 和 Q0.1 控制,数值 1000 和 5000 分别存储在 VW20 和 VW30 字存储单元中。

控制系统的梯形图和程序执行时序如图 6－45 所示。

三、项目实现

1. PLC 输入/输出地址分配

根据项目控制要求,可确定 PLC 需要 5 个输入点、2 个输出点,其 I/O 分配表如表 6－24 所列。

表 6－24　I/O 分配表

输入设备	地　址	输出设备	地　址
开锁键 SB1	I0.0	开锁 KM	Q0.0
可按压键 SB2	I0.1	报警 HA	Q0.1
可按压键 SB3	I0.2	—	—
恢复键 SB4	I0.3	—	—
报警键 SB5	I0.4	—	—

2. 完成 PLC 输入/输出接线

根据 PLC 输入/输出地址分配,完成 PLC 输入/输出接线图,如图 6－46 所示。

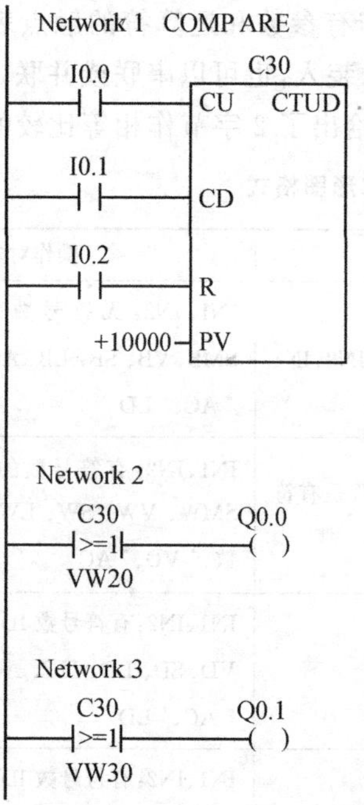

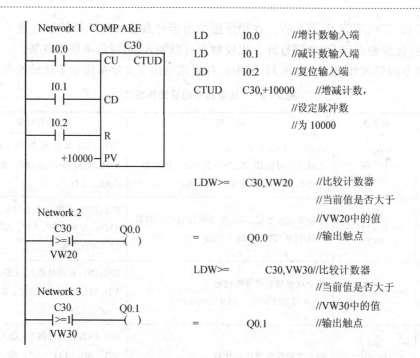

```
LD      I0.0          //增计数输入端
LD      I0.1          //减计数输入端
LD      I0.2          //复位输入端
CTUD    C30,+10000        //增减计数，
                      //设定脉冲数
                      //为 10000

LDW>=   C30,VW20          //比较计数器
                          //当前值是否大于
                          //VW20中的值
=       Q0.0              //输出触点

LDW>=        C30,VW30//比较计数器
                          //当前值是否大于
                          //VW30中的值
=            Q0.1         //输出触点
```

(a) 梯形图

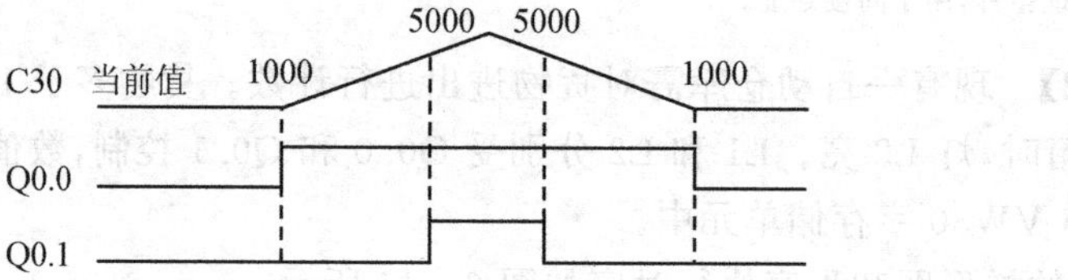

(b) 时序图

图 6-45　比较指令应用示例

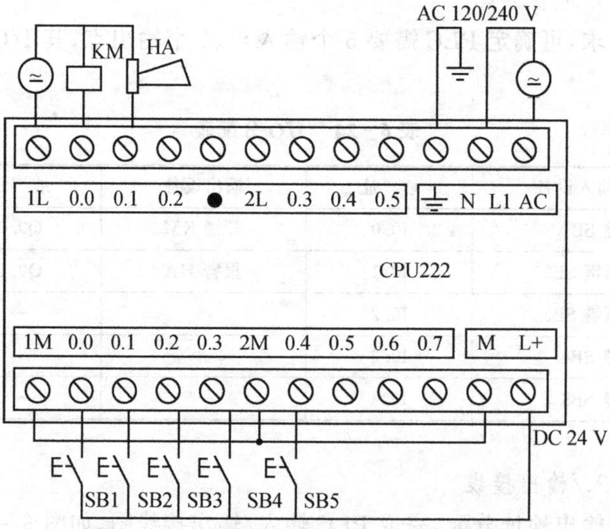

图 6-46　密码锁控制系统 PLC 外部接线

3. 设计程序

根据控制电路要求，在计算机中编写程序，程序设计如图 6－47 所示。

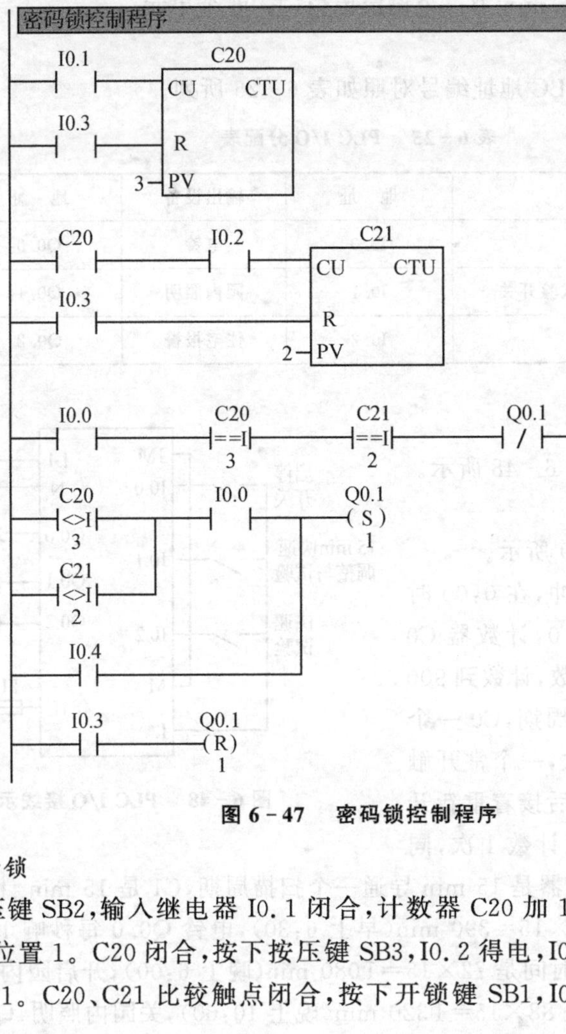

图 6－47　密码锁控制程序

(1) 正常开锁

按下可按压键 SB2，输入继电器 I0.1 闭合，计数器 C20 加 1，按 SB2 共 3 次，C20 计数 3 次，C20 的状态位置 1。C20 闭合，按下按压键 SB3，I0.2 得电，I0.2 闭合，C21 开始计数，按 2 次，其状态位置 1。C20、C21 比较触点闭合，按下开锁键 SB1，I0.0 闭合，Q0.0 得电，KM 闭合，开锁。

(2) 不能开锁，报警

按下可按压按钮 SB2 不是 3 次，或者 SB3 不是 2 次，其比较触点 C20 或 C21 闭合，按下开锁键 SB1，I0.0 闭合，Q0.1 得电，HA 得电，报警。

(3) 复位

按下复位按钮 SB3，I0.3 闭合，C20、C21 复位，Q0.1 复位并保持，HA 失电，解除报警。

四、应用示例：昼夜报时器 PLC 控制系统

1. 控制要求

报时器在工厂、学校应用广泛。控制要求如下：全天 24 h(小时)定时，早上 6:30，电铃每秒响 1 次，响 6 次后自动停止；9:00—17:00，启动住宅报警系统；晚上 6:00，开园内照明；晚上 10:00，关园内照明。

根据控制要求,I0.0 为启停开关;I0.1 用于控制 15 min 的快速调整与试验开关;I0.2 为快速试验开关,使用时,在 0:00 时启动定时器,应用计数器、定时器和比较指令,构成 24 h 可设定定时时间的控制器,每 15 min 为一个设定单位,共 96 个单元。

2. PLC I/O 分配表

元件输入/输出信号与 PLC 地址编号对照如表 6-25 所列。

表 6-25 PLC I/O 分配表

输入设备	地 址	输出设备	地 址
启停开关	I0.0	电铃	Q0.0
15 min 快速调整与试验开关	I0.1	园内照明	Q0.1
快速试验开关	I0.2	住宅报警	Q0.2

3. PLC 外部接线

硬件输入/输出接线如图 6-48 所示。

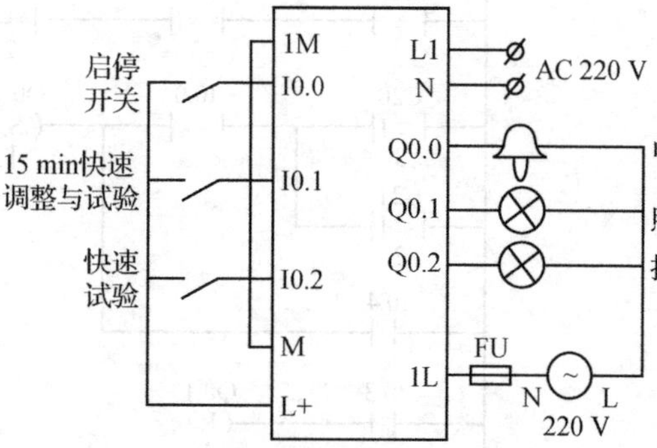

图 6-48 PLC I/O 接线示意图

4. 设计程序

软件的梯形图如图 6-49 所示。

SM0.1 为 1 s 的时钟脉冲,在 0:00 时启动系统,合上启停开关 I0.0,计数器 C0 对 SM0.5 的 1 s 脉冲进行计数,计数到 900 次(15 min)时,C0 动作 1 个周期,C0 一个常开触点接通使 C1 计数 1 次,一个常开触点使 C0 自己复位。C0 复位后接着重新开始计数,计数到 900 次,C1 又计数 1 次,同时 C0 又复位。可见,C0 计数器是 15 min 导通一个扫描周期,C1 是 15 min 计 1 次数。当 C1 当前值等于 26 时,时间是 26×15=390 min(早上 6:30),电铃 Q0.0 每秒响 1 次,6 次后自动停止;当 C1 当前值为 72 时,时间是 72×15=1080 min(晚上 6:00),开启园内照明,Q0.1 亮;当 C1 当前值为 88 时,时间是 88×15=1320 min(晚上 10:00),关园内照明,Q0.1 灭;当 36≤C1 当前值≤68,时间是上午 9:00 到下午 5:00,启动住宅报警系统,Q0.2 输出。实现昼夜报时。

I0.0 合上,T33 产生 1 个 0.1 s 的时钟脉冲,用于 15 min 快速调整与试验。I0.2 也是快速试验开关。

思考题与习题

6-1 试用 PLC 指令编程方法,设计出实现电动机正反转控制的梯形图及语句表。

6-2 写出图 6-50 所示梯形图程序相对应的语句表。

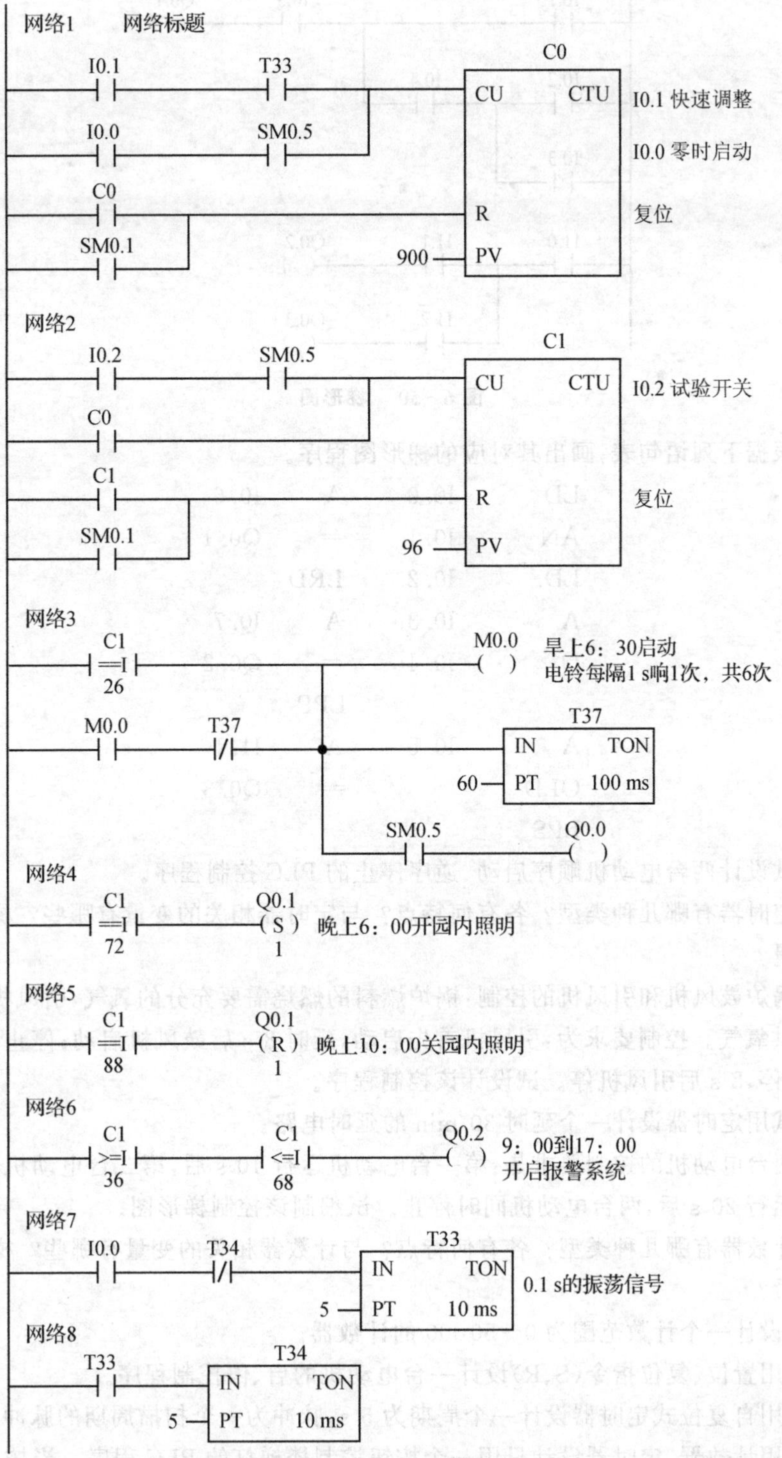
网络1　网络标题
I0.1
T33
C0
CU
CTU
I0.1 快速调整
I0.0
SM0.5
I0.0 零时启动
C0
R
复位
SM0.1
900
PV
网络2
I0.2
SM0.5
C1
CU
CTU
I0.2 试验开关
C0
C1
R
复位
SM0.1
96
PV
网络3
C1
==I
26
M0.0
( )
早上6：30启动
电铃每隔1 s响1次，共6次
M0.0
T37
T37
IN
TON
60
PT
100 ms
SM0.5
Q0.0
( )
网络4
C1
==I
72
Q0.1
(S)
1
晚上6：00开园内照明
网络5
C1
==I
88
Q0.1
(R)
1
晚上10：00关园内照明
网络6
C1
>=I
36
C1
<=I
68
Q0.2
( )
9：00到17：00
开启报警系统
网络7
I0.0
T34
T33
IN
TON
0.1 s的振荡信号
5
PT
10 ms
网络8
T33
T34
IN
TON
5
PT
10 ms

图 6－49　报时器梯形图

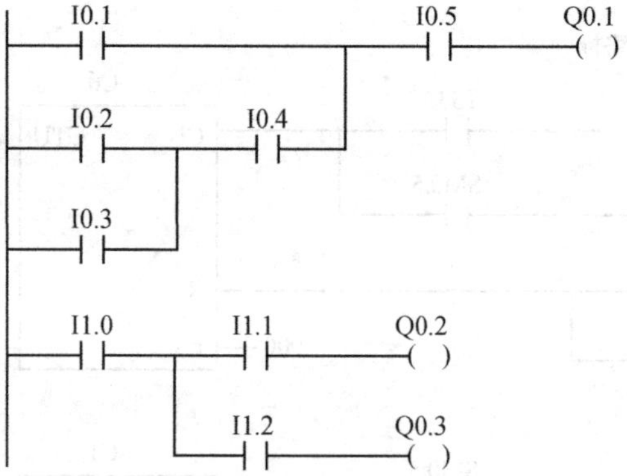

图 6-50　梯形图

6-3　根据下列语句表,画出其对应的梯形图程序。

LD	I0.0	A	I0.6
AN	I0.1	=	Q0.1
LD	I0.2	LRD	
A	I0.3	A	I0.7
O	I0.4	=	Q0.2
		LPP	
A	I0.5	A	I1.1
OLD		=	Q0.3
LPS			

6-4　试设计两台电动机顺序启动、逆序停止的 PLC 控制程序。

6-5　定时器有哪几种类型？各有何特点？与定时器相关的变量有哪些？梯形图中如何表达这些变量？

6-6　锅炉鼓风机和引风机的控制:锅炉燃料的燃烧需要充分的氧气,引风机和鼓风机为燃料燃烧提供氧气。控制要求为:引风机首先启动,延时 8 s 后鼓风机启动;停止时,按停止按钮,鼓风机先停,8 s 后引风机停。试设计该控制程序。

6-7　试用定时器设计一个延时 30 min 的延时电路。

6-8　两台电动机的控制要求是:第一台电动机运行 10 s 后,第二台电动机开始运行;第二台电动机运行 20 s 后,两台电动机同时停止。试编制该控制梯形图。

6-9　计数器有哪几种类型？各有何特点？与计数器相关的变量有哪些？梯形图中如何表达这些变量？

6-10　设计一个计数范围为 0～50000 的计数器。

6-11　用置位、复位指令(S、R)设计一台电动机的启、停控制程序。

6-12　用自复位式定时器设计一个周期为 5 s,脉冲为一个扫描周期的脉冲信号。

6-13　用计数器、定时器设计只用一个按钮控制楼梯灯的 PLC 程序。当按一次按钮时,楼梯灯亮 6 min 后自动熄灭;连续按两次按钮,灯长亮不灭;当按下按钮的时间超过 2 s 时,灯熄灭。

模块7　S7-200 PLC基本功能指令及应用

项目7.1　循环彩灯的PLC控制系统

教学目标

1）掌握数据处理指令的使用；

2）能利用所学习的数据处理指令编程；

3）掌握PLC外部结构及外部接线。

一、项目内容

某循环彩灯共有8盏，其控制要求为：从第1盏灯到第8盏灯每隔1 s依次点亮，全亮后，闪烁1次（灭1 s亮1 s）；再按照第8盏到第1盏灯依次熄灭，时间间隔仍为1 s。全灭后，停1 s，再从第1盏灯点亮，开始循环。

根据控制要求，试用PLC设计循环彩灯的控制程序。

二、项目相关知识

PLC的功能指令也称为应用指令，是指在完成基本逻辑控制、定时控制、顺序控制的基础上，PLC制造商为满足用户不断提出的一些特殊控制要求而开发的指令。PLC的应用指令越多，其功能就越强，一条功能指令相当于一段程序。使用功能指令可简化复杂控制，优化程序结构，提高系统可靠性。功能指令按用途可分为程序控制指令，数据处理指令，实时时钟指令，查表、查找和转换指令，中断指令，通信指令和高速计数器指令等。

数据处理指令包括数据的传送、交换及移位等指令，用于内部数据的传递与复制，也可用于存储单元的清零、程序初始化、数据移位等场合。传送类指令分为字节、字、双字或实数等单个传送指令和数据块的成组传送指令两类。

（一）传送指令

1. 单数据传送指令

单个数据传送指令包括MOVB、MOVW、MOVD、MOVR四条指令，每次完成1个字节、字、双字或实数的传送。使能输入EN有效时，把1个输入单字节无符号数、单字、双字或实数传送到由OUT指定的存储器输出单元。单个数据传送指令格式和功能如表7-1所列。

2. 数据块传送指令

数据块传送指令包括BMB、BMW、BMD三条指令，每次可完成1个数据块的成组输送，指令盒中的N为数据个数，最多可达255个。数据块类型可以是字节块、字块和双字块。

表 7-1 传送指令的格式和功能

LAD	功 能
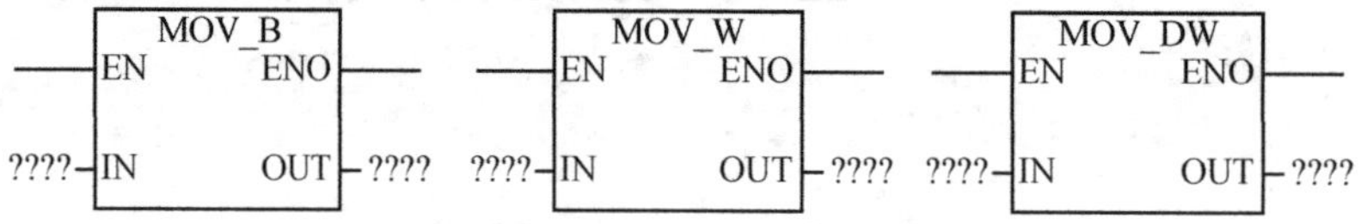	字节、单字、双字、实数的传送

字节的数据块传送指令功能是:使能输入 EN 有效时,把从输入字节 IN 开始的 N 个字节数据传送到以输出字节 OUT 开始的 N 个字节中。数据块传送指令格式和功能如表 7-2 所列。

表 7-2 数据块传送指令格式和功能

LAD	功 能
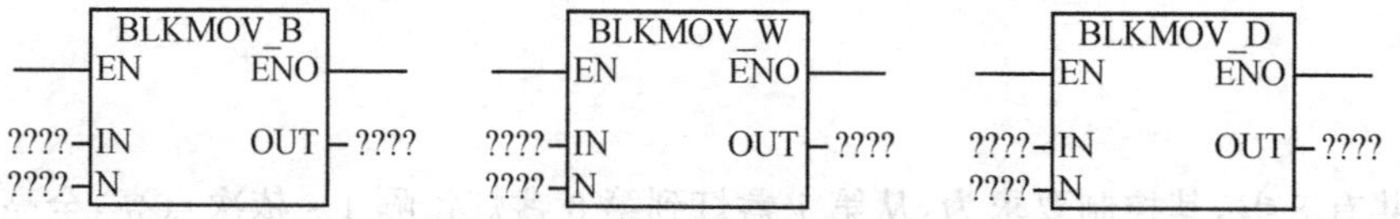	字节、字和双字块传送

数据传送指令在不改变原值的情况下,将输入数据(IN)中的值传送到输出(OUT)。

【例 7-1】 图 7-1 为数据传送指令编程实例。

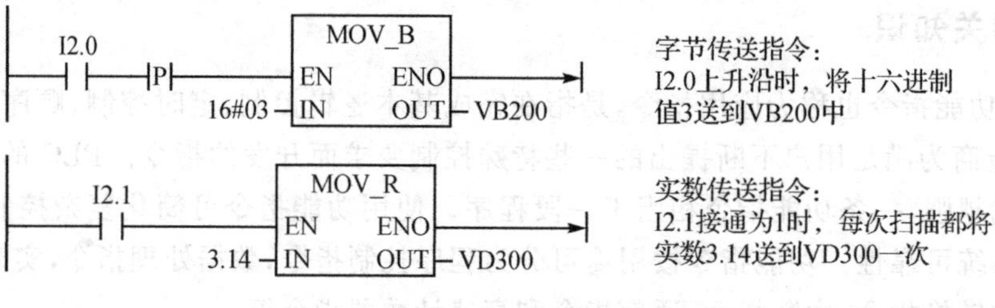

图 7-1 数据传送指令应用实例

(二) 字节交换指令

字节交换指令 SWAP 专用于对 1 个字长的字型数据进行处理,其功能是将字型输入数据 IN 的高 8 位与低 8 位进行交换,因此又称为半字交换指令。字节交换指令在梯形图中的表示符号如图 7-2 所示。

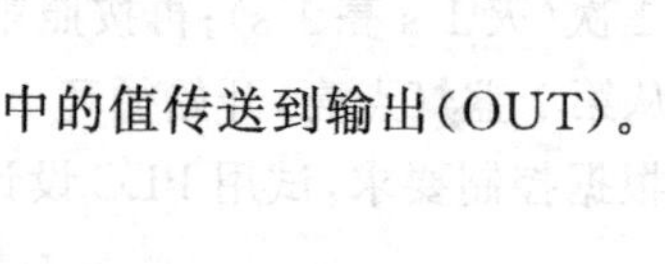

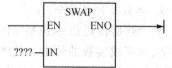

图 7-2 字节交换指令的表示符号

图 7-3 是传送指令和字节交换指令的综合应用。程序的执行过程是将 16＃ABCD 传送至 AC1 中,传送完毕后,AC1 的高 8 位字节和低 8 位字节进行互换。程序执行完毕后,AC1 中的数据变为 16＃CDAB。

(三) 移位指令

移位指令分为左、右移位,循环左、右移位以及寄存器移位 3 类。前两类指令按移位数据的长度可分为字节型、字型和双字型 3 种;移位位数(次数)N 为字节型数据,最大移位的位数 $N\leqslant$数据类型(B、W、D)对应的位数。

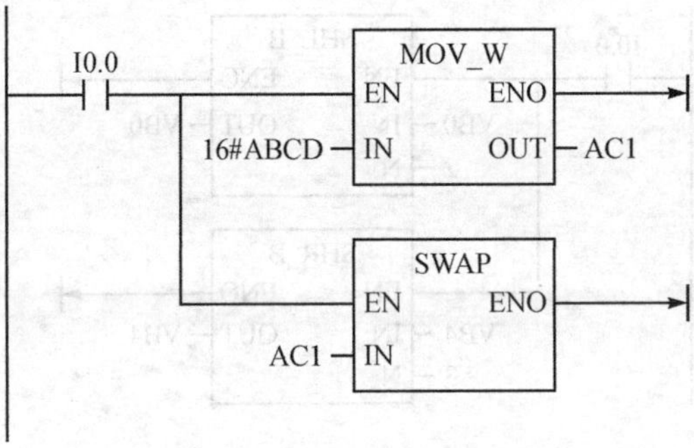

图 7－3　字节交换指令和传送指令的应用

1. 左、右移位指令

移位指令的格式和功能如表 7－3 所列。数据存储单元与 SM1.1 端(溢出)相连，移出位被放到特殊标志存储器 SM1.1 位，数据存储单元的另一端补 0。

表 7－3　移位指令的格式和功能

LAD	功　能
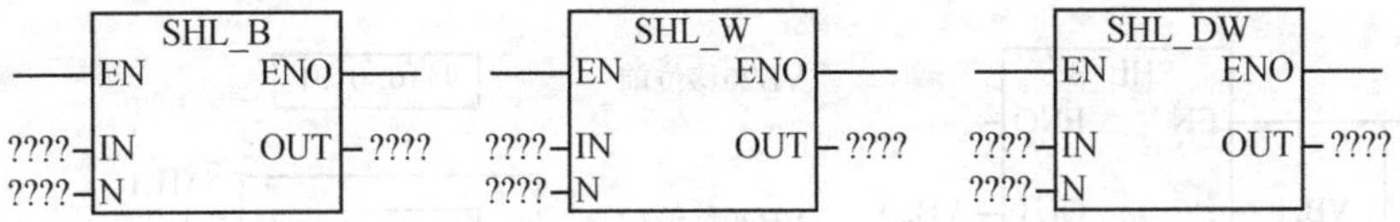	字节、字、双字左移
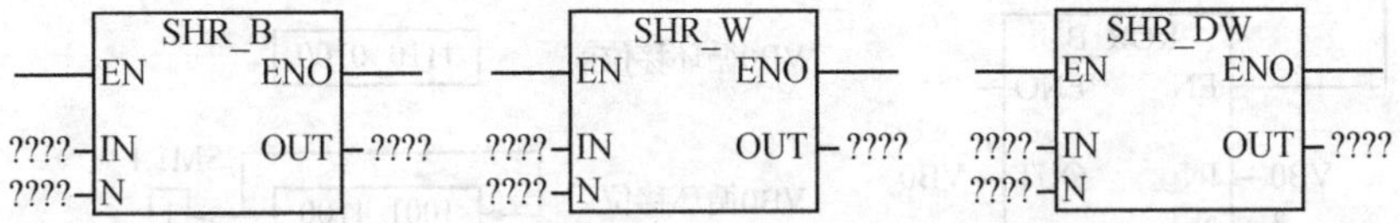	字节、字、双字右移

左移位指令(SHL)的功能：使能输入有效时，将输入 IN 端的字节、字或双字型输入数据左移 N 位(右端补 0)，然后将结果输出到 OUT 所指定的存储单元中，并将最后一次移出位保存在 SM1.1 中。

右移位指令(SHR)的功能：使能输入有效时，将输入 IN 端的字节、字或双字右移 N 位，然后将结果输出到 OUT 所指定的存储单元中，并将最后一次移出位保存在 SM1.1 中。如图 7－4 所示。

2. 循环左、右移位指令

循环移位将移位数据存储单元的首尾相连，同时又与溢出标志 SM1.1 连接。SM1.1 用来存放被移出的位循环移位指令，将输入 IN 中的各位向右或向左循环移动 N 位后，送给输出 OUT。循环移位是环形的，即被移出来的位将返回到另一端空出来的位置，如图 7－5 所示。

如果移动的位数 N 大于允许值(字节操作为 8，字操作为 16，双字操作为 32)，执行循环移位之前先对 N 进行取模操作，例如对于字移位，将 N 除以 16 后取余数，得到一个有效的移位次数。取模操作的结果对于字节操作是 0～7，对于字操作是 0～15，对于双字操作是 0～31。如果取模操作的结果为 0，不进行循环移位操作。

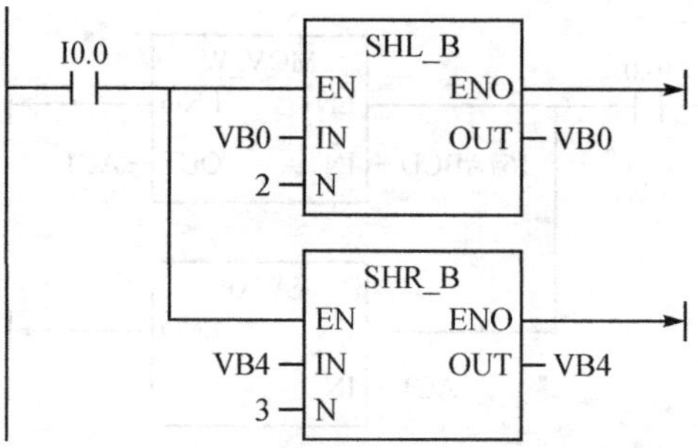

(a) 左移位和右移位指令的梯形图

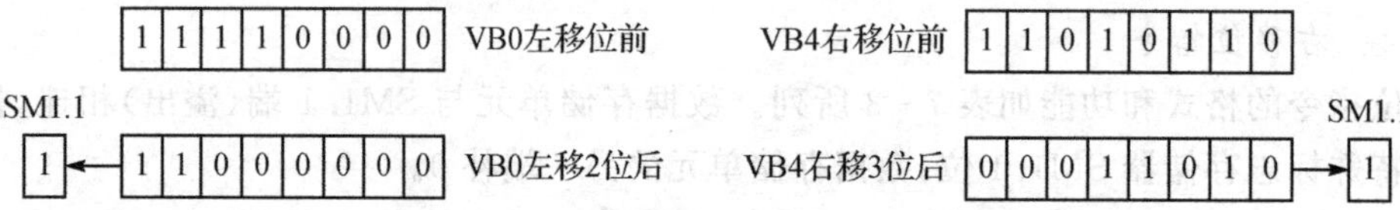

(b) 执行结果

图 7-4　左移位和右移位指令的使用说明

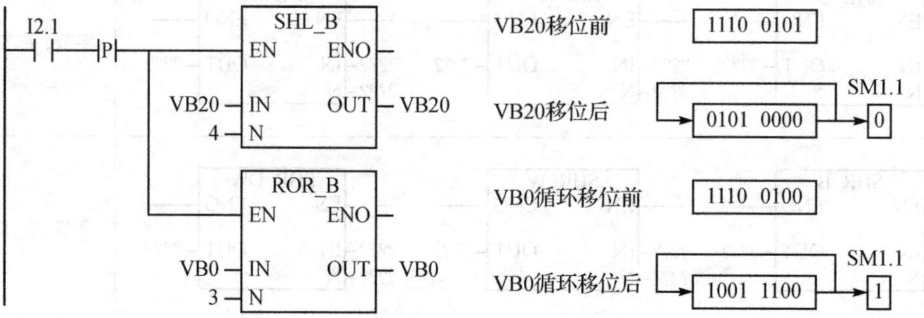

图 7-5　移位与循环移位指令

如果执行循环移位操作,移出的最后一位数值存放在溢出位 SM1.1。如果实际移位次数为 0,零标志 SM1.0 被置为 1。字节操作是无符号的。对有符号的字和双字移位时,符号位也被移位。其指令格式和功能如表 7-4 所列。

表 7-4　循环移位指令格式及功能

LAD	功　能
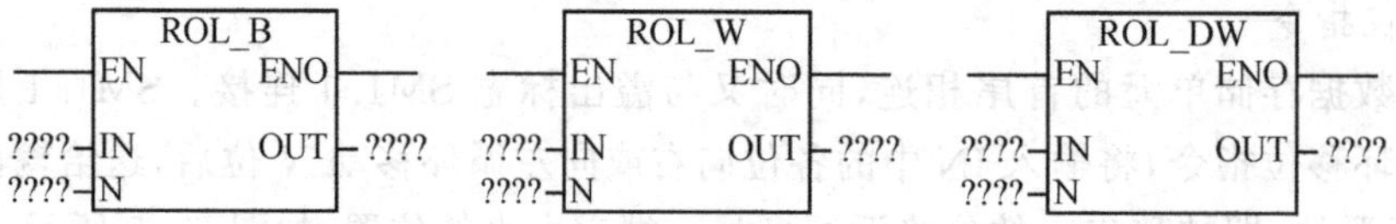ROL_B EN ENO ????-IN OUT-???? ????-N ROL_W EN ENO ????-IN OUT-???? ????-N ROL_DW EN ENO ????-IN OUT-???? ????-N	字节、字、双字循环左移位
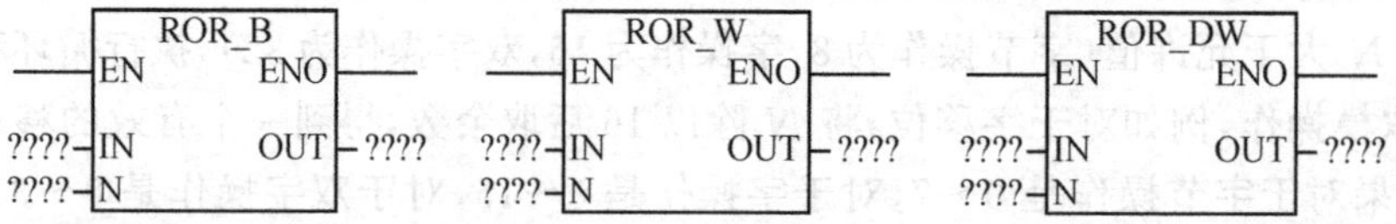ROR_B EN ENO ????-IN OUT-???? ????-N ROR_W EN ENO ????-IN OUT-???? ????-N ROR_DW EN ENO ????-IN OUT-???? ????-N	字节、字、双字循环右移位

(四) 移位寄存器指令

移位寄存器指令 SHRB(ShiftRegisterBit)是一个移位长度可以指定的移位指令,其功能是将 DATA 端输入的数值移入移位寄存器中。SHRB 为顺序控制、步进控制、物流及数据流控制提供了一个简单的方法。移位寄存器指令格式如表 7 - 5 所列。

表 7 - 5　寄存器移位指令格式

LAD	功能
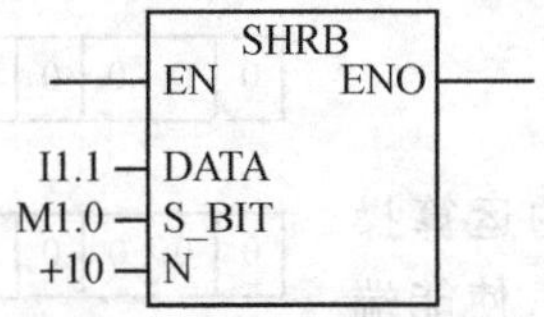	寄存器移位

移位寄存器指令 SHRB 有 4 个输入端:EN 端为执行条件,输入移位信号,满足执行条件时使移位寄存器移动 1 位;DATA 端连接移入寄存器的数值(二进制数);S_BIT 指定寄存器的最低位的地址;字节型变量 N 指定移位寄存器的长度和移位方向。当允许输入端 EN 有效时,如果 $N>0$,则正向移位,在每个 EN 的前沿,将数据输入 DATA 的状态移入移位寄存器的最低位 S_BIT;如果 $N<0$,则反向移位,在每个 EN 的前沿,将数据输入 DATA 的状态移入移位寄存器的最高位,移位寄存器的其他位按照 N 指定的方向(正向或反向)依次串行移位。

如图 7 - 6 所示,当连接 EN 端的动合触点 I0. 2 闭合时,产生的正跳变脉冲将 DATA 端 I0. 3 的“1”信号从最低位移入移位寄存器,最高位被溢出。移位寄存器的移出端同样也与 SM1. 1(溢出标志)连接。

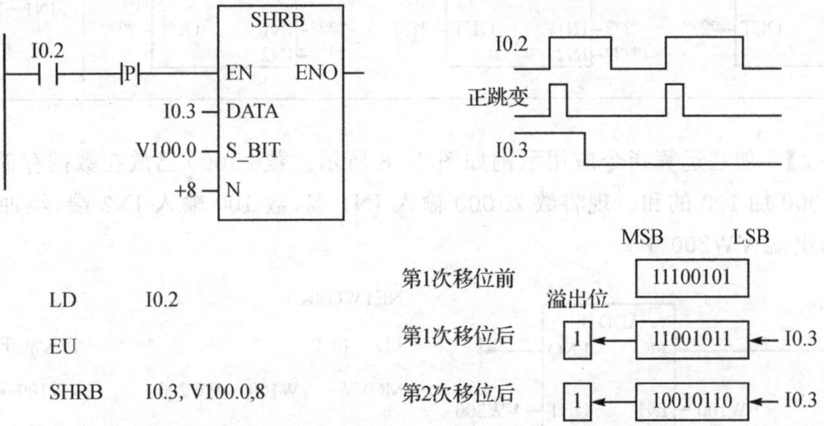

图 7 - 6　移位寄存器电路和 SHRB 指令的使用

图 7-7 为使用移位寄存器点亮 8 盏灯的控制程序。若 I0.0 和 I0.1 为 1,则每隔 1 s 从 Q0.0~Q0.7 八个输出端依次点亮 8 盏灯。

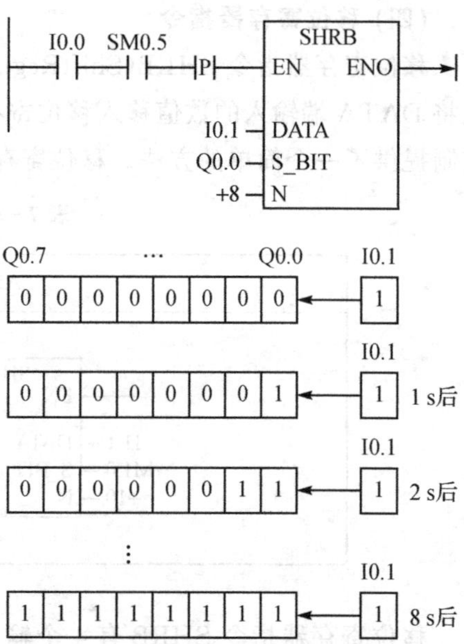

图 7-7 用移位寄存器控制 8 盏灯

(五) 算术、逻辑运算指令

S7-200 系列 PLC 具有较强的算术运算和逻辑运算功能。算术运算包括加、减、乘、除和常用数学函数,逻辑运算主要是逻辑与、逻辑或和取反运算等功能。

1. 算术运算指令

(1) 加/减运算

加/减运算指令是对符号数作加或减的运算操作。梯形图采用指令盒格式,是由指令类型、使能端 EN、操作数输入端 IN1 和 IN2、运算结果输出端 OUT 和逻辑结果输出端 ENO 等组成。加/减运算指令操作数类型有:整数 INT、双整数 DINT 和实数 REAL。6 种梯形图指令格式如表 7-6 所列。

表 7-6 加/减运算指令格式及功能

LAD	功 能
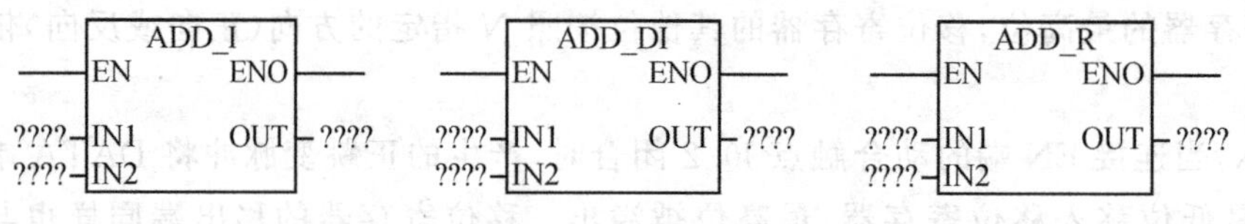	IN1+IN2=OUT
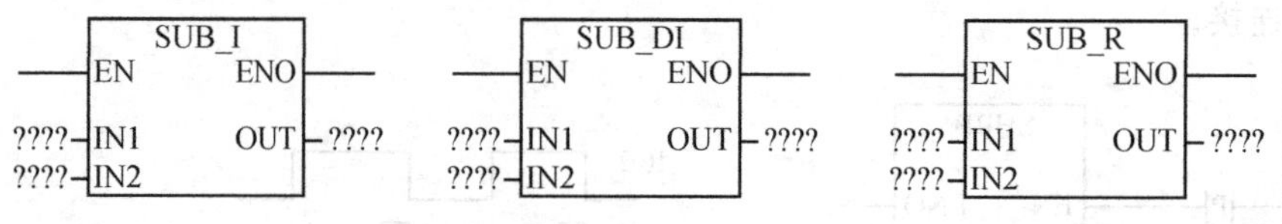	IN1-IN2=OUT

【例 7-2】 加法运算指令应用示例如图 7-8 所示。数 20000 已放在数据存储器 VW100 中,要求 20000 加 100 的和。现将数 20000 输入 IN1 端,数 100 输入 IN2 端,经加法运算,其结果存入输出端 VW200 中。

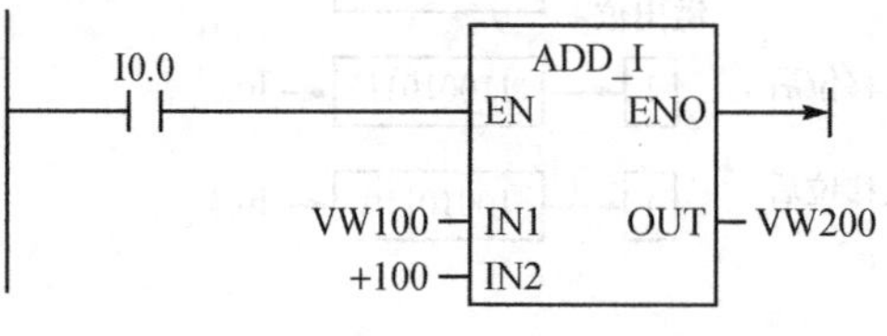

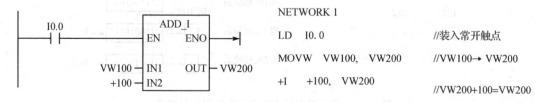

```
NETWORK 1
LD    I0.0                   //装入常开触点
MOVW  VW100,  VW200          //VW100→ VW200
+I    +100,  VW200           //VW200+100=VW200
```

图 7-8 加法运算应用程序

(2) 乘/除运算

乘/除运算指令是对符号数作乘或除的运算操作。梯形图也采用指令盒格式，指令分为整数乘/除运算、双整数乘/除运算、整数乘/除双整数输出和实数乘/除运算 8 种类型。乘/除运算指令的格式及功能如表 7－7 所列。

表 7－7　乘/除运算指令格式及功能

<table>
<tr><th>LAD</th><th>功　能</th></tr>
<tr><td>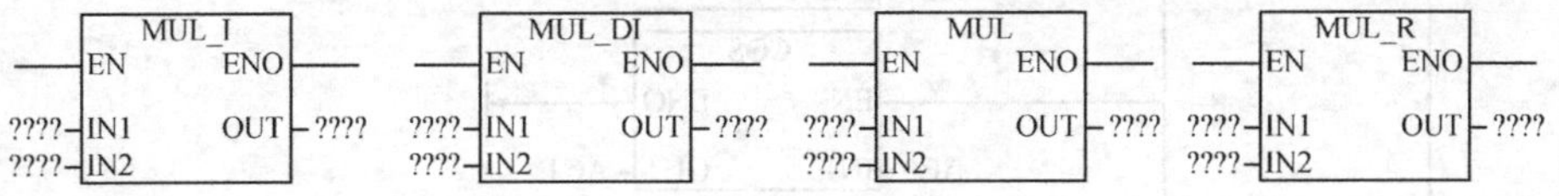
</td><td>乘法运算</td></tr>
<tr><td>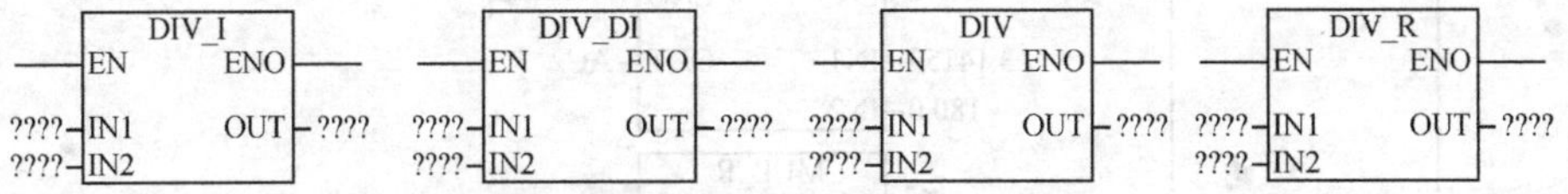
</td><td>除法运算</td></tr>
</table>

指令执行情况是：当使能端输入 EN 有效时，将两个数 IN1 和 IN2 相乘或相除，产生的结果(积或商)从 OUT 指定的存储器单元输出。

指令执行：乘法 IN1 * IN2 ＝ OUT；除法 IN1/IN2 ＝ OUT。

【例 7－3】　求 cos 30°＋sin 120°的值。

由于 S7－200 提供的三角函数指令都是将一个实际的弧度值转换成相应的三角函数值，所以应将 30°和 120°分别转化成对应的弧度值。因为 180°对应的弧度值为 3.141 59，所以可以利用实数除法指令求出每一度对应的弧度值，再利用实数乘法指令求出 30°和 120°对应的弧度值，然后就可以直接利用三角函数指令进行运算。参考程序如图 7－9 所示。

【例 7－4】　乘/除运算指令应用示例如图 7－10 所示。

2. 逻辑运算指令

逻辑运算指令包括逻辑与、逻辑或、逻辑异或和取反等运算指令。按操作数长度可分为：字节、字和双字逻辑运算。字节操作逻辑运算指令的格式和功能如表 7－8 所列。

表 7－8　逻辑运算指令的格式和功能(字节操作)

<table>
<tr><th>LAD</th><th>功　能</th></tr>
<tr><td>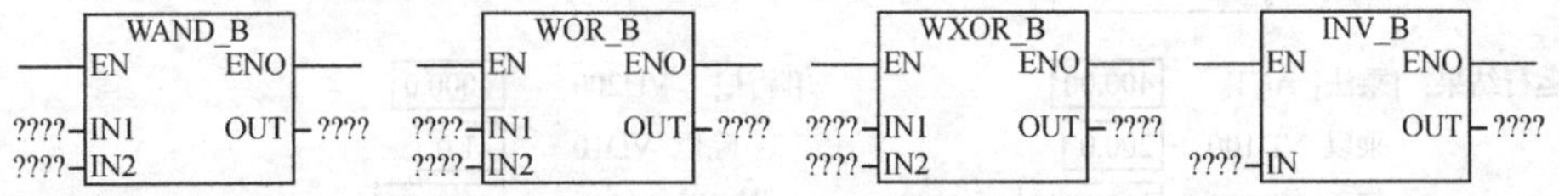
</td><td>与、或、
异或、取反</td></tr>
</table>

(1) 逻辑与指令 WAND

逻辑与指令功能：使能输入有效时，把两个输入字节、字或双字按位相与，得到一个字节、字或双字的逻辑运算结果，并输出到由 OUT 指定的存储器单元中。

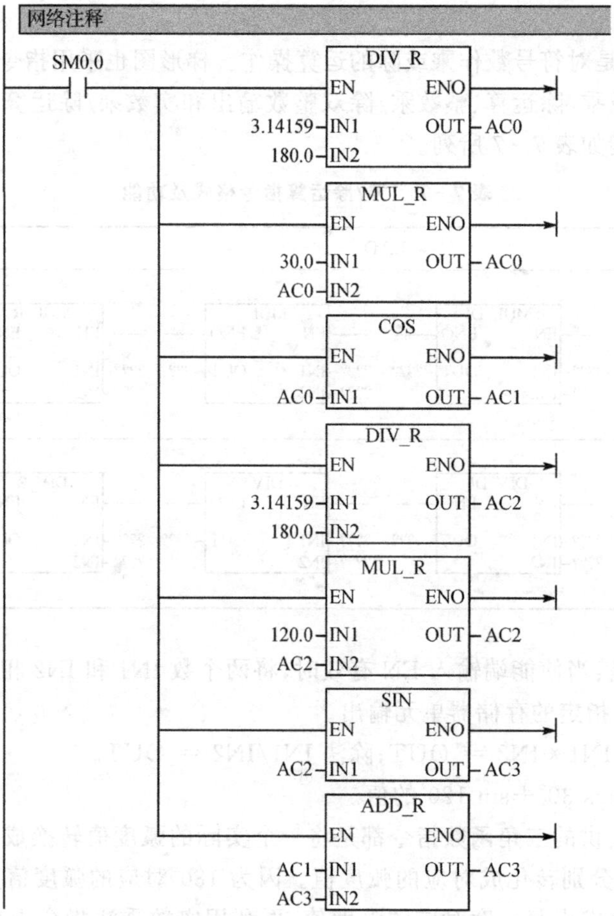

图 7-9　梯形图程序

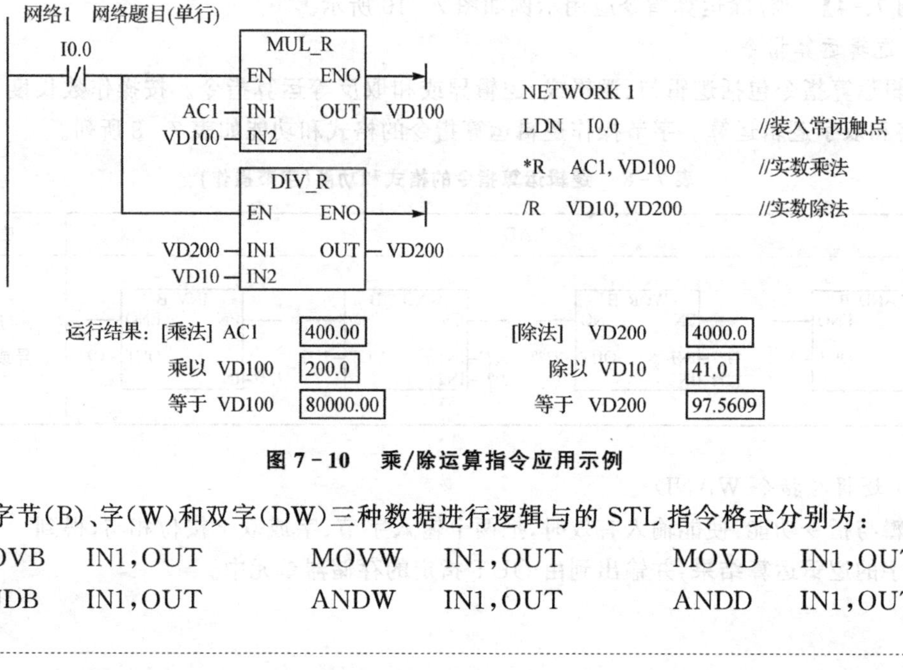

图 7-10　乘/除运算指令应用示例

以字节(B)、字(W)和双字(DW)三种数据进行逻辑与的 STL 指令格式分别为:

MOVB　IN1,OUT	MOVW　IN1,OUT	MOVD　IN1,OUT
ANDB　IN1,OUT	ANDW　IN1,OUT	ANDD　IN1,OUT

(2) 逻辑或指令 WOR

逻辑或指令功能：使能输入有效时，把两个输入的字节、字或双字长的逻辑数按位相或，得到一个字节、字或双字的逻辑运算结果，输出到 OUT 指定的存储器单元。

逻辑或的 STL 指令格式分别为：

MOVB	IN1,OUT	MOVW	IN1,OUT	MOVD	IN1,OUT
ORB	IN1,OUT	ORW	IN1,OUT	ORD	IN1,OUT

(3) 逻辑异或指令 WXOR

逻辑异或指令功能：使能输入有效时，把两个输入的字节、字或双字长的逻辑数按位相异或，得到一个字节、字或双字的逻辑运算结果，输出到 OUT 指定的存储器单元。

逻辑异或的 STL 指令格式分别为：

MOVB	IN1,OUT	MOVW	IN1,OUT	MOVD	IN1,OUT
XORB	IN1,OUT	XORW	IN1,OUT	XORD	IN1,OUT

(4) 取反指令(INV)

取反指令功能：使能输入有效时，把一个字节、字或双字的逻辑数按位取反，得到一个字节、字或双字的逻辑运算结果，输出到 OUT 指定的存储器单元。

取反运算的 STL 指令格式分别为：

MOVB	IN1,OUT	MOVW	IN1,OUT	MOVD	IN1,OUT
INVB	IN1,OUT	INVW	IN1,OUT	INVD	IN1,OUT

【例 7－5】 图 7－11 为逻辑运算指令的应用示例，有字或、双字异或、字取反和字节与等编程的应用例。

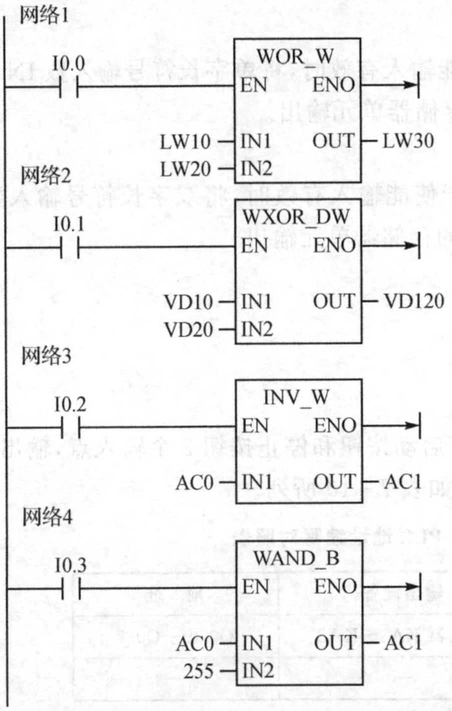


```
NETWORK 1
LD    I0.0
MOVW  LW10, LW30          //LW 10=LW30
ORW   LW20, LW30          //字或操作

NETWORK 2
LD    I0.1
MOVD  VD100, VD120
XORD  VD200, VD120        //双字异或操作

NETWORK 3
LD    I0.2
MOVW  AC0, AC1
INVW  AC1                 //字取反操作

NETWORK 4
LD    I0.3
MOVB  AC0, AC1
ANDB  255, AC1            //字节与操作
```

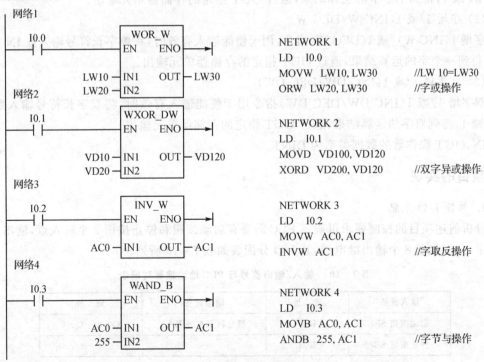

图 7－11　逻辑运算指令应用示例

3. 增 1/减 1 计数指令

增 1/减 1 计数器用于自增、自减操作,以实现累加计数和循环控制等程序的编制。梯形图为指令盒格式,增 1/减 1 指令操作数长度可以是字节(无符号数)、字或双字(有符号数)。指令格式如表 7-9 所列。

表 7-9 增 1/减 1 计数器指令格式

LAD	功 能
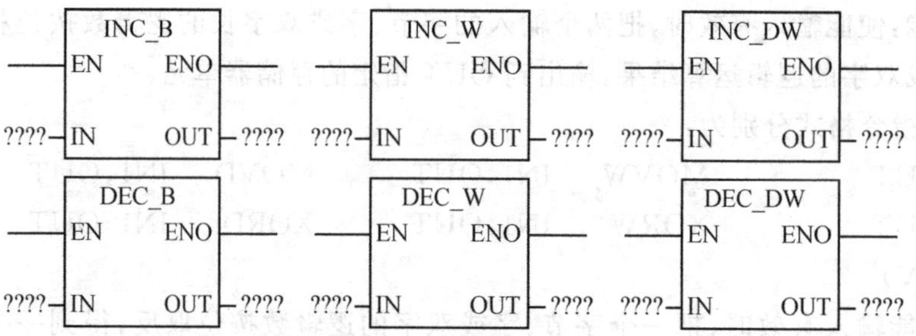	字节、字、双字增 1, 字节、字、双字减 1, OUT±1=OUT

(1) 字节增 1/减 1(INC B/DEC B)

字节增 1 指令 INC B(Increasement Byte),用于使能输入有效时,把 1 个字节的无符号输入数 IN 加 1,得到 1 字节的运算结果,通过 OUT 指定的存储器单元输出。

字节减 1 指令 DEC B(Decreasement Byte),用于使能输入有效时,把 1 字节的无符号输入数 IN 减 1,得到 1 字节的运算结果,通过 OUT 指定的存储器单元输出。

(2) 字增 1/减 1(INC W/DEC W)

字增 1(INC W)/减 1(DEC W)指令,用于使能输入有效时,将单字长符号输入数 IN 加 1/减 1,得到一个字的运算结果,通过 OUT 指定的存储器单元输出。

(3) 双字增 1/减 1(INC DW/DEC DW)

双字增 1/减 1(INC DW/DEC DW)指令用于使能输入有效时,将双字长符号输入数 IN 加 1/减 1,得到双字的运算结果,通过 OUT 指定的存储器单元输出。

IN、OUT 操作数的数据类型为 DINT。

三、项目的实现

1. 系统 I/O 分配

分析前述项目的控制要求可确定 PLC 需要有启动按钮和停止按钮 2 个输入点,输出点要有 8 个,分别控制 8 个输出继电器,其 I/O 分配表如表 7-10 所列。

表 7-10 输入/输出信号与 PLC 地址编写对照表

输入设备	地 址	输出设备	地 址
启动按钮 SB1	I0.0	继电器 KA1~KA8	Q0.0~Q0.7
停止按钮 SB2	I0.1	—	—

2. PLC 电气接线图

PLC 与循环彩灯之间的 I/O 电气接口电路如图 7－12 所示。

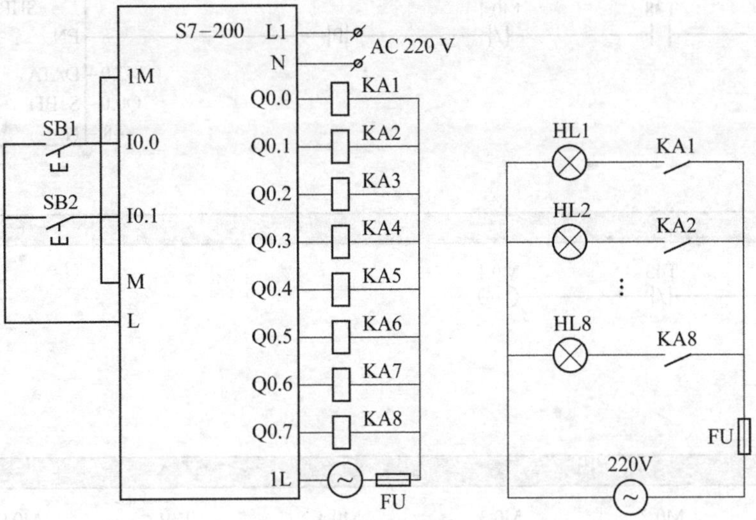

图 7－12　彩灯控制线路

3. 控制程序

根据循环彩灯控制要求，采用移位指令及传送指令设计的程序如图 7－13 所示。

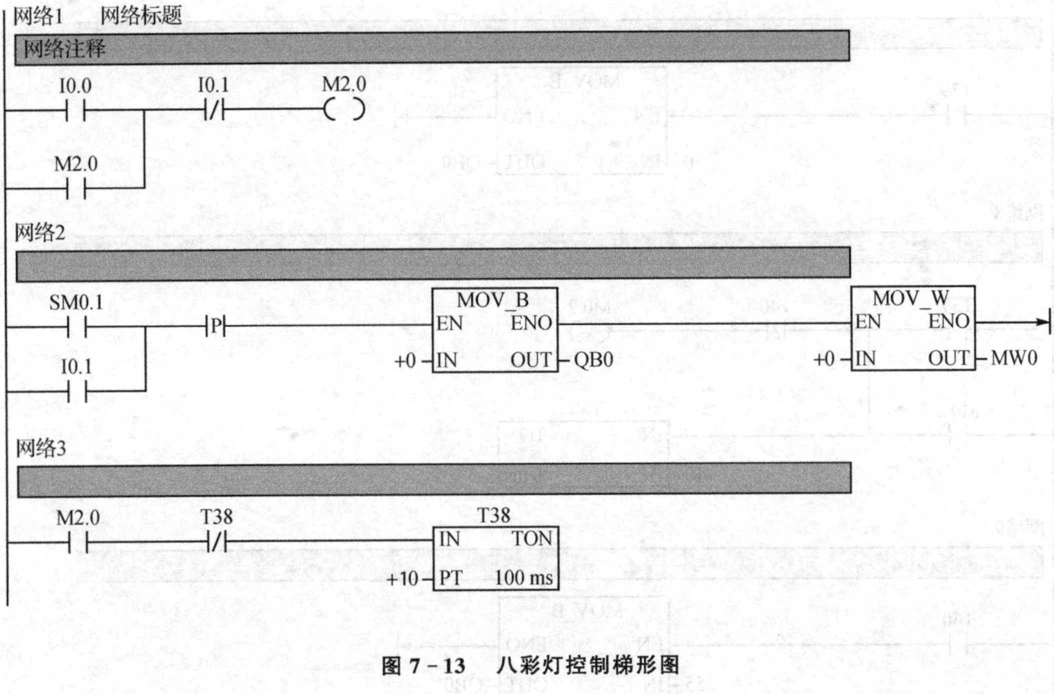

图 7－13　八彩灯控制梯形图

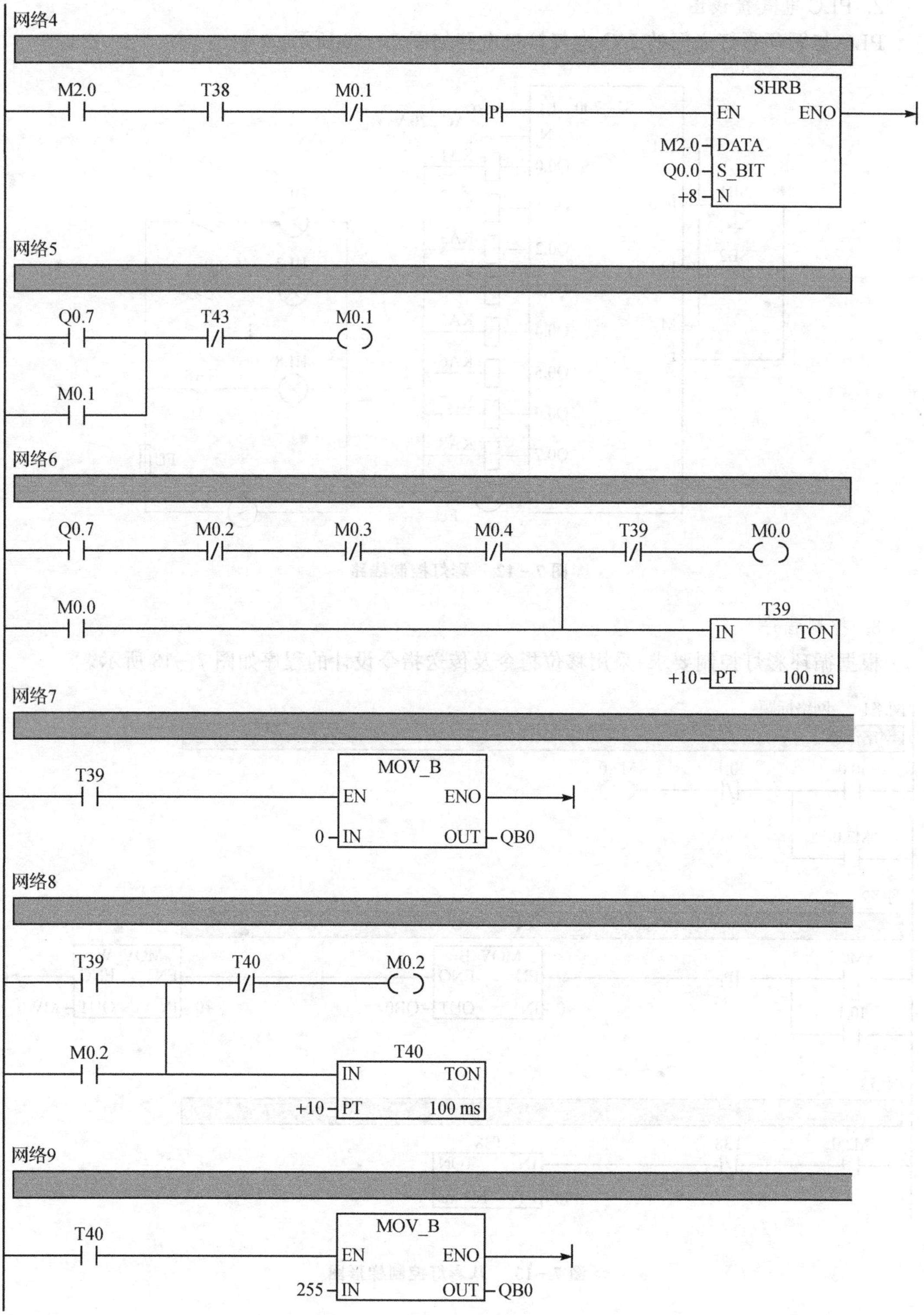

图 7-13　八彩灯控制梯形图(续)

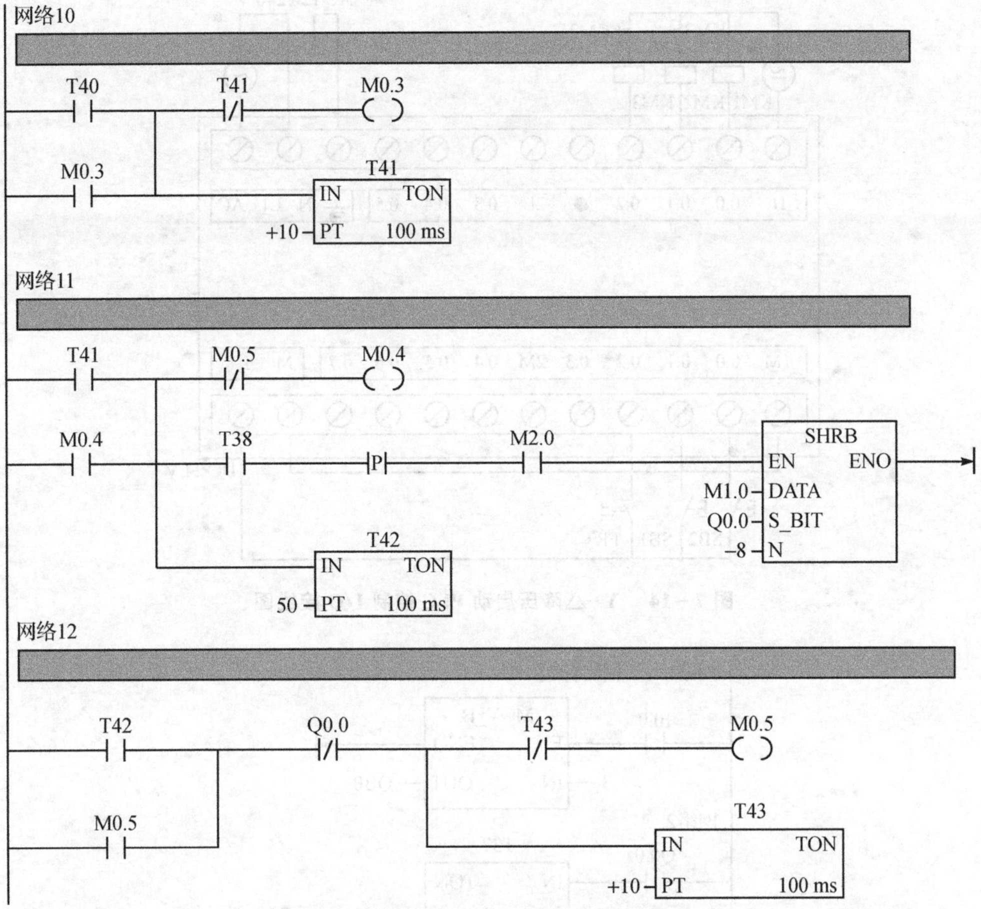

图 7 - 13　八彩灯控制梯形图(续)

四、应用示例:利用传送指令实现 Y -△降压启动控制

1. 三相异步电动机 Y -△降压启动控制系统的 I/O 分配

分析前述项目的控制要求可确定 PLC 需要 3 个输入点,3 个输出点,其 I/O 分配如表 7 - 11 所列。

表 7 - 11　输入/输出信号与 PLC 地址编写对照表

输入设备	地　址	输出设备	地　址
启动按钮 SB1	I0.0	电源接触器 KM1	Q0.0
停止按钮 SB2	I0.1	星型转换接触器 KM2	Q0.1
保护热继电器 FR	I0.2	三角形转换接触器 KM3	Q0.2

2. PLC 电气接线图

根据系统的 I/O 分配画出其 I/O 接线示意图,如图 7 - 14 所示。

3. 控制程序

根据 Y -△降压启动控制要求,采用传送指令设计的程序如图 7 - 15 所示。

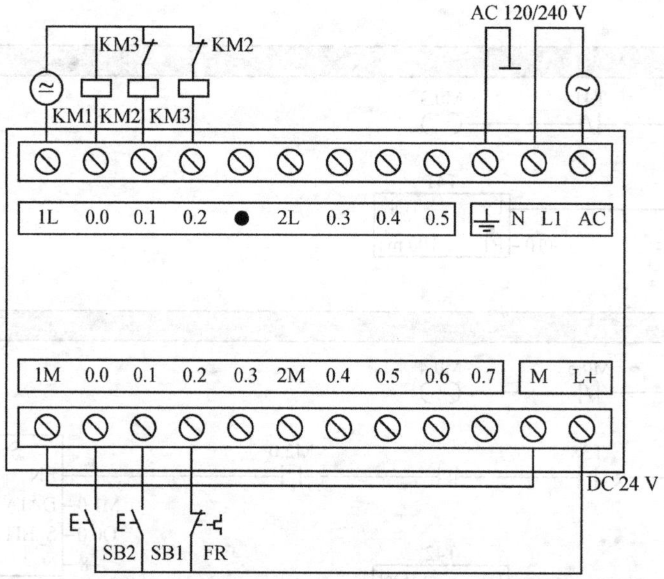

图 7-14 Y-△降压启动 PLC 控制 I/O 接线图

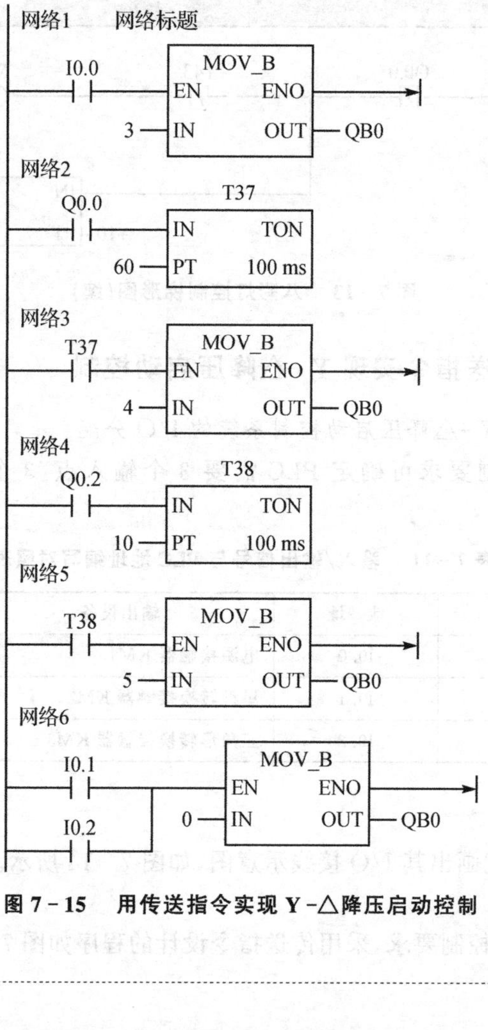

图 7-15 用传送指令实现 Y-△降压启动控制

项目 7.2　多台电动机手动与自动运行方式的 PLC 控制系统

教学目标

1) 掌握 PLC 的程序控制类指令；

2) 能利用所学习的基本指令编程实现简单的 PLC 控制；

3) 掌握 PLC 外部结构及外部接线。

一、项目内容

3 台电动机 M1～M3 具有手动与自动两种启动、停止控制方式：

① 手动操作方式：分别用每台电动机各自的启动和停止按钮控制 M1～M3 的启停。

② 自动控制方式：按下启动按钮，从 M1 到 M3 每隔 5 s 依次启动；按下停止按钮，M1 到 M3 同时停止。

根据上述控制要求，试用 PLC 设计控制程序。

二、项目相关知识

程序控制类指令主要包括系统控制、跳转、循环、子程序调用、顺序控制等指令。程序控制指令主要类型如表 7－12 所列。

(一) 暂停及结束指令

1. 暂停指令(STOP)

该指令的功能：使能输入有效时，立即终止程序的执行。指令执行的结果是：CPU 的工作方法由 RUN 切换到 STOP。在中断程序中执行 STOP 指令，该中断立即终止，并且忽略所有挂起的中断，继续扫描程序的剩余部分，在本次扫描的最后，将 CPU 由 RUN 切换到 STOP。

2. 结束指令(END/MEND)

梯形图结束指令直接连在左侧电源母线时，为无条件结束指令(MEND)；未连在左侧母线时，为条件结束指令(END)。

条件结束指令在使能输入有效时，终止用户程序的执行，返回主程序的第 1 条指令执行(循环扫描工作方式)。

无条件结束指令执行时(指令直接连在左侧母线，无使能输入)，立即终止用户程序的执行，返回主程序的第 1 条指令执行。

结束指令只能在主程序中使用，不能用在子程序和中断服务程序。

注意：STEP7－Micro/WIN32 V3.1 SP1 编程软件在主程序的结尾自动生成无条件结束(MEND)指令，用户不得输入无条件结束指令，否则编译时将出错。

【例 7－6】 图 7－16 所示为暂停(STOP)、条件结束(END)指令的应用。当 M0.0 动作时，Q0.0 输出，当前扫描周期被终止；当 I0.0 动作时，PLC 进入 STOP 模式，立即终止程序。

表 7-12　程序控制指令

LAD	STL	功　能
—(END)	END	程序的条件结束
—(STOP)	STOP	切换到 STOP 模式
—(WDR)	WDR	看门狗复位
???? —(JMP) ???? LBL	JMP n LBL n	跳到定义的标号 定义一个跳转的标号
SBR_0 EN —(RET)	CALL n CRET	调用子程序 从子程序条件返回
FOR EN ENO ???? INDX ???? INIT ???? FINAL —(NEXT)	FOR INDX,INIT,FINAL NEXT	循环 循环结束
DIAG_LED EN ENO ???? IN	DLED	诊断 LED

(二) 看门狗复位指令(WDR)

WDR(Watchdog Reset)称作看门狗复位指令,也称作警戒时钟刷新指令。它可以把警戒时钟刷新,即延长扫描周期,从而有效地避免看门狗超时错误。WDR 指令在梯形图中以线圈形式编程,无操作数。

使用 WDR 指令时要特别小心。因为如果使用 WDR 指令而使扫描时间拖得过长(如在循环结构中使用 WDR),那么在终止本次扫描前,下列操作过程将被禁止:

① 通信(自由口模式除外);

② I/O 更新(立即 I/O 除外);

③ 强制刷新;

④ SM 位刷新(SM0、SM5～SM29 的位不能被刷新);

⑤ 运行时间诊断;

⑥ 在中断程序中的 STOP 指令;

⑦ 扫描时间超过 25 s 时,使 10 ms 和 25 ms 定时器不能正确计时。

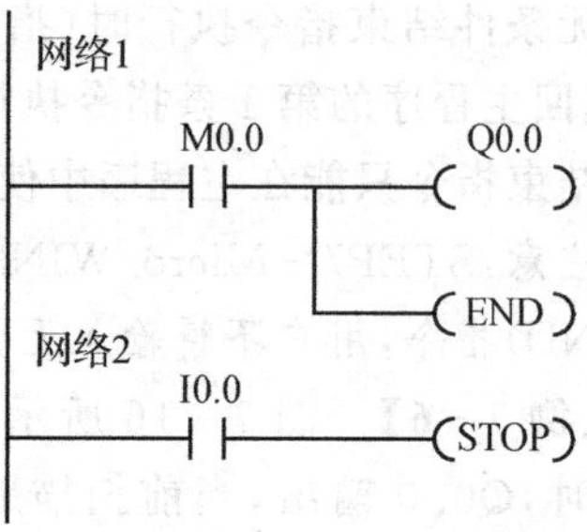

图 7-16　暂停、条件结束指令的应用

如果希望扫描周期超过 500 ms,或者希望中断时间超过 500 ms，则最好用 WDR 指令来重新触发看门狗定时器。

带数字量输出的扩展模块也包含有一个监控定时器，每次使用 WDR 指令时，应对每个模块的某一个输出字节使用立即写(BIW)指令来复位每个扩展模块的监控定时器。

WDR 指令的用法如图 7－17 所示。

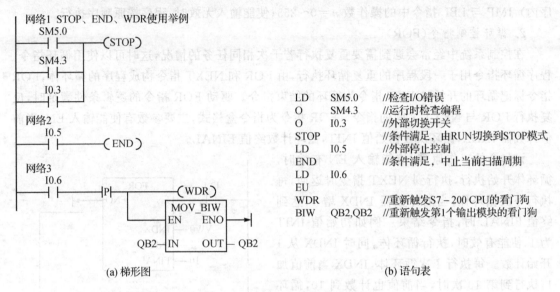

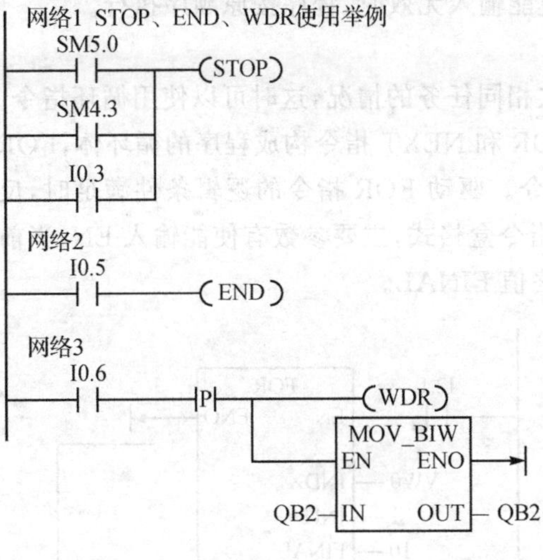

(a) 梯形图

```
LD    SM5.0      //检查I/O错误
O     SM4.3      //运行时检查编程
O     I0.3       //外部切换开关
STOP             //条件满足，由RUN切换到STOP模式
LD    I0.5       //外部停止控制
END              //条件满足，中止当前扫描周期
LD    I0.6
EU
WDR              //重新触发S7－200 CPU的看门狗
BIW   QB2,QB2    //重新触发第1个输出模块的看门狗
```

(b) 语句表

图 7－17　WDR 指令的用法举例

(三) 跳转、循环指令

跳转、循环指令用于程序执行的顺序控制，其指令如表 7－13 所列。

表 7－13　跳转、循环指令

LAD	STL	功　能
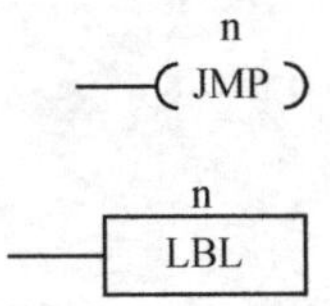	JMP n LBL n	跳转指令 跳转标号
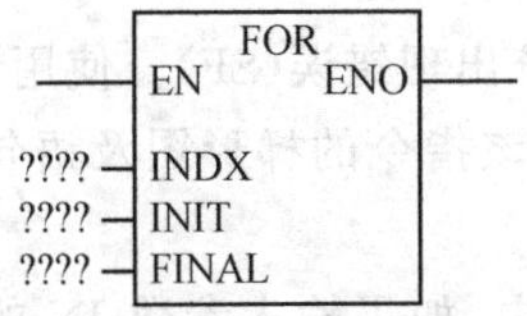	FOR IN1，IN2，IN3 NEXT	循环开始 循环返回
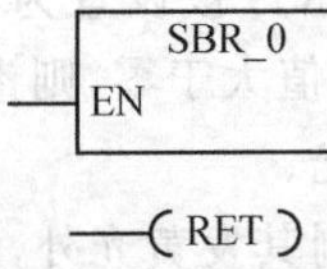	CALL SBR0 CRET RET	子程序调用 子程序条件返回 自动生成无条件返回

1. 跳转与标号指令(JMP)

条件满足时,跳转指令(JMP)使程序流程转到对应的标号 LBL(Lable)处。标号指令用来指示跳转指令的目的位置。

跳转与标号指令的功能是:使能输入有效时,使程序跳转到指定标号 n 处执行(在同一程序内),JMP 与 LBL 指令中的操作数 $n=0\sim255$;使能输入无效时,程序按原顺序执行。

2. 循环控制指令(FOR)

在控制系统中经常会遇到需要重复执行若干次相同任务的情况,这时可以使用循环指令。程序循环指令用于一段程序的重复循环执行,由 FOR 和 NEXT 指令构成程序的循环体,FOR 指令标记循环的开始,NEXT 指令为循环的结束指令。驱动 FOR 指令的逻辑条件满足时,反复执行 FOR 与 NEXT 之间的指令。FOR 指令为指令盒格式,主要参数有使能输入 EN,当前值计数器 INDX,循环次数初始值 INIT,循环计数终值 FINAL。

该指令的工作原理:使能输入 EN 有效时,循环体开始执行,执行到 NEXT 指令时返回,每执行一次循环体,当前计数器 INDX 增 1,达到终值 FINAL 时,指令结束。例如初始值 INIT 为 1,使能有效时,执行循环体,同时 INDX 从 1 开始计数。每执行 1 次循环体,INDX 当前值加 1,执行到第 10 次时,当前值也计数到 10,循环结束。

使能输入无效时,循环体程序不执行。每次使能输入有效,指令自动将各参数复位。FOR/NEXT 指令必须成对使用,循环可以嵌套使用,最多使用为 8 层。

在图 7-18 中,I2.1 接通时,执行 10 次标有 1 的外层循环;I2.1 和 I2.2 同时接通时,每执行 1 次外层循环,执行 2 次标有 2 的内层循环。

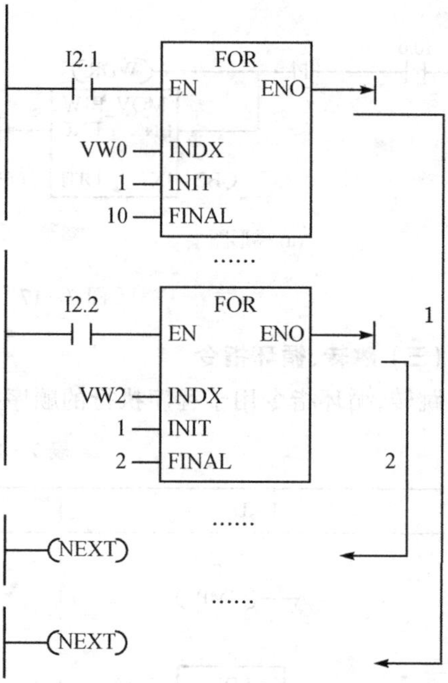

图 7-18　FOR/NEXT 循环指令

(四)诊断 LED 指令

诊断 LED 指令是新版 CPU 增加的指令。PLC 的主机面板上有一个 SF/DIAG 故障诊断指示灯,当 CPU 发生系统故障时,该指示灯发出红光,表明系统出现错误(SF)。使用诊断 DIAG(故障诊断)功能时,可以使用指令控制该指示灯发黄光。该指令的梯形图及语句表形式如图 7-19 所示,其中 IN 的数据类型为字节型数据。

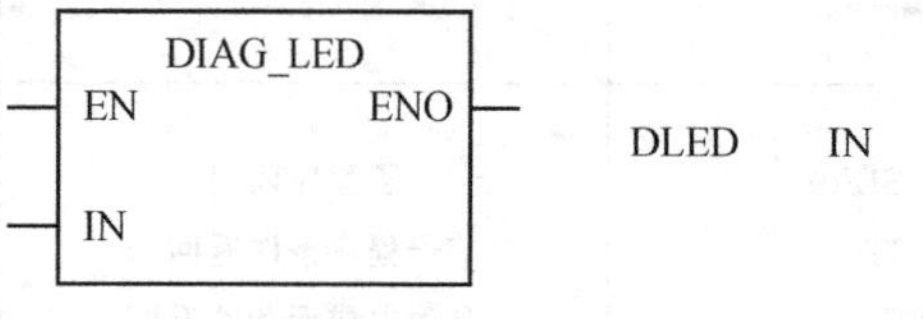

(a) 梯形图格式　(b) 语句表格式

图 7-19　诊断 LED 指令

在该指令中,如果输入参数 IN 的数值为零,则诊断 LED 指示灯被设置为不发光。如果输入参数 IN 的数值大于零,则诊断 LED 指示灯被设置为发黄光。

除使用指令控制其发黄光外,也可以通过编程软件系统块中“配置 LED”复选框选项来控制 SF/DIAG 发黄光。一共有两个选项:

① 当有数据被强制时，SF/DIAG 指示灯发黄光；

② 当模块有 I/O 错误时，SF/DIAG 指示灯发黄光。

如果选中，则在相关事件发生时，SF/DIAG 指示灯发黄光。如果在系统块中不选这两个选项，则 SF/DIAG 指示灯是否发黄光只受指令控制。

图 7-20 所示为一个使用 LED 指令的例子。在该例中，当故障信号 I0.0 出现时，SF/DIAG 指示灯发黄光。

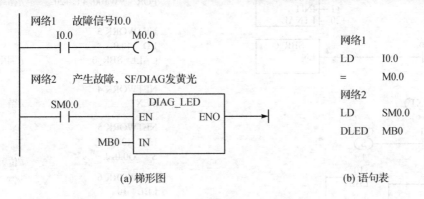

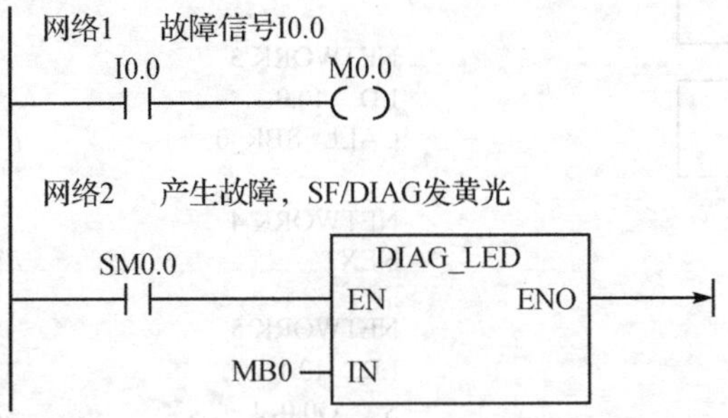

(a) 梯形图

网络1
LD　I0.0
=　M0.0
网络2
LD　SM0.0
DLED　MB0

(b) 语句表

图 7-20　使用诊断 LED 指令举例

(五) 子程序调用指令(SBR)

子程序调用指令通常是将具有特定功能并且要多次使用的程序段作为子程序，可以多次被调用，也可以嵌套(最多 8 层)使用，还可以递归调用(自己调自己)。分为子程序调用和子程序返回两大类指令。子程序返回又分为条件返回和无条件返回。

子程序调用指令应用在主程序或某些需要调用子程序的程序中。子程序的无条件返回指令在子程序的最后网络段。梯形图指令系统能够自动生成子程序的无条件返回指令，用户无需输入。

【例 7-7】 图 7-21 所示为循环、跳转及子程序调用指令应用程序。

(六) 中断指令

中断是指控制系统执行正常程序时，出现了某些急需处理的异常情况和特殊请求，暂时中断现行程序的执行，转去对随机发生的事件进行处理，即执行中断服务程序。当该事件处理完毕后，系统再自动回来继续执行被中断过的程序。

中断是计算机在实时处理和实时控制中不可缺少的一项技术。在 PLC 系统中采用中断技术，应用于人机联系、实时处理和通信处理等方面。与中断相关的操作有：中断服务和中断控制。

1. 中断源

中断源就是能够向 PLC 发出中断请求的中断事件。S7-200 型 PLC 最多有 34 个中断源。每个中断源都有一个识别编号，称为中断事件号。中断源大致可分为通信中断、输入/输出(I/O)中断和时间中断 3 类。

① 通信中断。可编程控制器在自由通信模式下，通信口的状态可由程序来控制。用户可以通过编程来设置通信协议、波特率和奇偶校验。

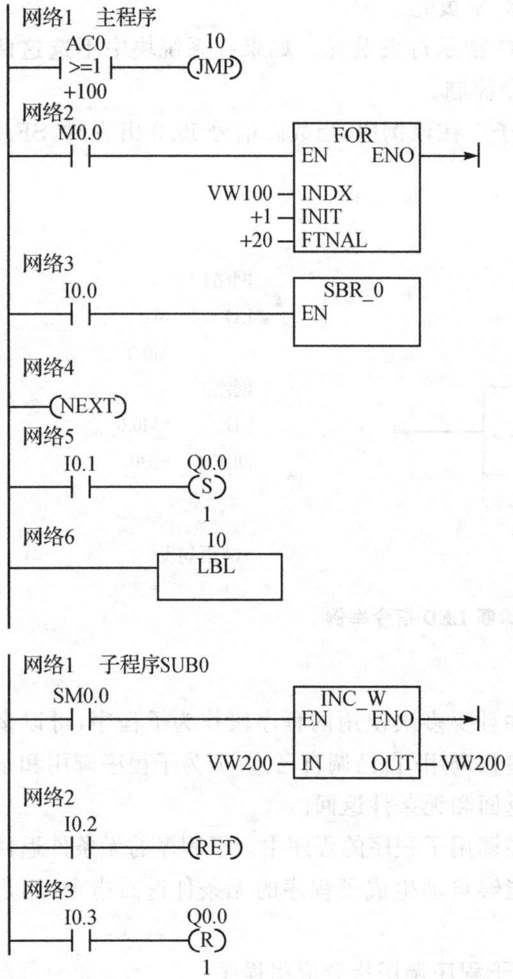


```
主程序
NETWORK 1
LDW >= AC0, +100
JMP 10                       //跳转

NETWORK 2
LD   M0.0
FOR  VW100, +1, +20          //循环开始

NETWORK 3
LD   I0.0
CALL SBR_0                   //调用子程序

NETWORK 4
NEXT                         //循环返回

NETWORK 5
LD   I0.1
S    Q0.0, 1
                             //位置1
NETWORK 6
LBL  10
                             //标号
子程序  SUB0
NETWORK 1
LD   SM0.0
INCW VW200                   //VW200增1

NETWORK 2
LD   I0.2
CRET
                             //条件返回
NETWORK 3
LD   I0.3
R    Q0.0, 1                 //位置0
```

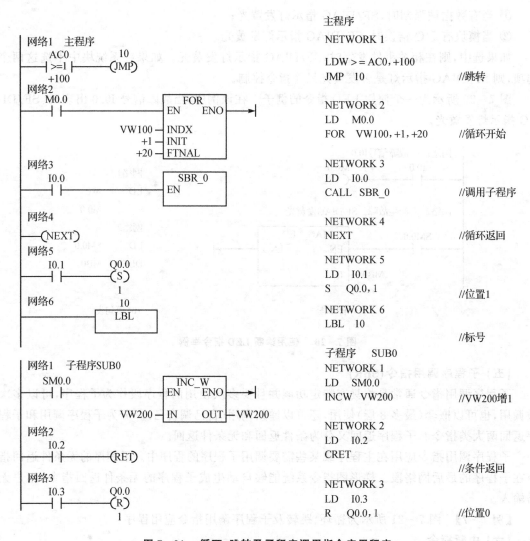

图 7-21 循环、跳转及子程序调用指令应用程序

② I/O 中断。I/O 中断包括外部输入中断、高速计数器中断和脉冲串输出中断。外部输入中断是利用加在输入端 I0.0～I0.3 的脉冲上升沿或下降沿所产生的中断,这些输入点反映某些外部事件的变化,一旦发生就必须引起 CPU 响应;高速计数器中断可以响应某些特定事件,如当前值等于预置值的时刻、计数方向的改变、计数器外部的复位等事件所引起的中断。

③ 时间中断。时间中断包括定时中断和定时器中断。定时中断可用来支持一个周期性的活动。周期时间以 ms 为单位,周期设定时间为 5～255 ms。对于定时中断 0,把周期时间值写入 SMB34 中;对于定时中断 1,把周期时间值写入 SMB35 中。每当达到定时时间值时,相关定时器溢出,执行中断处理程序。定时中断可以用来以固定的时间间隔作为采样周期,对模拟量输入进行采样,也可以用来执行 1 个 PID 控制回路。定时器中断就是利用定时器来对一个指定的时间段产生中断。这类中断只能使用 1 ms 通电和断电延时定时器 T32 和 T96。当所用的当前值等于预置值时,在主机正常的定时刷新中,执行中断程序。

2．中断优先级

在 PLC 应用系统中通常有多个中断源。当多个中断源同时向 CPU 申请中断时，要求 CPU 能将全部的中断源按中断性质和处理的轻重缓急进行排队，并给予优先权。给中断源指定处理的次序就是给中断源确定中断优先级。

不同类中断事件有不同的优先级。西门子公司规定，CPU 的中断优先级由高到低依次是：通信中断、输入/输出中断和定时中断。

3．CPU 响应中断的顺序

在 PLC 中，CPU 响应中断的顺序可以分为以下 3 种情况：

① 当不同类优先级的中断源同时申请中断时，CPU 响应的顺序为从优先级高的中断源到优先级低的中断源。

② 当相同优先级的中断源申请中断时，CPU 按先来先服务的原则响应中断请求。

③ 当 CPU 正在处理某中断，又有中断源提出中断请求时，新出现的中断请求按优先级排队等候处理，当前中断服务程序不会被优先级更高的其他中断程序打断。任何时刻，CPU 只执行一个中断程序。

4．中断控制

经过中断判优后，将优先级最高的中断请求送给 CPU，CPU 响应中断后自动保存在逻辑堆栈、累加器或某些特殊标志寄存器位中，即保护现场。待中断处理完成后，又自动恢复这些保存的数据，即恢复现场。中断控制指令有 4 条，其指令格式及功能如表 7－14 所列。

表 7－14　中断指令格式及功能

LAD	STL	功　能
—(ENI)	ENI	开中断指令。使能输入有效时，全局地允许所有中断事件中断
—(DISI)	DISI	关中断指令。使能输入有效时，全局地关闭所有被连接的中断事件
ATCH EN　ENO ????－INT ????－EVNT	ATCH INT EVENT	中断连接指令。使能输入有效时，把 1 个中断事件 EVENT 和 1 个中断程序 INT 联系起来，并允许这一中断事件
DTCH EN　ENO ????－EVNT	DTCH EVENT	中断分离指令。使能输入有效时，切断 1 个中断事件和所有中断程序的联系，并禁止该中断事件

说明：

① 当进入正常运行 RUN 模式时，CPU 禁止所有中断；但可以在 RUN 模式下执行中断允许指令 ENI，之后可允许所有中断。

② 多个中断事件可以调用 1 个中断程序,但 1 个中断事件不能同时连续调用多个中断程序。

③ 中断分离指令 DTCH 禁止中断事件和中断程序之间的联系时,它仅禁止某中断事件;而全局中断禁止指令 DISI 能禁止所有中断。

④ 操作数:INT 为中断程序号,取值范围为 0～127(常数);EVENT 为中断事件号,取值范围为 0～32(常数)。

【例 7-8】 中断指令应用示例:编写一段中断事件 0 的初始化程序,如图 7-22 所示。中断事件 0 是 I0.0 上升沿产生的中断事件。当 I0.0 有效时,开中断,系统可以对中断 0 进行响应,执行中断服务程序 INT0。

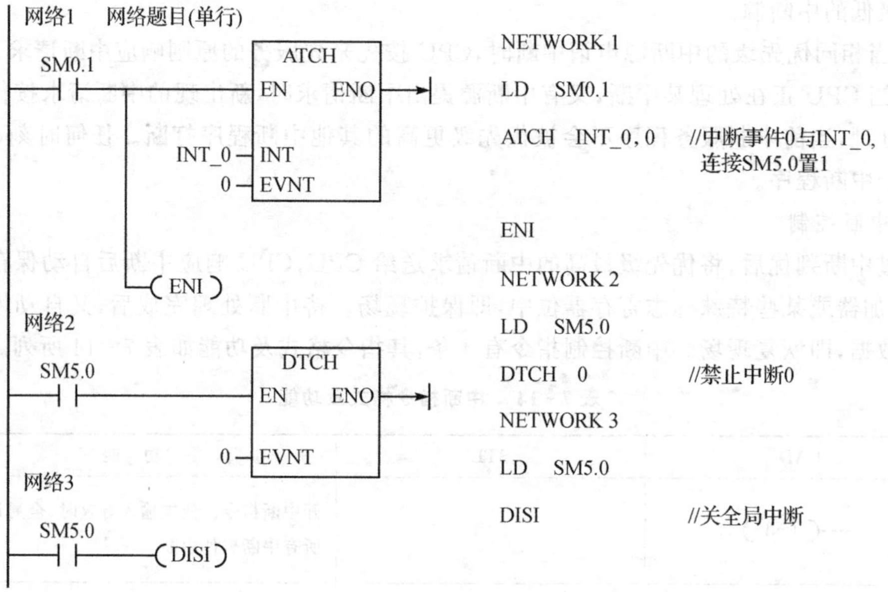

图 7-22 中断指令应用程序

5. 中断程序

中断程序也称中断服务程序,是用户为处理中断事件而事先编制的程序。不同事件的中断程序也不同,编程时可以用中断程序入口处的中断程序号来识别每一个中断程序。

中断程序由 3 部分构成:中断程序标号、中断程序指令和无条件返回指令。以中断程序开始,无条件返回指令结束。

中断程序标号即中断程序的名称,在建立中断程序时生成;中断程序指令是中断程序的实际有效部分,完成对中断事件的处理,在中断程序中可以调用一个嵌套子程序;中断返回指令用来退出中断程序回到主程序。有两条返回指令:一是无条件中断返回指令 RETI,位于中断程序结束处,是必选部分;另一条是条件返回指令 CRETI,用于中断程序内部,使指令返回主程序。

中断服务程序中禁止使用以下指令:DISI、ENI、CALL、HDEF、FOR/NEXT、LSCR、SCRE、SCRT 及 END。

三、项目实现

1. 系统 I/O 分配

分析前述项目的控制要求可确定 PLC 需要 9 个输入点，3 个输出点。其 I/O 分配表如表 7－15 所列。

表 7－15　输入/输出信号与 PLC 地址编写对照表

输入设备	地　址	输出设备	地　址
方式选择开关 SA	I0.0	接触器 KM1	Q0.0
自动启动按钮 SB1	I0.1	接触器 KM2	Q0.1
自动停止按钮 SB2	I0.2	接触器 KM3	Q0.2
M1 手动启动按钮	I0.3	—	—
M1 手动停止按钮	I0.4	—	—
M2 手动启动按钮	I0.5	—	—
M2 手动停止按钮	I0.6	—	—
M3 手动启动按钮	I0.7	—	—
M3 手动停止按钮	I1.0	—	—

2. PLC 电气接线图

根据系统的 I/O 分配画出其 I/O 接线示意图，如图 7－23 所示。

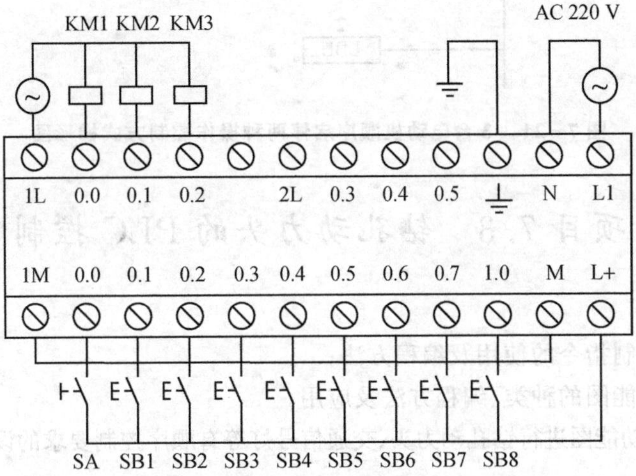

图 7－23　PLC 的 I/O 接线示意图

3. 控制程序

根据控制要求，在计算机中编写程序，程序设计如图 7－24 所示。

选择开关闭合时，I0.0 动合触点闭合，跳过手动方式程序段不执行；I0.0 动断触点断开，选择自动方式程序段执行。操作方式选择开关断开时的情况与此相反，跳过自动方式程序段不执行，选择手动方式程序段执行。

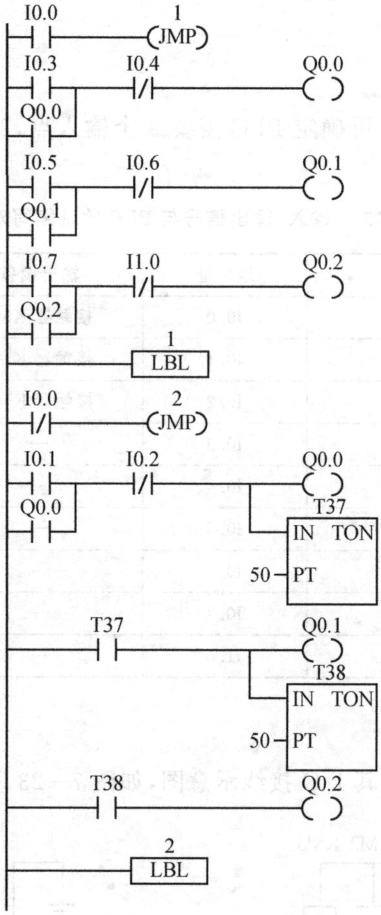

图 7-24　3 台电动机顺序启停两种操作控制方式梯形图

项目 7.3　钻孔动力头的 PLC 控制

教学目标

1）掌握顺序控制指令的使用及编程方法；

2）掌握顺序功能图的种类、编程方法及应用；

3）能利用顺序功能图进行钻孔动力头、交通信号灯等有顺序控制要求的设计、安装与调试。

一、项目内容

某加工自动线有一个钻孔动力头，该动力头的工作示意图如图 7-25 所示。

控制要求如下：

① 动力头在原位时限位开关 SQ0 受压，按下启动按钮 SB，接通电磁阀 YV1，动力头快进。

② 动力头碰到限位开关 SQ1 后，又接通电磁阀 YV1 和 YV2，动力头由快进转为工进。

③ 动力头碰到限位开关 SQ2 后，断开电磁阀 YV1 和 YV2，动力头停止前进并延时 10 s。

④ 延时 10 s 后，接通电磁阀 YV3，动力头快退。

⑤ 动力头退回原位后压下限位开关 SQ0，动力头原位停止。

根据上述要求，用 PLC 编制程序实现对钻孔动力头的控制。

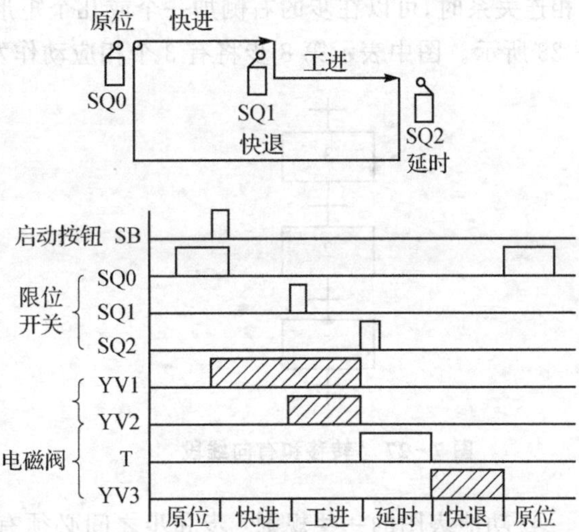

图 7－25　钻孔动力头工作示意图

二、项目相关知识

顺序功能图(SFC)编程语言是基于工艺流程的高级语言，是一种描述顺序控制系统的图形表示方法。设计时常先采用程序流程图来描述顺序的控制步骤，再用指令编写出符合设计要求的程序。顺序功能图又称为功能流程图。顺序控制设计法特别适合按先后顺序进行控制的系统。顺序控制设计法规律性很强，虽然编出的程序偏长，但程序结构清晰、可读性强。

用顺序控制设计法编程时，功能表图是很重要的工具。功能表图能清楚地表现出系统中各工作步的功能、步与步之间的转换顺序及其转换条件。下面介绍功能表图的一些知识。

1. 功能流程图简介

功能流程图是按照顺序控制要求，根据工艺过程，将需要执行的程序分成若干个程序步，每一步由进入条件、处理程序、转换条件和程序结束四部分组成。通常采用顺序控制继电器 S0.0～S31.7(共 256 位)代表程序的状态步。

功能表图的基本元素有流程步、转移和动作说明等部分：

① 流程步。流程步又称为工作步，它是控制系统中某一时刻的一个稳定状态。在功能表图中，流程步用矩形框表示，框中的数字表示步的编号。编号可以是实际的控制步序号，也可以是 PLC 中的工作位编号。

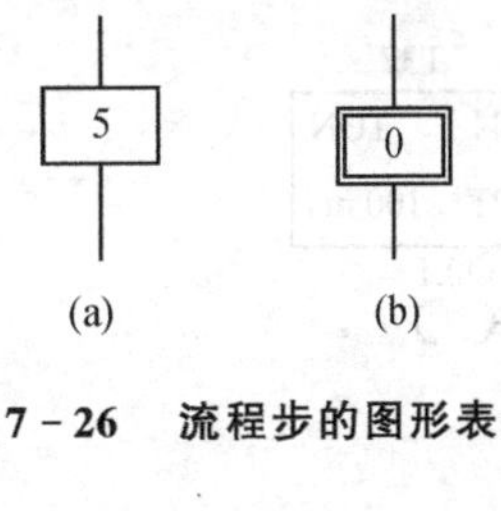

图 7－26　流程步的图形表示

对应于系统初始状态的工作步，称为初始步，是系统运行的起点。一个系统通常有一个初始步，初始步常用双线矩形框表示。

流程步的图形表示方法如图 7－26 所示，图(a)中的方框表示工作步，图(b)中的双线方框表示初始步。

② 转移。转移就是从一个步向另一个步转移的转换条件。两个步之间用有向线段连接，有向线段的箭头代表向下转移的方向，线段的箭头一般可以忽略。通常在有向线段上加一小段横线表示转移，在横线旁还可以用一些文字、图形符号或逻辑表达式来标注和描述转移的条件。当相邻步之间的转移条件满足时，就从一个步按照有向线段的方向进行转移，如图 7－27 所示。

③ 动作说明。“步”只是控制系统中某一时刻的一个稳定状态，并不代表 PLC 的输出动作，在这个状态里，可以发生一个或多个 PLC 输出触点的动作，但也可以没有输出动作。例如，某步的动作状态只是启动了定时器，或只是一个等待过程。需要表示步与 PLC 的输出动

作相连关系时,可以在步的右侧加一个或几个矩形框,并在框中用文字对动作进行说明,如图 7-28 所示。图中表示第 8 步将有 3 个相应动作发生:电动机启动、指示灯亮和定时器启动。

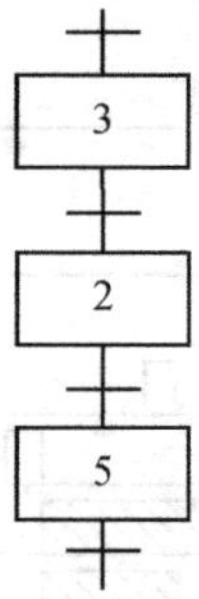

图 7-27　转移和有向线段

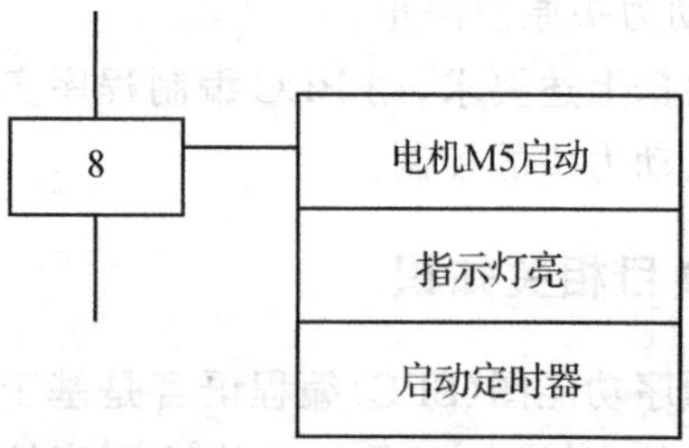

图 7-28　步与 PLC 输出动作说明

④ 功能表图的一些规则:步和步之间必须有转移隔开,转移和转移之间必须有步隔开,转移和步之间用有向线段连接。正常功能图的方向是从上向下或是从左到右。按照正常顺序画图时,有向线段可以不加箭头。一个顺序功能图中至少有一个初始步。

以小车的自动往返控制系统为例,运料小车在 A、B 两点间自动往返控制的每一步可以用图 7-29 来描述。将图中的文字说明用 PLC 的状态元件来表示,就得到了运料小车自动往返控制的顺序功能图(图 b)。从图中可以看出,用顺序控制功能指令设计的程序比用基本指令设计的梯形图更直观、易懂。

从功能流程图中可以看出,每一状态提供 3 个功能:驱动负载、指定转移条件、置位新状态(同时,转移源自动复位)。

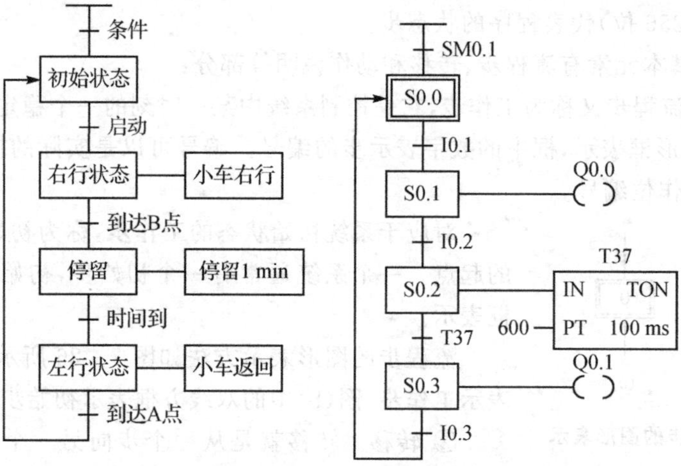

(a) 送料小车工作顺序图　　(b) 顺序控制功能图

图 7-29　顺序控制功能在顺序控制系统中的应用

2. 顺序控制指令

S7-200 系列 PLC 有 3 条顺序控制继电器指令:

① 顺序步开始指令(LSCR)。用于表示一个 SCR 段,即状态步的开始。顺序控制继电器

位 SX. Y =1 时，该程序步执行。

② 顺序步转换指令（SCRT）。用于表示 SCR 段之间的转换。SCRT 指令有两个功能，对应的线圈得电时，一方面使当前激活的 SCR 程序段的 S 位复位，以使该段 SCR 程序段停止工作，变为不活动步；另一方面使下一个将要执行的 SCR 程序段 S 位置位，对应的后续步的状态元件被激活（即下一步顺序控制继电器位置 1），以便下一个 SCR 程序段工作。

③ 顺序步结束指令（SCRE）。顺序控制继电器位 SX. Y =0 时，用于表示 SCR 段的结束。每一个 SCR 段的结束必须使用 SCRE 指令。SCRE 指令无操作数。

顺序控制用 3 条指令来描述程序的顺序控制步进状态，其指令格式如表 7-16 所列。

表 7-16　顺序控制指令格式

LAD	STL	功　能
??.? SCR（方框）	LSCR Sx. y	步开始
??.? —(SCRT)	SCRT Sx. y	步转移
—(SCRE)	SCRE	步结束

使用说明：

① 顺序控制继电器指令 SCR 只对状态元件 S 有效。为了保证程序的可靠运行，驱动状态元件 S 的信号应采用短脉冲。

② 不能把同一编号的状态元件用在不同的程序中。如在主程序中使用了 S0.1，在子程序中就不能再使用 S0.1，即不能在程序中出现双线圈。

③ 在 SCR 段中不能使用 JMP 和 LBL 指令，即不允许跳入、跳出或在内部跳转。

④ 不能在 SCR 段中使用 FOR、NEXT 和 END 指令。

⑤ 当将顺序控制功能图转换成梯形图时，线圈不能直接和母线相连，所以一般在前面加上 SM0.0 的常开触点。

3. 功能图的主要类型

(1) 单流程的编程方法

单流程是最简单的功能图，这种结构的功能表图没有分支，每个步后面只连有一个单步，步与步之间仅有一个转换条件。图 7-30 为某液压动力头控制功能表图的顺序结构类型。

【例 7-9】 图 7-31 为一按照顺序控制红绿灯的功能图。编写一个红绿灯控制程序，条件为时间步进型，状态步的处理为点亮红灯、熄灭绿灯，同时启动定时器。步进条件满足时（时间到）进入下一步、关闭上一步。

梯形图程序如图 7-32 所示。当 I0.1 输入有效时，启动 S0.0，执行程序的第一步：输出位 Q0.0 置 1（点亮红灯），Q0.1 置 0（熄灭绿灯），同时启动定时器 T37，经过 2 s，步进转移指令将使 S0.1 置 1、S0.0 置 0，程序转入第二步。执行程序第二步：输出位 Q0.1 置 1（点亮绿灯）、Q0.0 置 0（熄灭红灯），同时启动定时器 T38，经过 2 s，步进转移指令使得 S0.0 置 1，S0.1 置 0，程序返回进入第 1 步执行。如此周而复始，循环工作。

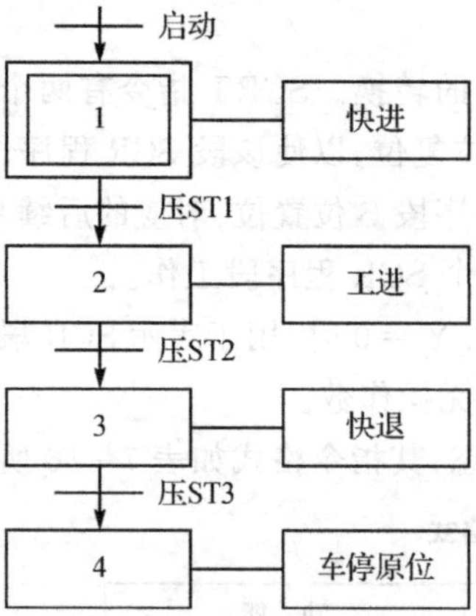

图 7－30　顺序结构类型功能表图

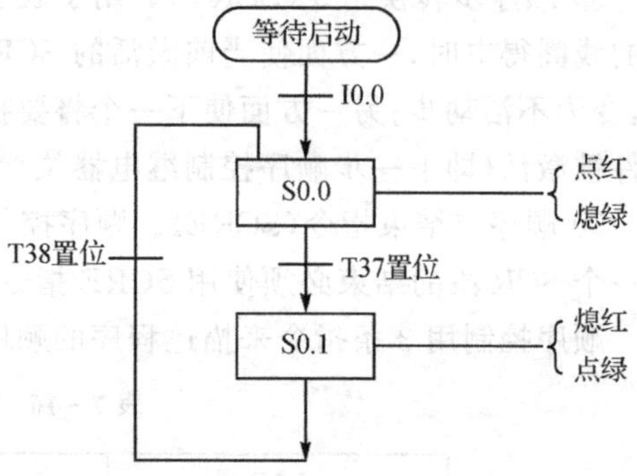

图 7－31　按顺序控制红绿灯的功能图

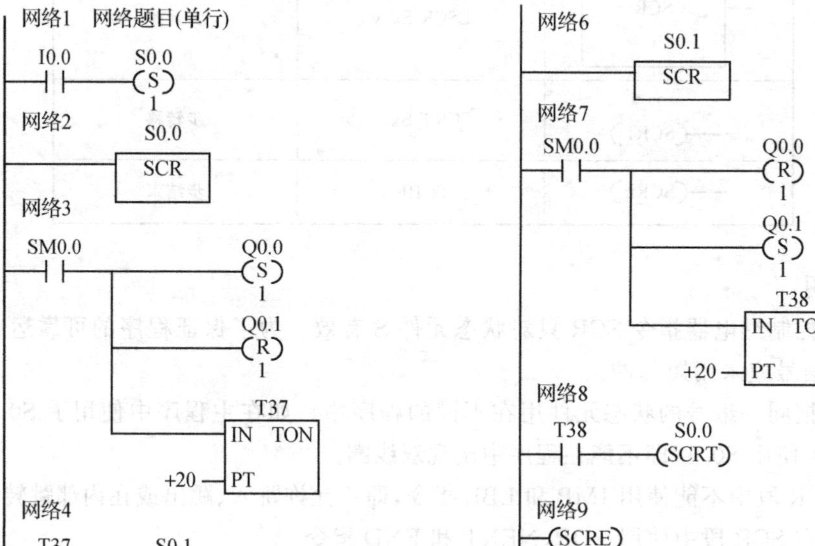

图 7－32　红绿灯顺序显示控制的梯形图程序

(2) 选择序列结构

选择序列结构又称为选择性分支。如果从多个分支状态或分支状态序列中只选择执行某一个分支状态或分支状态序列，则称为选择性分支，如图 7－33 所示。3 个分支画在水平单线之下。选择性分支的转移条件(短划线)画在分支上。每个分支上必须具有一个或一个以上的转移条件。

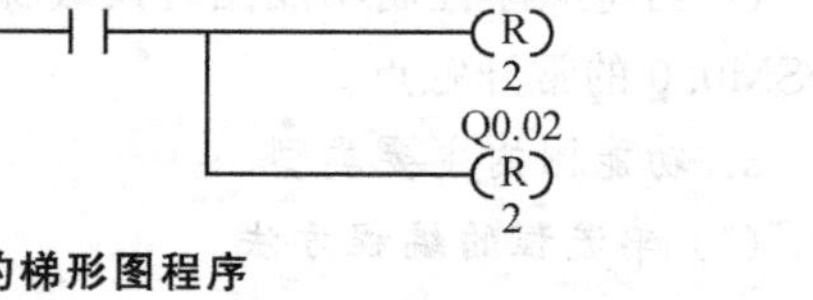

图 7－33　选择序列分支

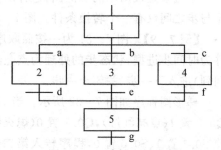

选择序列的开始称为分支，如图 7－33 中的步 1 之后有 3 个分支，但 3 个选择分支不能同时执行。例如，当步 1 为活动步且条件 a 满足时，则转

向步 2；当步 1 为活动步且条件 b 满足时，则转向步 3；当步 1 为活动步且满足条件 c 时，则转向步 4。无论步 1 转向哪个分支，当其后续步成活动步时，步 1 都自动变为不活动步。一旦选择了转向某一个分支，就不允许其他分支的首步成为活动步，所以各选择分支之间应该加以联锁。

选择序列的结束称为合并。在图 7-33 中，无论哪个分支的最后一步成为活动步，当转换条件满足时，都要转向步 5。

图 7-34 所示是具有两条选择序列输入并汇合输出的顺序功能图以及对应的梯形图。在编写选择序列梯形图时，各分支一般从左到右排列，并且每一条分支的编程方法和单流程时的编程方法一样。

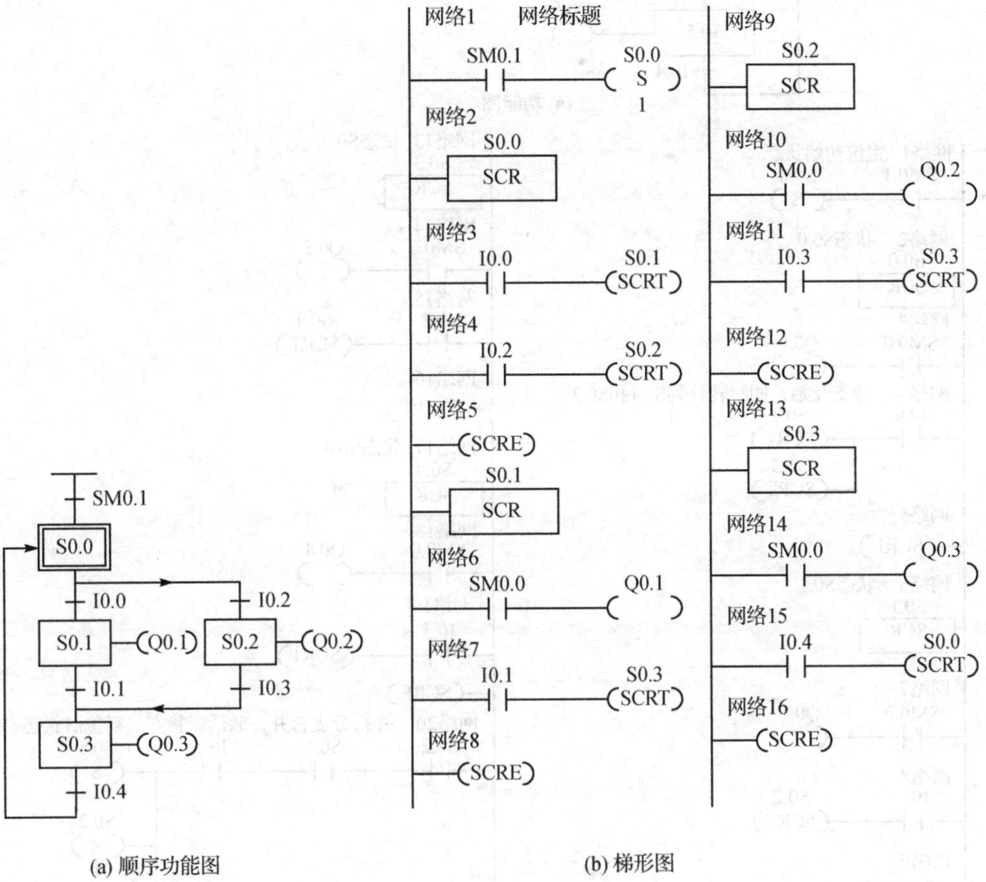

图 7-34　选择序列顺序功能图及梯形图

（3）并行序列结构

在实际应用中，一个顺序控制状态流有时必须分成两个或多个不同分支控制状态流，这就是并行序列结构或称为并行性分支。当转换条件满足时，所有的分支状态或分支状态流程序列都被同时激活。当多个控制流程产生的结果相同时，可以把这些控制流合并成一个控制流，即并行分支的连接。在合并控制流时，所有的分支控制流必须都是完成了的。这样，在转移条件满足时才能转移到下一个状态。各并行的顺序控制一般用双水平线表示，同时结束的各个顺序也用双水平线表示。

图 7-35 所示是并行序列分支与汇合的顺序功能图和梯形图。需要特别说明的是，并行

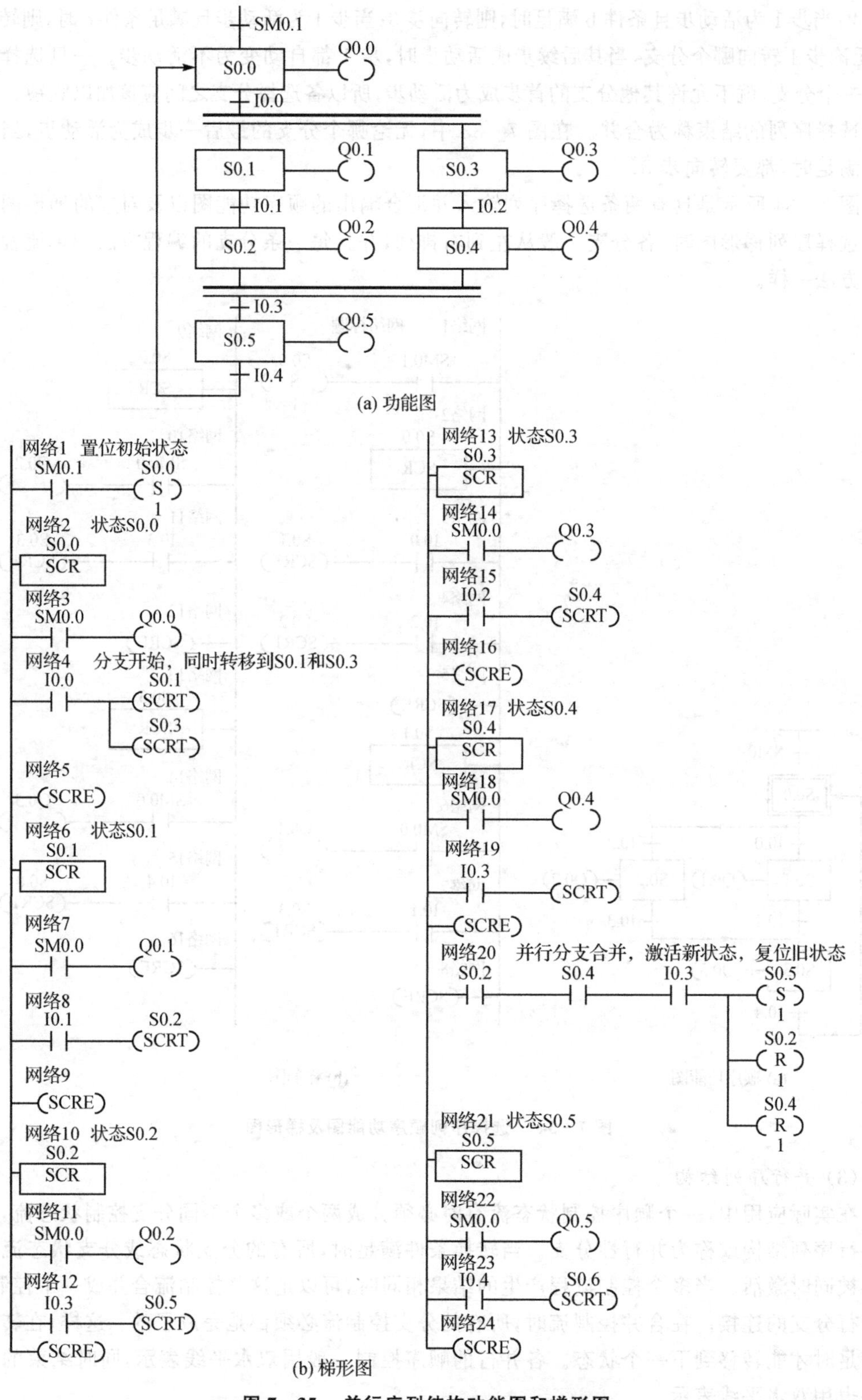

图7-35 并行序列结构功能图和梯形图

分支连接时要同时使状态转移到新的状态，才能完成新状态的启动。如图 7－35 所示，当 I0.0 接通时，状态转移使 S0.1、S0.3 同时置位，两个分支同时运行，只有在 S0.2、S0.4 两个状态都运行结束并且 I0.3 接通时，才能返回 S0.5，并使 S0.2、S0.4 同时复位。另外在最后分支之前的所有支路在 SCR 和 SCRE 之间不用写转移指令，而是在最后一条支路集中处理转移。在最后一条支路进行转移时使用 S 指令，同时将每条支路的最后一个状态器复位。图示 S0.2、S0.4 的 SCR 程序段中，由于没有使用 SCRT 指令，所以 S0.2 和 S0.4 的复位不能自动进行，最后要用复位指令对其进行复位。这种处理方法在并行分支的连接合并时会经常用到。

三、项目的实现

1. 系统 I/O 分配

分析前述项目的控制要求可确定 PLC 需要有启动按钮和停止按钮各 1 只，位置开关 SQ0、SQ1、SQ2 三个，共计 5 个 PLC 输入点；输出点要有 3 个，分别控制 YV1、YV2、YV3，其 I/O 分配表如表 7－17 所列。

表 7－17　输入/输出信号与 PLC 地址编写对照表

输入设备	地　址	输出设备	地　址
启动按钮 SB1	I0.0	电磁阀 YV1	Q0.0
停止按钮 SB2	I0.1	电磁阀 YV2	Q0.1
SQ0	I0.2	电磁阀 YV3	Q0.2
SQ1	I0.3	—	—
SQ2	I0.4	—	—

2. PLC 电气接线图

PLC 的 I/O 电气接线示意图如图 7－36 所示。

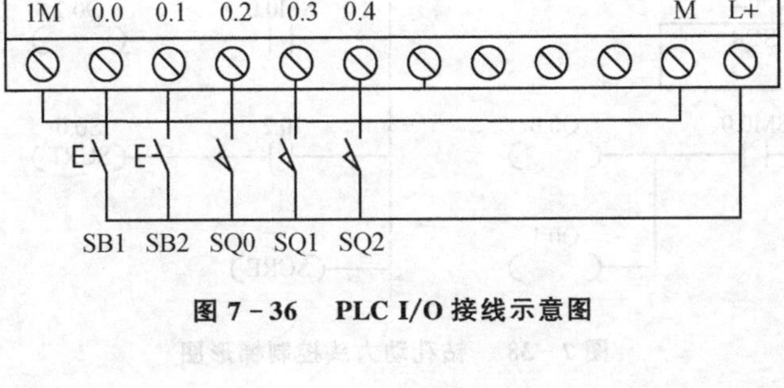

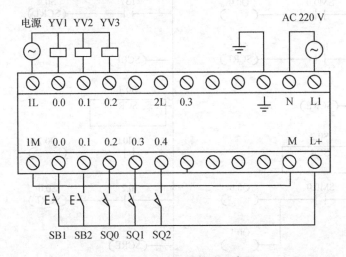

图 7－36　PLC I/O 接线示意图

3. 设计顺序功能图

钻孔动力头的顺序功能图如图 7-37 所示。

4. 编写梯形图

用顺序控制指令把钻孔动力头控制的顺序功能图转化为梯形图,如图 7-38 所示。

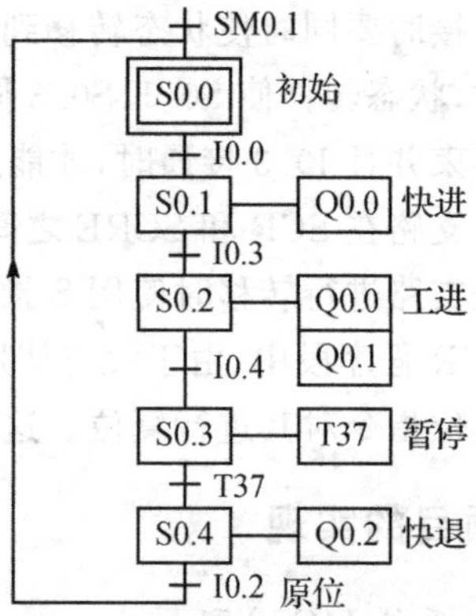

图 7-37　钻孔动力头的顺序功能图

四、应用示例:剪板机的控制

1. 控制要求

剪板机的工作示意图如图 7-39 所示,主要是完成对压钳和剪刀的动作控制。板材运动到位后,压钳向下运动压紧板材,当压力到达设置值时,压力继电器

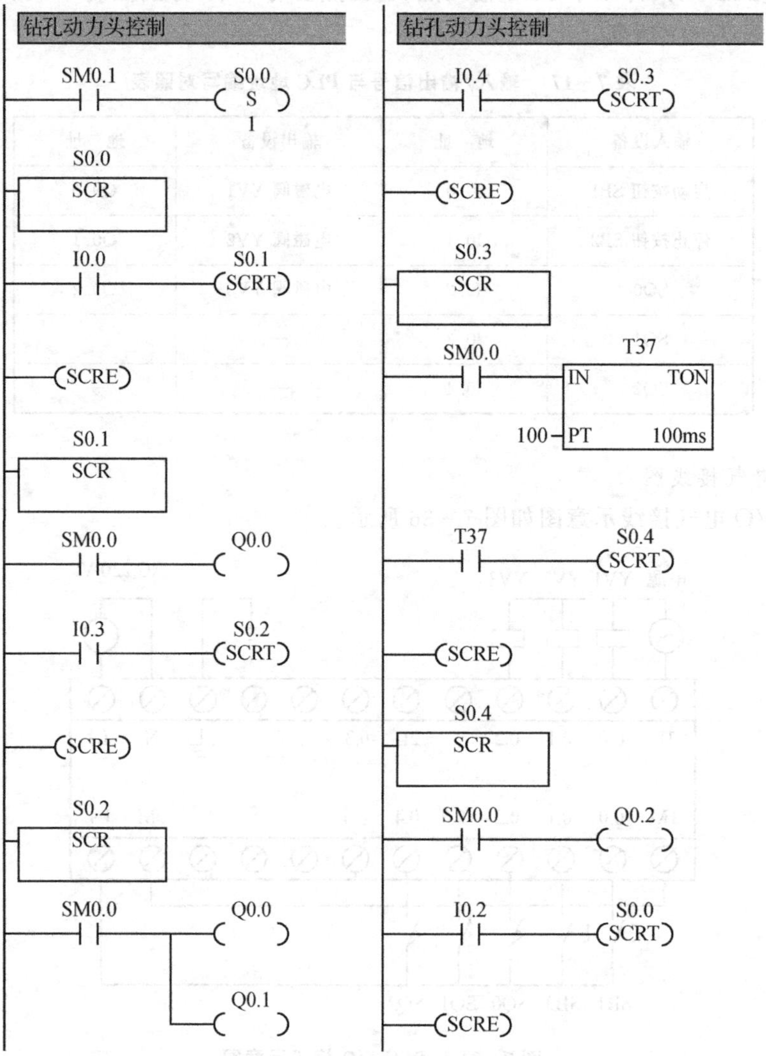

图 7-38　钻孔动力头控制梯形图

动作。压力继电器动作后使剪刀向下运动进行剪切，当剪刀到达剪断位后，压钳和剪刀同时上升并回到原始位，之后循环结束。

开始时压钳和剪刀在上限位置，限位开关 SQ1(I0.0)和 SQ2(I0.1)闭合。按下启动按钮 SB(I1.0)后，首先板料右进(Q0.0 位 ON)至限位开关 SQ4(I0.3)动作，然后压钳下行(Q0.1 为 ON 并保持)，压紧板料后，压力继电器 KP(I0.4)为 ON，压钳保持压紧，剪刀开始下行(Q0.2 为 ON)。剪断板料后，I0.2 变为 ON，压钳和剪刀同时上行(Q0.3 和 Q0.4 为 ON，Q0.1 和 Q0.2 为 OFF)，它们分别碰到限位开关 SQ1(I0.0)和 SQ2(I0.1)后，分别停止上行。都停止后，又开始下一周期的工作，剪完 10 块料后停止工作并停在初始状态。对于一定长度的板材，要求剪裁的件数为 10 件。

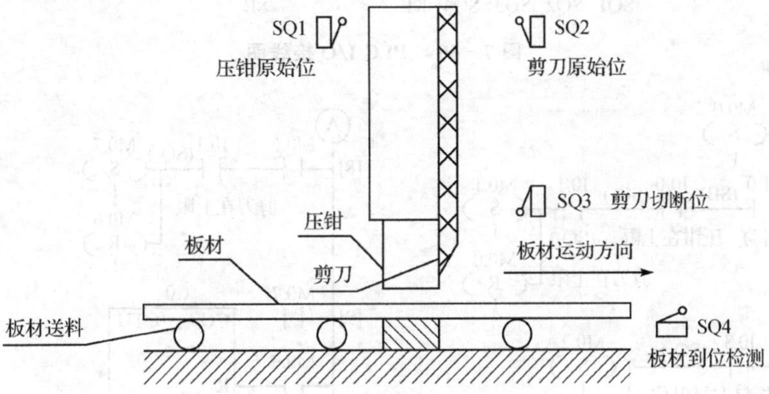

图 7－39　剪板机工作示意图

2. I/O 分配表

分析剪板机工作过程，PLC 的 I/O 分配如表 7－18 所列。

表 7－18　I/O 分配表

输入设备	地　址	输出设备	地　址
启动按钮 SB	I1.0	板材送料控制 KM1	Q0.0
压钳原始位置检测 SQ1	I0.0	压钳压紧控制 KM2	Q0.1
剪刀原始位置检测 SQ2	I0.1	剪刀切断控制 KM3	Q0.2
剪刀切断位置检测 SQ3	I0.2	压钳退回控制 KM4	Q0.3
板材到位检测 SQ4	I0.3	剪刀退回控制 KM5	Q0.4
压钳压力检测 KP	I0.4	—	—

3. PLC I/O 接线图

根据 PLC 的 I/O 分配表，其 I/O 接线图如图 7－40 所示。

4. PLC 程序

剪板机的 PLC 控制程序如图 7－41 所示。

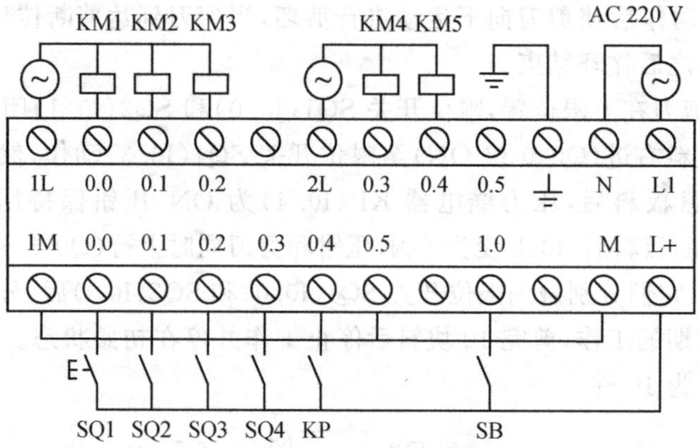

图 7-40　PLC I/O 接线图

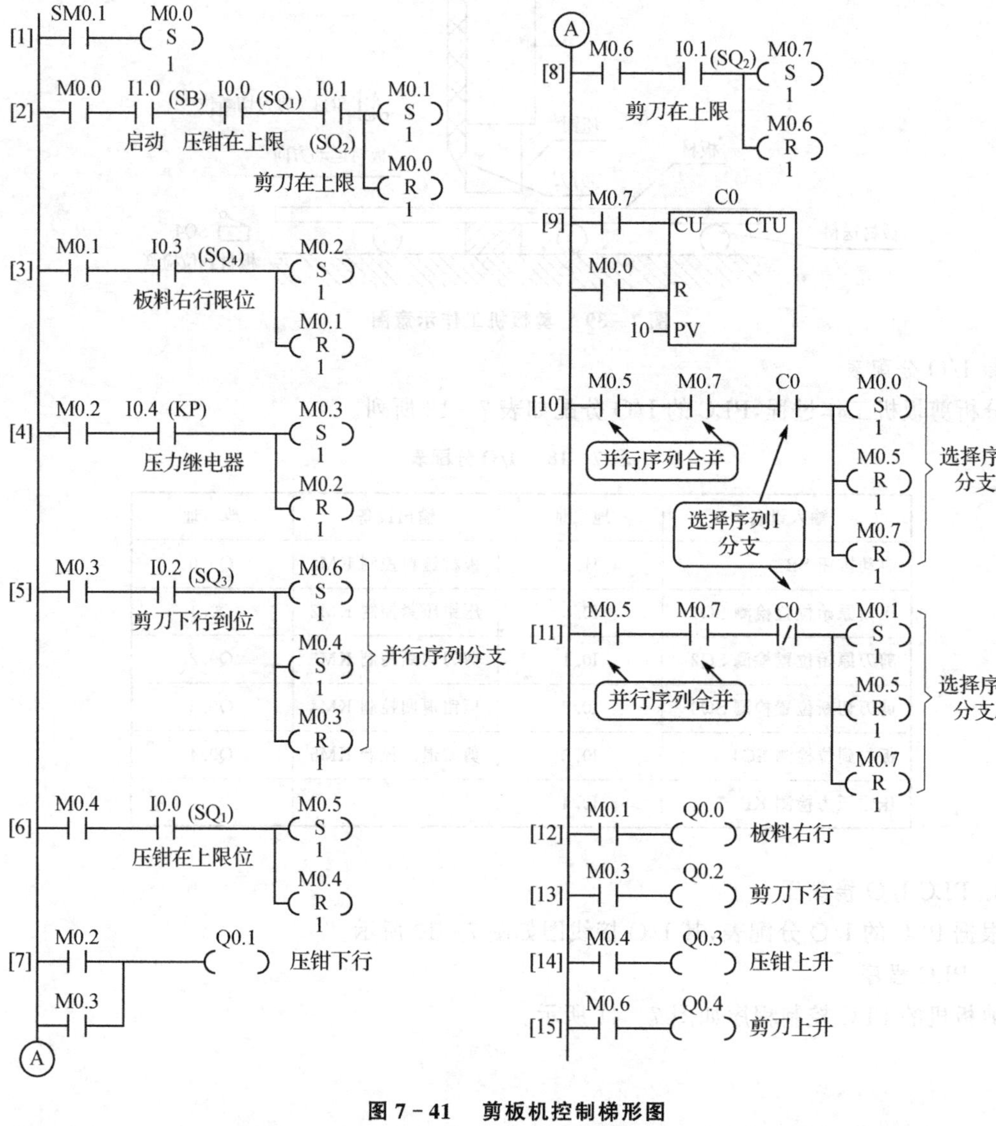

图 7-41　剪板机控制梯形图

思考题与习题

7-1 用整数除法指令将 VW100 中的(240)除以 8 后存放在 AC0 中。

7-2 用循环移位指令设计一个彩灯控制程序,8 路彩灯串按 H1→H2→H3……→H8 的顺序依次点亮,且不断重复循环。各路彩灯之间的间隔时间为 0.1 s。

7-3 用移位寄存器指令(SHRB)设计一个路灯照明系统的控制程序,3 路灯按照 H1→H2→H3 的顺序依次点亮。各路灯之间点亮的间隔时间为 10 h。

7-4 指出图 7-42 所示的梯形图中的语法错误,并改正。

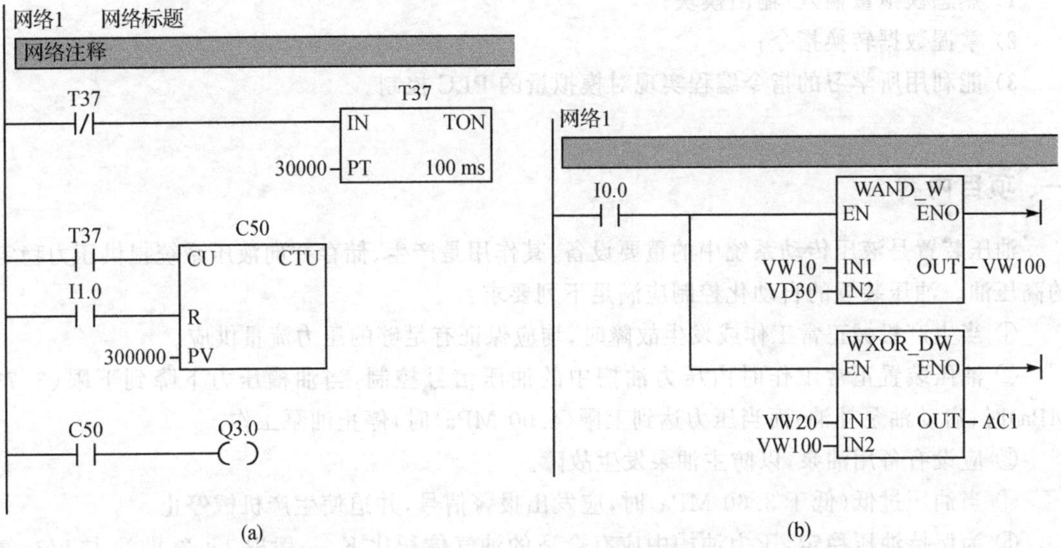

图 7-42 梯形图

7-5 用顺序控制指令 SCR 编写舞台灯光的 PLC 控制。舞台灯光效果的控制要求为:红灯先亮,2 s 后绿灯亮,再过 3 s 后黄灯亮。待红、绿、黄灯全亮 3 min 后,全部熄灭。

模块8　S7－200 PLC模拟量控制

项目8.1　油压装置的控制

教学目标

1）熟悉模拟量输入/输出模块；

2）掌握数据转换指令；

3）能利用所学习的指令编程实现对模拟量的PLC控制。

一、项目内容

油压装置是液压传动系统中的重要设备，其作用是产生、储存并向液压系统提供压力稳定的高压油。油压装置的自动化控制应满足下列要求：

① 当生产机械正常工作或发生故障时，均应保证有足够的压力流量供应。

② 油压装置正常工作时由压力油槽中的油压信号控制，当油槽压力下降到下限(3.75 MPa)时，启动油泵补油；而当压力达到上限(4.00 MPa)时，停止油泵工作。

③ 应设有备用油泵，以防主油泵发生故障。

④ 当油压过低(低于3.60 MPa)时，应发出报警信号，并迫使生产机械停止。

⑤ 为保持油压稳定，压力油槽中应有合适的油气体积比K，一般取1∶2，即油占1/3，气体占2/3；如果K值太大储油过多，操作时用油量减少后会造成油槽油压更多的下降。所以，当油槽油位上升至34%刻度，并且油压下降至3.95 MPa时，可以打开气阀向压力油槽补气，增加气压；而当油压上升至4.05 MPa时，或者压力油槽油位下降至31%刻度时，关闭气阀停止补气。

⑥ 补油和补气两个过程应实现互锁，二者不可同时进行。

⑦ 为保证备用油泵可靠工作，工作油泵与备用油泵的使用时间不能相差太悬殊，应“轮换”工作，即当工作油泵运行次数多于备用油泵88次后，须启用备用油泵工作。

二、项目相关知识

虽然PLC中的CPU只能对开关量进行运算操作，但它在模拟量控制系统中也有着十分广泛的应用。PLC对模拟量控制是通过模拟量输入接口，经A/D转换成相应的数字量后再输入PLC，然后按照用户的控制要求经过CPU的处理，在输出端经D/A转换后输出模拟控制信号，实现对模拟量的输入输出控制。在自动化工程中，采用PLC可实现对诸如温度、流量、压力以及速度、距离和电压等各种模拟量的控制。

(一) S7－200 PLC模拟量输入/输出模块

1. 模拟量输入模块EM231

模拟量信号是一种连续变化的物理量，如电压、电流、温度和压力等。在工业控制中，要对这些模拟量进行采样并输入给PLC，必须先对这些模拟量进行模/数(A/D)转换。模拟量输入模块就是用来将采集的模拟量信号转换为PLC能接收的数字量信号。生产过程中的模拟量信号是多种多样的，因此，一般在现场的变送器把它们变成统一的标准信号(如4～20 mA的直流电流信号或1～5 V的直流电压信号等)，然后送入模拟量输入模块，将这些模拟量信号转换为数字信号，以便PLC的CPU处理。模拟量输入模块一般由滤波、模/数(A/D)转换以及光电转换器等部分组成，其结构框图如图8－1所示。

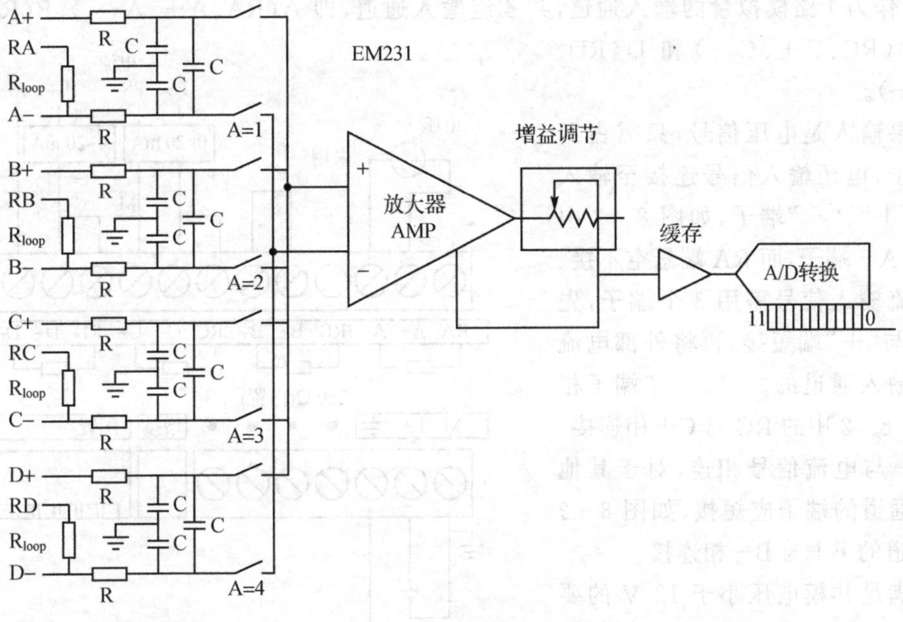

图8－1　模拟量输入模块方框图

模拟量输入模块可以有电压信号和电流信号两种输入。输入信号经滤波、放大、模/数(A/D)转换后得到相应的数字量信号，再经光电转换器输入PLC。

EM231模块有4个模拟量输入通道。每个通道占用存储AI区域2字节，并且从偶数字节开始存放，因此必须从偶数字节开始读取，如AIW0、AIW2、AIW4等。模拟量输入为只读数据。模拟量输入模块EM231的各项参数如表8－1所列。

表8－1　EM231主要性能参数

项　目	参　数	项　目	参　数
尺寸(W×H×D)	71.2 mm×80 mm×62 mm	模数转换时间/ms	<0.25
功率损耗/W	2	模拟量输入响应	1.5 ms时达输入值的95%
质量/g	183	双极性数据字格式	－32 000～32 000
点数	4路模拟量输入	单极性数据字格式	0～32 000

续表 8-1

项 目	参 数	项 目	参 数
输入类型	差分输入	输入阻抗/MΩ	≥10
电压(单极性)	0～10 V,0～5 V	最大输入电压/V	DC 30
电压(双极性)	-5～+5 V,-2.5～+2.5 V	最大输入电流/mA	32
电流/mA	0～20	分辨率	12位A/D转换器

(1) EM231接线图

图8-2为模拟量输入模块EM231的接线图。模块上共有12个端子,每3个端子为一组,可以作为1路模拟量的输入通道,共4组输入通道,即A(RA、A+、A-、)、B(RB、B+、B-)、C(RC、C+、C-)和D(RD、D+、D-)。

如果输入是电压信号,只需占用两个端子,电压输入信号连接至输入通道的"+"、"-"端子,如图8-2中的A+、A-端子,而RA端悬空不接。对于电流输入信号需用3个端子,先将R端与"+"端短接,再将外部电流信号与输入通道的"+"、"-"端子相连,如图8-2中的RC与C+相连接,C+、C-与电流信号相连,对于其他未使用通道的端子应短接,如图8-2中B通道的B+与B-相连接。

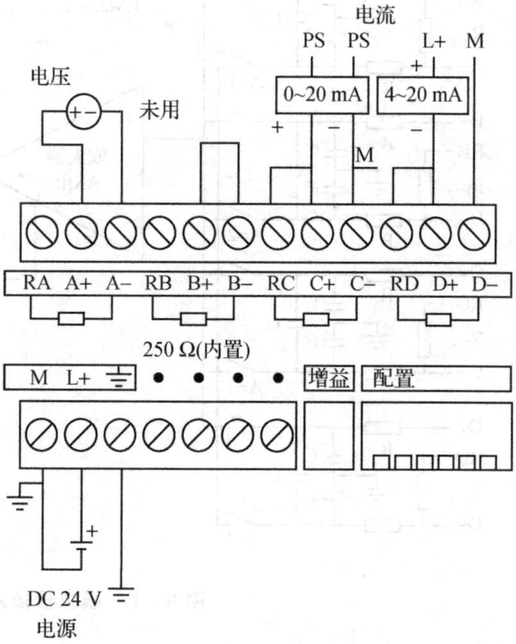

图8-2 EM231接线图

为满足共模电压小于12 V的要求,在使用2线制传感器时,要将信号电压和供电电压的M端采用共同的参考点,将2线制传感器的正端接L+,负端接D+。图8-2中EM231模块下部左端的M、L+两端子应接入DC 24 V电源,在下部右端分别是校准电位器和配置设点开关DIP(见图8-3)。

(2) EM231设置

通过调整EM231的DIP开关,可以选择模拟量模块输入端的种类、极性和量程的参数。在模拟量输入模块EM231电源一侧的输入端子旁,装有模拟量模块参数设置开关DIP,如图8-3所示。通过DIP开关,可以对模拟量输入模块的参数进行相应的设置。

开关DIP共有6个。其中开关SW_1用于单/双极性选择,对于电流信号只能选用单极性;开关SW_2和SW_3用于量程范围和分辨率选择;开关SW_4～SW_6未使用,但必须置于OFF位置。EM231的量程选择如表8-2所列。

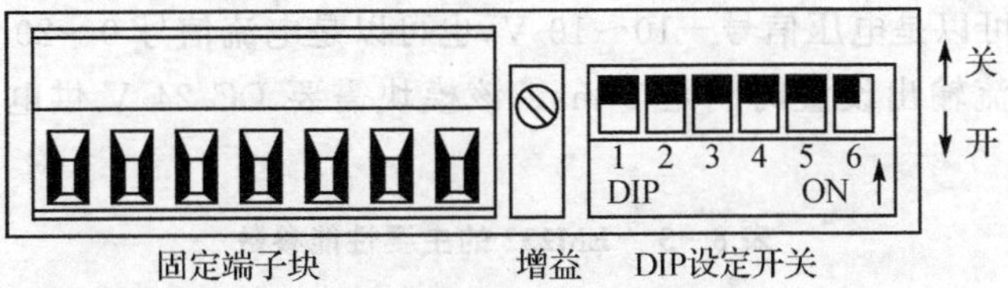

图 8－3　EM231 参数设置开关

表 8－2　EM231 的量程选择

DIP 开关			量程范围		分辨率		极性选择
SW_1	SW_2	SW_3	电压/V	电流/mA	电压/mV	电流/μA	
ON	OFF	ON	0～10	—	2.5	—	单极性
	ON	OFF	0～5	0～20	1.25	5	
OFF	OFF	ON	±5	—	2.5	—	双极性
	ON	OFF	±2.5	—	1.25	—	

DIP 开关决定了模拟量输入模块输入端的设置。对于同一个模块，各输入端只能为相同的设置，即 DIP 开关的设置应用于整个模块。此外，开关设置只有在重新上电后才能生效。

2. 模拟量输出模块 EM232

模拟量输出模块的作用就是把 PLC 输出的数字量信号变换成相应的模拟量信号，以适应模拟量的控制要求。模拟量输出一般由光电耦合器、数/模（D/A）转换器组成，转换后的直流模拟量信号经运算放大器放大后驱动输出，通常模拟量输出模块提供电压输出和电流输出。西门子公司 S7－200 PLC 模拟量输出模块 EM232 的框图如图 8－4 所示。

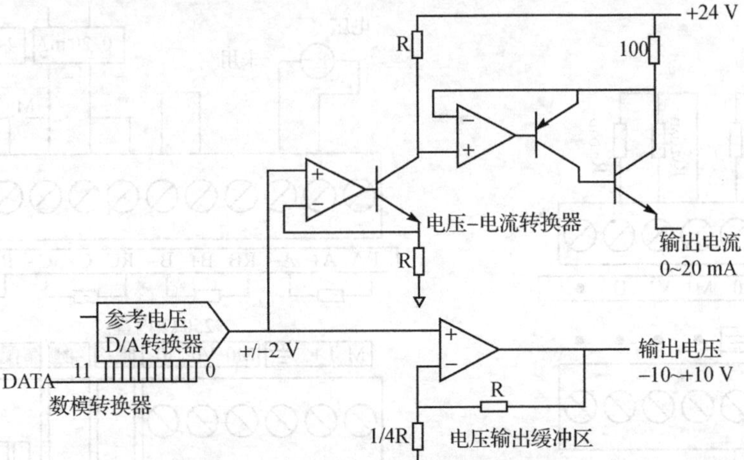

图 8－4　模拟量输出模块框图

（1）EM232 性能参数

模拟量输出模块 EM232 具有 2 个模拟量输出通道，每个通道占用存储器 AQ 区的 2 个字节。该模块的输出可以是电压信号−10～10 V,也可以是电流信号0～20 mA;电压输出设置时间是0.1 ms,电流输出设置时间是2 ms。该模块需要DC 24 V供电。主要性能参数如表8-3所列。

表8-3 EM232的主要性能参数

项　目	参　数	项　目	参　数
尺寸(W×H×D)	46 mm×80 mm×62 mm	电压输出稳定时间/ms	0.1
功率损耗/W	2	电流输出稳定时间/ms	2
质量/g	14	电压数据格式	−32000～32000
点数	2路模拟量输出	电流数据格式	0～32000
输入类型	差分输入	输入阻抗/MΩ	≥10
电压输出/V	−5～+5,−2.5～+2.5	电压满量程分辨率/位	12
电流/mA	0～20	电流满量程分辨率/位	11

(2) EM232接线图

EM232模拟量输出模块共有7个端子,左端起的每3个点为一组,作为一路模拟量输出;共2组(最后一个端子未用)。第1组V0端接电压负载,I0端接电流负载,M0端为公共端;第2组V1、I1、M1的接法和第1组相同。输出模块下部M、L+两端接入DC 24 V电源,M接负极、L+接正极,如图8-5所示。

3. 模拟量输入/输出模块EM235

为满足工业控制要求,S7-200PLC配有模拟量输入/输出模块EM235,它具有4路模拟量输入通道和1路模拟量输出通道。图8-6是EM235模拟量输入/输出模块的端子接线图,

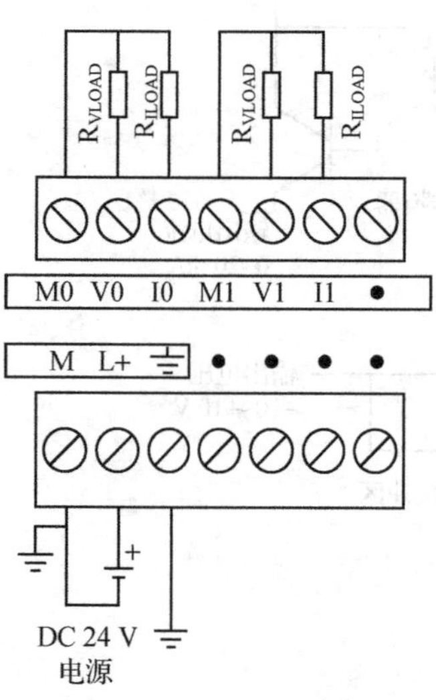

图8-5 EM232接线图

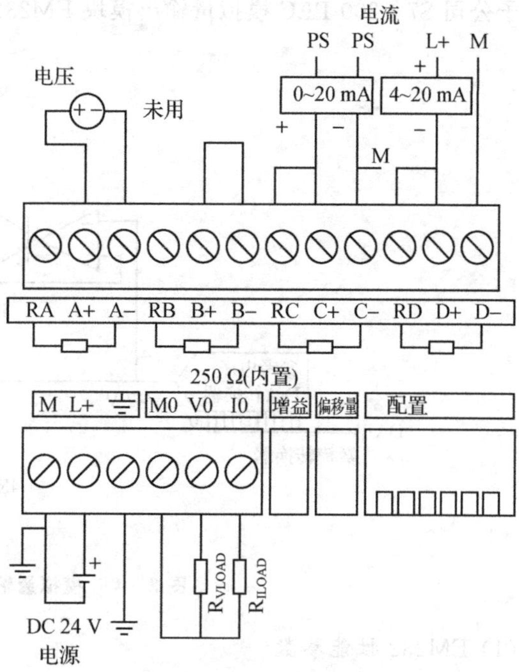

图8-6 EM235接线图

其端子的定义同 EM231 和 EM232。该模块的模拟量输入功能同 EM231 模拟量输入模块，特性参数基本相同，只是电压输入范围有所不同，单极性为 0～10 V、0～5 V、0～1 V、0～500 mV、0～100 mV、0～50 mV，双极性为＋10 V、＋5 V、＋2.5 V、＋1 V、＋500 mV、＋250 mV、＋100 mV、＋50 mV、＋25 mV；该模块的输出功能同 EM232 模拟量输出模块，特性参数基本相同，不再重复。

(二) S7-200 PLC 模拟量控制常用数据转换指令

1. SWAP 字节交换指令

字节交换指令用来交换输入字 IN 的高字节和低字节。其梯形图表示方式如图 8-7(a) 所示。

语句表指令格式：SWAP IN

说明：IN 端的数据为字型数据。当 IN 端数据为间接寻址时，会导致 ENO＝0 的错误。

2. 转换指令

(1) 数字转换

数字转换指令可将不同形式的数据进行转换，包括：字节转为整数(BTI)、整数转为字节(ITB)、整数转为双整数(ITD)、双整数转为整数(DTI)、双整数转为实数(DTR)、BCD 码转为整数(BCDI)和整数转为 BCD 码 (IBCD)等。以上指令将输入值 IN 转换为指定的格式并存储到由 OUT 指定的输出值存储区中，其梯形图如图 8-7(b)所示。

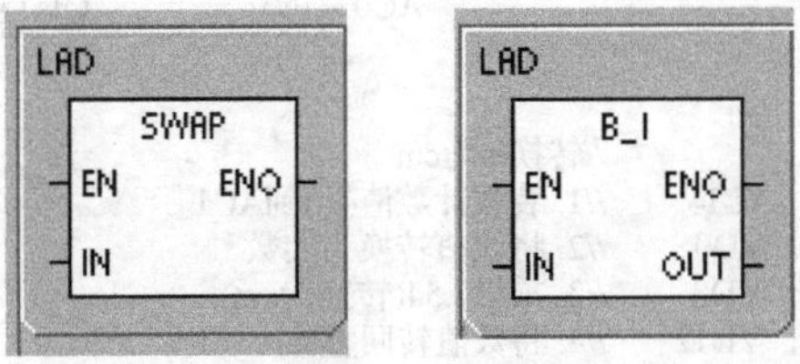

(a) 字节交换指令　　(b) 转换指令

图 8-7　数据转换指令的梯形图

语句表指令格式：BTI　IN，OUT 或 IBCD　IN，OUT 等。

(2) 四舍五入指令和取整指令

四舍五入指令(ROUND)：将一个实数转为一个双整数值，并将四舍五入的结果存入 OUT 指定的变量中。取整指令(RUNC)：将一个实数转为一个双整数值，并将实数的整数部分作为结果存入 OUT 指定的变量中。

语句表指令格式：ROUND　IN，OUT。

(3) 包络段数段码指令

包络段数段码指令(SEG)允许产生一个点阵，用于点亮七段码显示器的各个段。

语句表指令格式：SEG IN，OUT。

【例 8-1】　利用数据转换指令将 101 in 的长度转换为单位为 cm 的长度。数据转换指令应用如图 8-8 所示。

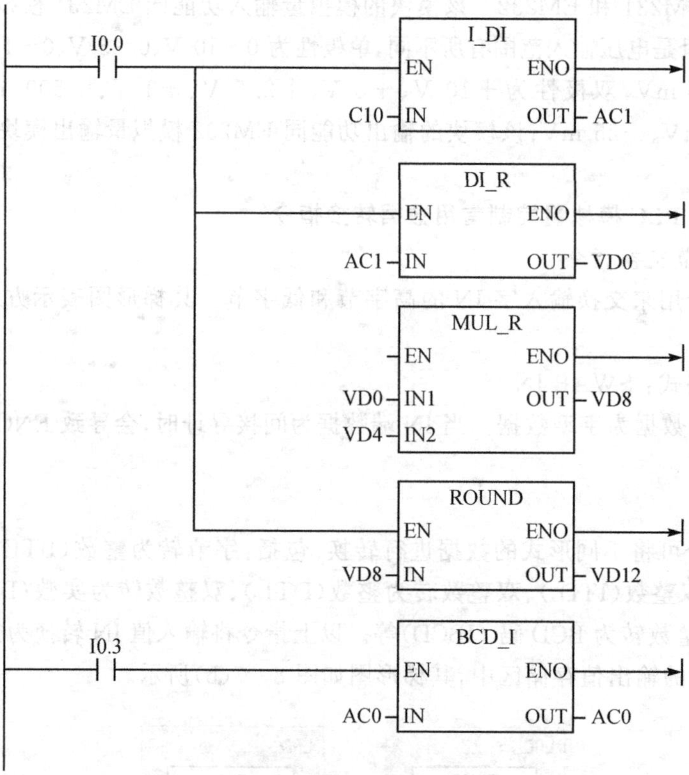

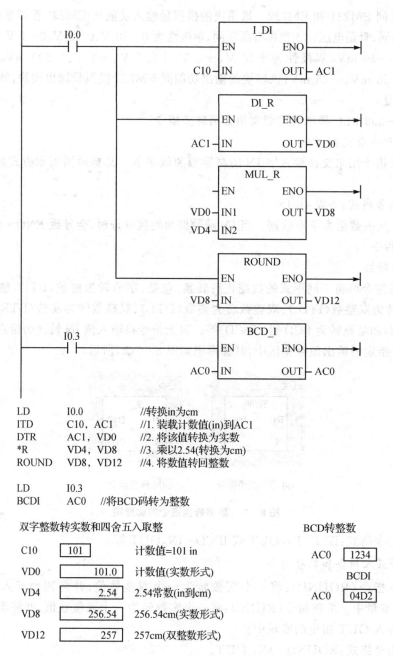

```
LD      I0.0         //转换in为cm
ITD     C10, AC1     //1. 装载计数值(in)到AC1
DTR     AC1, VD0     //2. 将该值转换为实数
*R      VD4, VD8     //3. 乘以2.54(转换为cm)
ROUND   VD8, VD12    //4. 将数值转回整数

LD      I0.3
BCDI    AC0   //将BCD码转为整数
```

双字整数转实数和四舍五入取整

C10	101	计数值=101 in
VD0	101.0	计数值(实数形式)
VD4	2.54	2.54常数(in到cm)
VD8	256.54	256.54cm(实数形式)
VD12	257	257cm(双整数形式)

BCD转整数

AC0 1234

BCDI

AC0 04D2

图 8-8　数据转换指令应用

三、项目的实现

1. I/O 分配表

分析上述油压装置自动控制项目的要求得知,控制系统需要有 2 个数字量输入点,6 个数字量输出点,2 个模拟量输入通道。其 I/O 分配如表 8-4 所列。

表 8－4　S7－200PLC 的 I/O 分配表

输入设备	地　址	输出设备	地　址
启动按钮 SB1	I0.0	1 号油泵 KM1	Q0.0
停止按钮 SB2	I0.1	2 号油泵 KM2	Q0.1
油压输入 BP	AIW0	补气电磁阀开启 KM3	Q0.2
油位输入 BL	AIW2	补气电磁阀关闭 KM4	Q0.3
—	—	油压过低报警灯 HL1	Q0.4
—	—	油压事故障报警灯 HL2	Q0.5

2. 硬件接线

根据 I/O 分配表，画出 PLC 硬件接线示意图，如图 8－9 所示。

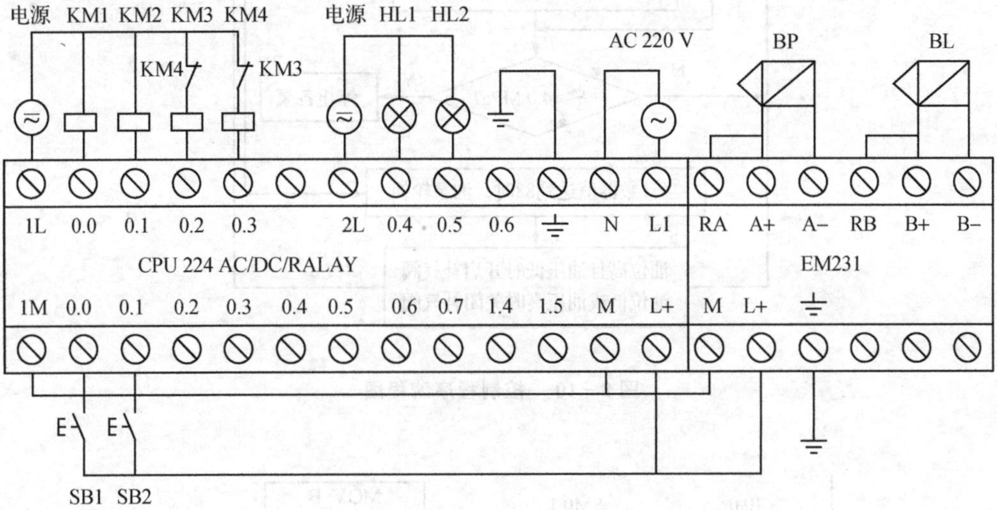

图 8－9　控制电路的 PLC 外部接线

3. 程序设计

(1) 压力油槽压力测量与换算

当测得压力油槽压力达到量程顶值(5.0 MPa)时，传感器的电流为 20 mA，AIW0 的数值为 32767，所以每 mA 的电流对应的 A/D 值为 32767/20；又测量得知当压力为 0.1 MPa 时，传感器电流为 0.4 mA，对应其 A/D 值为(32767/20)×0.4＝655.34。

(2) 控制流程图

依据控制要求，画出控制流程图，如图 8－10 所示。

(3) 控制程序

由以上分析，得出油压装置 PLC 控制梯形图，如图 8－11 所示。

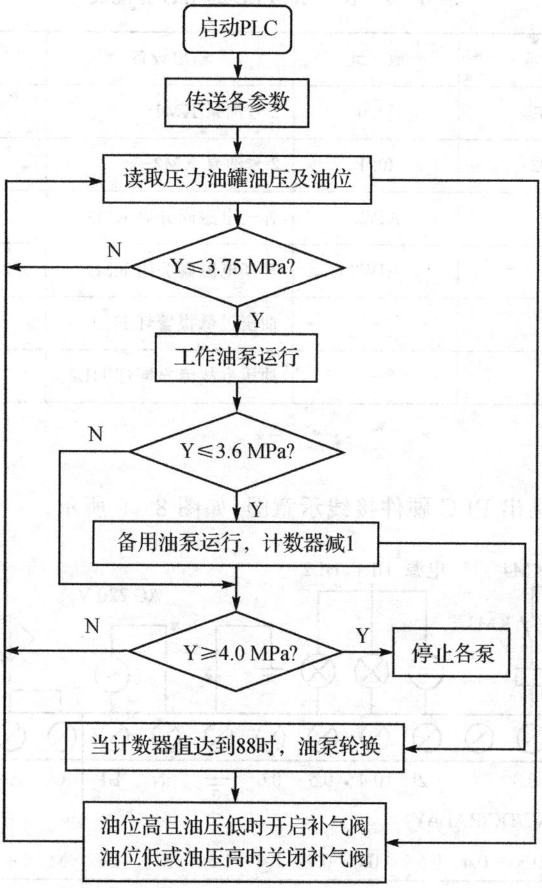

图 8-10　控制程序流程图

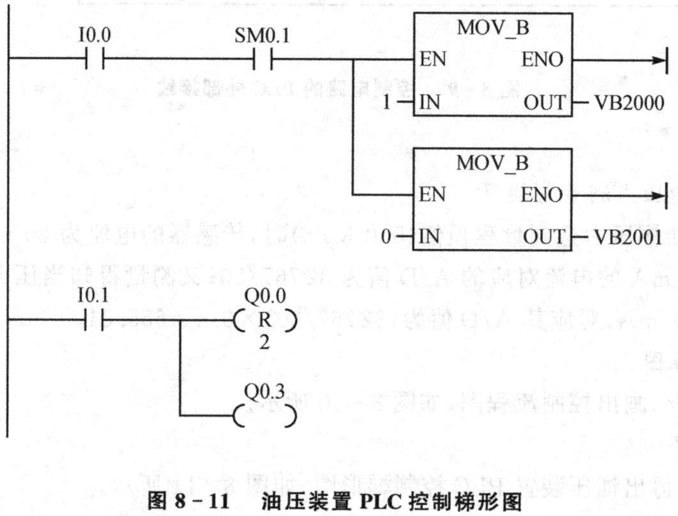

图 8-11　油压装置 PLC 控制梯形图

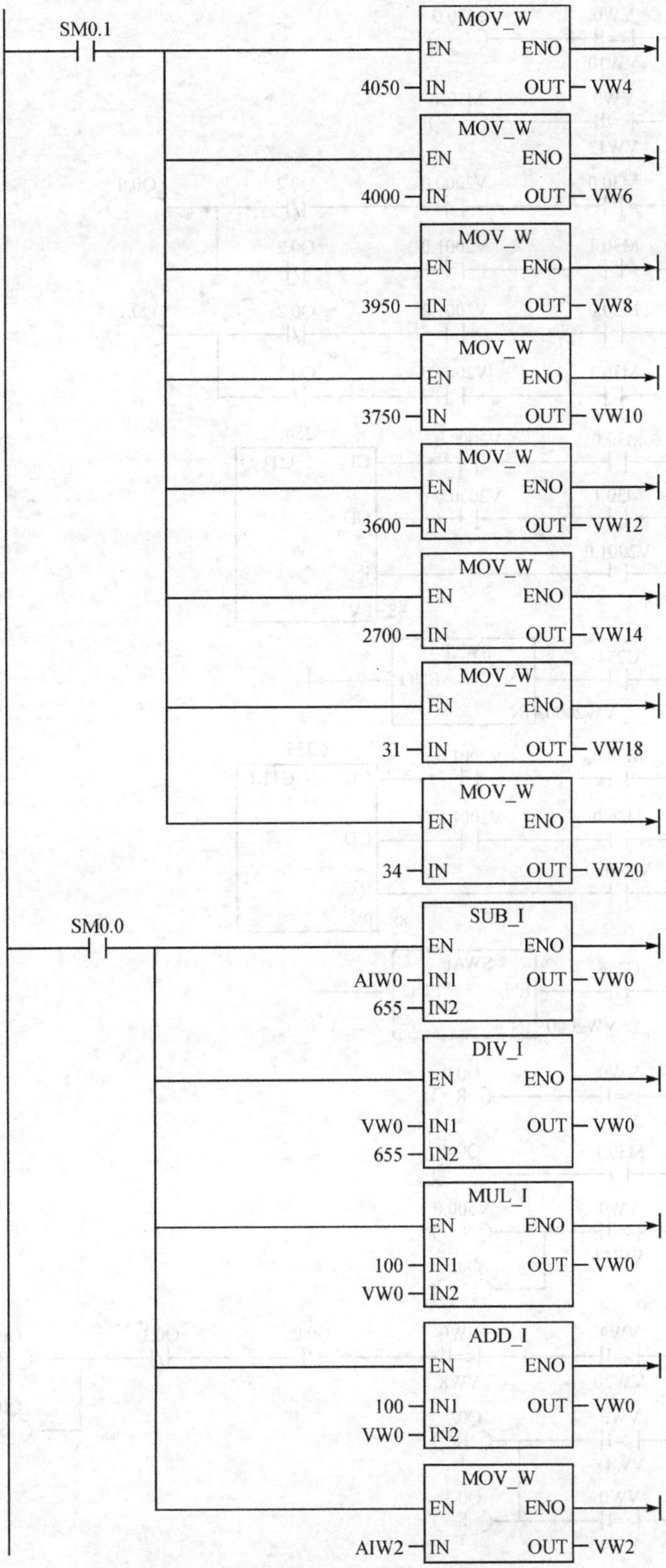

图 8－11　油压装置 PLC 控制梯形图(续)

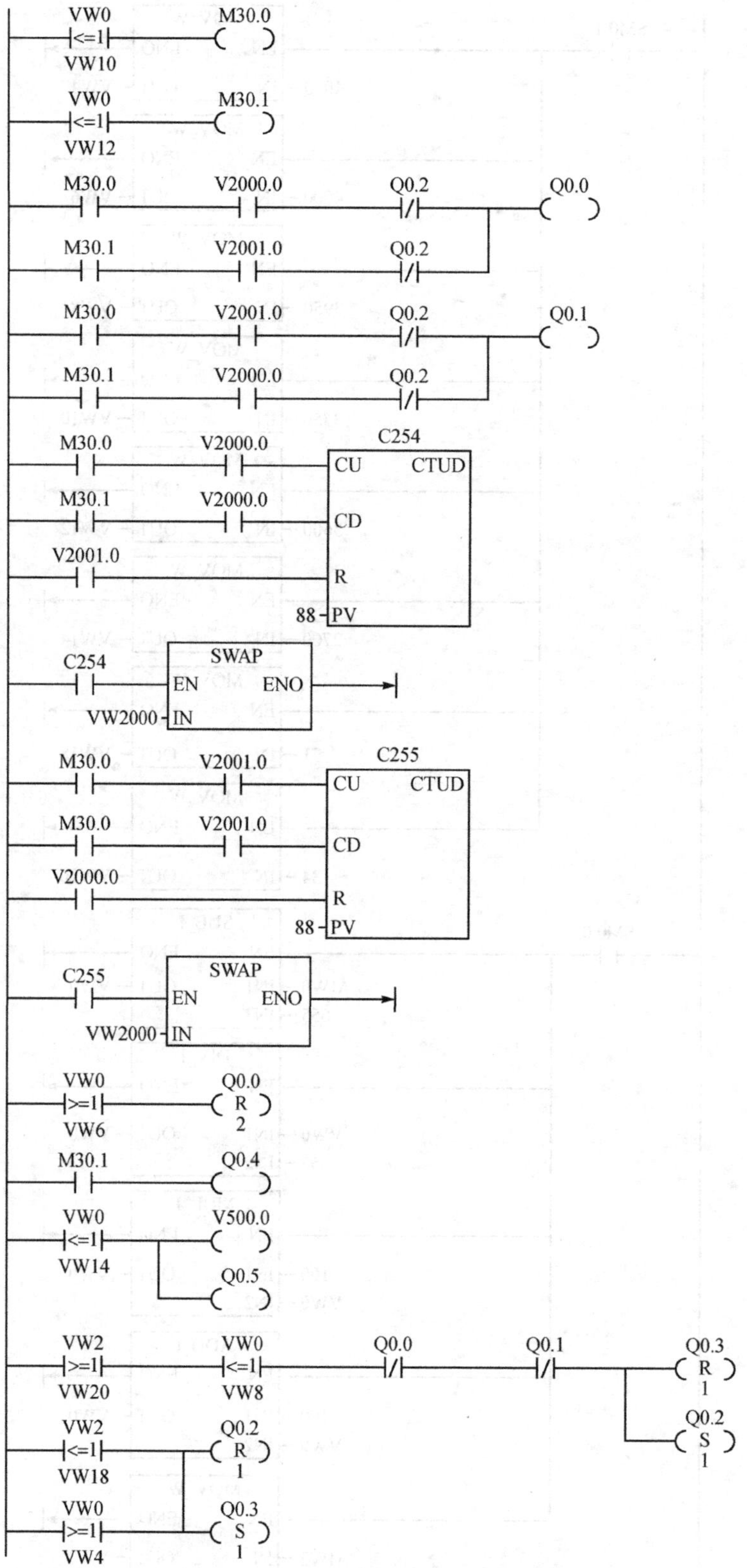

图 8-11　油压装置 PLC 控制梯形图(续)

项目 8.2　水箱水位控制

教学目标

1) 熟悉 PID 算法；

2) 掌握 PID 指令；

3) 能利用所学习的指令编程实现模拟量的 PLC 控制。

一、项目内容

某水箱有 1 条进水管和 1 条出水管。进水管流量随时间不断变化，通过控制出水水管阀门，使水箱里的液位始终保持在水满时液位的 60%。

二、项目相关知识

（一）PID 算法简介

PID(Proportional Integral Differential)算法是比例、积分、微分运算法则的简称，在过程控制领域，它是技术成熟、应用方便并已被广泛使用的控制算法。PID 是基于经典控制理论，并经过长期工程实践而总结出来的一套行之有效的控制算法，其结构框图如图 8 - 12 所示。

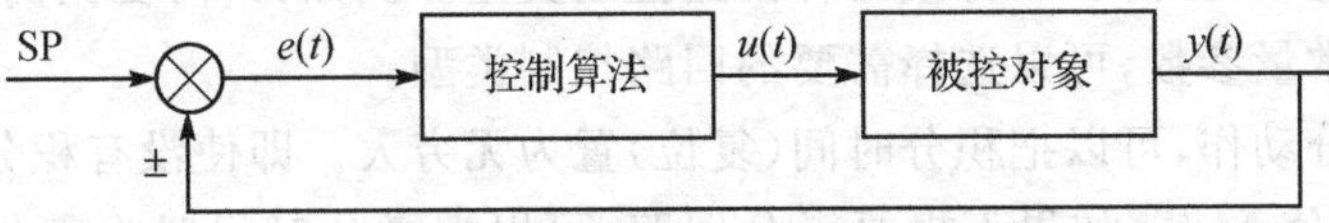

图 8 - 12　PID 控制器结构框图

这是一个闭环控制系统。输出 $y(t)$反馈到输入端并与输入 SP 比较，得到偏差 $e(t)$送入控制环节，经 PID 控制调节后输出给被控对象，保证输入输出的偏差 $e(t)$趋近零，使系统达到稳定状态。偏差 $e(t)$是给定值 SP 和过程变量 $y(t)$的差。

（二）PID 指令

1. 指令格式

PID 回路指令（包含比例、积分、微分回路）可以用来进行 PID 运算。在 PLC 中进行 PID 运算的前提条件是：逻辑堆栈栈顶（TOS）值必须为 1。该 PID 指令有两个操作数：TBL 和 LOOP。其中 TBL 是回路表的起始地址；LOOP 是回路号，可以是 0～7 的整数。PID 指令梯形图格式如图 8 - 13 所示。

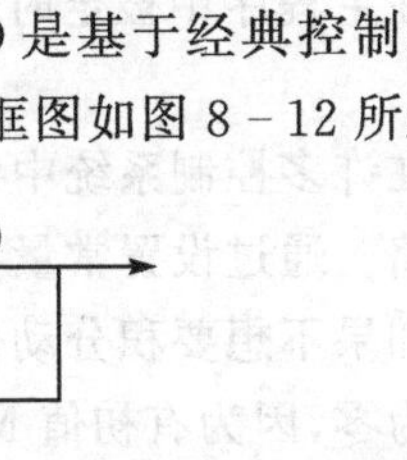

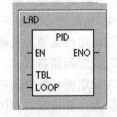

图 8 - 13　PID 指令梯形图格式

语句表指令格式：PID　TBL，LOOP

2. 指令说明

在程序中最多可以用 8 条 PID 指令。如果有两个或两个以上的 PID 指令用了同一个回路号，那么这些 PID 运算之间会相互干涉，产生不可预料的结果。

PID 指令回路表包含 9 个参数，用来控制和监视 PID 运算，如表 8 - 5 所列。

表 8-5　S7-200PID 回路表

偏移地址	域	格式	定时器类型	中断描述
0	过程变量 PVn	real	输入	必须介于 0.0～1.0 之间
4	设定值 SPn	real	输入	必须介于 0.0～1.0 之间
8	输出值 Mn	real	输入/输出	必须介于 0.0～1.0 之间
12	增益 K_C	real	输入	比例常数,可正可负
16	采样时间 T_s	real	输入	单位为 s,必须为正
20	积分时间 T_i	real	输入	单位为 min,必须为正
24	微分时间 T_d	real	输入	单位为 min,必须为正
28	积分项前项 MX	real	输入/输出	必须介于 0.0～1.0 之间
32	过程变量前值 PVn	real	输入/输出	包含最后一次执行 PID 指令时存储的过程变量值

为了让 PID 运算以预想的采样频率工作,PID 指令必须用在定时发生的中断程序中,或者用在主程序中被定时器所控制,以一定频率执行。采样时间必须通过回路表输入到 PID 运算中。

在许多控制系统中,只需要一种或两种回路控制类型。例如,只需要比例回路或者比例积分回路。通过设置常量参数,可以选择需要的回路控制类型。

如果不想要积分动作,可以把积分时间(复位)置为无穷大。即使没有积分作用,积分项还是不为零,因为有初值 MX。如果不想要微分回路,可以把微分时间置为零;如果不想要比例回路,但需要积分或积分微分回路,可以把增益设为 0.0,系统会在计算积分项和微分项时,把增益当作 1.0 看待。

另外,如果指令指定的回路表起始地址或 PID 回路号操作数超出范围,那么在编译期间,CPU 将产生编译错误(范围错误),从而编译失败。PID 指令不检查回路表中的一些输入值,必须保证过程变量和设定值(以及作为输入的偏置和前一次过程变量)在 0.0～1.0 之间。如果 PID 计算的算术运算发生错误,那么特殊存储器标志位 SM1.1(溢出或非法值)会被置 1,并且中止 PID 指令的执行。要想消除这种错误,单靠改变回路表中的输出值是不够的,正确的方法是在下一次执行 PID 运算之前,改变引起算术运算错误的输入值,而不是更新输出值。

3. PID 的编程步骤

PID 的编程步骤如下:

① 设定回路输入及输出选项;

② 设定回路参数;

③ 设定循环报警选项;

④ 为计算指定内存区域;

⑤ 指定初始化子程序及中断程序;

⑥ 编写 PID 程序。

【例 8-2】 如果 $K_c=0.3$、$T_s=0.2$ s、$T_i=20$ min、$T_d=10$ min,建立一个子程序 SBR_0,用来对回路表进行初始化,如图 8-14 所示。

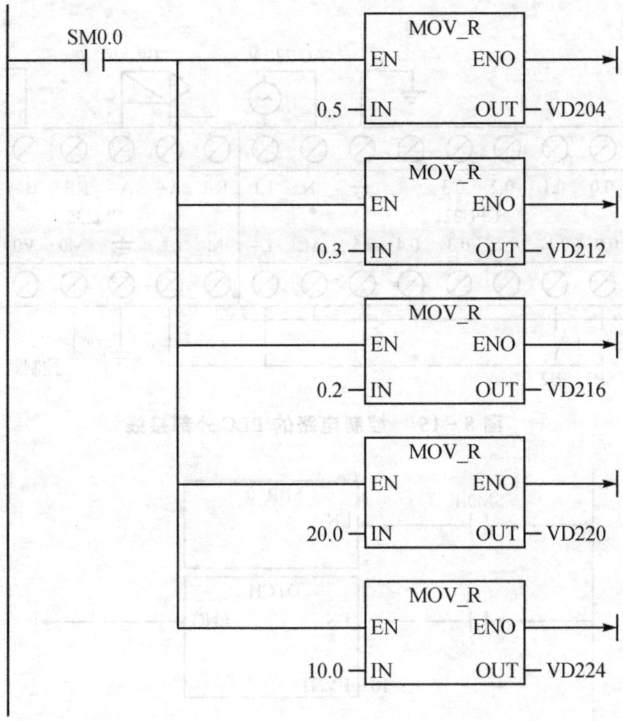

图 8-14 PID 回路初始化子程序

三、项目的实现

1. I/O 分配表

分析上述水位装置控制项目的控制要求，在设计中采用模数转换和 PID 控制。采用 EM235 模块实现模拟量和数字量的转换。压力传感器送出的水位测量值通过 EM235 模块转换成数字量输入 PLC 中，而输出端通过 EM235 模块将模拟量(0～1.0，分辨率为 1/32000)转换为数字量；采用 PID 回路指令控制输出阀门的开度(0～100%)，使水位始终保持在满水时的 60%。分析得出，本控制系统共需要 2 个数字量输入点，1 个模拟量输入通道和 1 个模拟量输出通道，I/O 分配表如表 8-6 所列。

表 8-6 S7-200 PLC 的 I/O 分配表

输入设备	地 址	输出设备	地 址
启动按钮 SB1	I0.0	出水控制阀	AQW0
停止按钮 SB2	I0.1	—	—
水压输入	AIW0	—	—

2. 硬件接线

根据 I/O 分配表，画出 PLC 硬件接线示意图，如图 8-15 所示。

3. 程序设计

本程序包括 3 部分：主程序如图 8-16 所示，初始化子程序如图 8-17 所示，中断程序如

图 8-18 所示。

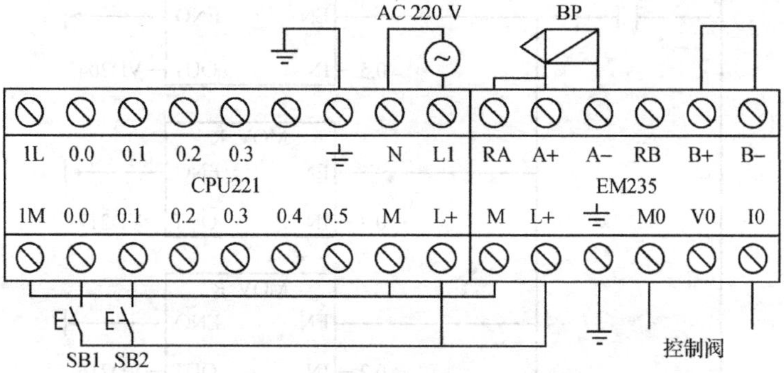

图 8-15　控制电路的 PLC 外部接线

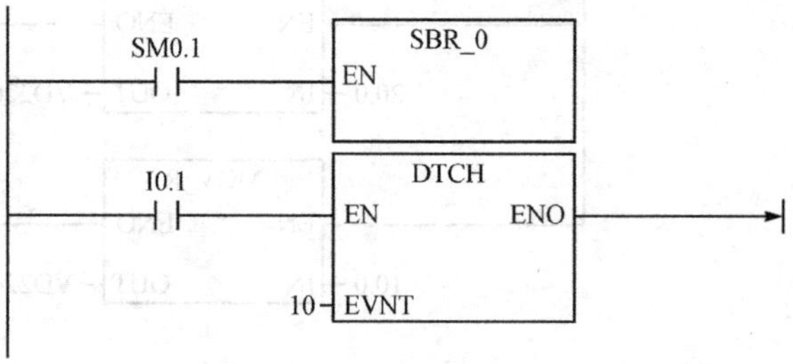

图 8-16　水位控制主程序

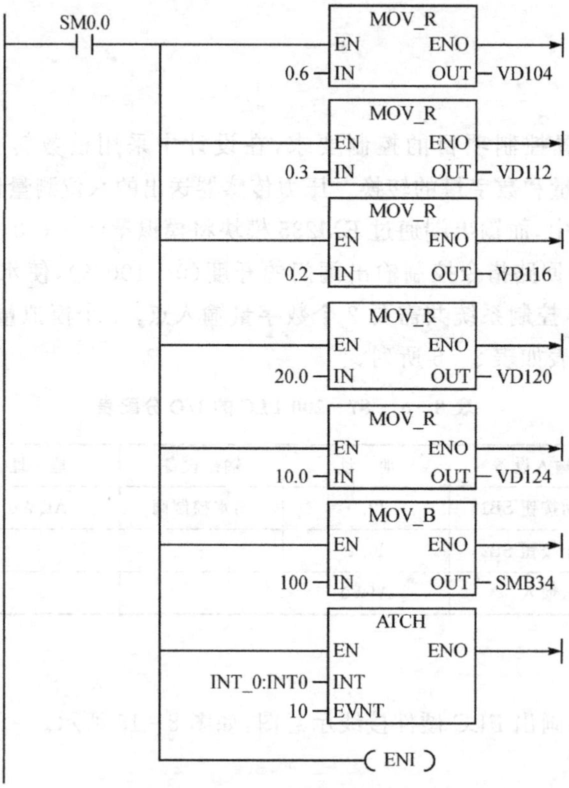

图 8-17　水位控制初始化子程序

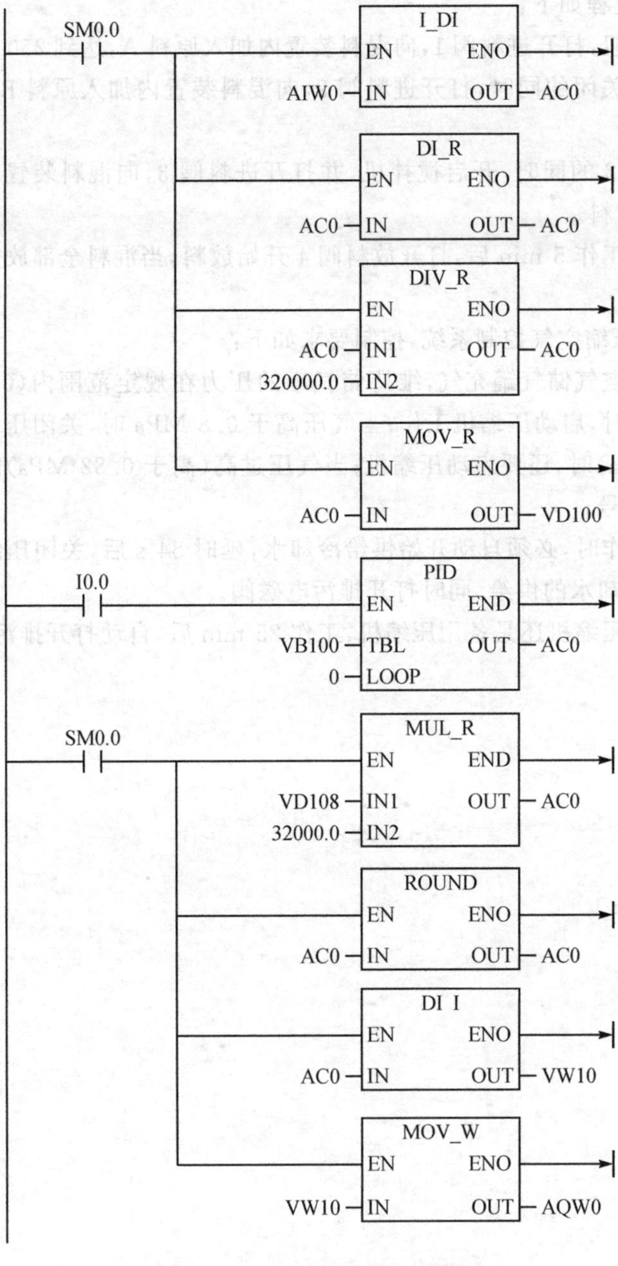

图 8 - 18　水位控制中断服务程序

说明：

本程序只是水位控制的自动运行程序。当程序工作于手动方式时，可以把阀门的开度值(0～1.0 之间的实数)直接写入回路表中的输出寄存器 VD108 中。

思考题与习题

8 - 1　设计一自动称重混料控制系统，混料罐自身质量为 200 kg，每次混料的最大重量为

600 kg。具体工作过程如下：

① 按下启动按钮，打开进料阀1，向混料装置内加入原料A，达到250 kg后，停止进A料。

② 在进料阀1关闭的同时，打开进料阀2，向混料装置内加入原料B，达到450 kg后，停止进B料。

③ 关闭进料阀2的同时，开启搅拌机，并打开进料阀3，向混料装置内加入原料C，达到500 kg后，停止进C料。

④ 搅拌机继续工作5 min后，打开放料阀4开始放料，当混料全部放完后，关闭阀4，并停止搅拌电动机。

8-2　设计一压缩空气控制系统，控制要求如下：

① 自动向压缩空气储气罐充气，维持储气罐的压力在规定范围内(0.7～0.8 MPa)。当气压低于0.7 MPa时，启动压缩机工作；当气压高于0.8 MPa时，关闭压缩机。另外，当气压过低(低于0.62 MPa)时，还要启动压缩机；当气压过高(高于0.82 MPa)时，要强制关闭压缩机，同时发出报警信号。

② 当压缩机工作时，必须自动开始供给冷却水，延时54 s后，关闭压缩机排污电磁阀；压缩机停止时，停止冷却水的供给，同时打开排污电磁阀。

③ 无论是工作压缩机还是备用压缩机，工作25 min后，自动打开排污电磁阀18 s排除冷凝污水。

模块9 S7-200 SMART PLC 编程及应用

西门子 S7-200 SMART 是在 S7-200 基础上发展起来的全新自动化控制产品，与 S7-200 相比，S7-200 SMART 具有机型丰富、选择更多，以太互联、经济便捷，软件友好、编程高效，三轴脉冲、运动自如，高速芯片、性能卓越，完美整合、无缝集成等特点。

项目 9.1 S7-200 SMART PLC 基本逻辑指令及应用

基本逻辑指令就是反映继电器控制电路各元件的基本连接关系，执行以位(bit)为单位的逻辑操作指令。基本逻辑指令是 PLC 中应用最多的指令，是程序设计的基础。本项目主要介绍 S7-200 SMART PLC 的基本逻辑指令及其应用。

教学目标

1) 熟悉 S7-200 SMART PLC 梯形图的特点和设计规则；
2) 掌握 S7-200 SMART PLC 基本逻辑指令及其应用；
3) 能利用所学习的基本逻辑指令编程实现简单的 PLC 控制；
4) 会利用编程软件编程及下载调试程序；
5) 掌握 S7-200 SMART PLC 的结构及外部接线。

一、项目内容

图 2-12(c)是采用按钮与接触器互锁进行的三相笼型异步电动机正反运转控制线路图。启动时，合上刀开关 QS，按下正转启动按钮 SB2，接触器 KM1 线圈通电，其常开主触点闭合，使电动机接通电源正向运转，同时接触器 KM1 的常闭辅助触点将反转支路断开，防止误操作；当电机需要反转时，按下反转启动按钮 SB3，SB3 的常闭触点首先使 KM1 线圈断电，然后其常开触点再使 KM2 线圈通电，实现电动机的反方向运转。

二、项目相关知识

1. S7-200 SMART PLC 与 S7-200 PLC 的功能区别及其特点

① S7-200 SMART PLC 通信指令 GIP ADDR 和 SIP ADDR 取代了 S7-200 的 NETR(网络读取)和 NETW(网络写入)指令。指令“GIP ADDR，MASK，GATE”将 CPU 的 IP 地址复制到 ADDR，将 CPU 的子网掩码复制到 MASK，并且将 CPU 的网关复制到 GATE。指令“SIP ADDR，MASK，GATE”将 CPU 的 IP 地址设置为 ADDR 中可找到的值，将 CPU 的子网掩码设置为 MASK 中可找到的值，将 CPU 的网关设置为 GATE 中可找到的值。

② S7-200 SMART PLC 程序控制中的 GET_ERROR(获取非致命错误代码)替换了 S7-200 的 DIAG LED(诊断 LED)指令。

③ S7-200 SMART 的软件自带 Modbus RTU 主站指令库、Modbus RTU 从站指令库

和 USS 协议指令库,而 S7 - 200 需要安装。

④ 从外观上来讲,S7 - 200 SMART 继续沿用 S7 - 200 PLC 的浅灰外壳、绿色 LOGO 和方正的外形;从体积上讲,S7 - 200 SMART 高和深为 100 cm×81 cm,但是在宽度上有所压缩,同样的 I/O 点配置比目前市场上同类产品都更节省空间。这样在 120 点以内的应用中,多数的电控柜布线再不需要“蛇形走”,也不再需要扩展电缆。

⑤ CPU 的性能决定了 PLC 主要的功能表现,S7 - 200 SMART PLC 的 CPU 速度提高到了 0.15 μs 每个位指令。

⑥ S7 - 200 SMART PLC 默认集成以太网,用来编程或组网皆可;同时每个 CPU 还集成一个 RS485 接口,可与变频器通信。接口支持 USS、Modbus 等协议,支持自由口通信、PPI 协议;还支持扩展板功能,通过扩展板还可以扩展另外一个 485 或 232 接口。

⑦ 与 S7 - 200 相比,S7 - 200 SMART 的指令基本没有变化,但界面更加友好。除了界面的改进,软件的体积也减小了,其安装包小于 100 M。除此之外,SMART 软件的窗口可以浮动,可以方便地布置工作台,同时支持分屏工作;软件里集成的帮助文件,增加了 help 文件的检索能力。

⑧ S7 - 200 SMART 支持 3 路伺服控制,在包装机械、机器手等应用中,多数需要水平运动加机器手的控制要求,3 路伺服控制是最基本的要求。与普遍采用 2 路脉冲的其他 PLC 相比有绝对的优势。

⑨ S7 - 200 SMART PLC 支持 micro SD 卡,程序传送、固件升级等。

2. S7 - 200 SMART PLC 的外部结构

S7 - 200 SMART PLC 的外部结构,如图 9 - 1 所示,其 CPU 单元、存储器单元、输入/输出接口单元及电源集中封装在同一塑料机壳内。当系统需要扩展时,可选用需要的扩展模块与主机连接。

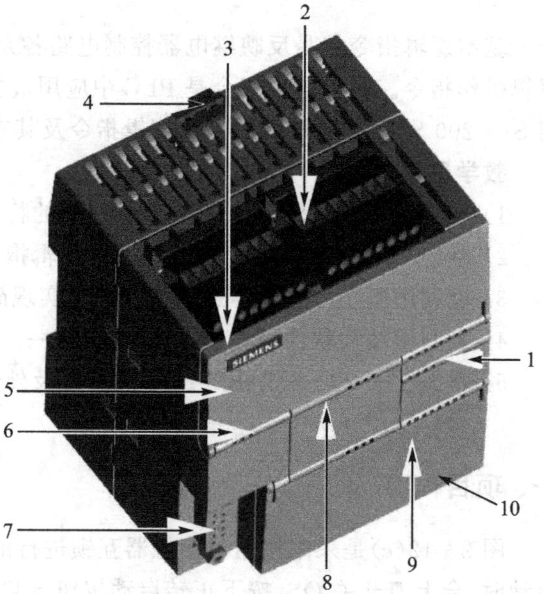

1—输入状态指示灯;2—输入端子;3—以太网接口;4—用于在标准导轨上安装的夹片;5—以太网状态 LED(保护盖下面):LINK,RX/TX;6—运行状态指示灯:RUN、STOP 和 ERROR;7—RS485 通信接口;8—可选信号板(仅限标准型);9—输出状态指示灯;10—输出端子

图 9 - 1 S7 - 200 SMART PLC 的外部结构图

3. S7 - 200 SMART PLC 的硬件系统组成

S7 - 200 SMART PLC 的硬件系统由 CPU 模块、数字量扩展模块、信号板、模拟量扩展模块、热电偶与电阻模块和相关设备组成。

(1) CPU 模块

CPU 模块又称基本模块或主机,由 CPU 单元、输入/输出接口单元及电源组成。CPU 模块是一个完整的控制系统,可以单独完成一定的控制任务,主要功能是采集输入信号,执行程序,发出输出信号和驱动外部负载。CPU 模块有经济型和标准型 2 种。经济型 CPU 模块有 2 种,分别为 CPU CR40 和 CPU CR60,经济型 CPU 价格便宜,但不具有扩展能力;标准型 CPU 模块有 8 种,分别是 CPU SR20、CPU ST20、CPUSR30、CPU ST30、CPUSR40、CPUST40、

CPUSR60 和 CPUST60，具有扩展能力。

CPU 模块的具体技术参数如表 9－1 所列，不同 CPU 的 I/O 点数及相关参数如表 9－2 所列。

表 9－1　CPU 模块具体技术参数

特征＼型号	CPU SR20/ST20	CPU SR30/ST30	CPU SR40/ST40	CPU SR60/ST60
外形尺寸/mm * mm * mm	90×100×81	110×100×81	125×100×81	175×100×81
程序储存器/KB	12	18	24	30
数字储存器/KB	8	12	16	20
本机数字量 I/O	12 入/8 出	18 入/12 出	24 入/16 出	36 入/24 出
数字量 I/O 映像区	256 位入/256 位出	256 位入/256 位出	256 位入/256 位出	256 位入/256 位出
模拟映像	56 字入/56 字出	56 字入/56 字出	56 字入/56 字出	56 字入/56 字出
扩展模块数量/个	6	6	6	6
脉冲捕捉输入个数/个	12	12	14	24
高速计数器个数/个	4	4	4	4
单相高速计数器个数/个	4	4	4	4
正交相位高速计数器个数/个	2	2	2	2
高速脉冲输出	2 路 100 kHz（仅限 DC 输出）	3 路 100 kHz（仅限 DC 输出）	3 路 100 kHz（仅限 DC 输出）	3 路 20 kHz（仅限 DC 输出）
以太网接口/个	1	1	1	1
RS－485 通信接口/个	1	1	1	1
可选件	储蓄器卡、信号板和通讯板			
DC24V 电源 CPU 输出电流/mA(最大负载/mA)	430(160)	365(624)	300(680)	300(220)
AC240V 电源 CPU 输出电流/mA(最大负载/mA)	120(60)	52(72)	150(190)	300(710)

表 9－2　S7－200 SMART PLC 的 I/O 点数及相关参数

CPU 模块型号	输入/输出点数	电源供电方式	公共端	输入类型	输出类型
CPU ST20	12 输入/8 输出	20.4～28.8 V DC 电源	输入端 I0.0～I1.3 共用 1M；输出端 Q0.0～Q0.7 共用 2L＋，2M	24 V DC 输入	晶体管输出
CPU SR20	12 输入/8 输出	85～264 V DC 电源	输入端 I0.0～I1.3 共用 1M；输出端 Q0.0～Q0.3 共用 1L，Q0.4～Q0.7 共用 2L	24 V DC 输入	继电器输出
CPU ST30	18 输入/12 输出	20.4～28.8 V DC 电源	输入端 I0.0～I2.1 共用 1M；输出端 Q0.0～Q0.7 共用 2L＋、2M，Q1.0～Q1.3 共用 3L，3M	24 V DC 输入	晶体管输出

续表 9-2

CPU 模块型号	输入/输出点数	电源供电方式	公共端	输入类型	输出类型
CPU SR30	18输入/12输出	85~264 V DC电源	输入端 I0.0~I2.1 共用 1M；输出端 Q0.0~Q0.3 共用 1L，Q0.4~Q0.7 共用 2L，Q1.0~Q1.3 共用 3L	24 V DC输入	继电器输出
CPU ST40	24输入/16输出	20.4~28.8 V DC电源	输入端 I0.0~I2.7 共用 1M；输出端 Q0.0~Q0.7 共用 2M，2L+，Q1.0~Q1.7 共用 3M，3L+	24 V DC输入	晶体管输出
CPU SR40	24输入/16输出	85~264 V DC电源	输入端 I0.0~I2.7 共用 1M；输出端 Q0.0~Q0.3 共用 1L，Q0.4~Q0.7 共用 2L，Q1.0~Q1.3 共用 3L，Q1.4~Q1.7 共用 4L	24 V DC输入	继电器输出
CPU ST60	36输入/24输出	20.4~28.8 V DC电源	输入端 I0.0~I4.3 共用 1M；输出端 Q0.0~Q0.7 共用 2M，Q1.0~Q1.7 共用 3M，3L+，Q2.0~Q2.7 共用 4M，4L+	24 V DC输入	晶体管输出
CPU SR60	36输入/24输出	85~264 V DC电源	输入端 I0.0~I4.3 共用 1M；输出端 Q0.0~Q0.3 共用 1L，Q0.4~Q0.7 共用 2L，Q1.0~Q1.3 共用 3L，Q1.4~Q1.7 共用 4L，Q2.0~Q12.3 共用 5L，Q2.4~Q2.7 共用 6L	24 V DC输入	继电器输出
CPU CR40	24输入/16输出	85~264 V DC电源	输入端 I0.0~I2.7 共用 1M；输出端 Q0.0~Q0.3 共用 1L，Q0.4~Q0.7 共用 2L，Q1.0~Q1.3 共用 3L，Q1.4~Q1.7 共用 4L	24 V DC输入	继电器输出
CPU CR60	36输入/24输出	85~264 V DC电源	输入端 I0.0~I4.3 共用 1M；输出端 Q0.0~Q0.3 共用 1L，Q0.4~Q0.7 共用 2L，Q1.0~Q1.3 共用 3L，Q1.4~Q1.7 共用 4L，Q2.0~Q2.3 共用 5L，Q2.4~Q2.7 共用 6L	24 V DC输入	继电器输出

(2) 数字量扩展模块

当CPU模块数字量I/O点数不能满足控制系统的需要时，用户可跟据实际的需要对数字量I/O点数进行扩展。数字量扩展模块通常有3类，分别为数字量输入模块、数字量输出模块和数字量输入/输出混合模块。

(3) 信号板

S7-200 SMART PLC有3种信号板，分别为模拟量输出信号板、数字量输入/输出信号板和RS485/RS323信号板。

(4) 模拟量扩展模块

模拟量扩展模块为主机提供了模拟量输入/输出功能，适用于复杂控制场合。模拟量扩展模块通过自带连接器与主机相连，并且可以直接连接变送器和执行器。模拟量扩展模块通常可以分为 3 类，分别为模拟量输入模块、模拟量输出模块和模拟量输入/输出混合模块。

(5) 热电阻与热电偶模块

热电阻或热电偶模块是模拟量模块的特殊形式，可直接连接热电偶和热电阻测量温度。

(6) 相关设备

主要包括编程设备、人机操作界面等。

① 编程设备。主要用来进行程序的编制、存储和管理等，并将程序送入 PLC 中，在调试过程中，进行监控和故障检测。S7-200 SMART PLC 的编程软件为 STEP 7-Micro/WIN SMART。

② 人机操作界面。主要指专用操作员界面。常见的如触摸面板、文本显示器等，用户可以通过该设备轻松地完成各种调整和控制任务。

4. STEP 7-Micro/WIN SMART 编程软件应用

STEP 7-Micro/WIN SMART 是西门子公司专门为 S7-200 SMART PLC 设计的编程软件，其功能非常强大，可在 Windows XP SP3 和 Windows 7 操作系统上运行，进行程序的编辑、监控、调试和组态，其界面如图 9-2 所示。

(1) 快速访问工具栏

快速访问工具栏显示在菜单选项卡正上方，通过快速访问文件按钮可简单快速地访问"文件"(File)菜单的大部分功能，并可访问最近打开的文档。快速访问工具栏上的其他按钮对应于文件功能"新建"(New)、"打开"(Open)、"保存"(Save) 和"打印"(Print)。

(2) 项目树

项目树显示所有的项目对象和创建控制程序需要的指令。可以将单个指令从树中拖放到程序中，也可以双击指令，将其插入项目编辑器中的当前光标位置。

项目树还可以对项目进行组织：右击项目，设置项目密码或项目选项；右击"程序块"(Program Block) 文件夹，插入新的子例程和中断例程；打开"程序块"(Program Block) 文件夹，然后右击 POU 打开 POU，编辑其属性、用密码对其进行保护或重命名；右击"状态图"(Status Chart) 或"符号表"(Symbol Table)文件夹，插入新图或新表；打开"状态图"(Status Chart) 或"符号表"(Symbol Table)文件夹，在指令树中右击相应图标，或双击相应的 POU 选项卡对其执行打开、重命名或删除操作。

(3) 导航栏

导航栏显示在项目树上方，可快速访问项目树上的对象。单击一个导航栏按钮相当于展开项目树并单击同一选择内容。导航栏具有几组图标，用于访问 STEP 7－Micro/WIN SMART 的不同编程功能。

(4) 菜单栏

菜单栏包括文件、编辑、视图、PLC、调试、工具和帮助 7 个菜单项。可通过右击菜单功能区并选择"最小化功能区"(Minimizethe Ribbon) 的方式最小化菜单功能区，以节省空间。

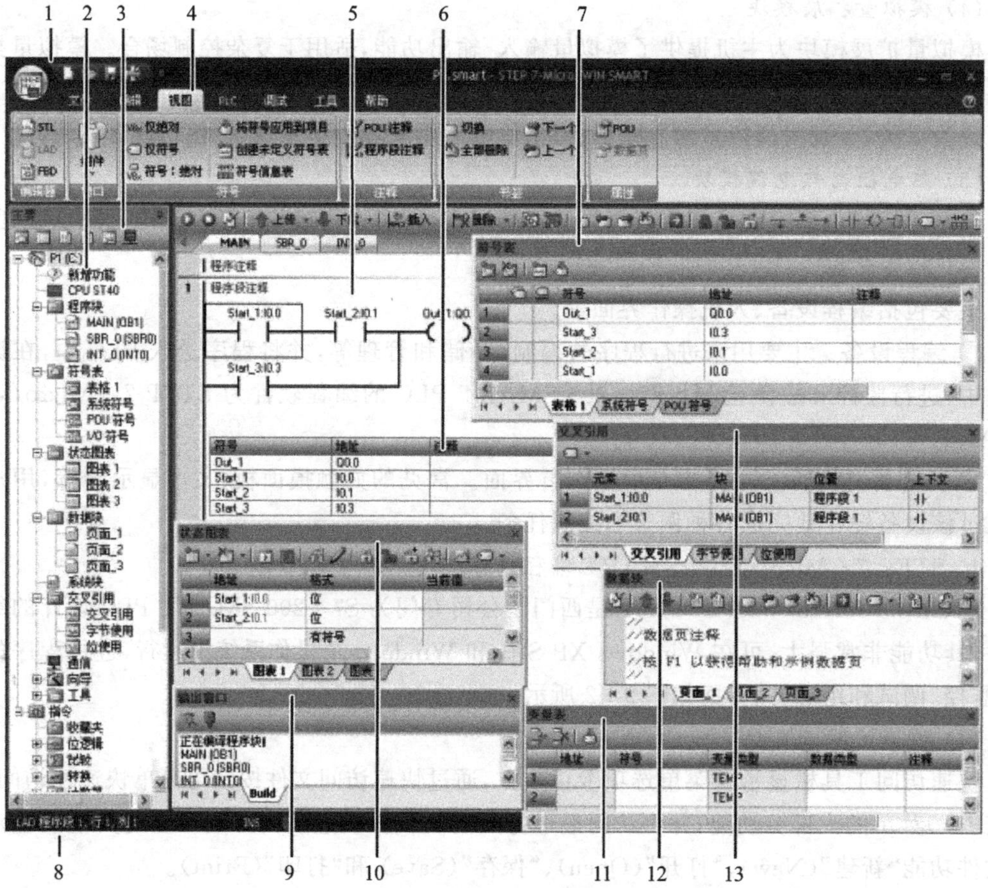

1—快速访问工具栏;2—项目树;3—导航栏;4—菜单;5—程序编辑器;6—符号信息表;
7—符号表;8—状态栏;9—输出窗口;10—状态图表;11—变量表;12—数据块;13—交叉引用

图 9-2　STEP 7-Micro/WIN SMART 的界面图

(5) 程序编辑器

程序编辑器包含程序逻辑和变量表,可在该表中为临时程序变量分配符号名称。子例程和中断例程以选项卡的形式显示在程序编辑器窗口顶部。单击这些选项卡,可以在子例程、中断和主程序之间切换。

STEP 7-Micro/WIN SMART 提供了三个用于创建程序的编辑器,分别是梯形图(LAD)、语句表(STL)和功能块图(FBD)。在"视图"(View)菜单功能区的"编辑器"(Editor)部分可将编辑器更改为 LAD、FBD 或 STL。或者通过"工具"(Tools)菜单功能区"设置"(Settings)区域内的"选项"(Options)按钮,可选择启动时的默认编辑器。

(6) 状态栏

状态栏位于主窗口底部,显示 STEP 7-Micro/WIN SMART 中正在执行的操作的编辑模式或在线状态的相关信息。

(7) 输出窗口

"输出窗口"显示最近编译的 POU 和在编译过程中出现的错误的清单。如果已打开"程序编辑器"窗口和"输出窗口",可双击"输出窗口"中的错误信息使程序自动滚动到错误所在的程序段。

三、项目的实现

1. I/O 分配表

本项目的控制线路中，有正转启动按钮 SB2、反转启动按钮 SB3、停止按钮 SB1、热继电器 FR 4 个输入设备，所以 PLC 需要 4 个输入点；同时需要 2 个交流接触器驱动电机控制的正反转，所以 PLC 需要 2 个输出点。I/O 分配表如表 9－3 所列。

表 9－3　PLC 的 I/O 分配表

输入设备	地址	输出设备	地址
停止按钮 SB1	I0.0	正转接触器 KM1	Q0.0
正转启动按钮 SB2	I0.1	反转接触器 KM2	Q0.1
反转启动按钮 SB3	I0.2		
热继电器 FR	I0.3		

2. PLC 接线

与 S7－200 相比，SMART 在 PLC 接线上有稍许不同，例如 SMART 的输入端子在上方，输出端子在下方，这一点在接线时需要特别注意。

用 PLC 完成上述控制任务时主电路与图 2－12(a)所示的相同，而控制电路与图 2－12(c)不一样。以 SR20 CPU 为例，PLC 控制三相异步电动机正反转外部接线图如图 9－3 所示。

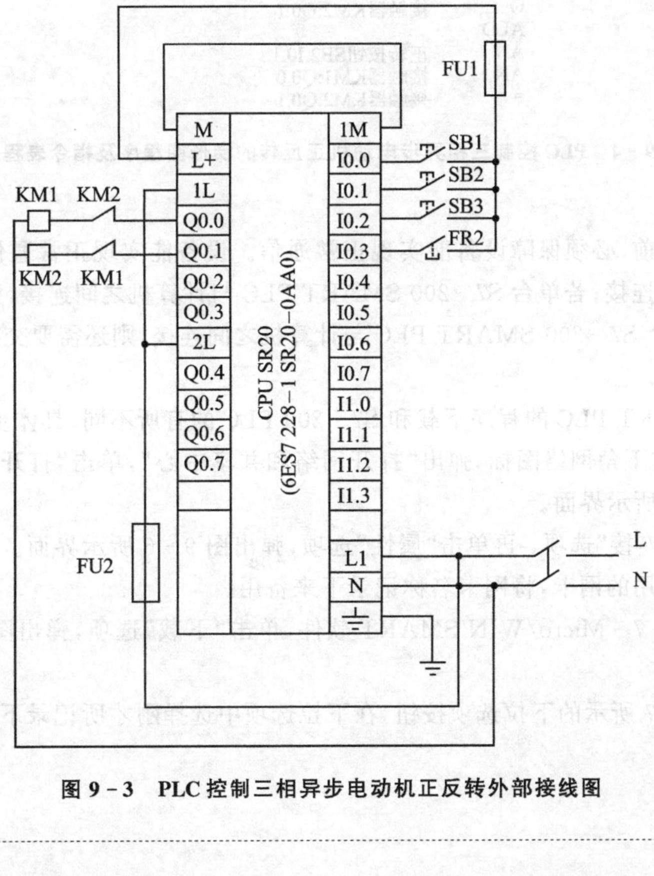

图 9－3　PLC 控制三相异步电动机正反转外部接线图

3. 程序设计

图9-4所示是完成三相异步电动机正反转控制的梯形图程序及相对应的指令表程序。

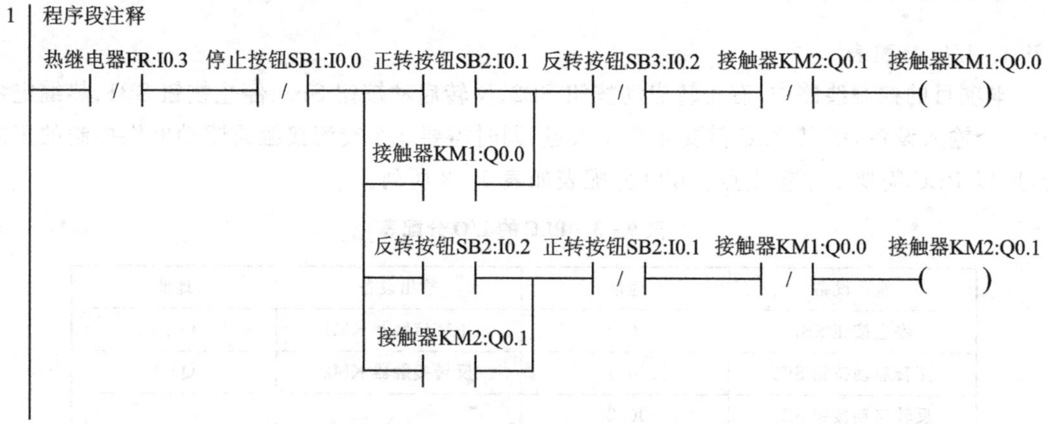

程序段注释

LDN	热继电器FR:I0.3
AN	停止按钮SB1:I0.0
LPS	
LD	正转按钮SB2:I0.1
O	接触器KM1:Q0.0
ALD	
AN	反转按钮SB3:I0.2
AN	接触器KM2:Q0.1
=	接触器KM1:Q0.0
LPP	
LD	反转按钮SB3:I0.2
O	接触器KM2:Q0.1
ALD	
AN	正转按钮SB2:I0.1
AN	接触器KM1:Q0.0
=	接触器KM2:Q0.1

图9-4 PLC控制三相异步电动机正反转的梯形图程序及指令表程序

4. 程序下载

在程序下载之前,必须保障设备能实现正常通信。设备能实现正常通信的前提是:① 设备之间进行了物理连接;若单台S7-200 SMART PLC与计算机之间连接,则只需要1条普通的以太网线;若多个S7-200 SMART PLC与计算机之间连接,则还需要交换机;② 设备进行了正确的通信设置。

S7-200 SMART PLC的程序下载和S7-200 PLC的有所不同,具体步骤如下:

① 右击屏幕右下角网络图标,弹出“打开网络和共享中心”,单击“打开网络和共享中心”选项,弹出图9-5所示界面。

② 单击“本地连接”选项,再单击“属性”选项,弹出图9-6所示界面。在图9-6中可以看到当前计算机所用的网卡,将网卡名称记录下来备用。

③ 返回STEP 7-Micro/WIN SMART软件,单击“下载”选项,弹出图9-7所示“通信界面”。

④ 单击图9-7所示的下拉选项按钮,在下拉选项中选择刚才所记录下来的网卡名称,如图9-8所示。

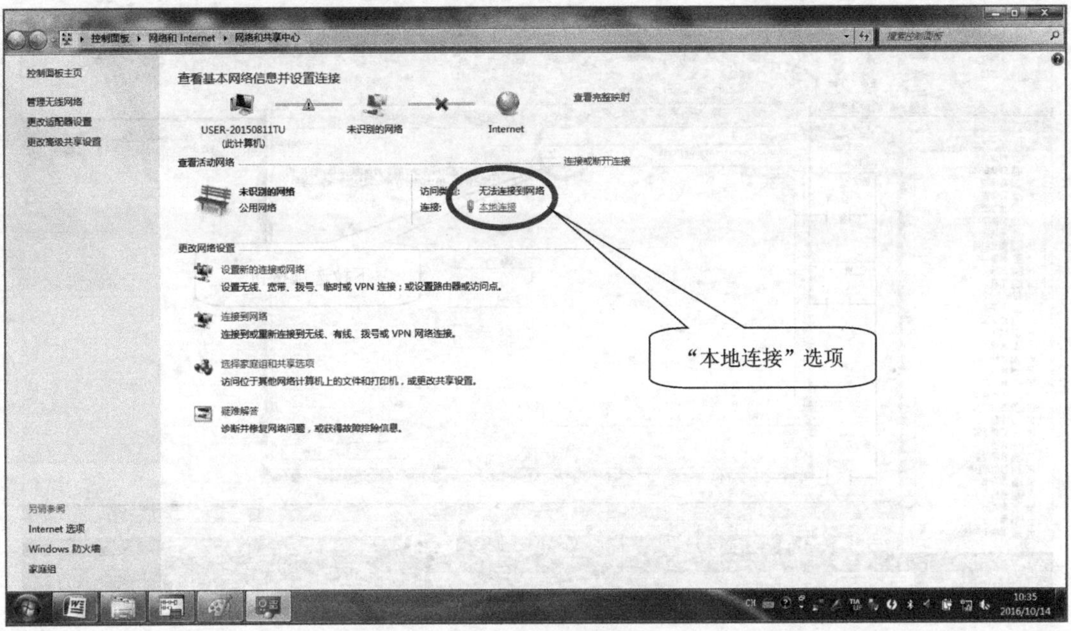

图 9-5　打开“网络连接”

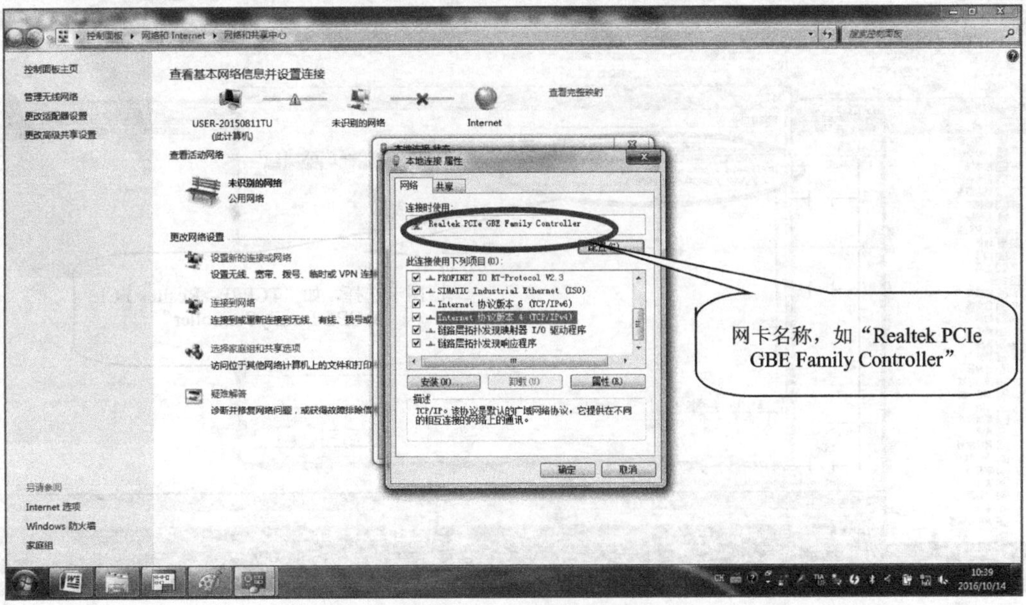

图 9-6　打开“属性”选项

⑤ 单击图 9-9 所示的“查找 CPU”按钮，等待一会儿后显示出当前与电脑连接的 PLC 的 IP 地址和子网掩码，记录下来，如图 9-9 所示。如果点击“闪烁指示灯”按钮，硬件中的 STOP，RUN 和 ERROR 指示灯会同时闪烁，再按一下，闪烁停止。这样做的目的是当有多个 CPU 时，便于找到你所选的那个 CPU。

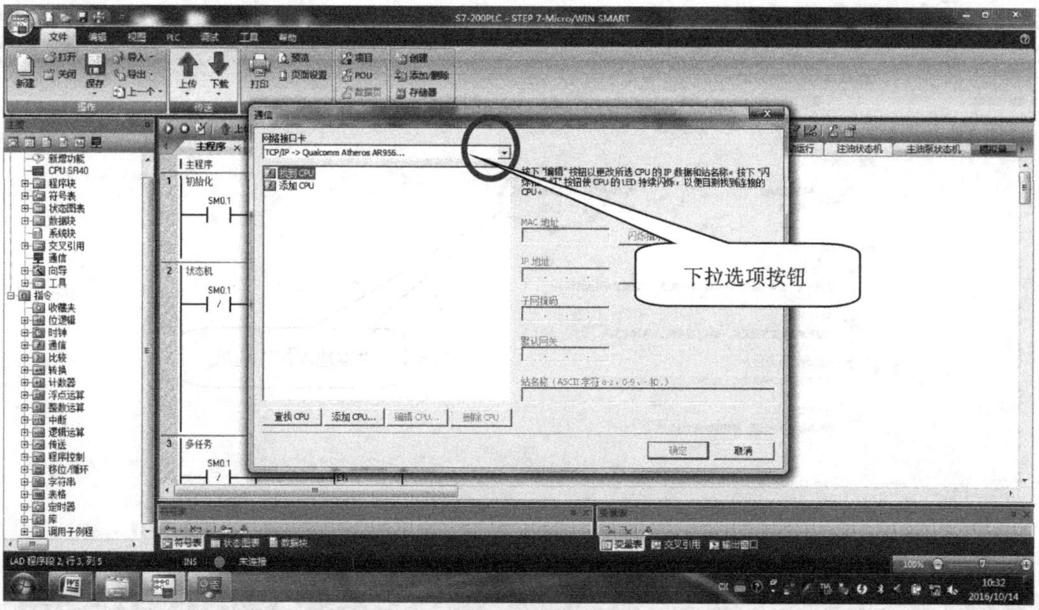

图 9-7　通信界面

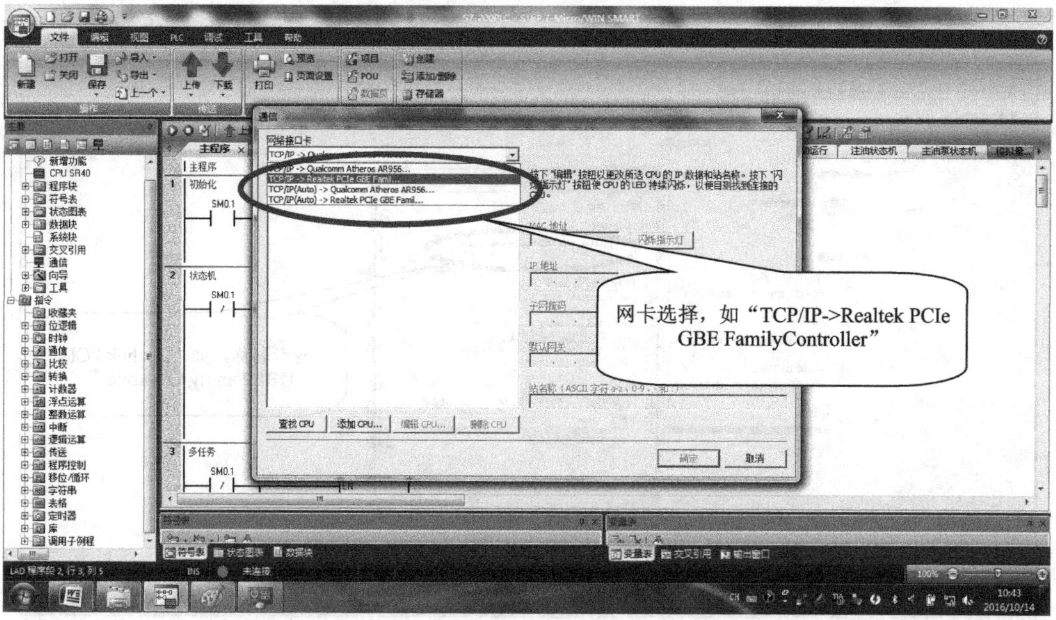

图 9-8　选择网卡

⑥ 在图 9-10 所示界面中双击“Internet 协议版本 4(TCP/IPv4)”选项，弹出图 9-11 所示的 IP 地址设置界面。在图 9-11 所示界面中按照之前步⑤记录的 IP 地址和子网掩码设置电脑的 IP 地址和子网掩码，设置完成后单击“确定”按钮退出。通过上两步的设置，S7-200 SMART PLC 与计算机之间就能通信了，能通信的标准是软件状态栏上的绿色指示灯不停闪烁。

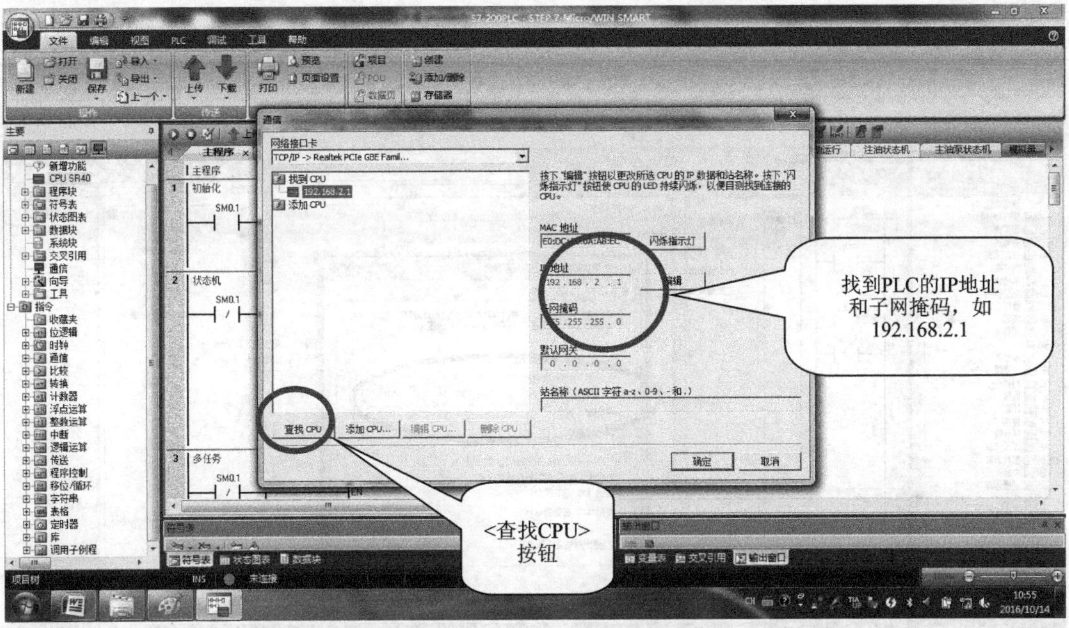

图 9 - 9　查找 CPU

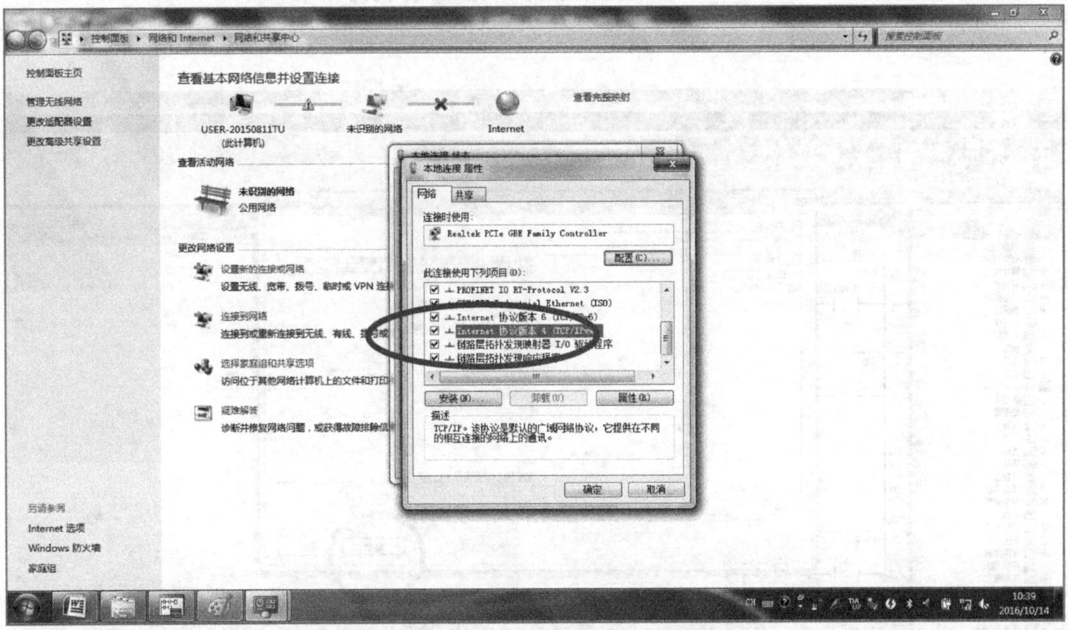

图 9 - 10　打开“Internet 协议版本 4(TCP/IPv4)”

⑦ 在图 9 - 12 所示界面中单击“确定”按钮，弹出程序“下载”对话框，用户可以在“块”的多选框中选择是否下载程序块、数据块和系统块。可以在“选项”的多选框中选择从 RUN 切换到 STOP 时是否提示、从 STOP 切换到 RUN 时是否提示、下载成功后是否自动关闭对话框。然后再继续单击“下载”按钮，下载完成后弹出如图 9 - 13 所示的界面，至此 PLC 的下载工作完成。

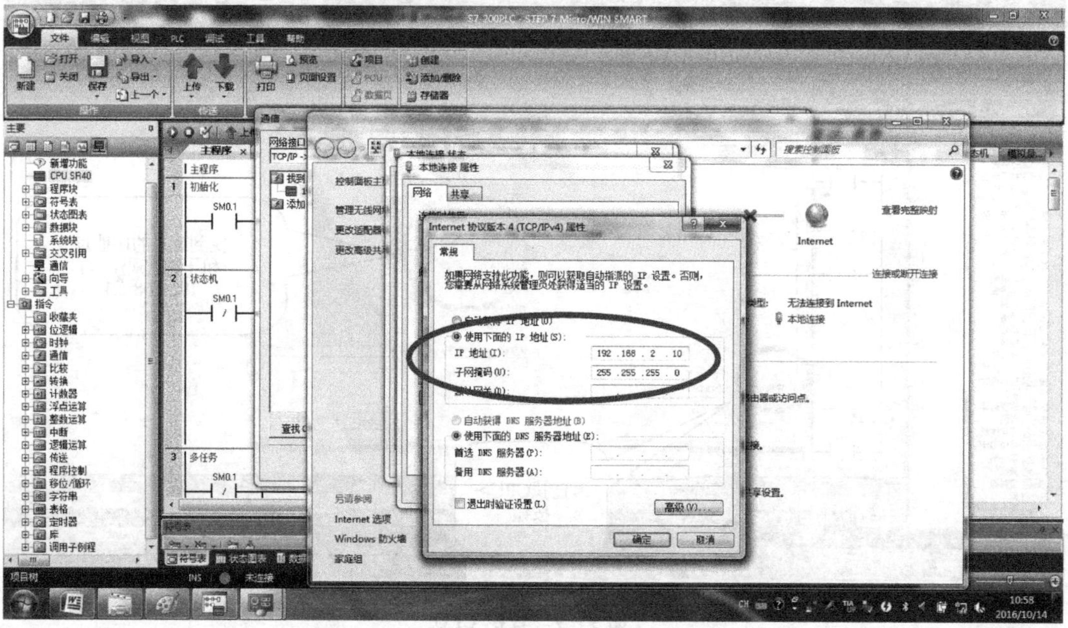

图 9-11　设置电脑的 IP 地址和子网掩码

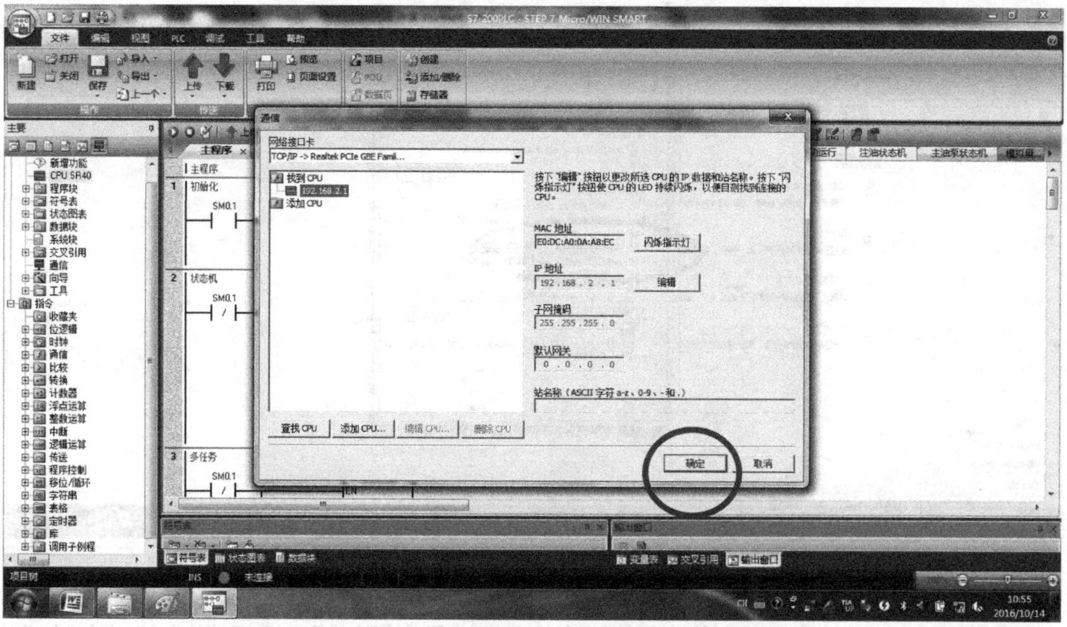

图 9-12　单击"确定"按钮

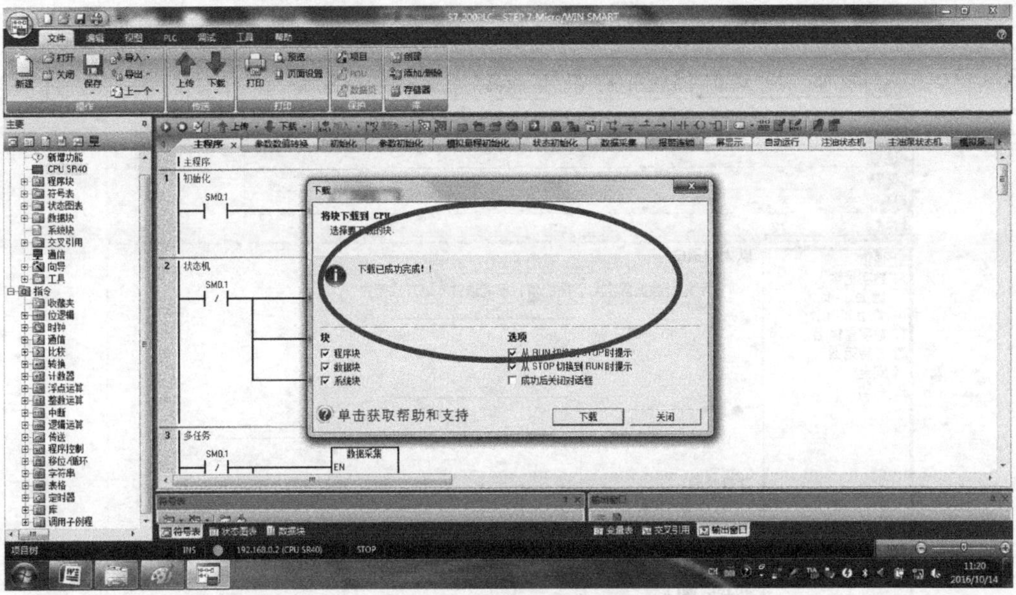

图 9 - 13　下载完成对话框

四、知识拓展

S7 - 200 和 S7 - 200 SMART 都用系统块来设置硬件的参数，但 S7 - 200 SMART 还需要用系统块来进行硬件组态。

硬件组态的目的是生成一个与实际硬件系统完全相同的系统。硬件组态包括 CPU 型号、扩展模块和信号板的添加，以及它们相关参数的设置。

1. 硬件配置

硬件配置前，首先打开系统块。打开系统块有 2 种方法：① 双击项目树中的系统块图标；② 单击导航栏中的系统块按钮。系统块的界面如图 9 - 14 所示。

系统块表格的第一行是 CPU 型号的设置；在第 1 行的第 1 列处，可以单击下拉图标，选择与实际硬件匹配的 CPU 型号；在第 1 行的第 3 列处，显示的是 CPU 输入点的起始地址；在第 1 行的第 4 列处显示的是 CPU 输出点的起始地址；两个起始地址均自动生成，不能更改；在第 1 行的第 5 列处，是订货号，选型时要填的。

系统块表格的第二行是信号板的设置。在第 2 行的第 1 列处，可以单击下拉图标，选择与实际信号板匹配的类型。信号板有通信信号板、数字量扩展信号板、模拟量扩展信号板和电池信号板。

系统块表格的第 3 行至第 8 行可以设置扩展模块。扩展模块包括数字量扩展模块、模拟量扩展模块、热电阻扩展模块和热电偶扩展模块。

例如，某系统硬件选择了 CPU SR20，一块模拟量输出信号板，1 块 4 点模拟量输入模块和 1 块 8 点数字量输入模块。请在软件中做好组态，并说明所占的地址。硬件组态结果如图 9 - 15 所示。

CPU SR20 的输入点起始地址 I0.0，占 IB0 一个字节，CPU SR20 的输出点起始地址 Q0.0，占 QB0 一个字节，实际输出量确定方法如图 9 - 16 所示。

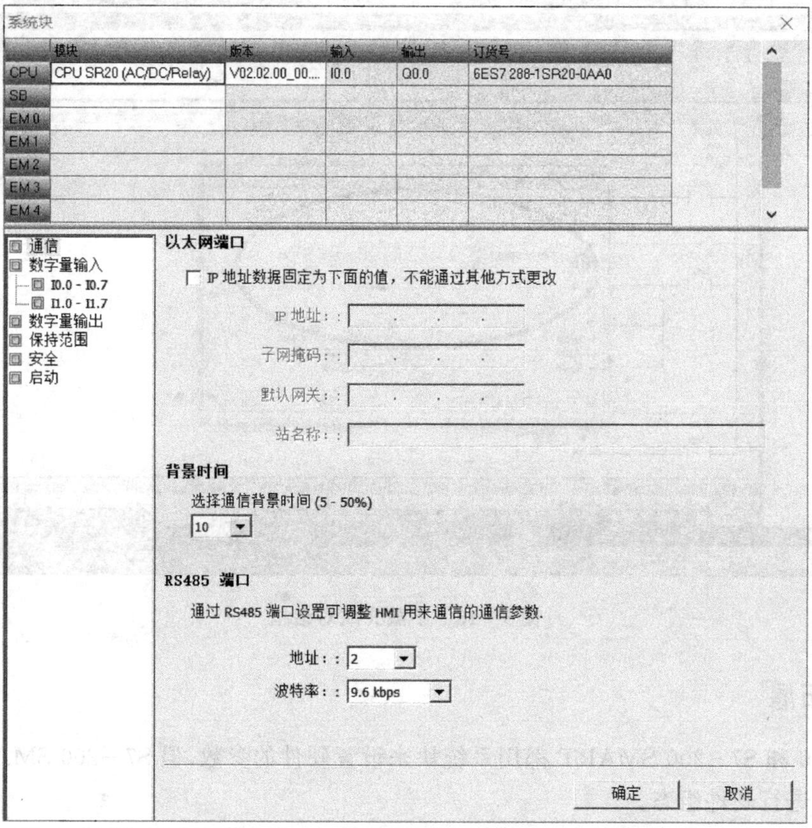

图 9-14　系统块界面

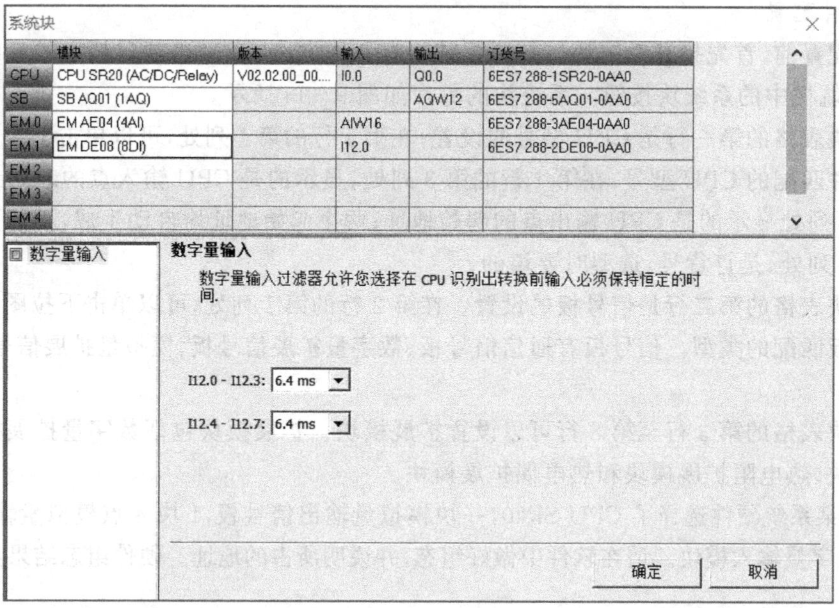

图 9-15　硬件组态

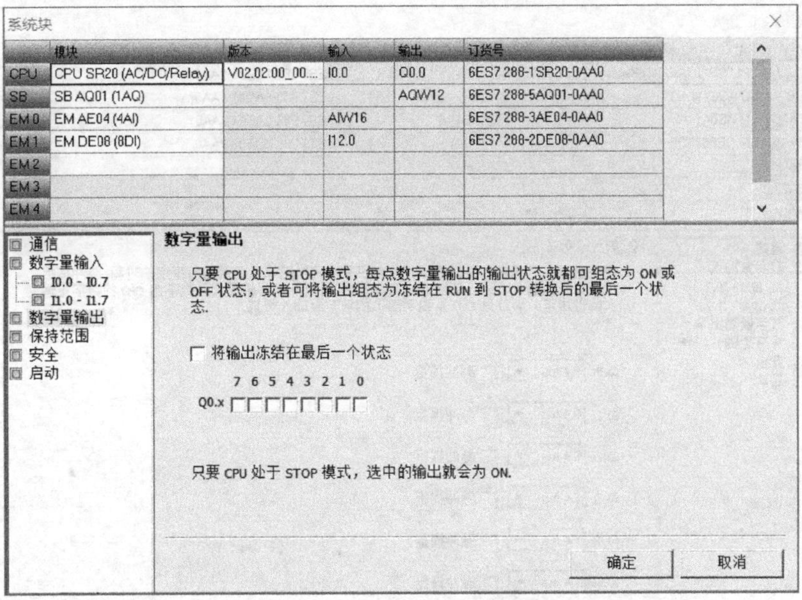

图 9－16　实际输出量的确定

SB AQ01(1AQ)只有 1 个模拟量输出点，模拟量输出起始地址为 AQW12。

EM AE04(4AI)的模拟量输入点起始地址为 AIW16，模拟量输入模块共有 4 路通道，此后地址为 AIW18，AIW20，AIW22。

EM DE08(8D1)的数字量输入点起始地址为 I12.0，占 IB12 一个字节。

2. 相关参数设置

(1) 组态数字量输入

1) 设置滤波时间

S7－200 SMART PLC 可允许为数字量输入点设置 1 个延时输入滤波器，通过设置延时时间，可以减少因触点抖动等因素造成的干扰。具体设置如图 9－17 所示。

2) 脉冲捕捉设置

S7－200 SMARTPLC 为数字量输入点提供脉冲捕捉功能，脉冲捕捉可以捕捉到比扫描周期还短的脉冲。具体设置如图 9－17 所示，勾选“脉冲捕捉”即可。

(2) 组态数字量输出

① 将输出冻结在最后一个状态，具体设置如图 9－18 所示。在“将输出冻结在最后一个状态”的前面打上“√”。

“将输出冻结在最后一个状态”的理解：若 Q0.1 最后一个状态是 1，那么 CPU 由 RUN 转为 STOP 时，Q0.1 的状态仍为 1。

② 强制输出设置。具体设置如图 9－19 所示，勾中“Q0.0、Q1.1”。

(3) 组态模拟量输入

西门子 S7－200 PLC 的模拟量模块的类型和范围均由拨码开关来设置，而 S7－200 SMART PLC 模拟量模块的类型和范围由软件来设置。

先选中模拟量输入模块，再选中要设置的通道，模拟量的类型有电压和电流两类，电压范围有三种：－2.5～2.5 V，－5～5 V，－10～10 V；电流范围只有 0～20 mA 一种。

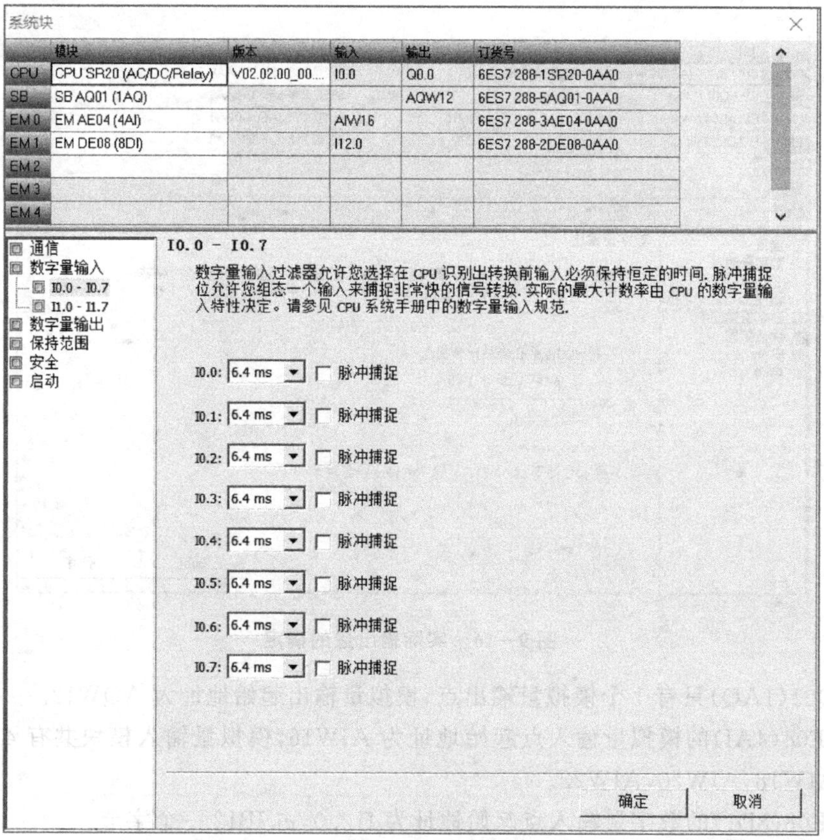

图 9-17　组态数字量的输入

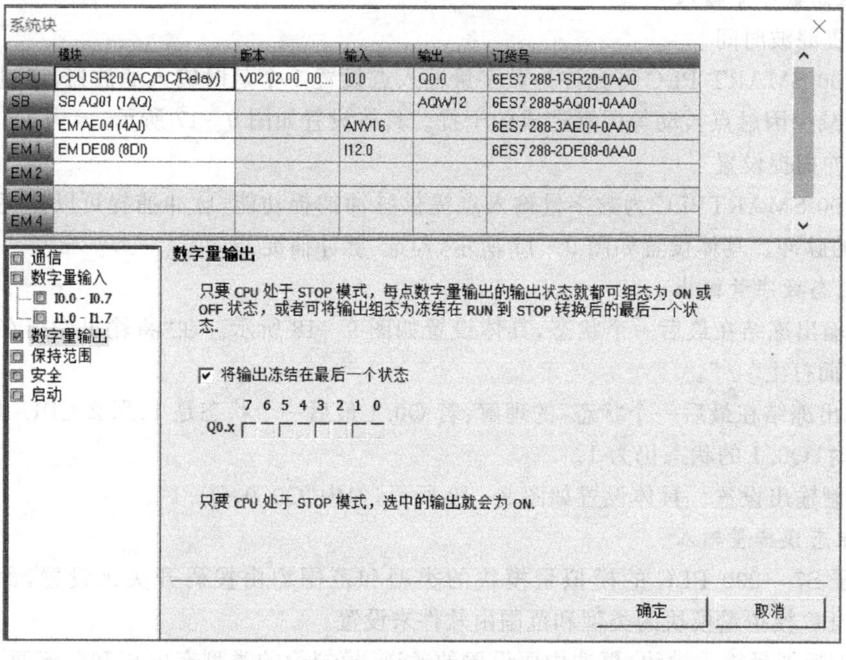

图 9-18　“将输出冻结在最后一个状态”的设置

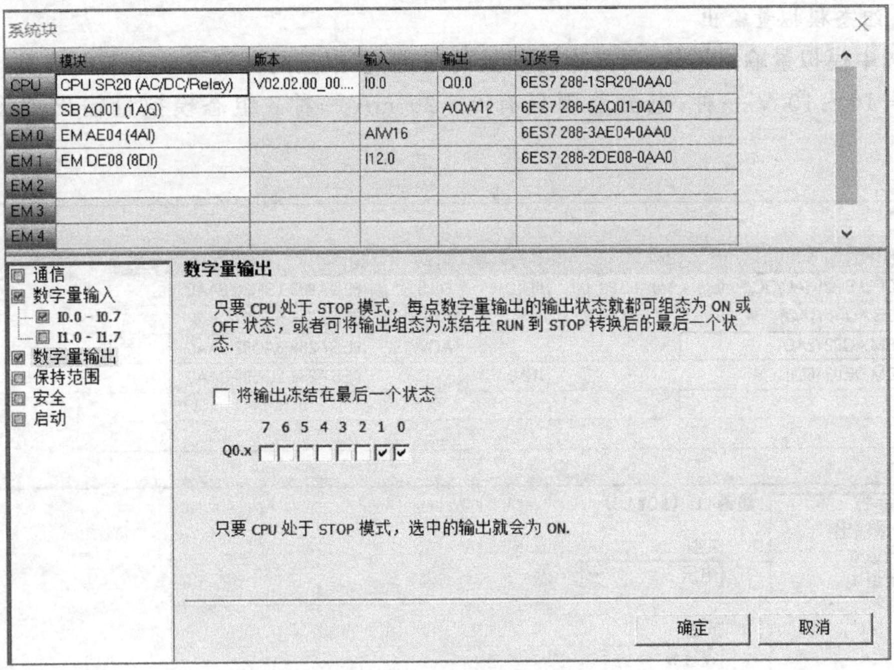

图 9-19　强制输出的设置

值得注意的是：通道 0 和通道 1 的类型相同，通道 2 和通道 3 的类型相同，具体设置如图 9-20 所示。

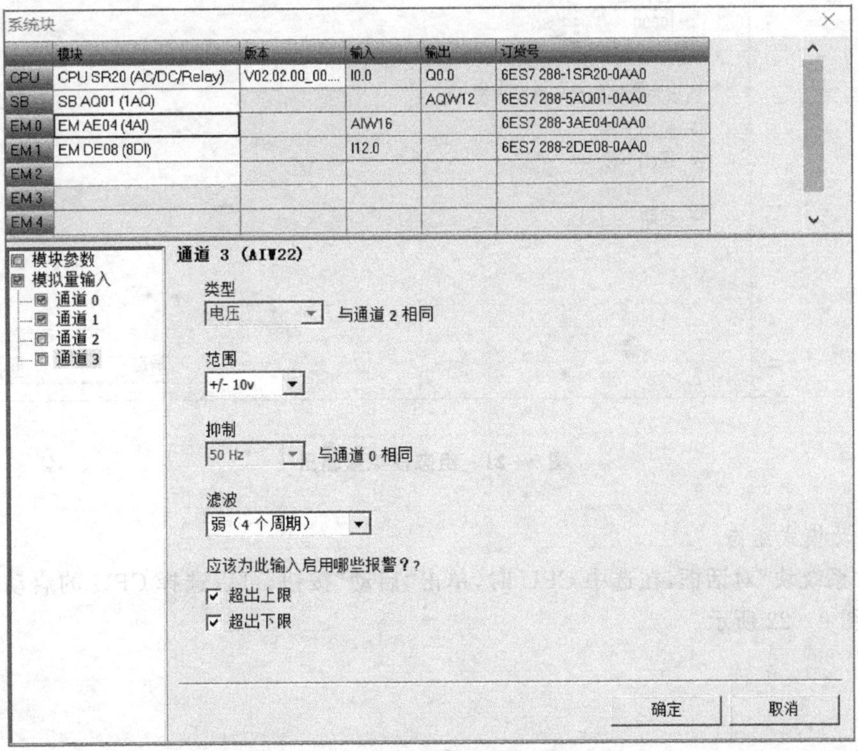

图 9-20　组态模拟量的设置

(4) 组态模拟量输出

先选中模拟量输出模块,再选中要设置的通道;模拟量的类型有电压和电流类:电压范围只有 −10～10 V 一种;电流范围只有 0～20 mA 一种。组态模拟量输出如图 9－21 所示。

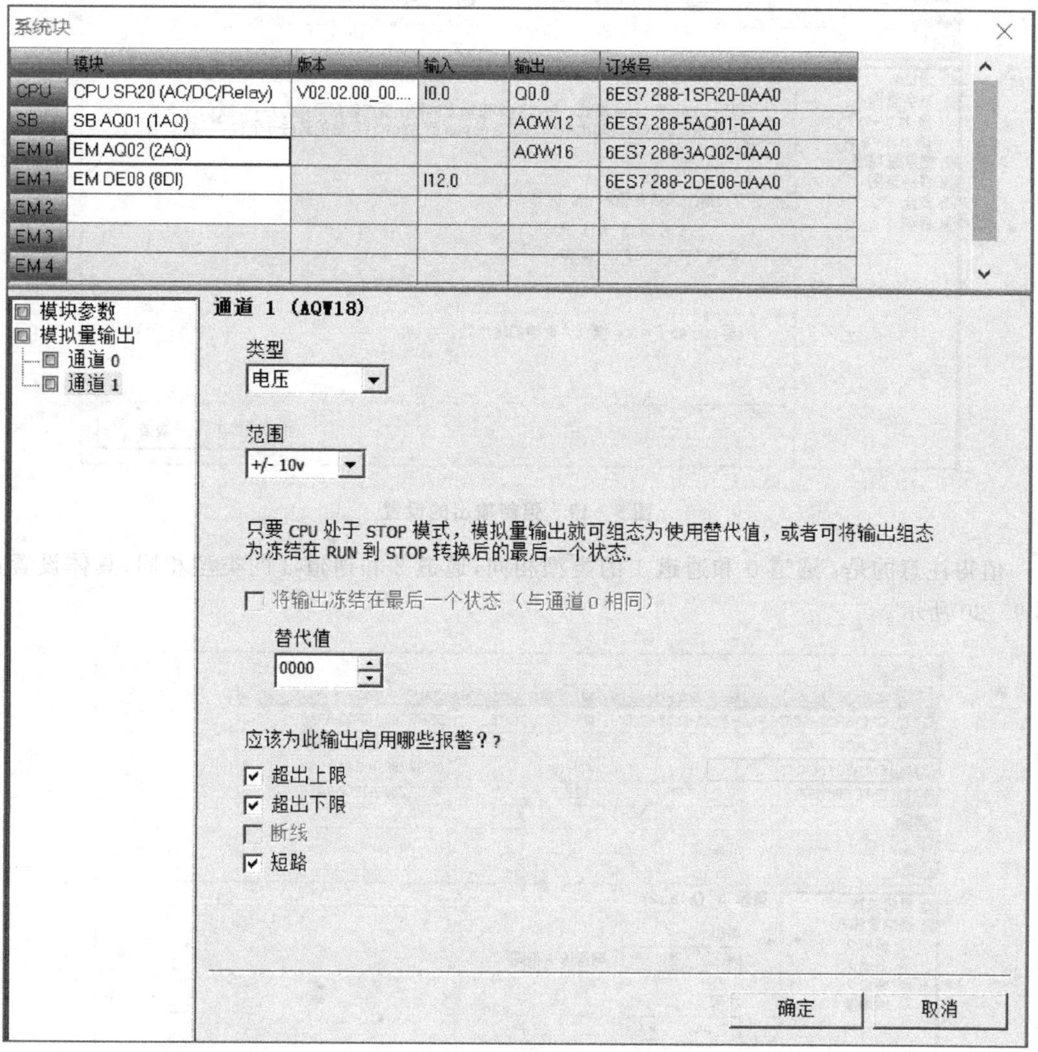

图 9－21 组态模拟量输出

3. 启动模式组态

打开“系统块”对话框,在选中 CPU 时,单击“启动”按钮,可以选择 CPU 的启动模式。具体操作如图 9－22 所示。

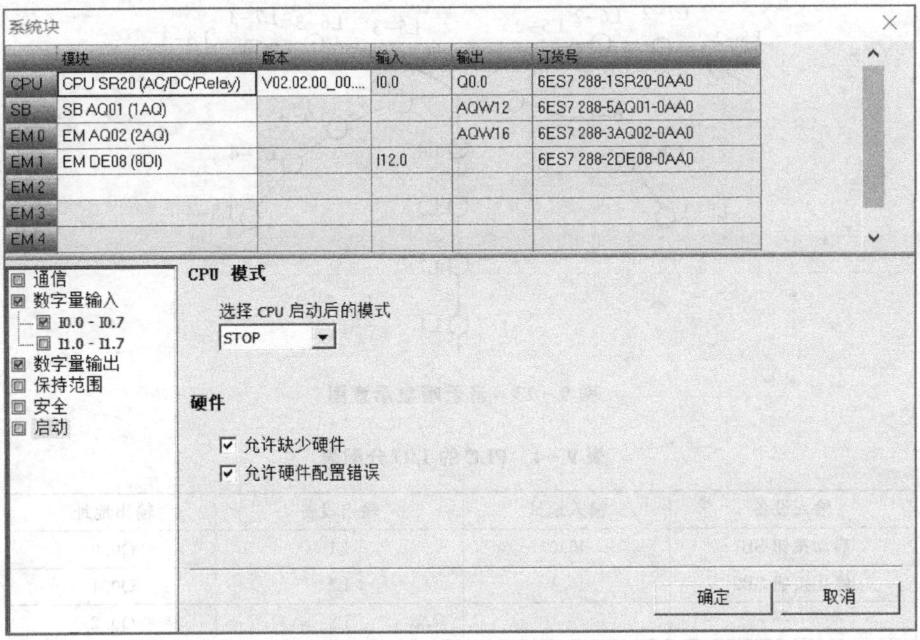

图 9－22　启动模式的设置

项目 9.2　S7－200 SMART PLC 指令系统的应用

通过比较，S7－200 SMART 的常用指令系统和 S7－200 的基本相同，但是也有如下区别：

① 通信指令 GIP ADDR 和 SIP ADDR 取代了 S7－200 的 NETR（网络读取）和 NETW（网络写入）指令。

② 程序控制中的 GET_ERROR（获取非致命错误代码）替换了 S7－200 的 DIAG LED（诊断 LED）指令。

教学目标

1）了解 S7－200 SMART PLC 的指令系统；

2）掌握 S7－200 SMART PLC 的常用指令使用方法。

一、音乐喷泉 PLC 控制

1. 控制要求

图 9－23 所示的音乐喷泉的控制要求如下：

LED 指示灯依次循环显示 1→2→3…→8→1、2→3、4→5、6→7、8→1、2、3→4、5、6→7、8→1、2、3、4→5、6、7、8，如此进行循环，模拟当前喷泉“水流”状态。按下启动按钮，八组彩灯按以上要求自动连续工作，按停止按钮在任意时刻喷泉停止。

2. 设计步骤

第一步：根据控制要求，对输入/输出进行 I/O 分配，如表 9－4 和表 9－5 所列。

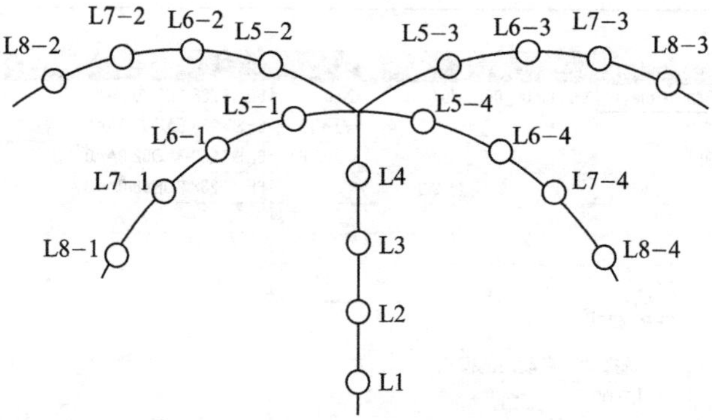

图 9－23　音乐喷泉示意图

表 9－4　PLC 的 I/O 分配表

输入设备	输入地址	输出设备	输出地址
启动按钮 SB1	I0.0	L1	Q0.0
停止按钮 SB2	I0.1	L2	Q0.1
—	—	L3	Q0.2
—	—	L4	Q0.3
—	—	L5－1～L5－4	Q0.4
—	—	L6－1～L46－4	Q0.5
—	—	L7－1～L7－4	Q0.6
—	—	L8－1～L8－4	Q0.7

第二步：绘制接线图。接线图如图 9－24 所示。

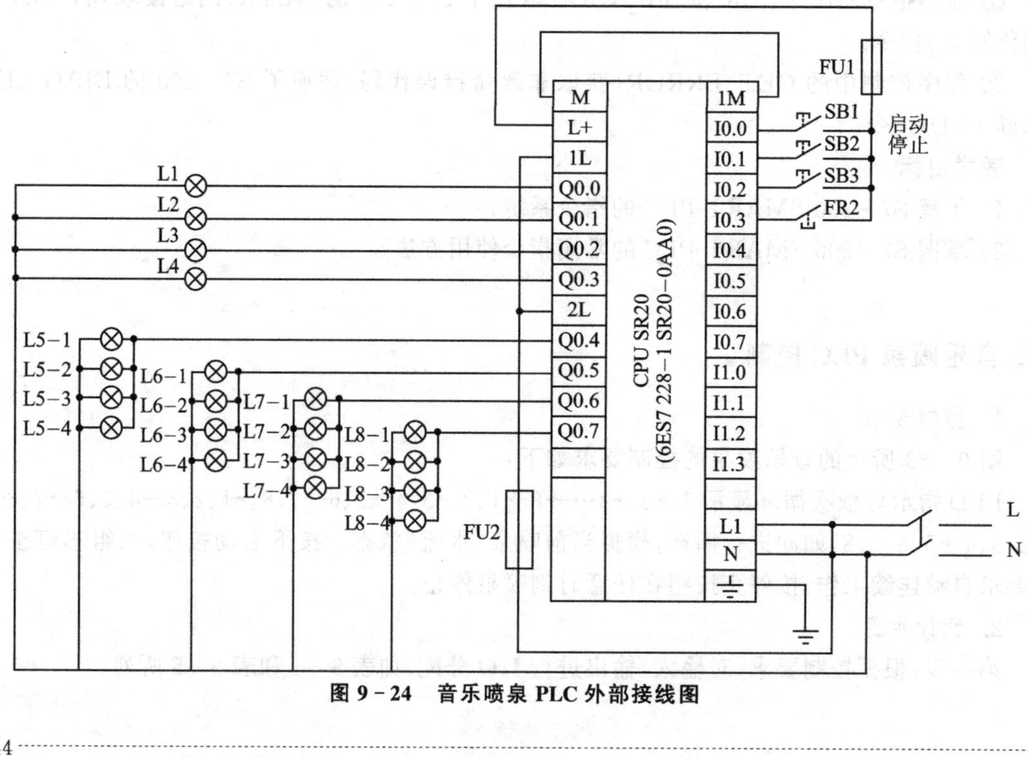

图 9－24　音乐喷泉 PLC 外部接线图

第三步:设计梯形图程序。控制梯形图程序如图 9 - 25 所示。

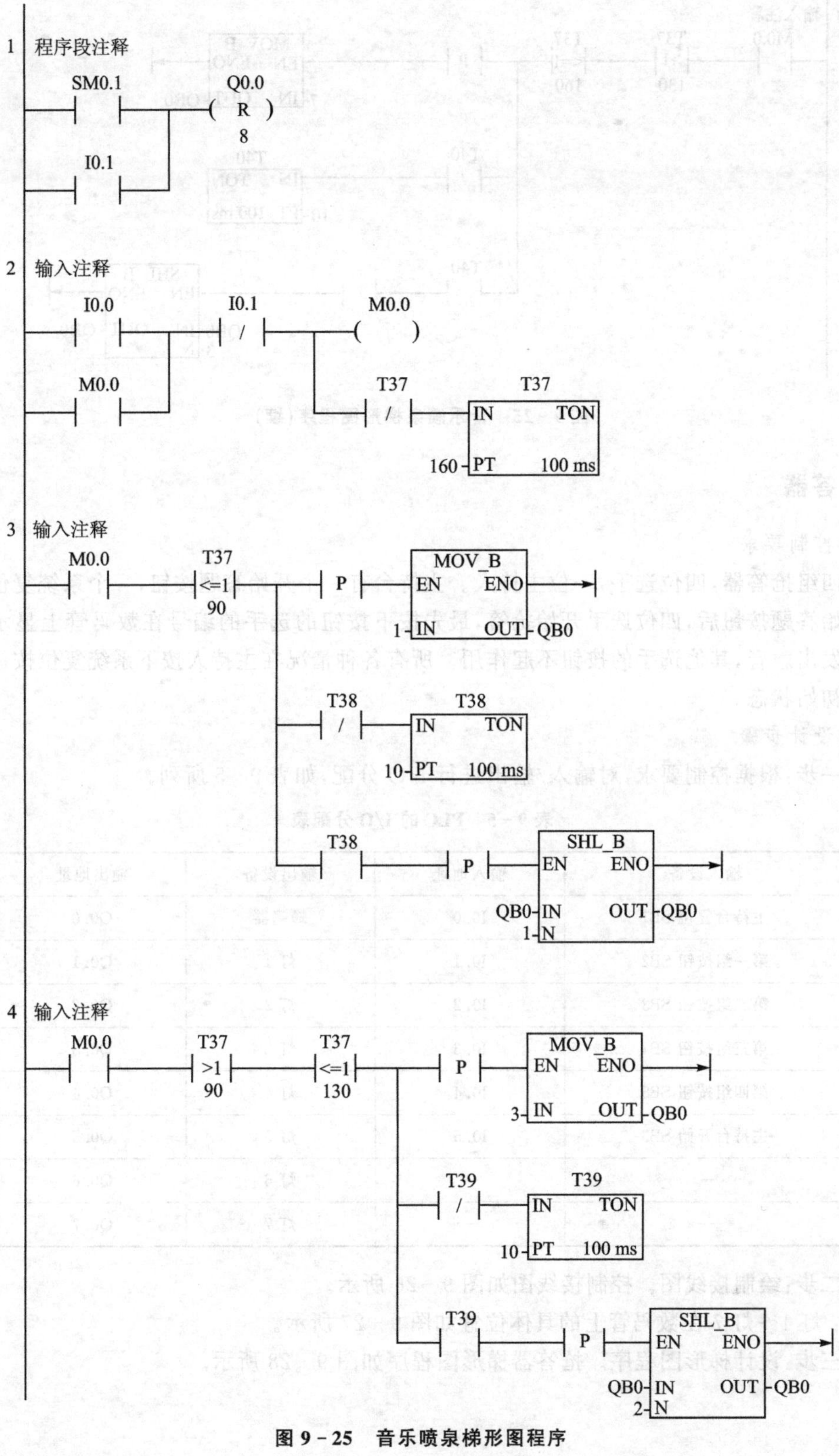

图 9 - 25　音乐喷泉梯形图程序

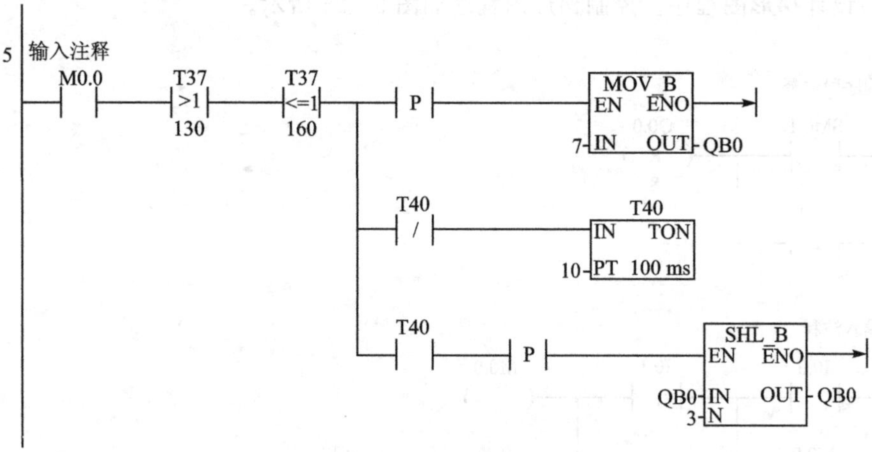

图 9-25 音乐喷泉梯形图程序(续)

二、抢答器

1. 控制要求

有四组抢答器,四位选手,一位主持人。主持台有一个开始答题按钮,一个系统复位按钮。按下开始答题按钮后,四位选手开始抢答,最先按下按钮的选手的编号在数码管上显示,同时蜂鸣器发出声音,其他选手的按钮不起作用。所有各种情况在主持人按下系统复位按钮后,系统回到初始状态。

2. 设计步骤

第一步:根据控制要求,对输入/输出进行I/O分配,如表9-5所列。

表 9-5 PLC的I/O分配表

输入设备	输入地址	输出设备	输出地址
主持台复位 SB1	I0.0	蜂鸣器	Q0.0
第一组按钮 SB2	I0.1	灯 1	Q0.1
第二组按钮 SB3	I0.2	灯 2	Q0.2
第三组按钮 SB4	I0.3	灯 3	Q0.3
第四组按钮 SB5	I0.4	灯 4	Q0.4
主持台开始 SB6	I0.5	灯 5	Q0.5
—	—	灯 6	Q0.6
—	—	灯 7	Q0.7

第二步:绘制接线图。控制接线图如图9-26所示。

注:灯1～灯7在数码管上的具体位置如图9-27所示。

第三步:设计梯形图程序。抢答器梯形图程序如图9-28所示。

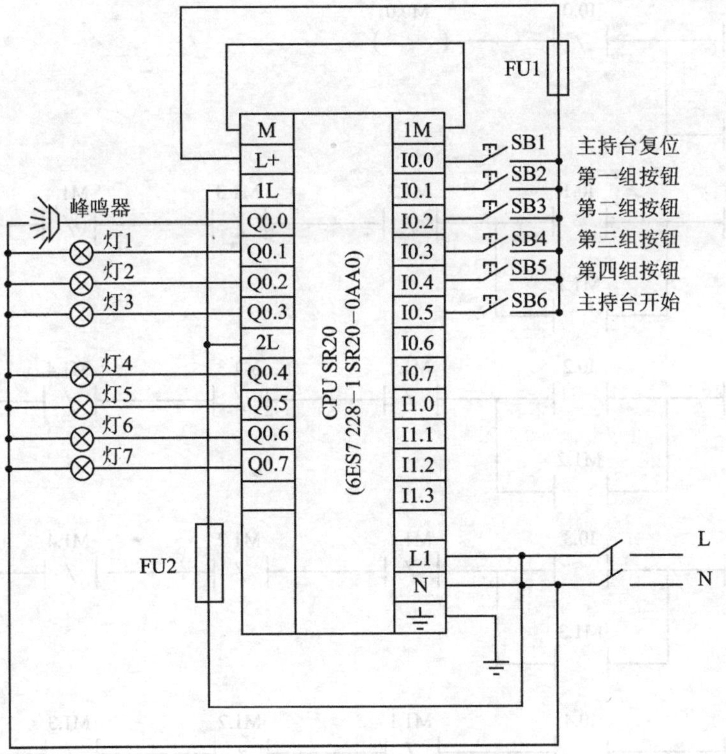

图 9－26　抢答器 PLC 外部接线图

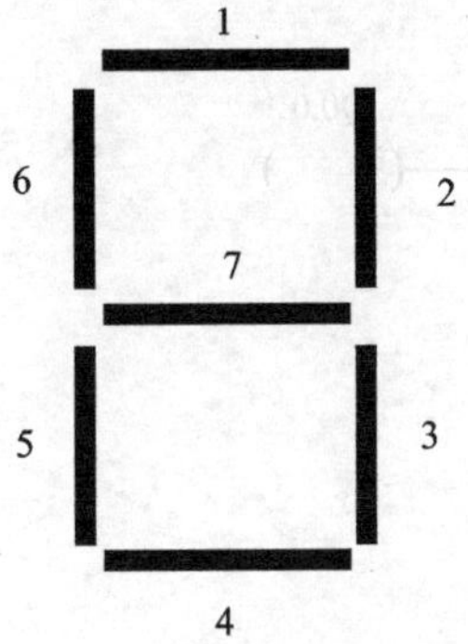

图 9－27　数码管灯具体位置

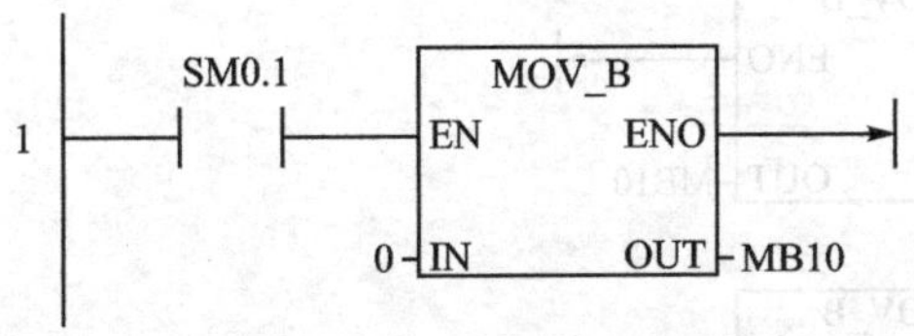

图 9－28　抢答器梯形图程序

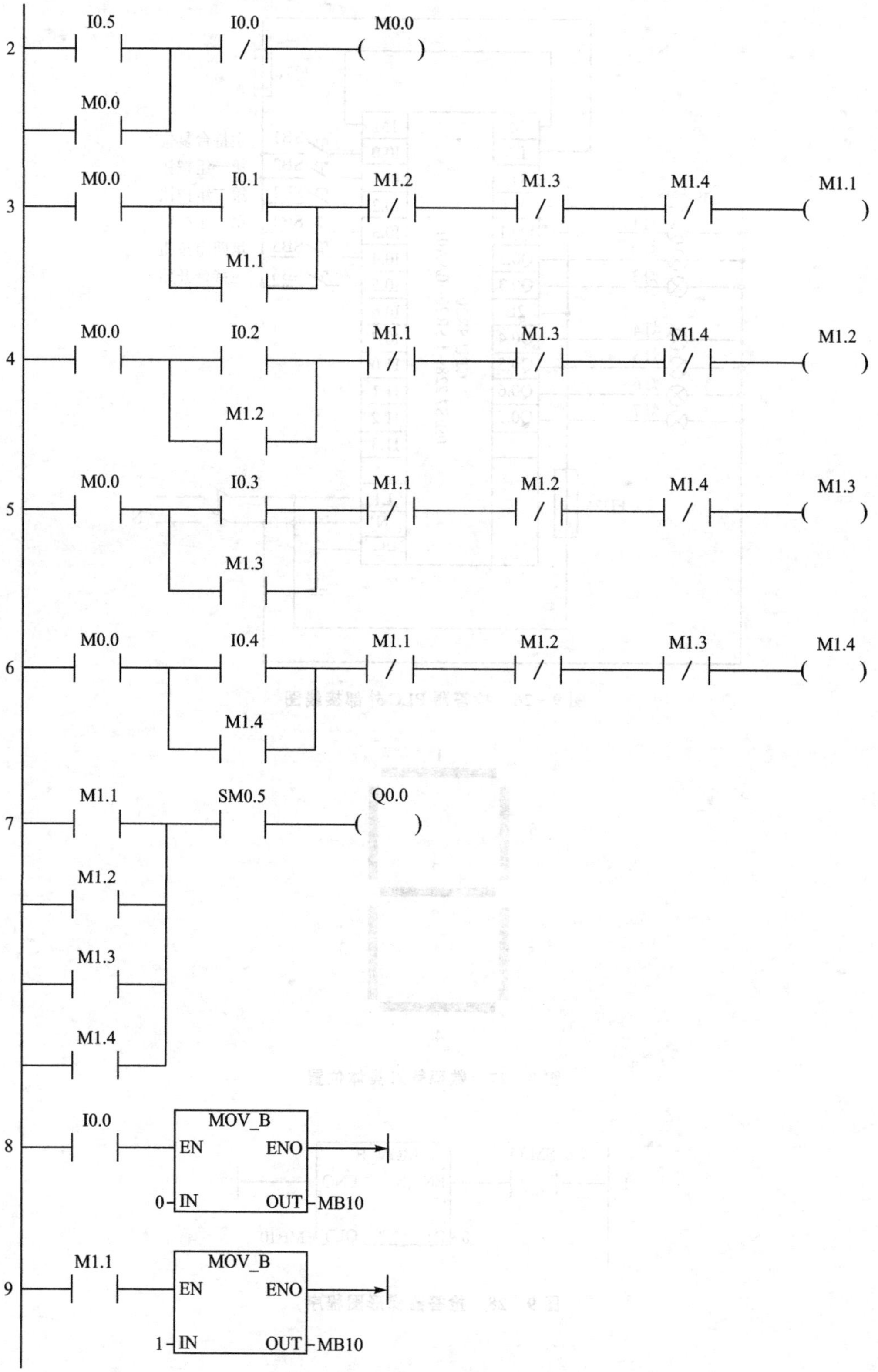

图 9-28 抢答器梯形图程序(续)

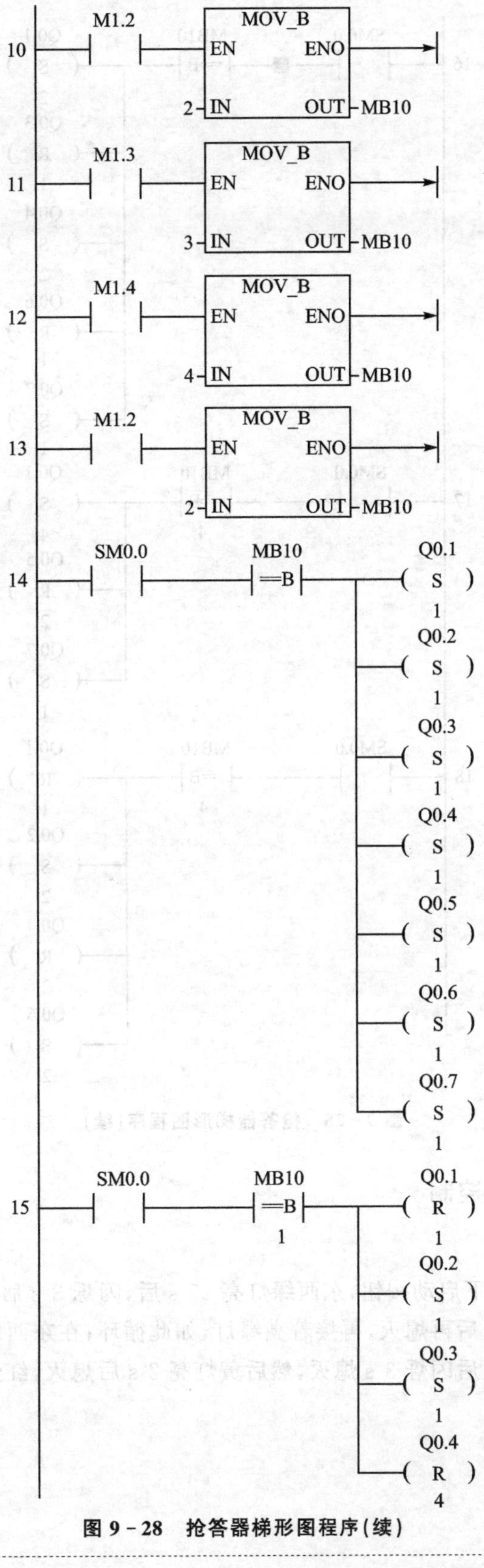

图 9－28　抢答器梯形图程序(续)

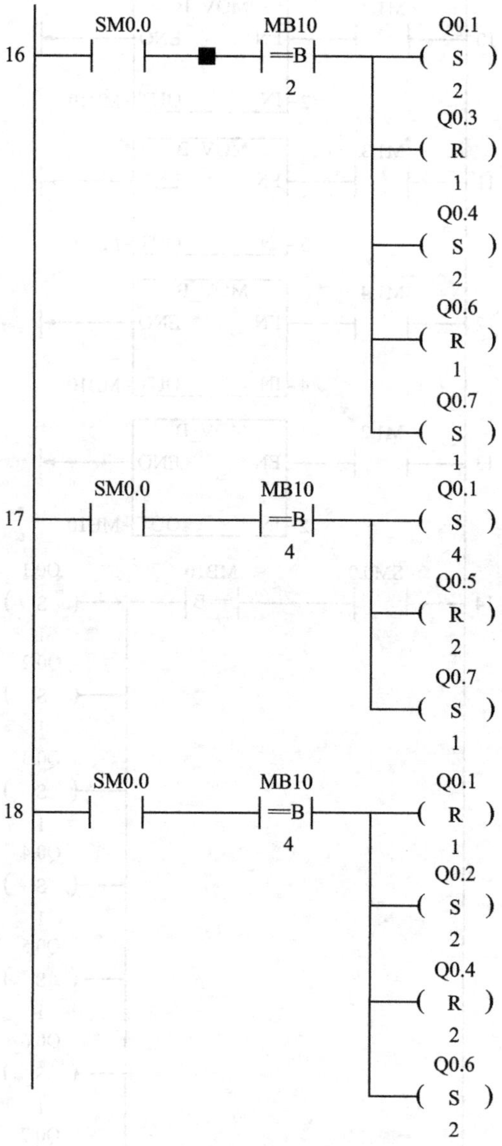

图9-28　抢答器梯形图程序(续)

三、交通信号灯PLC控制

1. 控制要求

如图9-29所示,按下启动按钮,东西绿灯亮25 s后,闪烁3 s后熄灭,然后黄灯亮2 s后熄灭,紧接着红灯亮30 s后再熄灭,再接着亮绿灯,如此循环;在东西绿灯亮的同时,南北红灯亮30 s,接着绿灯亮25 s后闪烁3 s熄灭,然后黄灯亮2 s后熄灭,红灯再亮,如此循环。试设计程序。

图 9 - 29　交通灯布置图

2. 程序设计

第一步：根据控制要求，对输入/输出进行 I/O 分配，如表 9 - 6 所列。

表 9 - 6　PLC 的 I/O 分配表

输入设备	输入地址	输出设备	输出地址
启动按钮	I0.0	东西绿灯	Q0.0
停止按钮	I0.1	东西黄灯	Q0.1
—	—	东西红灯	Q0.2
—	—	南北绿灯	Q0.3
—	—	南北黄灯	Q0.4
—	—	南北红灯	Q0.5

第二步：根据控制要求，编写程序。

方法一：如图 9 - 30 所示。

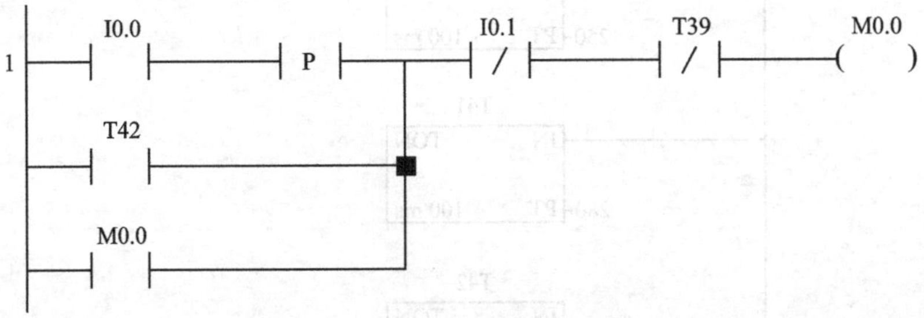

图 9 - 30　交通灯梯形图程序解法一

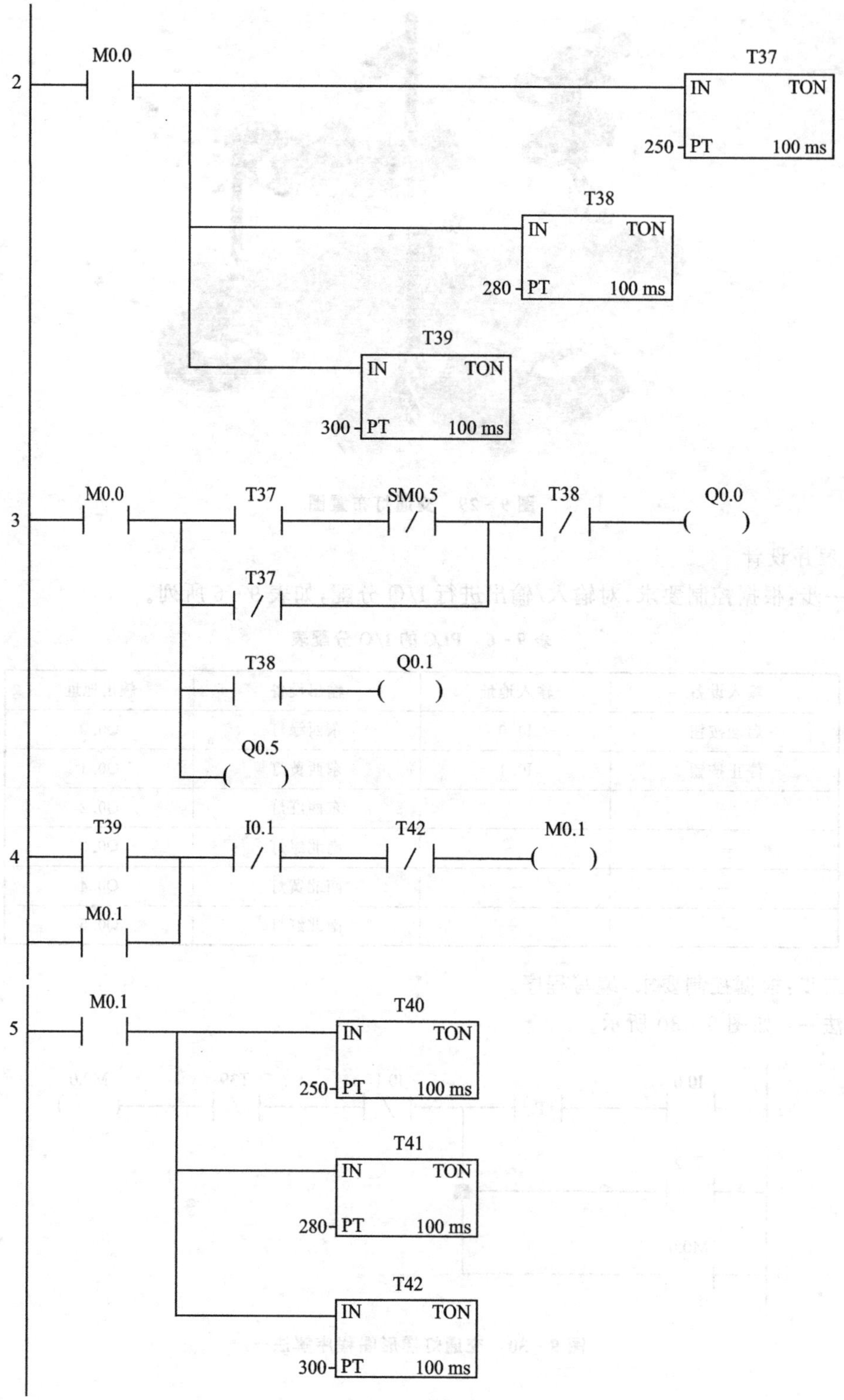

图 9-30　交通灯梯形图程序解法一(续)

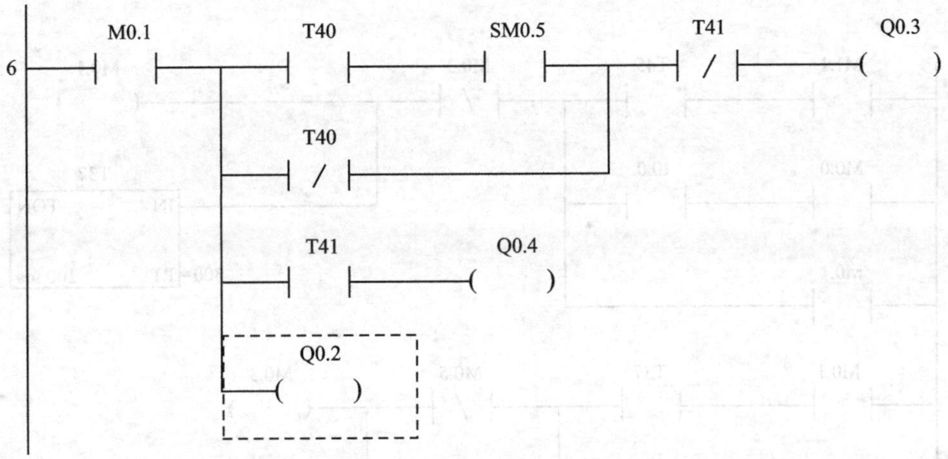

图 9－30　交通灯梯形图程序解法一(续)

方法二：根据顺序功能图 9－31，编写梯形图程序，如图 9－32 所示。

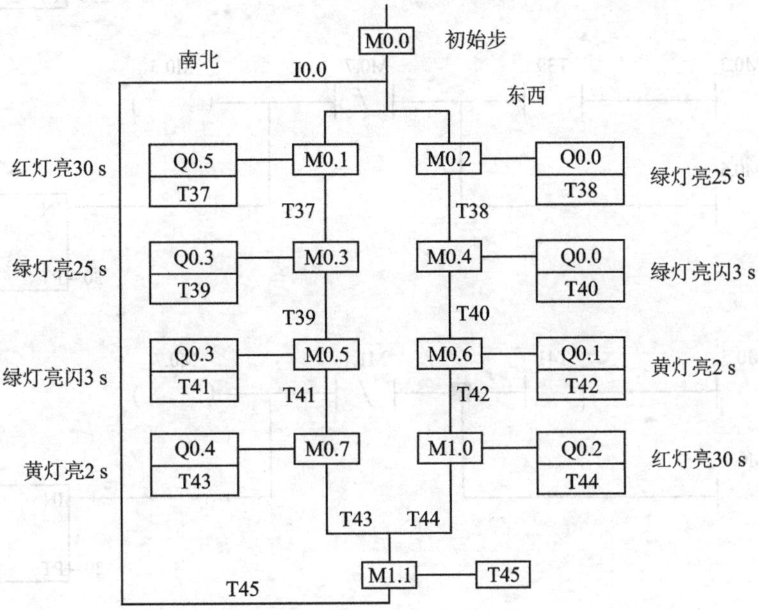

图 9－31　交通灯功能顺序图

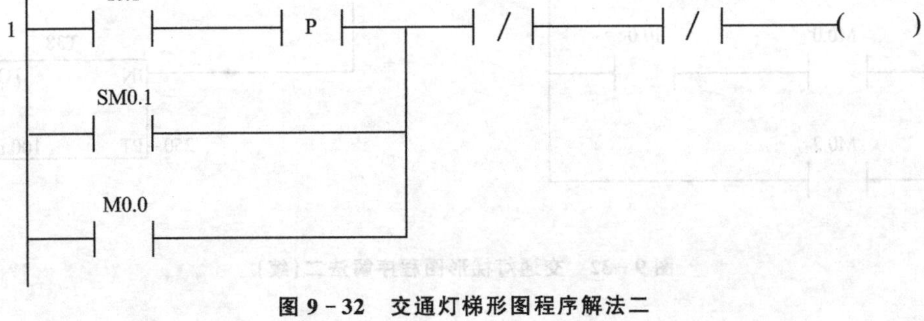

图 9－32　交通灯梯形图程序解法二

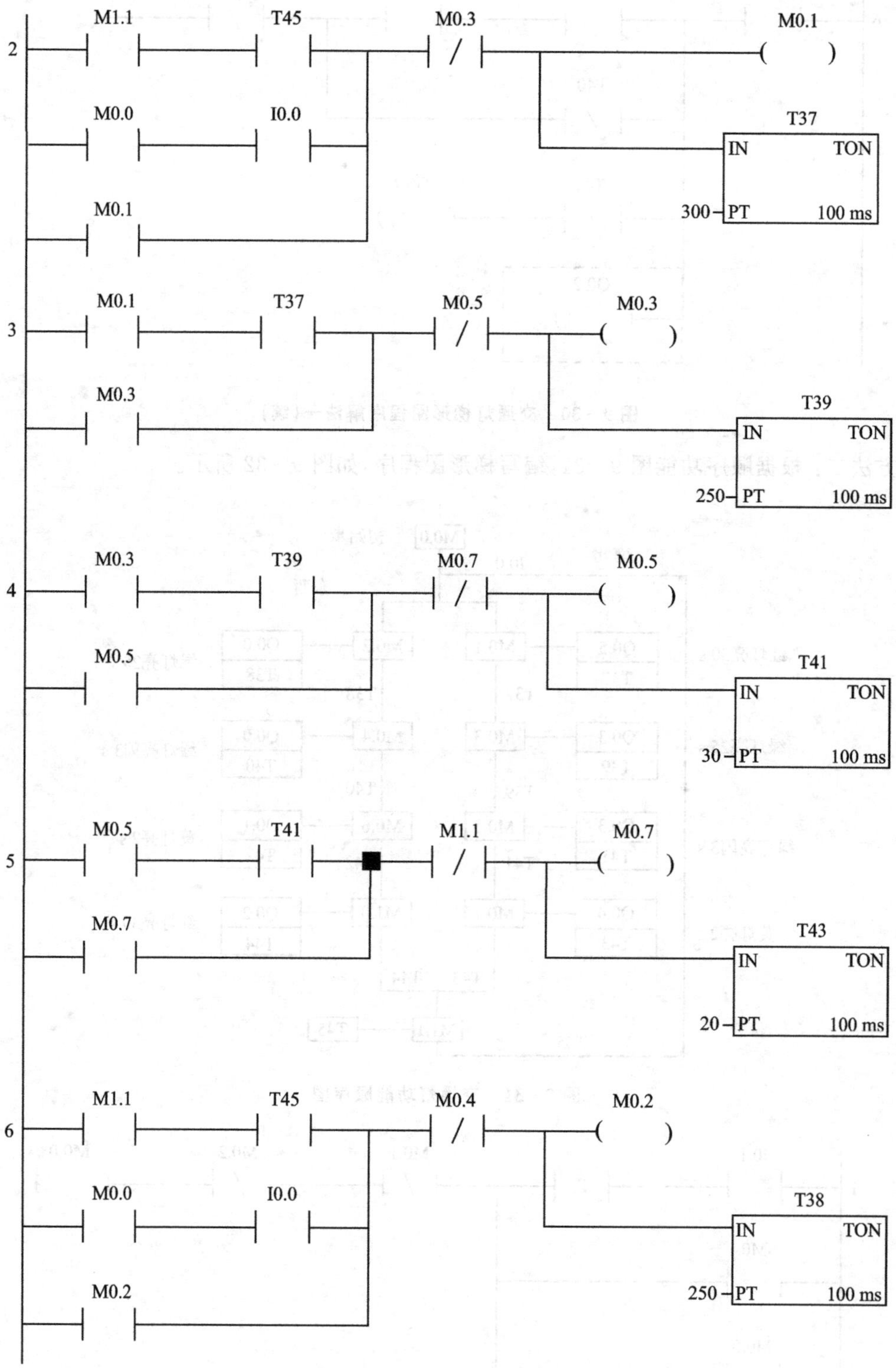

图 9-32 交通灯梯形图程序解法二(续)

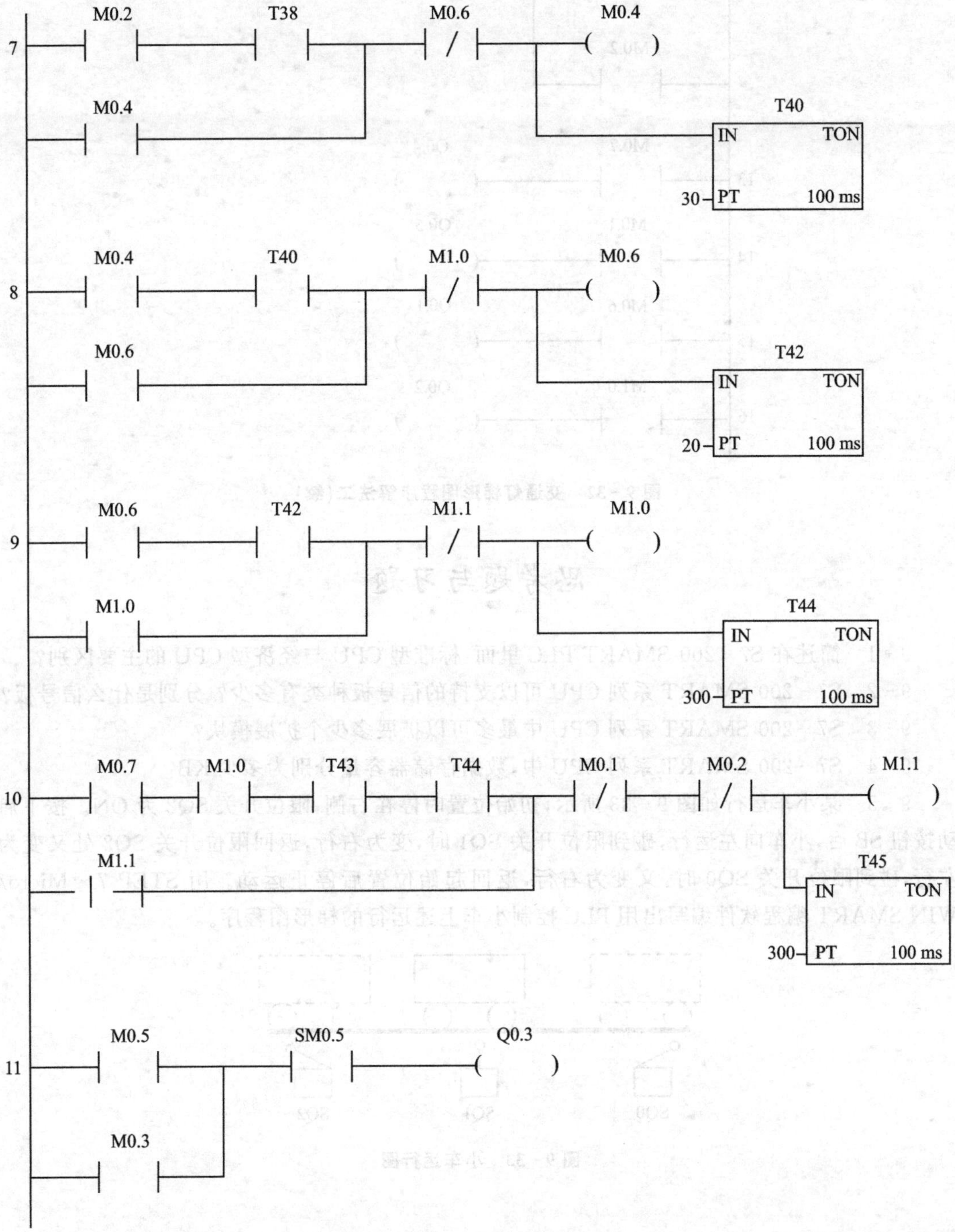

图 9－32　交通灯梯形图程序解法二(续)

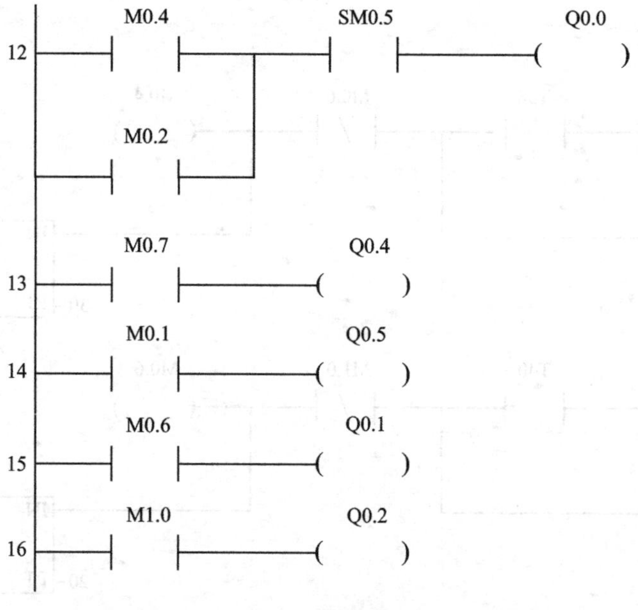

图 9-32 交通灯梯形图程序解法二(续)

思考题与习题

9-1 简述在 S7-200 SMART PLC 里面,标准型 CPU 与经济型 CPU 的主要区别?

9-2 S7-200 SMART 系列 CPU 可以支持的信号板种类有多少?分别是什么信号板?

9-3 S7-200 SMART 系列 CPU 中最多可以扩展多少个扩展模块?

9-4 S7-200 SMART 系列 CPU 中,数据存储器容量分别为多少 KB?

9-5 某小车运行如图 9-33 所示,初始位置时停在右侧,限位开关 SQ2 为 ON。按下启动按钮 SB 后,小车向左运行,碰到限位开关 SQ1 时,变为右行,返回限位开关 SQ2 处又变为左行,碰到限位开关 SQ0 时,又变为右行,返回起始位置后停止运动。用 STEP 7-Micro/WIN SMART 编程软件编写出用 PLC 控制小车上述运行的梯形图程序。

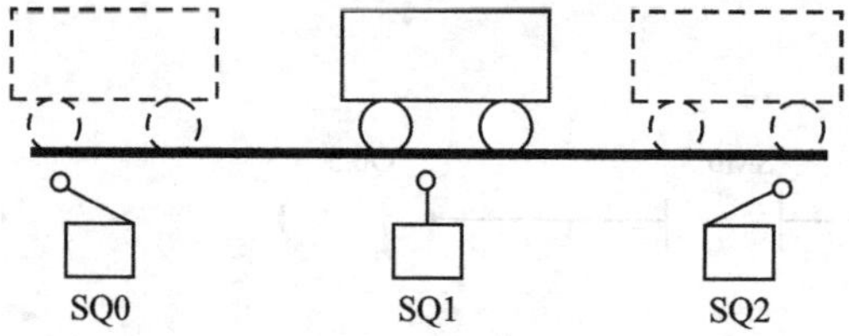

图 9-33 小车运行图

模块10　S7-1200 PLC编程及应用

西门子S7-1200 PLC集成了高速脉冲技术、PID、运动控制等功能，在中小型PLC控制系统中具有工程集成度高、实现简单的特点。同时借助西门子新一代框架结构的TIA博途软件，可在同一开发环境下，组态开发PLC、HMI和驱动系统等。统一的数据库可使各个系统之间轻松、快速地进行互连互通，真正达到控制系统的全集成自动化。

项目10.1　S7-1200 PLC常用位逻辑指令及应用

教学目标

1）熟悉S7-1200 PLC梯形图的特点和设计规则；

2）掌握S7-1200 PLC常用位逻辑指令及其应用；

3）能利用所学习的基本指令编程实现简单的PLC控制；

4）会利用编程软件编程及下载调试程序；

5）掌握S7-1200 PLC的结构及外部接线。

一、项目内容

图10-1所示是小车自动往返示意图。要求按下右行起动按钮SB2，小车右行；按下左行起动按钮SB3，小车左行。小车起动后，在左右限位开关之间不停地循环往返，按下停止按钮SB1后，电动机断电，小车停止运动。如何使用S7-1200 PLC进行控制完成上述任务呢？

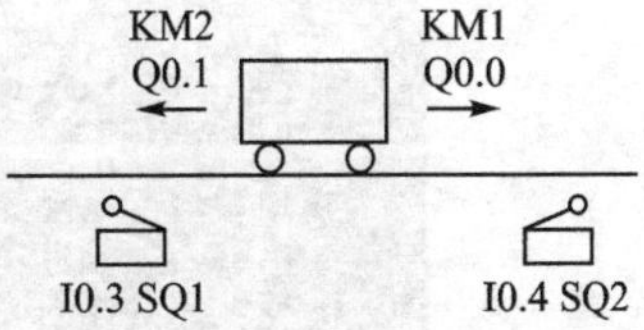

图10-1　小车自动往返示意图

二、项目相关知识

1. S7-1200 PLC的硬件

S7-1200 PLC主要由CPU模块、信号模块、通信模块和编程软件组成(见图10-2)。

(1) CPU模块

CPU模块如图10-3所示，其内可以安装一块信号板，集成的PROFINET接口用于与编程计算机、HMI、其他PLC或其他设备通信。CPU的技术参数如表10-1所列。

(2) 信号模块

DI、DQ、AI、AQ模块统称为信号模块SM，安装在CPU模块的右边，最多可以扩展8个信号模块。输入模块用来接收和采集输入信号，输出模块用来控制输出设备和执行器。信号模块除了传递信号外，还有转换电平与隔离的作用。

表 10－1 S7－1200 CPU 技术参数

特性	类型				
	CPU1211C	CPU1212C	CPU1214C	CPU1215C	CPU1217C
数字量 I/O 点数/点	6/4	8/6	14/10	14/10	14/10
模拟量 I/O 点数/点	2	2	2	2/2	2/2
工作存储器/装载存储器	50 K/1 MB	75 K/2 MB	100 K/4 MB	125 K/4 MB	150 K/4 MB
信号模块扩展个数/个	无	2	8	8	8
最大本地数字量 I/O 点数/点	14	82	284	284	284
最大本地模拟量 I/O 点数/点	13	19	67	69	69
高数计数器	最多可以组态 6 个使用任意内置或信号板输入的高速计数器				
脉冲输出(最多 4 点)	100 kHz	100 kHz 或 20 kHz			1 MHz 或 100 kHz
上升沿/下降沿中断点数/点	6/6	8/8	12/12	12/12	12/12
脉冲捕获输入点数/点	6	8	14	14	14

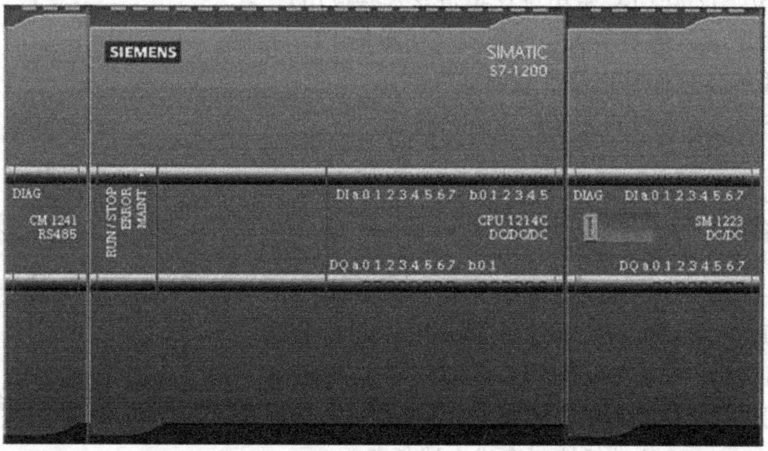

图 10－2 S7－1200 PLC

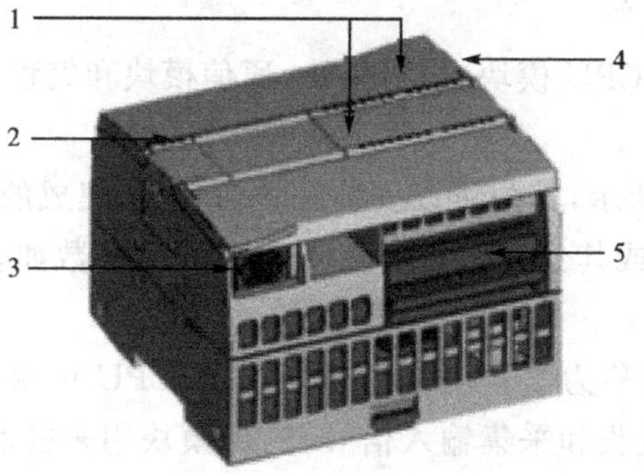

1—I/O 状态灯;2—CPU 运行状态灯;3—PROFINET 以太网接口的 RJ45 连接器;

4—存储卡插槽;5—可拆卸接线端子板

图 10－3 CPU 模块

CPU1214C AC/DC/继电器外部接线如图 10－4 所示。

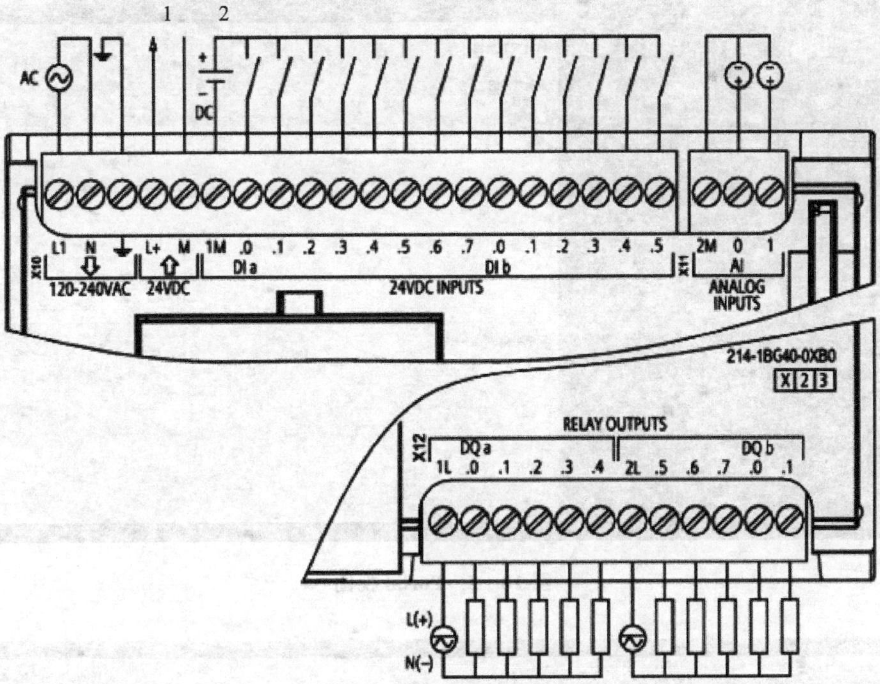

1—24VDC 传感器电源；

2—对于漏型输入将负载连接到“－”端(如图示)，对于源型输入将负载连接到“＋”端

图 10－4　CPU1214C AC/DC/继电器外部接线图

(3) 通信模块

通信模块安装在 CPU 模块的左边，最多可以安装 3 块通信模块。

(4) 编程软件

TIA 是全集成自动化的简称，TIA 博途是西门子自动化的全新工程设计软件平台。S7－1200 用 TIA 博途中的 STEP 7 Basic 或 STEP 7 Professional 进行编程。图 10－5 所示是 Portal 视图，图 10－6 所示是项目视图。

对图 10－6 项目视图中各区块作以下说明：

① 项目树：访问所有的设备和项目数据，添加新设备，编辑已有设备等。

② 详细视图：打开项目树中“PLC 变量”下的“默认变量表”，在“详细视图”中可以显示出该变量表的变量。

③ 工作区：可以同时打开几个编辑器，但活动编辑器只有一个，显示在⑧上。

④ 设备信息：可以显示当前设备的详细信息。

⑤ 巡视窗口：显示选中的工作区中对象的附加信息，设置对象属性等。

⑥ 任务卡：与编辑器有关，可以选择对象，搜索对象，替代项目中的对象等。

⑦ 信息窗口：在巡视窗口中的硬件对象的图形和对它的简要描述。

⑧ 被打开的编辑器。

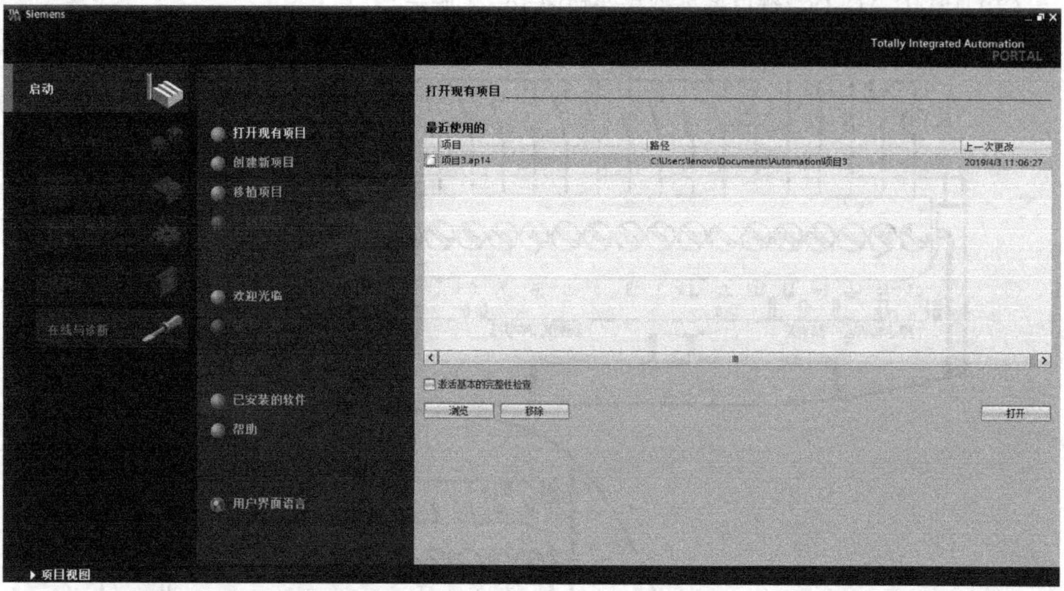

图 10 - 5　Portal 视图

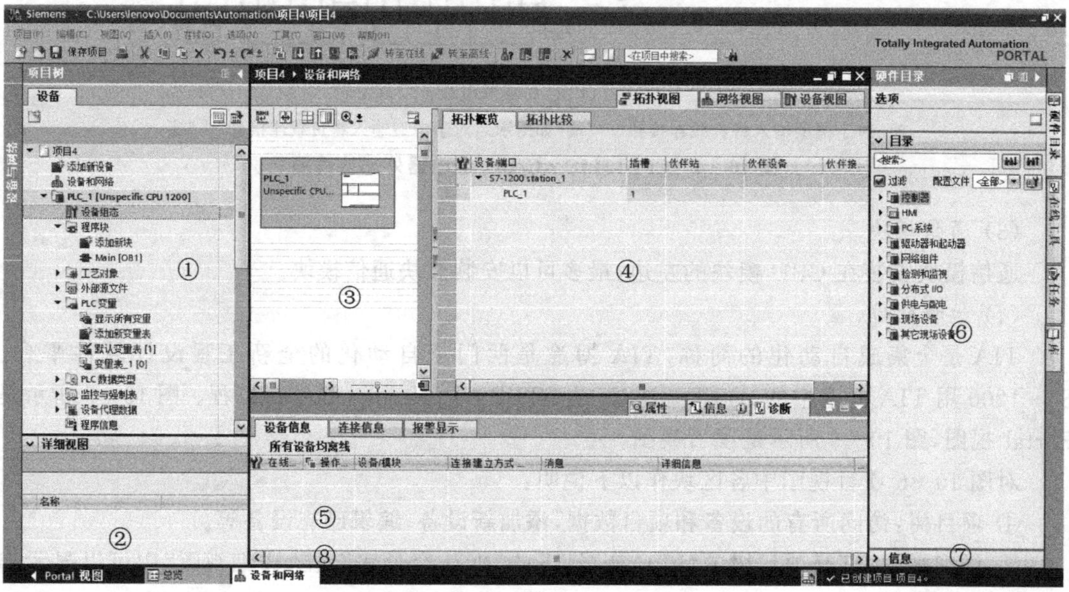

图 10 - 6　项目视图

2. S7 - 1200 程序设计知识

在使用 PLC 之前应先了解 S7 - 1200 的程序是怎样进行设计的。

(1) S7 - 1200 的编程语言

S7 - 1200 使用梯形图 LAD、函数块图 FBD 和结构化控制语言 SCL 来编程。输入程序时在地址前自动添加“%”,梯形图中一个程序段可以放多个独立电路。

(2) 系统存储区

系统存储区(见表10-2)包括过程映像输入/输出、外设输入/输出、位存储器、临时局部存储器和数据块。

在I/O点的地址或符号地址的后面附加":P",可以立即读外设输入或立即写外设输出,如I0.3:P和Q0.4:P。写外设输入点是被禁止的,即I_:P访问是只读的。用I_:P访问外设输入不会影响过程映像输入区中的对应值。

外设输出Q0.3:P可以立即写外设输出点,同时写给过程映像输出。读外设输出点是被禁止的,即Q_:P访问是只写的。

位存储器区(M存储器)用来存储运算的中间操作状态或其他控制信息。数据块用来存储代码块使用的各种类型的数据。

临时存储器用于存储代码块被处理时使用的临时数据,所有的代码块都可以访问M存储器和数据块中的数据。在OB、FC和FB的接口区生成的临时变量只能在生成它们的代码块内使用,不能与其他代码块共享,只能通过符号地址访问临时存储器。

可以按位、字节、字或双字读/写位存储器区、数据块和临时存储器。

表10-2　系统存储区

存储区	描　述
过程映像输入(I)	在扫描周期开始时,复制输入模块的输入值,保存到过程映像输入表
物理输入(I_:P)	立即读取CPU、SB和SM上的物理输入点
过程映像输出(Q)	在扫描周期开始时,复制过程映像输出表中的值,写入输出模块
外设输出(Q_:P)	立即读取CPU、SB和SM上的物理输出点
位存储器(M)	用于存储用户程序的中间运算结果或标志位
临时局部存储器(L)	块的临时局部数据只能供块内部使用
数据块(DB)	数据存储器,也是FB的参数存储器

三、项目的实现

1. I/O分配表

本项目的控制线路中,有右行起动按钮SB2、左行起动按钮SB3、停车按钮SB1和热继电器FR(可以将停车按钮和热继电器辅助常开触点并联以节省输入口)、左限位SQ1、右限位SQ2共5个输入设备,所以PLC需要5个输入点;同时需要两个交流接触器驱动小车电机的正反转控制,所以PLC需要2个输出点。其I/O分配如表10-3所列。

表10-3　PLC的I/O分配表

输入设备	输入地址	输出设备	输出地址
右行启动按钮SB2	I0.0	右行接触器KM1	Q0.0
左行启动按钮SB3	I0.1	左行接触器KM2	Q0.1
停车按钮SB1和热继电器FR	I0.2	—	—
左限位SQ1	I0.3	—	—
右限位SQ2	I0.4	—	—

2. PLC 接线

用 PLC 完成上述控制任务时主电路与模块 2 中图 2－14 中的主电路相同，而用 S7－1200 的 PLC 控制电路时，则不一样。PLC 控制小车自动往返的外部接线图如图 10－7 所示。

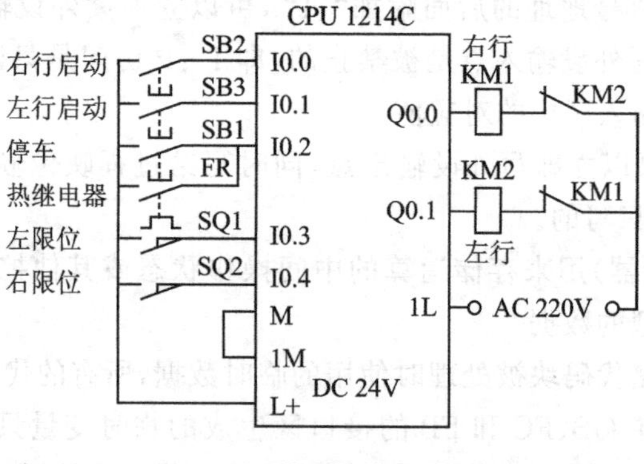

图 10－7　S7－1200 PLC 控制小车自动往返的外部接线图

3. 程序设计

① 执行菜单命令“项目”→“新建”，生成名为“小车自动往返”的新项目。

② 双击项目树中的“添加新设备”，添加一个新设备。

③ 双击“项目树”中的“程序块”，打开主程序，在主程序窗口进行程序编写，如图 10－8 所示。

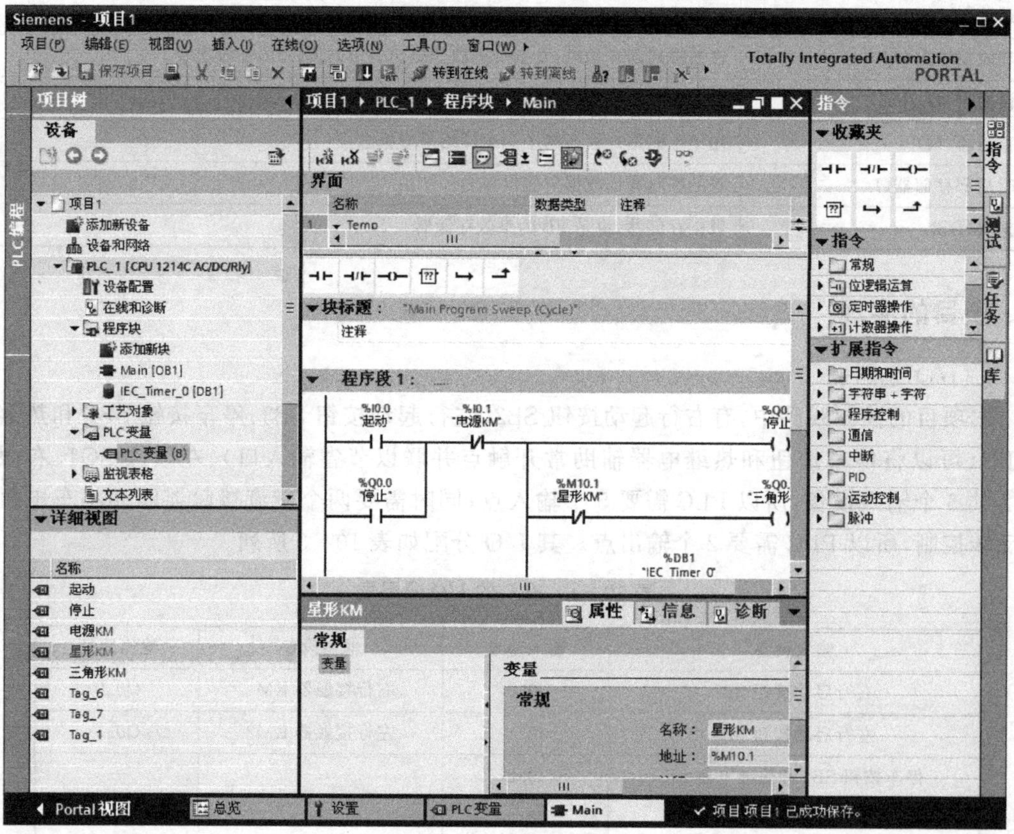

图 10－8　主程序窗口

④ 根据控制要求，按下右行启动按钮 I0.0，Q0.0 变为 1 状态，使 KM1 动作，小车右行；同理，按下左行启动按钮，小车左行；按下停车按钮或过载时，小车停止运行。

为了使小车在极限位置自动停止，将右限位开关 I0.4 的常闭触点与控制右行的 Q0.0 的线圈串联；为了使小车自动改变运动方向，将左限位开关 I0.3 的常开触点与手动启动右行的 I0.0 的常开触点并联。

假设启动小车左行，碰到左限位开关时，I0.3 的常闭触点使 Q0.1 的线圈“断电”，小车停止左行。I0.3 的常开触点接通，使 Q0.0 的线圈“通电”开始右行。碰到右限位开关时，小车停止右行，开始左行。以后将这样不断地往返运动，直到按下停车按钮。图 10-9 所示是小车自动往返的梯形图程序。

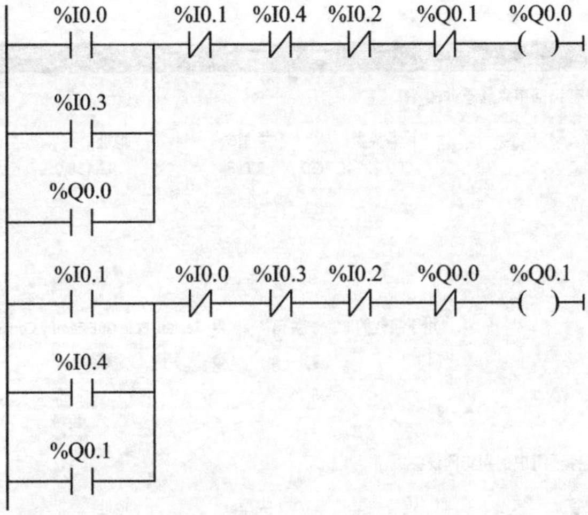

图 10-9　小车自动往返的梯形图程序

4. 程序下载

(1) 组态 CPU 的 PROFINET 接口

打开 PLC 的设备视图，双击 CPU 的以太网接口，选中巡视窗口左边的“以太网地址”，采用右边窗口默认的 IP 地址和子网掩码，如图 10-10 所示。

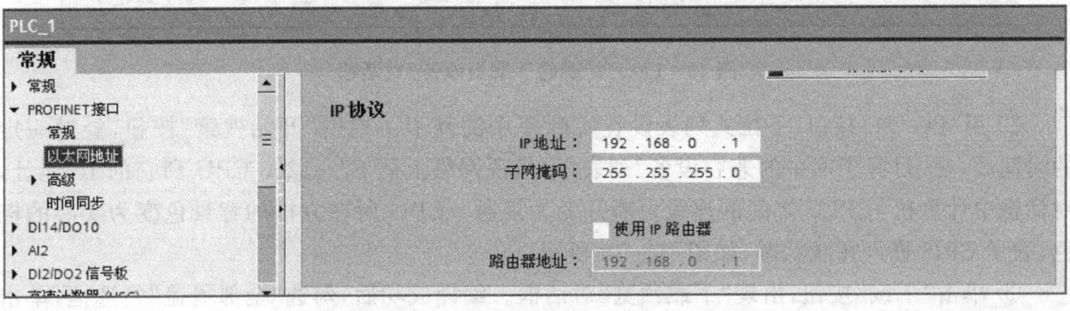

图 10-10　以太网地址

(2) 设置计算机网卡的 IP 地址

打开“Internet 协议版本 4(TCP/IPv4)属性”对话框,用选中“使用下面的 IP 地址”单选框,键入 PLC 以太网接口默认的子网地址,可以是 192.168.0.2(应与 CPU 的子网地址相同),也可以取 0~255 中的某个值,但是不能与子网中其他设备的 IP 地址重叠。单击“子网掩码”输入框,自动出现默认的子网掩码 255.255.255.0。一般不用设置网关的 IP 地址。如果使用宽带上网时,也可以勾选“自动获得 IP 地址”。

(3) 下载项目到 CPU

如果该 CPU 为新出厂,那还没有 IP 地址,须做如下操作:

① 选中项目树中的 PLC_1,单击工具栏上的下载按钮,出现“扩展的下载到设备”对话框,见图 10-11。

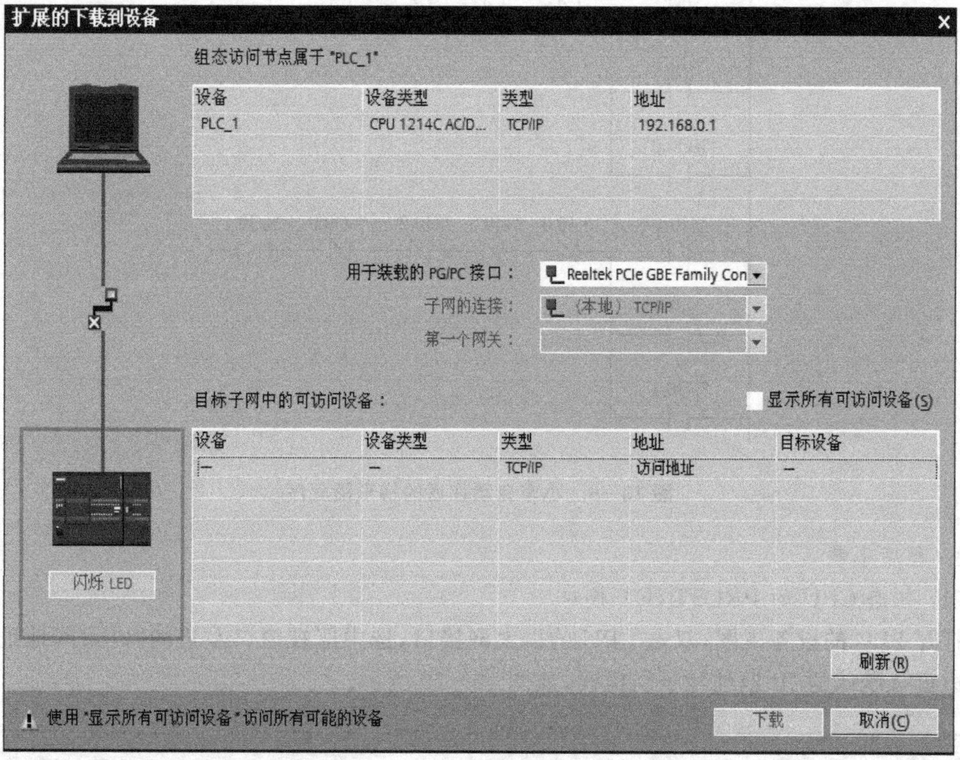

图 10-11 “扩展的下载到设备”对话框

② 用“PG/PC 接口”下拉式列表设置实际使用的网卡。单击“开始搜索”按钮,经过一定的时间后,在“目标子网中的兼容设备”列表中,出现网络上的 S7-1200 CPU 和它的 IP 地址,对话框中计算机与 PLC 之间的连线由断开变为接通。CPU 所在方框的背景色变为实心的橙色,表示 CPU 进入在线状态,如图 10-12 所示。

③ 单击“下载”按钮,出现“下载预览”对话框。编译成功后,勾选“全部覆盖”复选框,单击“下载”按钮,开始下载。下载结束后,出现“下载结果”对话框,勾选“全部启动”复选框,再单击“完成”按钮,完成下载,PLC 切换到 RUN 模式。装载结果如图 10-13 所示。

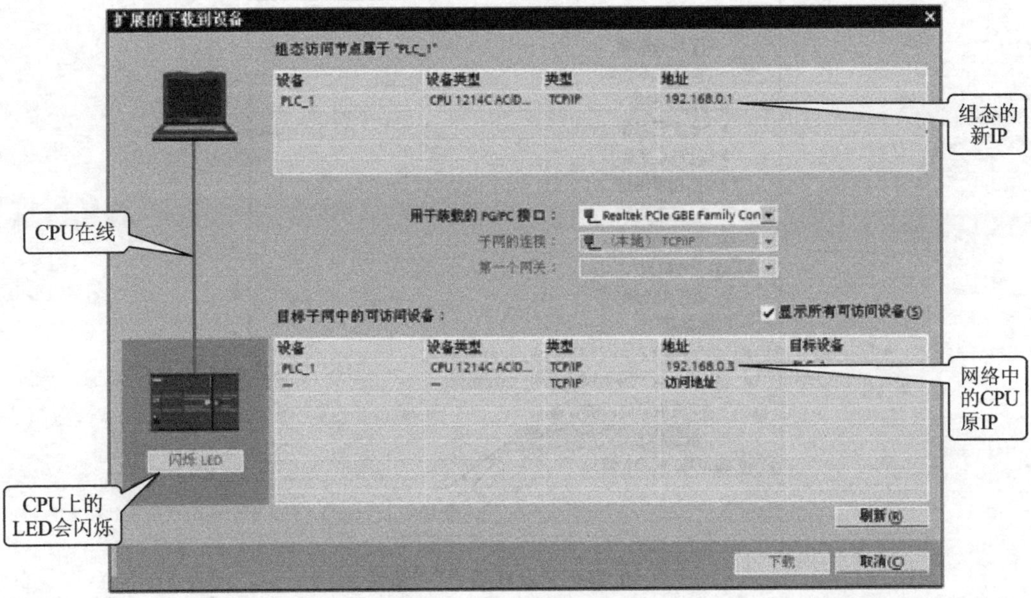

图 10－12　CPU 与计算机连接

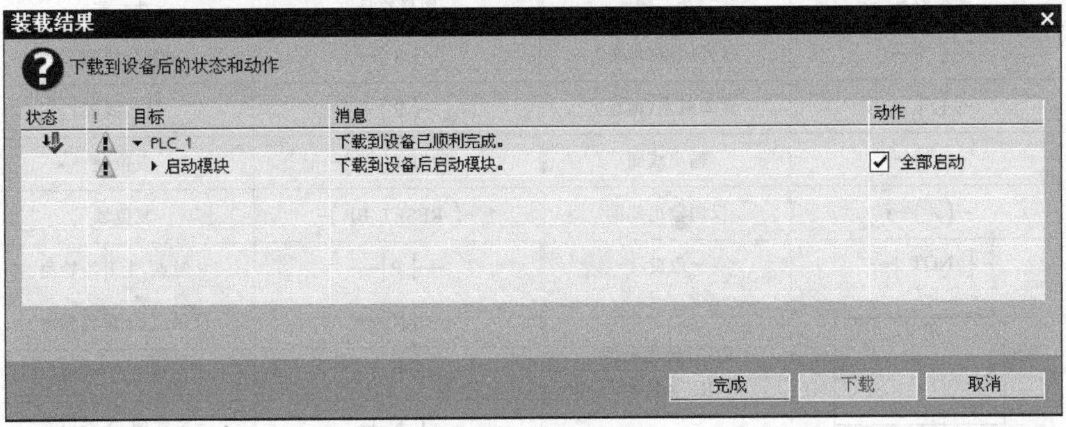

图 10－13　下载到 CPU

④ 打开项目树中的“在线访问”，可以看见新的 IP 地址已经下载给 CPU，如图 10－14 所示。

如果该 CPU 不是新出厂的，那么可以直接单击工具栏上的“下载”按钮，出现“下载预览”对话框，再按照上面所述步骤一一进行操作即可。

四、知识拓展

S7－1200 的常用位逻辑指令如表 10－4 所列，其中有些指令在 S7－200 中有，有些在 S7－200 中没有，下面仅对这些没有的指令做一个基本说明。

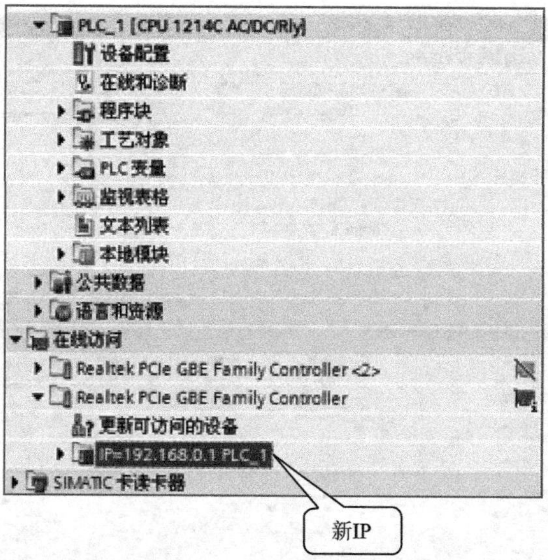

图 10-14 “在线访问”对话框

表 10-4 S7-1200 的常用位逻辑指令

图形符号	功 能	图形符号	功 能
—| |—	常开触点(地址)	—(S)—	置位线圈
—|/|—	常闭触点(地址)	—(R)—	复位线圈
—( )—	输出线圈	—(SET_BF)—	置位域
—(/)—	反向输出线圈	—(RESET_BF)—	复位域
—| NOT |—	取反	—| P |—	P 触点,上升沿检测
RS: R, S1, Q	RS 置位优先型 RS 触发器	—| N |—	N 触点,下降沿检测
		—(P)—	P 线圈,上升沿
		—(N)—	N 线圈,下降沿
SR: S, R1, Q	SR 复位优先型 SR 触发器	P_TRIG: CLK, Q	P_Trig,上升沿
		N_TRIG: CLK, Q	N_Trig,下降沿

1. 反向输出线圈

反线圈应用指令如图 10-15 所示。

图 10-15 中,如果有能流流过 M0.3 的取反线圈,则 M0.3 状态为 0,其常开触点断开,常闭触点闭合;反之 M0.3 则为 1,其常开触点闭合,常闭触点断开。

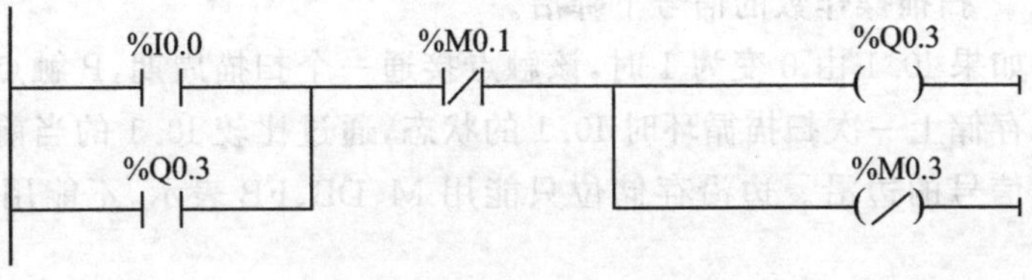

图 10－15　反线圈应用指令

2. 置位、复位线圈

指令功能说明如下：

S 置位指令　将指定的位操作数置 1 并保持。

R 复位指令　将指定的位操作数置 0 并保持。

3. 置位域、复位域

置位复位指令如图 10－16 所示。

指令功能说明如下：

SET_BF　　置位域指令　将指定的地址开始的连续若干个位地址置 1 并保持。

RESET_BF　复位域指令　将指定的地址开始的连续若干个位地址置 0 并保持。

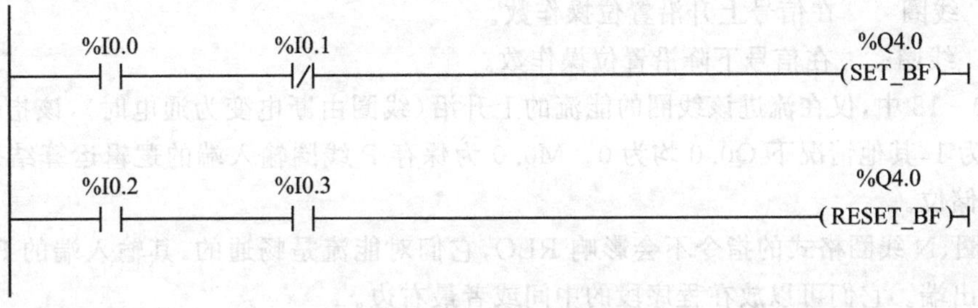

图 10－16　置位复位指令

图 10－16 中 I0.0 为 1，I0.1 为 0 时，从 Q4.0 开始的 4 个连续的位被置 1 且保持该状态不变。当 I0.2，I0.3 都为 1 时，从 Q4.0 开始的 7 个连续的位被复位为 0 且保持该状态不变。

4. P 触点、N 触点

边沿检测触点指令如图 10－17 所示。

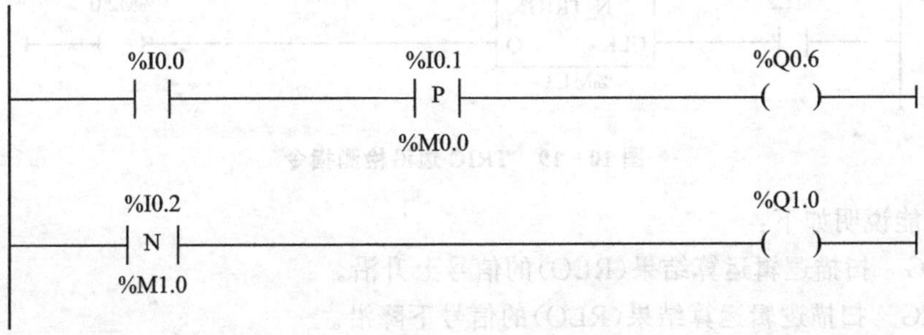

图 10－17　边沿检测触点指令

指令功能说明如下：

P　　触点　　扫描操作数的信号上升沿。

N　　触点　　扫描操作数的信号下降沿。

图 10－17 中如果 I0.1 由 0 变为 1 时,该触点接通一个扫描周期,P 触点下面的 M0.0 为边沿存储位,用来存储上一次扫描循环时 I0.1 的状态,通过比较 I0.1 的当前状态和上一次循环的状态,来检测信号的边沿。边沿存储位只能用 M、DB、FB 表示,不能用临时局部变量或 I/O 变量表示。

5. P 线圈、N 线圈

边沿检测线圈指令如图 10－18 所示。

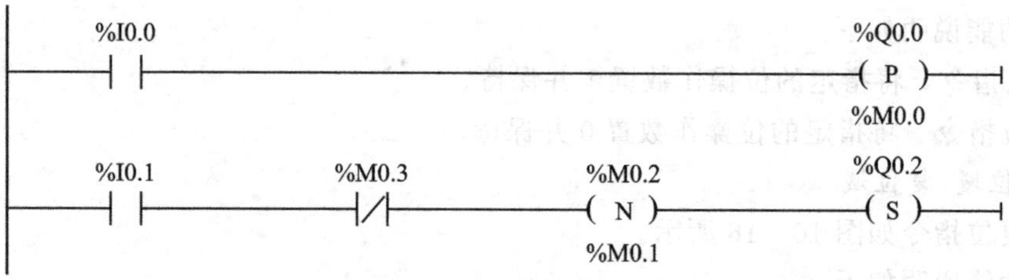

图 10－18　边沿检测线圈指令

指令功能说明如下:

P　　线圈　　在信号上升沿置位操作数。

N　　线圈　　在信号下降沿置位操作数。

图 10－18 中,仅在流进该线圈的能流的上升沿(线圈由断电变为通电时),该指令的输出位 Q0.0 为 1,其他情况下 Q0.0 均为 0。M0.0 为保存 P 线圈输入端的逻辑运算结果(RLO)的边沿存储位。

P 线圈、N 线圈格式的指令不会影响 RLO,它们对能流是畅通的,其输入端的 PLO 立即被送到输出端。它们可以放在程序段的中间或者最右边。

6. P_TRIG、N_TRIG

TRIG 边沿检测指令如图 10－19 所示。

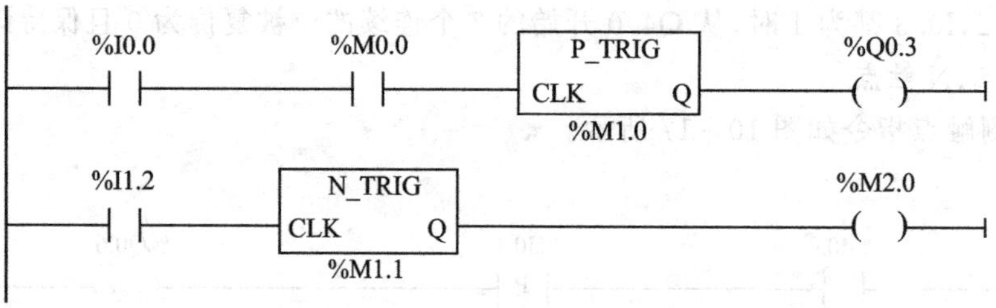

图 10－19　TRIG 边沿检测指令

指令功能说明如下:

P_TRIG　扫描逻辑运算结果(RLO)的信号上升沿。

N_TRIG　扫描逻辑运算结果(RLO)的信号下降沿。

图 10－19 中,流进 CLK 输入端的能流(RLO)的上升沿 Q 端输出脉冲宽度为一个扫描周期的能流,使 Q0.3 得电。指令方框下的 M1.0 是脉冲存储位。P_TRIG 指令和 N_TRIG 指令不能放在程序段的开始处和结束处。

7. 三种边沿检测指令的比较(以上升沿检测为例)

P 触点指令中,触点上面的地址由 0 变为 1 时,该触点接通一个扫描周期,直接输出上升沿脉冲。

P 线圈指令用来检测能流的上升沿,线圈由断电变为通电时,线圈上面的地址在一个为 1,1 持续的时间为一个上升沿脉冲。

P_TRIG 指令用来检测流入 CLK 端的能流的上升沿,并直接输出上升沿脉冲,如果 P_TRIG 指令左边只有 I0.0 触点,可以用 I0.0 的 P 触点来代替 P_TRIG 指令。

项目 10.2　S7－1200 PLC 定时器指令及其应用

教学目标

1) 掌握 S7－1200 PLC 定时器指令及其应用;

2) 能利用所学习的指令根据控制要求编写实现相应 PLC 的程序。

一、项目内容

图 2－17 所示是一电动机星形-三角形降压启动控制线路图。本项目要求采用 PLC 设计实现星形-三角形降压启动控制。

二、项目相关知识

1. 定时器指令

S7－1200 PLC 有四种定时器,定时器的使用及功能如表 10－5 所列,每种定时器的引脚功能如表 10－6 所列。

表 10－5　定时器的使用及功能

指令名称	指令形式	功　能	说　明	时序图
脉冲定时器 TP	%DB2 "IEC_Timer_0_DB_1" TP Time IN　Q PT　ET TON 和 TOF 定时器和 TP 一样,只要把相应的 TP 改为 TON、TOF 即可	可以生成具有预设宽度时间的脉冲	IN 从 0 变为 1,TP 启动,Q 输出 1;当 ET＜PT 时,IN 的改变不影响 Q 的输出和 ET 的计时;当 ET＝PT 时,ET 立即停止计时,如果 IN 为 0,则 Q 输出为 0,ET 为 0;如果 IN 为 1,则 Q 输出为 1,ET 保持(见时序图虚线箭头部分)	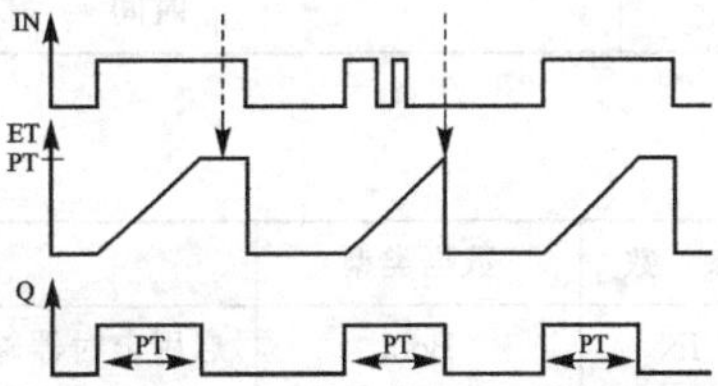

续表 10-5

<table>
<tr><th>指令名称</th><th>指令形式</th><th>功 能</th><th>说 明</th><th>时序图</th></tr>
<tr><td>接通延时定时器 TON</td><td rowspan="2">%DB2
"IEC_Timer_0_DB_1"
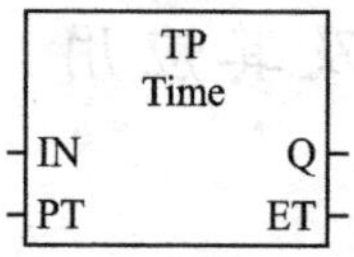

TON 和 TOF 定时器和 TP 一样,只要把相应的 TP 改为 TON、TOF 即可</td><td>输出 Q 在预设的延时过后设置为 ON</td><td>IN 从 0 变为 1,TON 启动,当 ET=PT 时,Q 输出为 1,ET 停止计时并保持;在任意时刻,只要 IN 变为 0,ET 立即停止计时并回到 0,Q 输出 0(见时序图中虚线框部分)</td><td>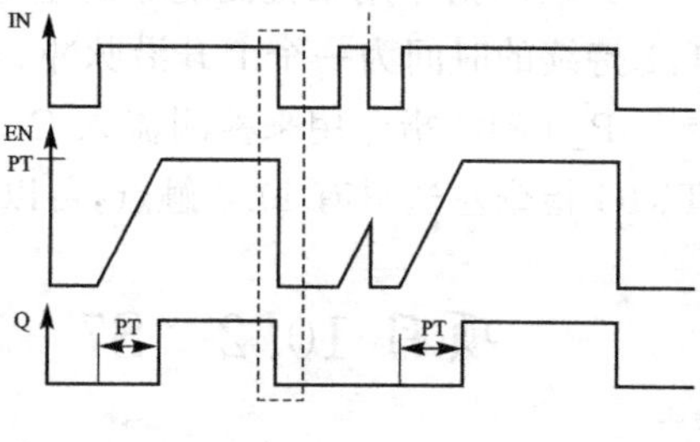
</td></tr>
<tr><td>关断延时定时器 TOF</td><td>输出 Q 在预设的延时过后设置为 OFF</td><td>IN 为 1, Q 输出为 1;IN 从 1 变为 0,TOF 启动;ET=PT 时,Q 输出为 0,ET 停止计时并保持;在任意时刻,只要 IN 变为 1,ET 立即停止计时并回到 0(见时序图中虚线框部分)</td><td>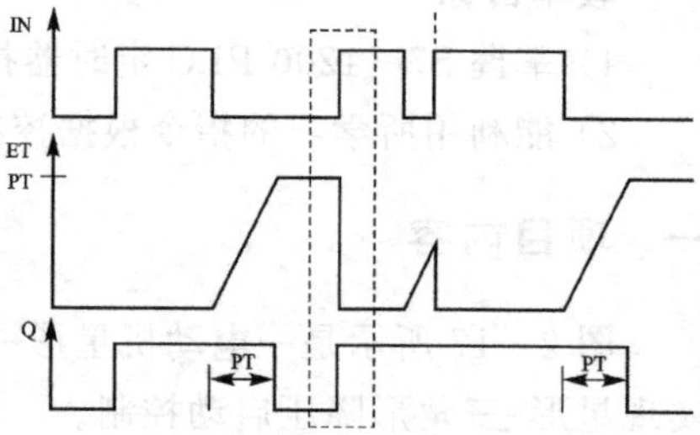
</td></tr>
<tr><td>时间累加器 TONR</td><td>%DB5
"IEC_Timer_0_DB_4"
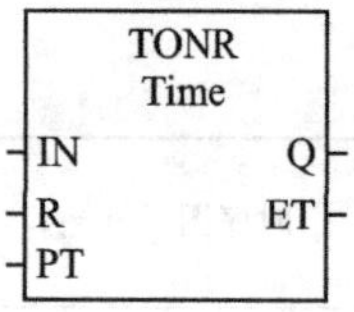
</td><td>输出 Q 在预设的延时过后设置为 ON,在使用 R 输入重置经过的时间之前,会跨越多个定时时段,一直累加经过的时间</td><td>IN 从 0 变为 1,TONR 启动;当 ET<PT 时,IN 为 1,ET 保持计时,IN 为 0,ET 停止计时并保持;当 ET=PT 时,Q 输出为 1,ET 停止计时并保持,直到 IN 为 0,ET 回到 0;在任意时刻,只要 R 变为 1,ET 立即停止计时并回到 0,Q 输出 0(见时序图中虚线框部分)</td><td>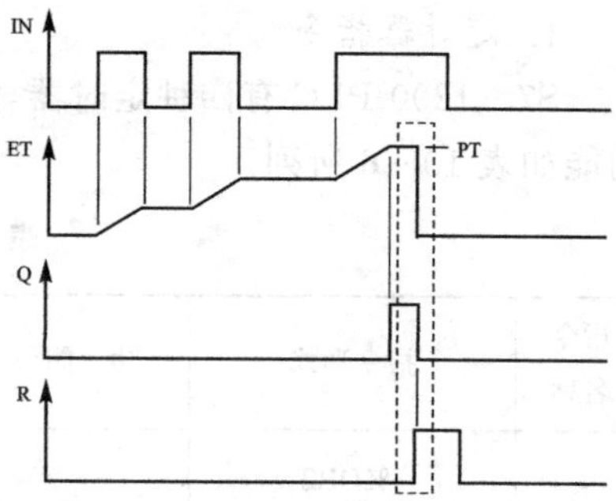
</td></tr>
</table>

表 10-6 定时器引脚功能

参 数	数据类型	说 明
IN	Bool	启用定时器输入(IN 从 0 变为 1,将启动 TP、TON、TONR;从 1 变为 0,将启动 TOF)
PT	Time	预设的时间值输入
R	Bool	将 TONR 经过的时间重置为 0
Q	Bool	定时器输出
ET	Time	经过的时间值输出,或称为已耗时间值输出,单位为 ms,最大定时时间为 T#24 d(日)_20 h(小时)_31 min(分)_23 s(秒)_647 ms(毫秒)

注:定时器指令可以放在程序段的中间或结束处。

S7－1200 CPU 的定时器为 IEC 定时器（计数器也是），使用定时器需要使用定时器相关的背景数据块或者数据类型为 IEC_TIMER 的 DB 块变量。调用时需要指定配套的背景数据块，在梯形图中输入定时器指令时，打开右边的指令窗口将定时器指令拖放到梯形图中的适当位置，在出现的“调用选项”对话框（见图 10－20）中修改将要生成的背景数据块的名称（例如改为 T1），或采用默认的名称，单击“确定”按钮，自动生产数据块。

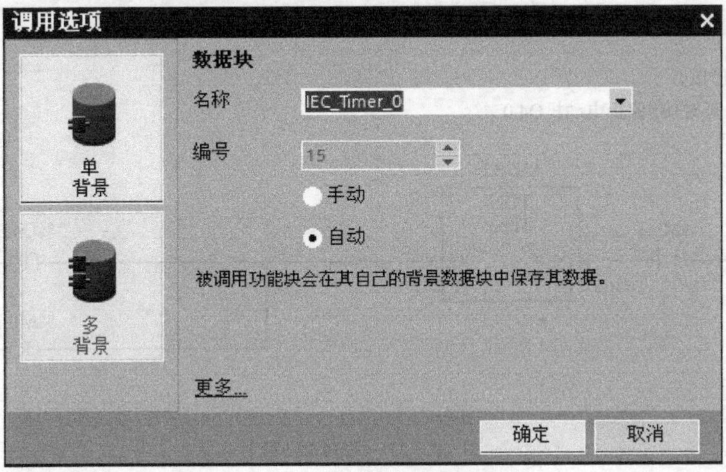

图 10－20　“调用选项”对话框

【例 10－1】　按下启动按钮 I0.0，5 s 后电动机启动，按下停止按钮 I0.1，10 s 后电动机停止。具体程序如图 10－21 所示。

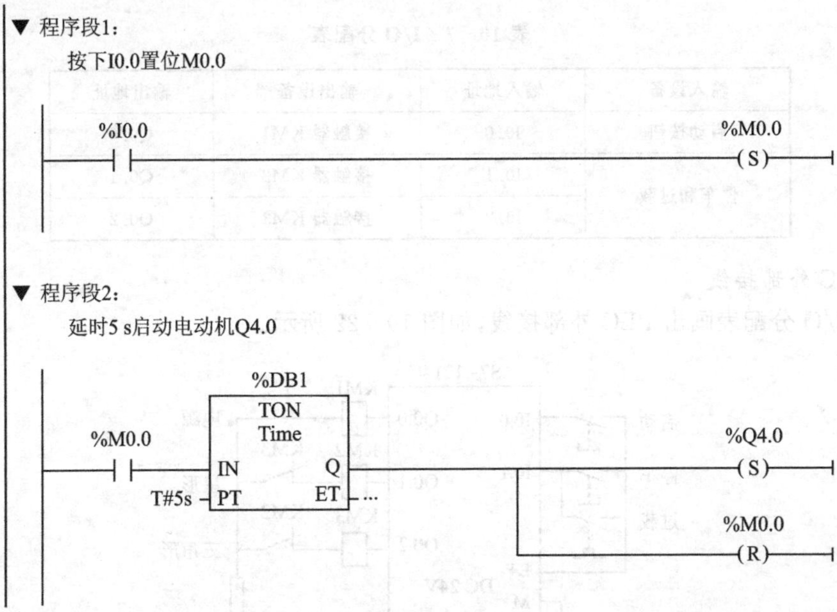

图 10－21　程序图

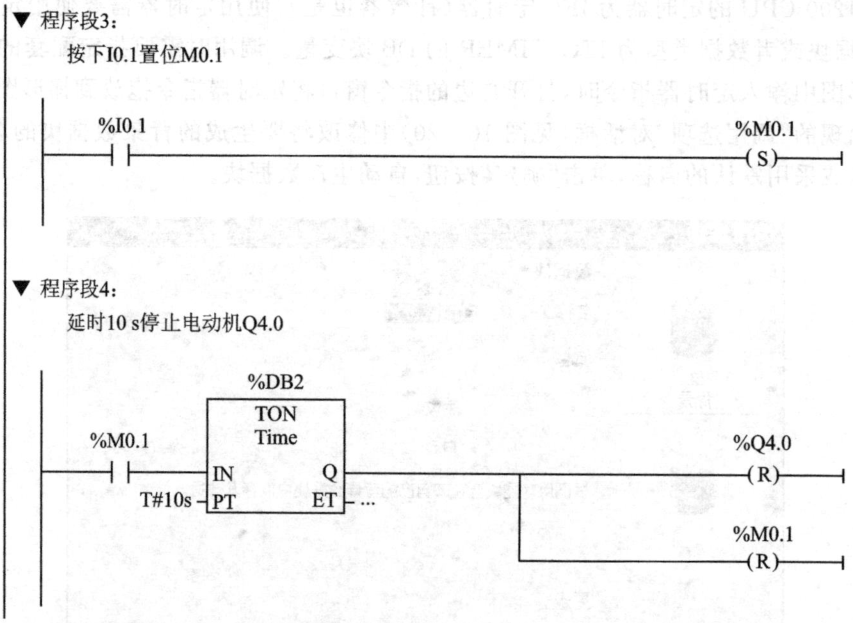

图 10－21　程序图(续)

三、项目的实现

1. I/O 分配表

I/O 分配如表 10－7 所列。

表 10－7　I/O 分配表

输入设备	输入地址	输出设备	输出地址
启动按钮	I0.0	接触器 KM1	Q0.0
停车和过载	I0.1	接触器 KM2	Q0.1
	I0.2	接触器 KM3	Q0.2

2. PLC 外部接线

根据 I/O 分配表画出 PLC 外部接线,如图 10－22 所示。

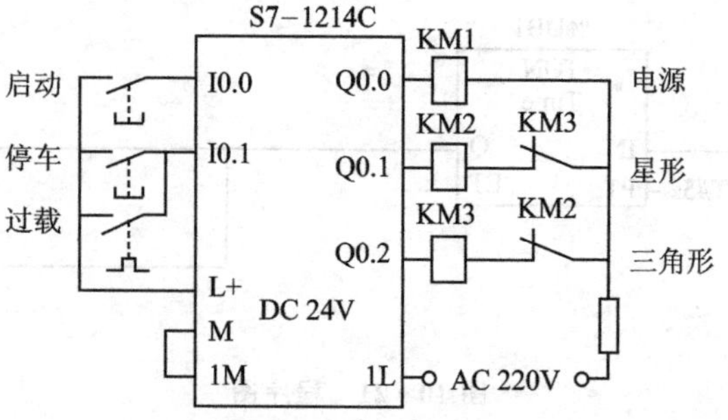

图 10－22　PLC 接线图

3. 程序的编制

程序如图 10 - 23 所示。

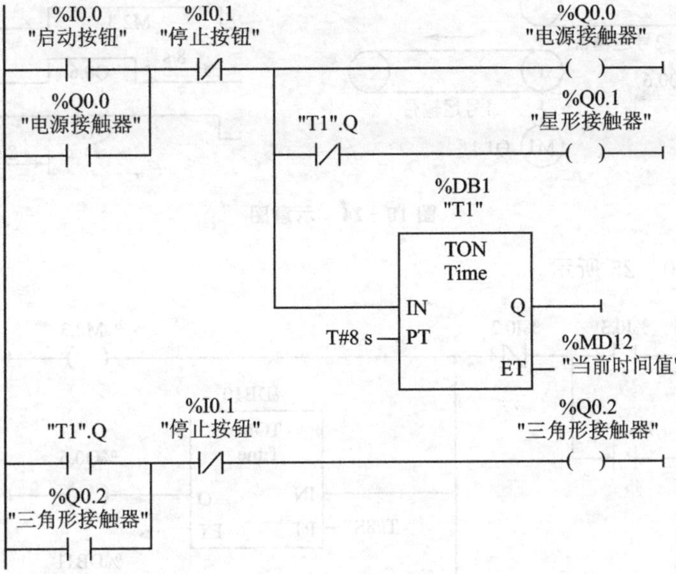

图 10 - 23　程序图

按下启动按钮 I0.0，Q0.0 和 Q0.1 同时变为 1 状态，使 KM1 和 KM2 同时动作，电动机按星形接线方式运行，定时器 TON 的 IN 输入端为 1 状态，开始定时。8 s 后定时器的定时时间到，其输出位"T1".Q 的常闭触点断开，使 Q0.1 和 KM2 的线圈断电，"T1".Q 的常开触点闭合，使 Q0.2 和 KM3 的线圈通电，电动机改为三角形接线方式运行。按下停车按钮或过载时，I0.1 的常闭触点断开，使 KM1 和 KM3 的线圈断电，电动机停止运行。

选中"T1".Q 的常闭触点左边的水平线，单击"打开分支"按钮，然后双击指令列表中的接通延时定时器 TON 的图标，出现"调用选项"对话框，将数据块默认的名称改为 T1。单击"确定"按钮，生成指令 TON 的背景数据块 DB1。在定时器的 PT 输入端输入预设值"T#8s"。

为了输入地址"T1".Q，单击触点上面的问号，再单击出现的小方框右边的按钮，单击出现的地址列表中的"T1"，地址域出现"T1".。单击地址列表中的 Q，地址列表消失，地址域出现"T1".Q。

选中最左边的垂直"电源线"，单击打开分支按钮，生成用"T1".Q 和 I0.1 控制 Q0.2 的电路。

可以用程序编辑器工具栏上的按钮选择地址的 3 种显示方式，或在 3 种地址显示方式之间切换。

四、应用实例

【例 10 - 2】 两条运输带顺序相连，按下启动按钮 I0.3，1 号运输带开始运行，8 s 后 2 号运输带自动起动。按了停止按钮 I0.2，先停 2 号运输带，8 s 后停 1 号运输带。

在运输带控制程序中设置了一个用启动、停止按钮控制的 M2.3，用它来控制 TON 的 IN

输入端和 TOF 线圈。

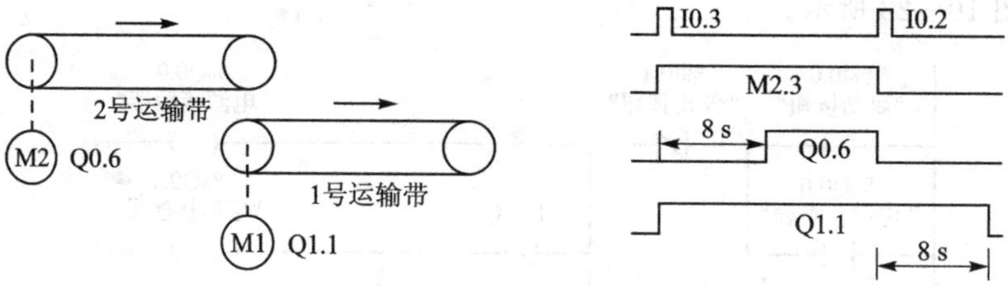

图 10-24 示意图

梯形图如图 10-25 所示。

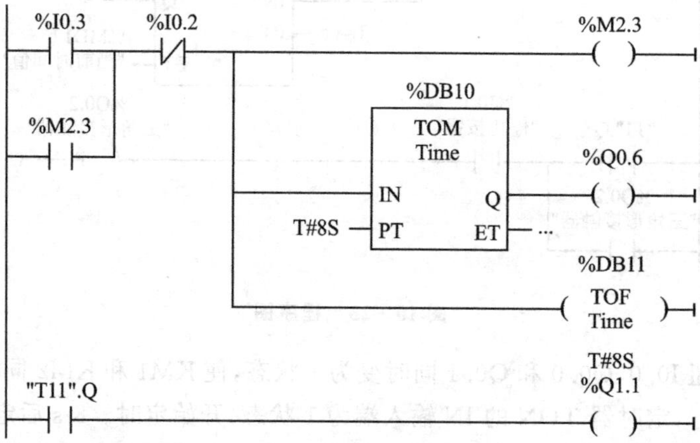

图 10-25 程序图

中间标有 TOF 的线圈上面是定时器的背景数据块,下面是时间预设值 PT。TOF 线圈和 TOF 方框定时器指令的功能相同。TON 的 Q 输出端控制的 Q0.6 在 I0.3 的上升沿之后 8 s 变为 1 状态,在停止按钮 I0.2 的上升沿时变为 0 状态。所以可以用 TON 的 Q 输出端直接控制 2 号运输带 Q0.6。T11 是 DB11 的符号地址。按下启动按钮 I0.3,TOF 线圈通电。它的 Q 输出"T11".Q 在它的线圈通电时变为 1 状态,在它的线圈断电后延时 8 s 变为 0 状态,因此可以用"T11".Q 的常开触点控制 1 号运输带 Q1.1。

思考题与习题

9-1 填空题。

① CPU 1214C 最多可以扩展________个信号模块、________个通信模块。信号模块安装在 CPU 的________边,通信模块安装在 CPU 的________边。

② 数字量输入模块某一外部输入电路接通时,对应的过程映像输入位为________,梯形图中对应的常开触点________,常闭触点________。

③ 接通延时定时器的 IN 输入电路________时开始定时,定时时间大于等于预设时间时,输出 Q 变为________。IN 输入电路断开时,当前时间值 ET ________,输出 Q 变为________。

④ RLO 是________的简称。

9－2　装载存储器和工作存储器各有什么作用？

9－3　信号模块是哪些模块的总称？

9－4　使用系统存储器默认的地址 MB1，哪一位是首次扫描位？

9－5　S7－1200 可以使用哪些编程语言？

9－6　用 I1.0 控制接在 QB1 上的 8 个彩灯是否移位，每 2 s 循环左移 1 位。用 IB0 设置彩灯的初始值，在 I1.1 的上升沿将 IB0 的值传送到 QB1，请设计梯形图程序。

模块 11　PLC 控制系统的设计及应用实例

设计 PLC 控制系统是学习 PLC 的主要目的。在熟悉了 PLC 的结构和基本工作原理、掌握了基本指令和编程方法后，就可对控制设备进行 PLC 应用设计，实现对生产机械和生产过程的电气控制。

本模块通过几个具体实例，说明掌握 PLC 控制系统的设计方法和设计步骤。

专题 11.1　PLC 控制系统设计的基本知识

PLC 控制系统的设计就是根据被控对象的特点和控制要求，以 PLC 为控制核心，设计生成一个控制系统。PLC 控制系统的设计水平将决定生产设备的运行质量和技术水平，因此，设计时应全面考虑各种因素，严格按设计步骤进行设计。

一、PLC 控制系统的设计内容和设计步骤

1. PLC 控制系统的设计内容

PLC 控制系统设计的基本内容有以下几点：

(1) 选择合适的 PLC 和 I/O 设备

PLC 是控制系统的核心部件，合理选择 PLC 对于保证系统的技术指标和控制质量是至关重要的。选择 PLC 应包括 PLC 机型、容量、I/O 模块和电源等。

I/O 设备是 PLC 与外围控制对象联系的桥梁，选择时应考虑输入输出端子的数量和类型。绘制出 I/O 端子与各输入输出设备的连接图，是合理分配 I/O 点的保证。

(2) 设计控制程序

控制程序是控制系统的核心，是保证系统正常、安全、可靠工作的关键，因此，控制程序的设计必须经过充分论证、反复调试和修改，直到充分满足要求为止。

(3) 编制技术文件

技术文件包括 PLC 程序、电气原理图、电器布置图、元件明细表和技术说明书等，在电气原理图中还应包括 PLC 的 I/O 接线图。

2. PLC 控制系统的设计步骤

PLC 控制系统的设计就是根据生产工艺要求和 PLC 系统的结构特点，用相应的编程指令，编制实际应用程序，绘制出控制用主电路图、I/O 接线图、梯形图，并编写说明书等技术文件。其基本设计步骤如下：

① 深入了解和分析被控对象的工艺条件和控制要求。如控制的基本方式、需要完成的动作顺序、必要的保护联锁、操作方式(包括手动、自动、连续、单周期或单步)等。

② 根据被控制对象的设置和控制要求，确定 PLC 的 I/O 点数，并设计 I/O 端子的接线图。

③ 根据控制要求和所需要的 I/O 点数，选择合适的 PLC 类型。

④ 对较复杂的控制系统，需画出工作循环表，或画出状态流程图，以清楚表明动作的顺序

和控制条件。

⑤ 根据工作循环图或状态流程图设计控制程序，并编制程序清单。这是设计工作中最为关键的一步，也是最为困难的一步。

⑥ 在计算机上用 PLC 编程软件进行编程，然后进行模拟调试。

⑦ 结合现场环境进行联机调试，直到满足设计要求为止。

⑧ 编写说明书等技术文件。

二、PLC 程序设计方法

在电气控制工程中，对 PLC 应用程序的设计有多种方法，现将几种常用的应用程序设计方法作简要介绍。

1. 经验设计法

经验设计法也叫试凑法。根据被控对象对控制系统的具体要求，凭设计者经验进行选择、组合和设计。有时为了得到一个满意的设计，需要进行反复调试和修改。这种设计方法没有普遍的规律可循，具有一定的试探性和随意性；而设计的水平、所用的时间均与设计者经验的多少有关。

经验设计法适用于比较简单的控制系统，可以收到快速、简单的效果。但是，由于这种方法主要是根据设计人员的经验进行，所以对设计人员的要求也比较高，要求设计者有一定的实践经验，对工业控制系统要求和各种典型控制环节比较熟悉。对于较复杂的系统，若用经验法设计，一般周期长，不易掌握好，系统容易出现故障和维护困难等问题。所以，经验法一般只适合于较简单的或与某些典型系统相类似的控制系统的设计。下面通过例子说明经验法的大体步骤。

【例 11－1】 现有一台电动运输小车可供车间 8 个加工工位使用，每个工位都能呼叫。对小车的控制要求如下：

① 在启动前，小车停在某加工位。若没有用车呼叫信号，各工位的指示灯都亮，表示任一工位都可以呼车。

② 当某一工位按下呼叫按钮，发出呼车信号后，其他 7 个工位不能再呼车，同时各工位的指示灯均熄灭。

③ 当呼车的位号大于停车位号时，小车自动向高位行驶；当呼车位号小于停车位号时，小车自动向低位行驶。小车停在某工位后，如该工位再次呼叫则小车不响应。

④ 小车到达呼车工位时自动停车，并停留 30 s 供该工位使用。此时间内不再响应其他工位呼车。

⑤ 小车应有失电保护，如果电源临时停电后再送电，小车不会自行启动。

根据上述控制要求，可参照下面的步骤进行程序设计：

(1) 确定输入、输出电器元件

控制系统应设有启动和停止按钮，在每个工位又设置有限位开关和呼车按钮，这些都作为 PLC 的输入元件；小车由 1 台电动机拖动，电动机正转时小车驶向高位，反转时驶向低位，正反转需要 2 个接触器，这是 PLC 输出的 2 个执行元件；各个工位要有指示灯作为呼车显示，所以电动机的 2 个接触器和 8 个工位指示灯是 PLC 的输出控制对象。

各个工位的限位开关和呼车按钮布置如图 11－1 所示。图中 SQ 和 SB 的编号就是各个工位的编号，SQ 是单滚轮式可自动复位的限位开关。

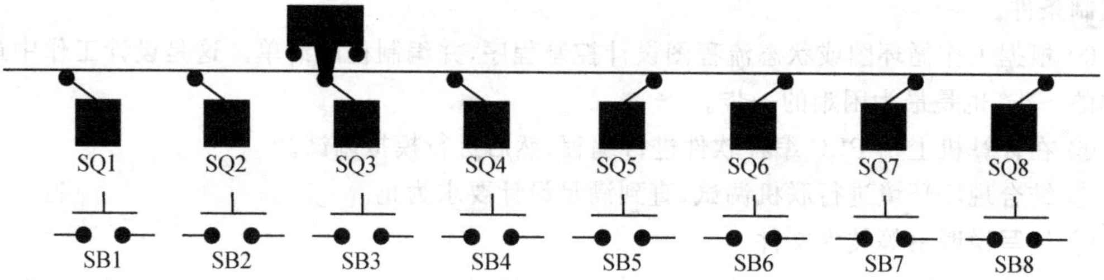

图11-1 各加工位限位开关的呼车按钮布置图

(2) 确定PLC输入和输出点数、选择PLC机型、进行I/O分配

PLC需要18个输入点,包括8个限位开关、8个呼车按钮和2个控制输入的按钮。PLC的I/O分配如表11-1所列。为了尽量少占用PLC的I/O点数,对于本例,由于各个工位的呼车指示灯状态一致,因此可选用小电流的发光元件并联在一起,只占用1个PLC输出点,所以PLC只需要3个输出点。本设计选用S7-200系列CPU226型的PLC。

表11-1 I/O分配

输入				输出	
限位开关SQ1	I1.0	呼车按钮SB1	I2.0	呼车指示灯	Q0.0
限位开关SQ2	I1.1	呼车按钮SB2	I2.1	电动机正转接触器线圈	Q0.1
限位开关SQ3	I1.2	呼车按钮SB3	I2.2	电动机反转接触器线圈	Q0.2
限位开关SQ4	I1.3	呼车按钮SB4	I2.3	—	—
限位开关SQ5	I1.4	呼车按钮SB5	I2.4	—	—
限位开关SQ6	I1.5	呼车按钮SB6	I2.5	—	—
限位开关SQ7	I1.6	呼车按钮SB7	I2.6	—	—
限位开关SQ8	I1.7	呼车按钮SB8	I2.7	—	—
系统启动按钮SB9	I0.0	—	—	—	—
系统停止按钮SB10	I0.1	—	—	—	—

(3) 画出系统动作过程的流程图

为了便于分析,根据控制要求画出系统动作过程的流程图,如图11-2所示。

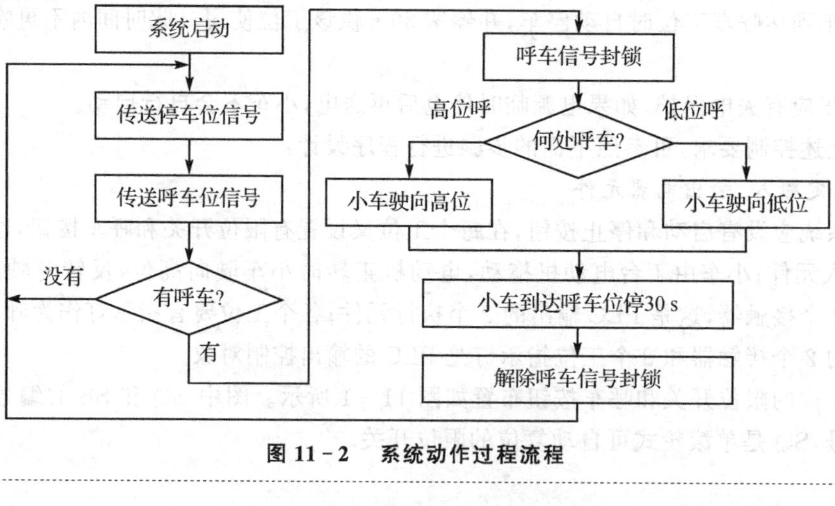

图11-2 系统动作过程流程

（4）选择 PLC 指令并编写程序

根据对小车的控制要求，可选用传输指令和比较指令，即先把小车所在的工位号传输到一个内存单元中，再把呼车的工位号传输到另一内存单元中，然后将这两个单元的内容进行比较。若呼车的位号大于停车的位号，则小车向高位行驶；若呼车的位号小于停车的位号，则小车向低位行驶。对小车的这种控制，是本例程序设计的主线。

（5）编写其他控制要求的程序

其他的控制要求包括：若有某工位呼车，则应立即封锁其他工位的呼车信号；小车行驶到位后应在该工位停留 30 s，即延迟一定时间再解除对呼车信号的封锁；要有失压保护和呼车显示等程序。

（6）绘制梯形图

将上述各个环节编写的程序有步骤地联系起来，即可得到符合控制要求的梯形图程序，如图 11 - 3 所示。

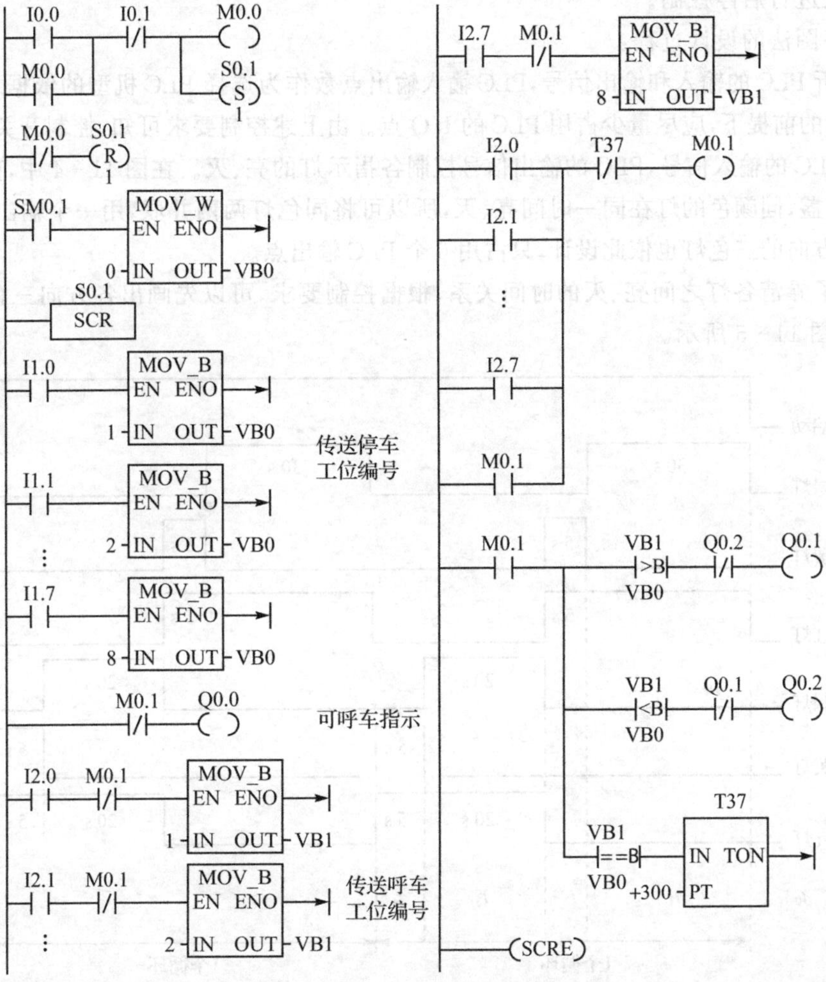

图 11 - 3　电动小车 PLC 控制梯形图

2. 时序图设计法

时序图设计法是根据时间顺序进行控制的方法，如果 PLC 各输出信号的状态变化有一定的时间顺序,就可采用时序图设计法。为此需要画出各输出信号的时序图,以进一步理解各输出状态的转换条件,从而建立清晰的设计思路。下面通过一个例子说明这种设计方法。

【例 11-2】 设计用 PLC 控制十字路口的交通信号灯。这是有多个时间顺序的控制系统,交通信号灯的布置如图 11-4 所示。由于东西方向的车流量较小、南北方向的车流量较大,所以南北方向的放行时间(绿灯亮)为 30 s,东西方向的放行时间(绿灯亮)为 20 s。当东西(或南北)方向的绿灯灭时,该方向的黄灯与南北(或东西)方向的红灯一起以 1 Hz 的频率闪烁 5 s,以提醒司机和行人的注意。然后,立即开始另一个方向的放行。要求只用一个控制开关进行启停控制。

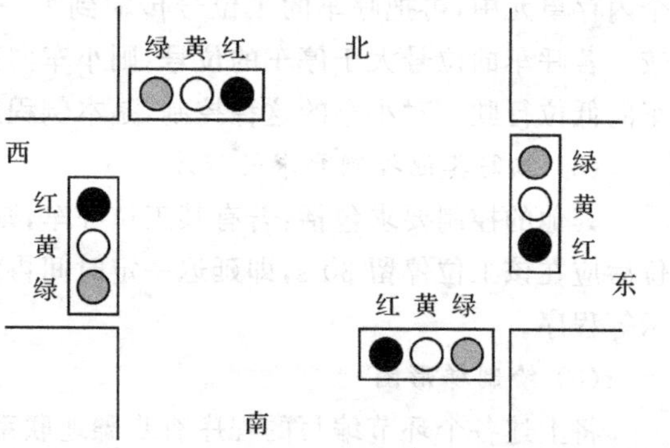

图 11-4 十字路口交通信号灯布置图

用时序图法的设计过程:

① 分析 PLC 的输入和输出信号,PLC 输入输出点数作为选择 PLC 机型的依据之一。在满足控制要求的前提下,应尽量少占用 PLC 的 I/O 点。由上述控制要求可知,控制开关输入的启、停信号是 PLC 的输入信号,PLC 的输出信号控制各指示灯的亮、灭。在图 11-4 中,南北方向的三色灯共 6 盏,同颜色的灯在同一时间亮、灭,所以可将同色灯两两并联,用一个输出信号控制;同理,东西方向的三色灯也依此设计,只占用 6 个 PLC 输出点。

② 为了弄清各灯之间亮、灭的时间关系,根据控制要求,可以先画出各方向三色灯的工作时序图,如图 11-5 所示。

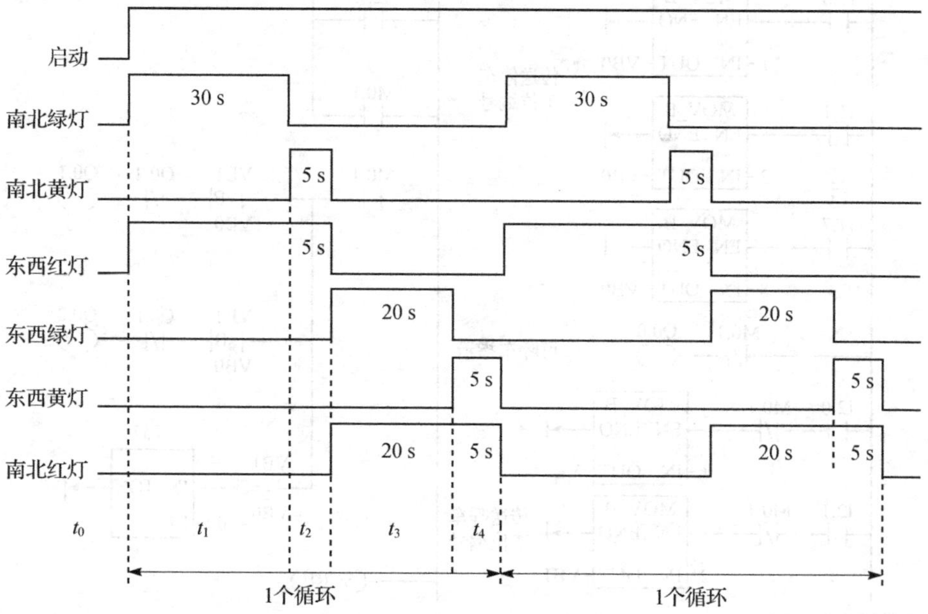

图 11-5 交通信号灯的工作时序图

③ 由时序图分析各输出信号之间的时间关系。图 11－5 中，南北方向放行时间可分为两个时间区段：南北方向的绿灯和东西方向的红灯亮，换向前东西方向的红灯与南北方向的黄灯一起闪烁；东西方向放行时间也分为两个时间段，东西方向的绿灯和南北方向的红灯亮，换向前南北方向的红灯与东西方向的黄灯一起闪烁。一个循环分为 4 个区段。这 4 个时间区段对应着 4 个分界点：t_1、t_2、t_3、t_4。信号灯的状态就在这 4 个分界点处发生变化。4 个时间区段必须用 4 个定时器来控制。为了明确各定时器职责，以便理顺各灯转换的准确时间，特列出定时器的功能明细表，如表 11－2 所列。

④ PLC 的 I/O 端口分配

红绿灯 PLC 控制的 I/O 分配如表 11－3 所列。

⑤ 根据定时器功能明细表和 I/O 分配表，画出 PLC 控制梯形图，如图 11－6 所示。

表 11－2　各定时器的功能明细

定时器	t_0	t_1	t_2	t_3	t_4
T37 定时 30 s	开始定时，南北绿灯、东西红灯开始亮	定时到，输出 ON 且保持。南北绿灯灭；南北黄灯、东西红灯开始闪烁	ON	ON	开始下一个循环的定时
T38 定时 35 s	开始定时	继续定时	定时到，输出 ON 且保持。南北黄灯、东西红灯灭；东西绿灯、南北红灯开始亮	ON	开始下一个循环的定时
T39 定时 55 s	开始定时	继续定时	继续定时	定时到，输出 ON 且保持。东西绿灯灭；东西黄灯、南北红灯开始闪烁	开始下一个循环的定时
T40 定时 60 s	开始定时	继续定时	继续定时	继续定时	定时到，输出 ON，随即自复位且开始下一个循环的定时。东西黄灯，南北红灯灭；南北绿灯、东西红灯开始亮

表 11－3　PLC 的 I/O 分配

输　入	输　出					
控制开关	南北绿灯	南北黄灯	南北红灯	东西绿灯	东西黄灯	东西红灯
I0.0	Q0.0	Q0.1	Q0.2	Q0.3	Q0.4	Q0.5

时序图设计法归纳如下：

① 分析控制要求，明确 I/O 信号个数，合理选择机型。

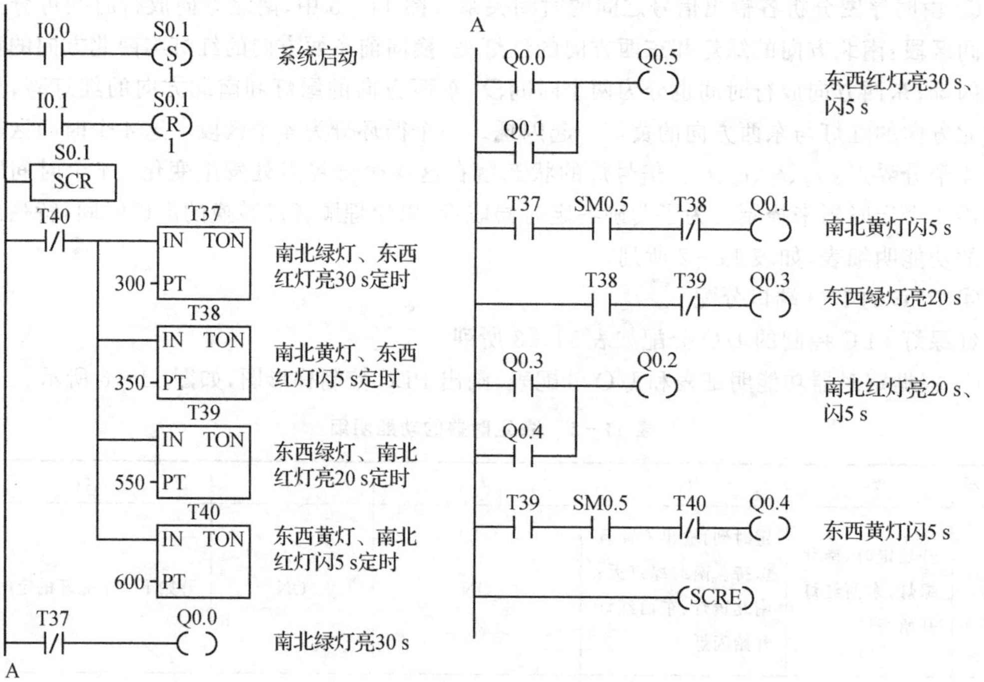

图 11-6　交通信号灯控制梯形图

② 对 PLC 进行 I/O 分配。

③ 把时序图划分成若干个时间区段,确定各区段的时间长短。找出区段的分界点,弄清分界点处各输出信号状态的转换关系和转换条件。

④ 根据时间区段的个数确定需要的定时器数量,分配定时器号,确定各定时器的设定值,明确各定时器开始定时和定时时间到这两个关键时刻对各输出信号状态的影响。

⑤ 明确各 I/O 信号之间的时序关系,画出各 I/O 信号的工作时序图。

⑥ 根据定时器的功能明细表、时序图和 I/O 分配表画出 PLC 控制梯形图。

⑦ 做模拟运行实验,检查程序运行是否符合控制要求,如有问题可对程序进行修改。对一个复杂的控制系统,若其中某些环节属于这种类型的控制,也可用此方法处理。

3. 顺序控制设计法

用顺序控制设计法编写的程序易读、易检查、易修改,是常用的设计方法之一。顺序控制设计法可参看模块 7 的介绍。顺序控制设计法编写程序的基本步骤是:

① 分析控制要求。将控制过程分成若干个工作步,明确每个工作步的功能,弄清步的转换是单向进行(单序列)还是多向进行(选择或并行序列),确定步的转换条件(可能是多个信号的与、或等逻辑组合)。必要时可画出工作流程图,有助于理顺整个控制过程的进程和分析各步的相互联系。

② 为每个步设定控制位。控制位最好使用同一个内存单元的若干连续位。若用定时器/计数器的输出作为转换条件,则应确定各定时器/计数器的编号和设定值。

③ 确定输入和输出点的个数。根据控制要求,确定输入和输出点的个数,并选择 PLC 机型,作出 I/O 分配。

④ 在前两步的基础上画出功能图。

⑤ 根据功能图画出梯形图。

⑥ 添加某些特殊要求的程序。

顺序控制设计法有一定的规律可循，设计时要掌握好 3 个要点：一是理顺动作顺序，明确各步的转换条件；二是准确地画出功能表图；三是根据功能表图正确地画出相应的梯形图，最后再根据某些特殊功能要求，添加部分控制程序。要想用好顺序控制设计法，重要的是熟练掌握功能表图的画法及根据功能表图画出相应的梯形图的方法。

项目 11.2　Z3040 摇臂钻床的 PLC 控制

一、项目内容

对 Z3040 摇臂钻床的电气控制线路进行 PLC 改造。Z3040 摇臂钻床的控制要求为：摇臂钻床的主运动与进给运动皆为主轴的运动，为此这两种运动由一台主轴电动机拖动，主轴正、反转一般采用机械方法来实现，这样主轴电动机只需单方向旋转；摇臂的升降由升降电动机拖动，要求电动机能正、反转；内、外立柱的夹紧与放松、主轴箱与摇臂的夹紧与放松采用电气-液压装置控制方法来实现，由液压泵电动机拖动液压泵供出压力油来实现；摇臂的移动严格按照摇臂松开→移动→摇臂夹紧的程序进行，因此，摇臂的夹紧、放松与摇臂升、降按自动控制进行；根据钻削加工需要，应备有冷却泵电动机，提供冷却液进行刀具的冷却；具有必要的联锁和保护环节。

二、项目的实现

1. PLC 的 I/O 配置

根据控制要求，PLC 的 I/O 配置如表 11 - 4 所列。

表 11 - 4　PLC 的 I/O 分配表

输入设备	输入地址	输出设备	输出地址
主轴停止按钮 SB1	I0.0	主轴电动机接触器 KM1	Q0.0
主轴启动按钮 SB2	I0.1	摇臂上升接触器 KM2	Q0.1
摇臂上升按钮 SB3	I0.2	摇臂下降接触器 KM3	Q0.2
摇臂下降按钮 SB4	I0.3	液压泵电动机反转接触器 KM4	Q0.3
主轴箱、立柱松开按钮 SB5	I0.4	液压泵电动机正转接触器 KM5	Q0.4
主轴箱、立柱夹紧按钮 SB6	I0.5	电磁阀 YV	Q0.5
摇臂上升限位 SQ1	I0.6	—	—
摇臂下降限位 SQ2	I0.7	—	—
摇臂松开限位 SQ3	I1.0	—	—
摇臂夹紧限位 SQ4	I1.1	—	—
主轴电机过载保护 FR1	I1.2	—	—
液压泵电机过载保护 FR2	I1.3	—	—

2. I/O 接线图

PLC 的 I/O 接线图如图 11 - 7 所示。

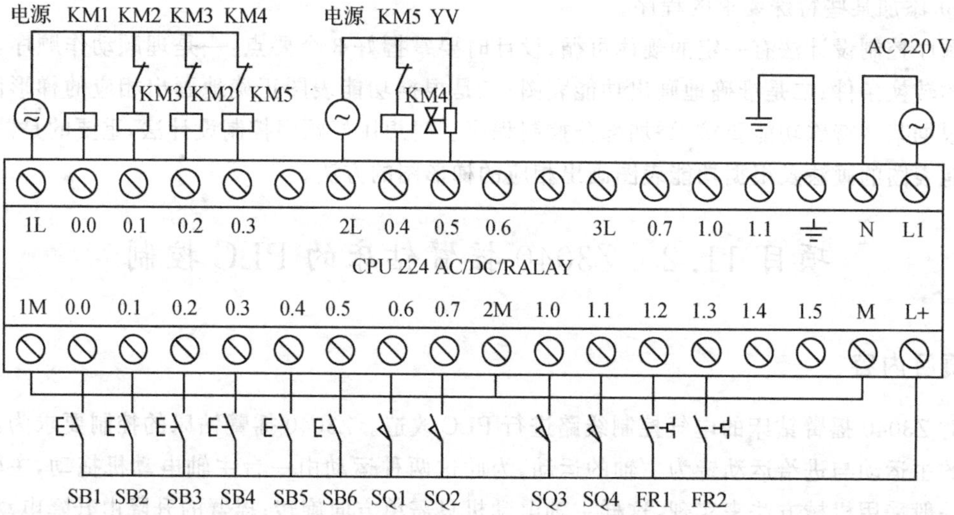

图 11 - 7 PLC 的 I/O 接线图

3. 程序设计

根据控制要求进行 PLC 程序设计,其梯形图如图 11 - 8 所示。

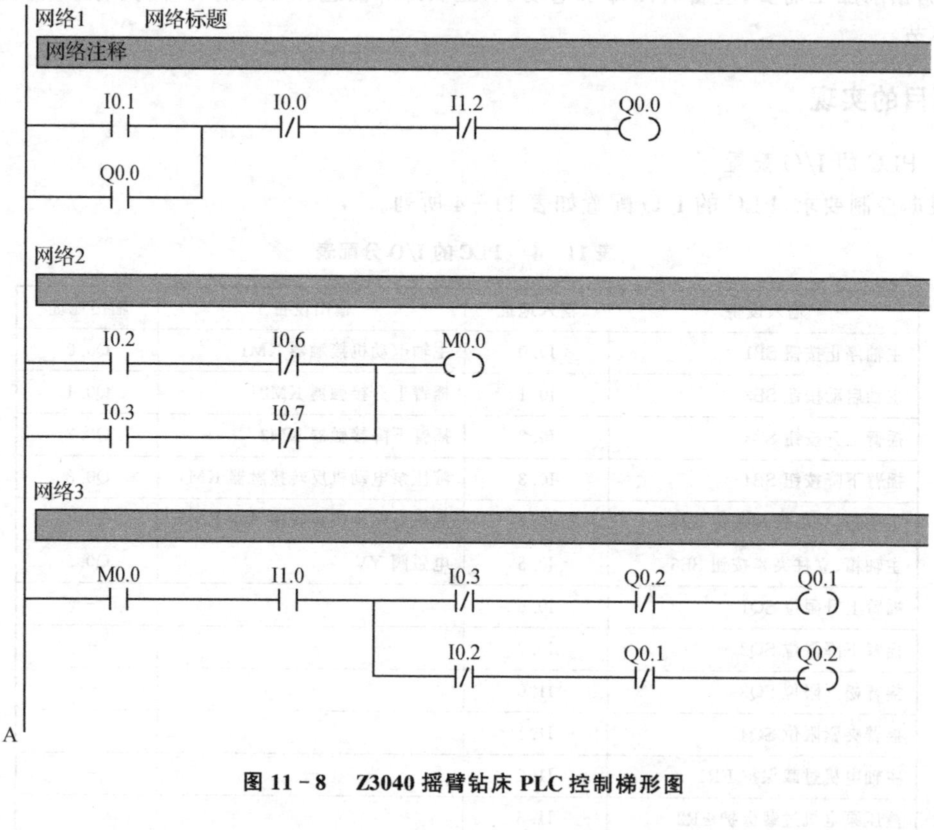

图 11 - 8 Z3040 摇臂钻床 PLC 控制梯形图

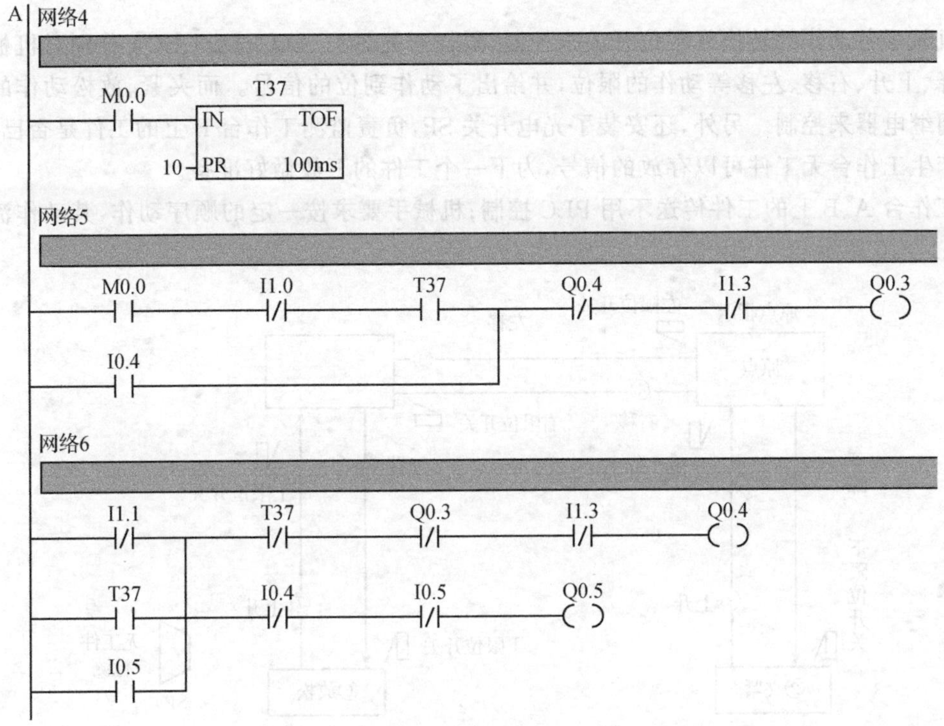

图 11－8　Z3040 摇臂钻床 PLC 控制梯形图（续）

项目 11.3　机械手的 PLC 控制

一、项目内容

有一搬运机械手的控制系统，它是一个水平/垂直位移的机械设备，其任务是将工件从工作台 A 搬往工作台 B。图 11－9 为其工作示意图。机械手的初始位置是在原位，按下启动按钮后，机械手将依次完成：下降→夹紧→上升→右移→下降→放松→上升→左移 8 个动作，实现 1 个周期的自动循环工作。现要求用 PLC 设计该机械手的电气控制系统。

该机械手采用电液控制装置，所有动作由液压驱动完成。它的上升和下降、左移和右移均采用双线圈三位电磁阀控制液压缸运动完成。当某电磁阀线圈通电，就一直保持当前的机械动作，直到相反动作的线圈通电为止。例如当下降电磁阀线圈通电后，机械手下降，即使线圈再断电，仍保持当前的下降状态，直到上升电磁阀线圈通电为止。机械手的夹紧/放松采用单线圈二位电磁阀推动液压缸完成，线圈通电时执行夹紧动作，线圈断电时执行放松

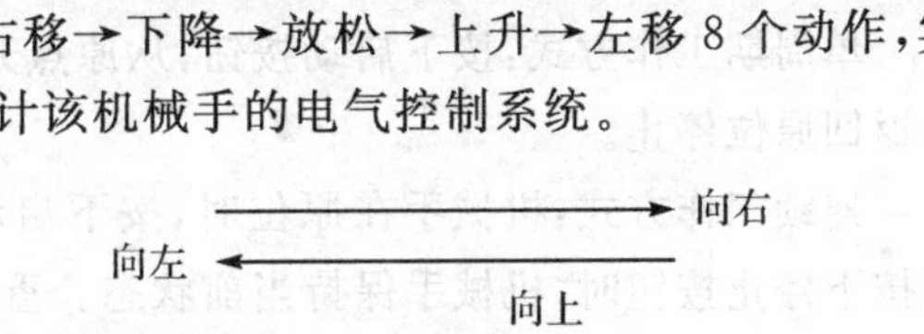

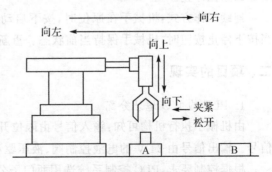

图 11－9　搬运机械手工作示意图

动作。

机械手各动作的转换靠限位开关来控制,限位开关 SQ1、SQ2、SQ3、SQ4 分别对机械手进行下降、上升、右移、左移等动作的限位,并给出了动作到位的信号。而夹紧、放松动作的转换由时间继电器来控制。另外,还安装了光电开关 SP,负责监测工作台 B 上的工件是否已移走,从而产生工作台无工件可以存放的信号,为下一个工件的下放做好准备。

工作台 A、B 上的工件传送不用 PLC 控制;机械手要求按一定的顺序动作,其动作流程图如图 11－10 所示。

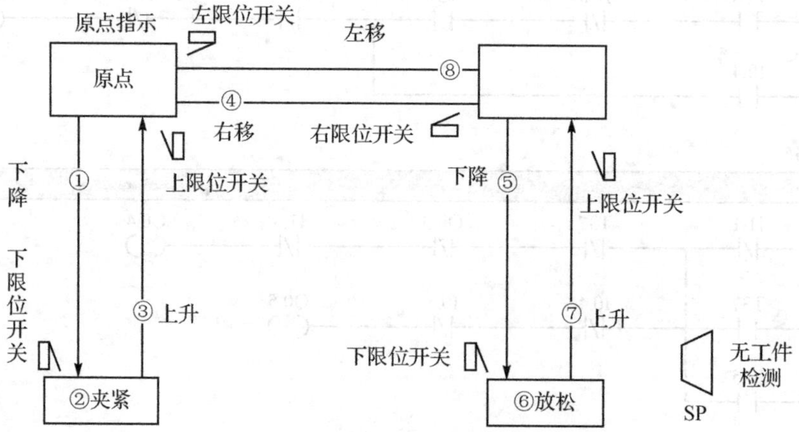

图 11－10　机械手的动作流程图

启动时,机械手从原点开始按顺序动作。停止时,机械手停止在现行工步上。重新启动时,机械手按停止前的动作继续进行。为满足生产要求,机械手设置有手动方式和自动方式。自动工作方式又分为单步、单周期和连续工作等方式。

手动工作方式:利用按钮对机械手每一步的动作单独进行控制,例如,按“上升”按钮,机械手上升;按“下降”按钮,机械手下降。此种工作方式可使机械手置原位。

单步工作方式:从原点开始,按自动工作循环的工序,每按一下启动按钮,机械手完成一步的动作,然后自动停止。

单周期工作方式:按下启动按钮,从原点开始,机械手按工序自动完成 1 个周期的动作,然后返回原位停止。

连续工作方式:机械手在原位时,按下启动按钮,它将自动连续地执行周期性循环动作。当按下停止按钮时,机械手保持当前状态。重新恢复后,机械手按停止前的动作继续进行。

二、项目的实现

1. PLC 的 I/O 地址分配

由机械手执行机构可知:输入信号由限位开关、按钮、光电开关等组成,共有 14 个开关量信号。输出信号由 24 V 的电液控制阀、液压驱动线圈和指示灯等组成,共有 6 个开关量信号。

根据控制要求,PLC 控制系统选用西门子公司的 S7－200 系列 CPU 214。为达到需要的 I/O 点数,另外增加 1 个 I/O 扩展模块 EM221,以满足输入输出要求。表 11－5 为 I/O 地址分配表。

表 11－5　I/O 地址分配表

序　号	符　号	功能描述	序　号	符　号	功能描述
1	I0.0	启　动	13	I1.4	上　升
2	I0.1	下　限	14	I1.5	右　移
3	I0.2	上　限	15	I2.0	左　移
4	I0.3	右　限	16	I2.1	夹　紧
5	I0.4	左　限	17	I2.2	放　松
6	I0.5	无工件检测	18	I2.3	复　位
7	I0.6	停　止	19	Q0.0	下　降
8	I0.7	手　动	20	Q0.1	执行夹紧
9	I1.0	单　步	21	Q0.2	执行上升
10	I1.1	单周期	22	Q0.3	执行右移
11	I1.2	连　续	23	Q0.4	执行左移
12	I1.3	下　降	24	Q0.5	原位指示灯

2. 绘制 PLC 输入/输出接线端子图

根据表 10－5，绘制出 PLC 输入/输出端子接线图，如图 11－11 所示。

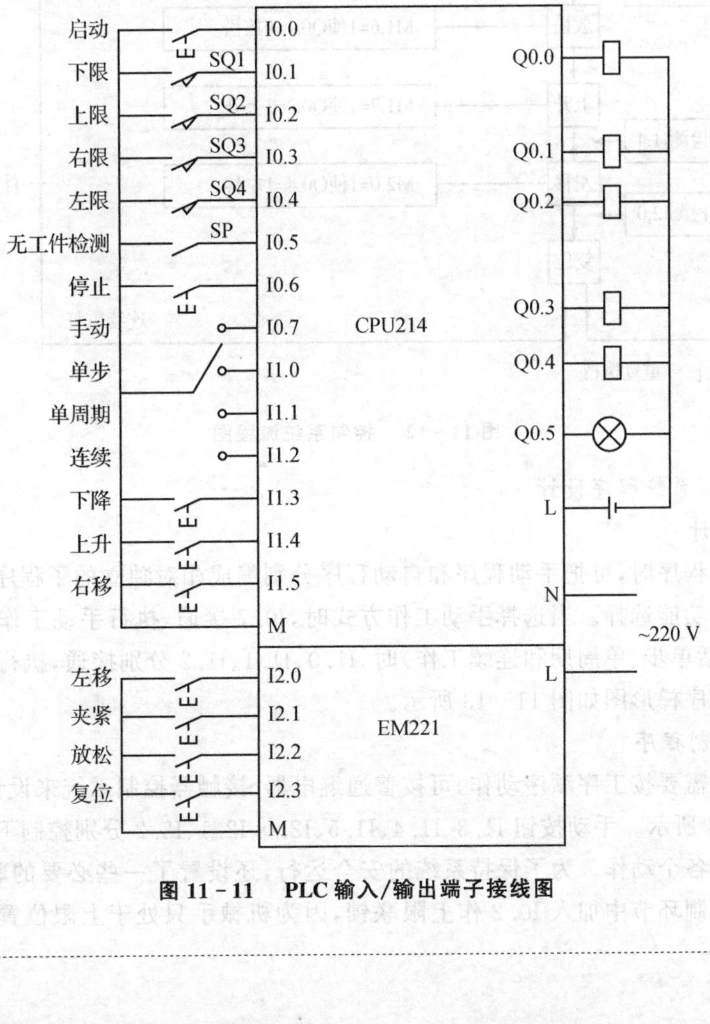

图 11－11　PLC 输入/输出端子接线图

3. 设计控制系统流程图(功能表图)

根据机械手控制要求,设计的流程图(功能表图)如图 11-12 所示。

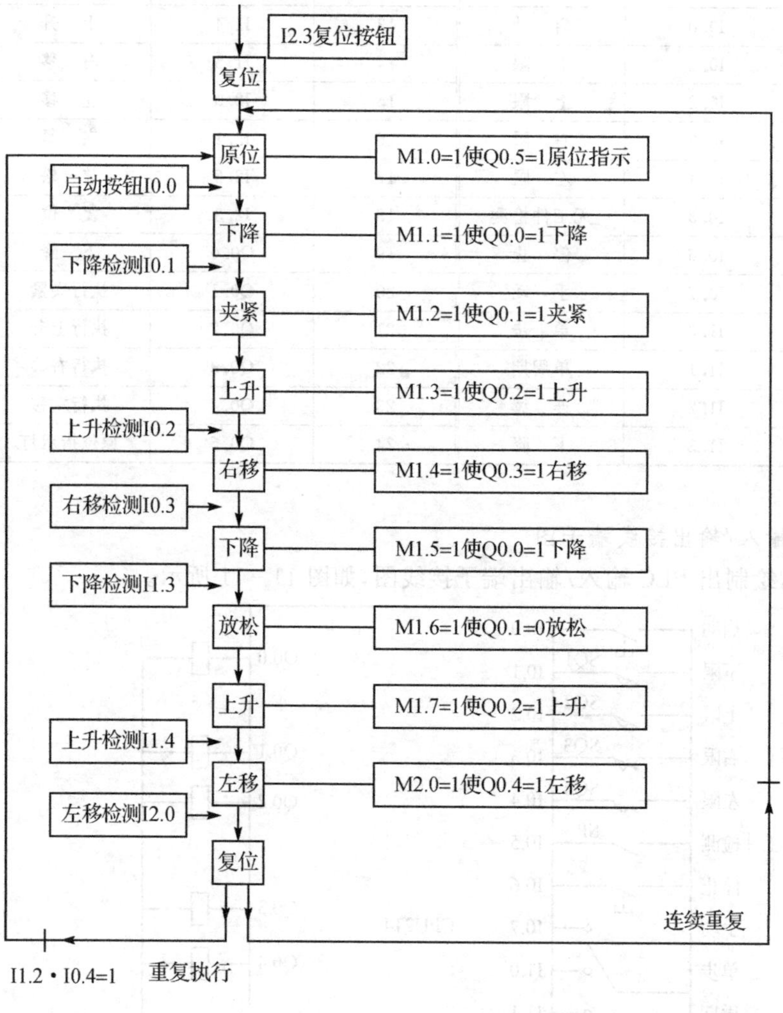

图 11-12 控制系统流程图

4. PLC 控制系统程序设计

(1) 整体设计

整体设计主程序时,可把手动程序和自动程序分别编成相对独立的子程序模块,通过子程序调用指令进行功能选择。当选择手动工作方式时,I0.7 接通,执行手动工作程序;当选择自动工作方式(包括单步、单周期和连续工作)时,I1.0、I1.1、I1.2 分别接通,执行自动控制程序。整体设计的主程序梯形图如图 11-13 所示。

(2) 手动控制程序

手动操作不需要按工序顺序动作,可按普通继电器-接触器控制系统来设计。手动控制梯形图如图 11-14 所示。手动按钮 I1.3、I1.4、I1.5、I2.0、I2.1、I2.2 分别控制下降、上升、右移、左移、夹紧、放松各个动作。为了保持系统的安全运行,还设置了一些必要的联锁保护,其中,在左右移动的控制环节中加入 I0.2 作上限联锁,因为机械手只处于上限位置(I0.2=1)时才允许左右移动。

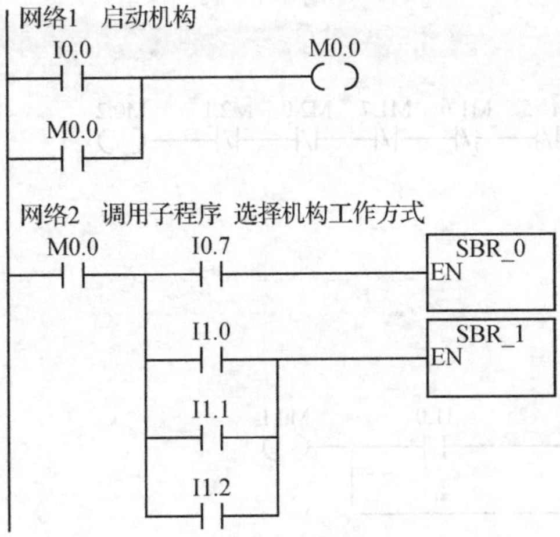

图 11－13　机械手主程序梯形图

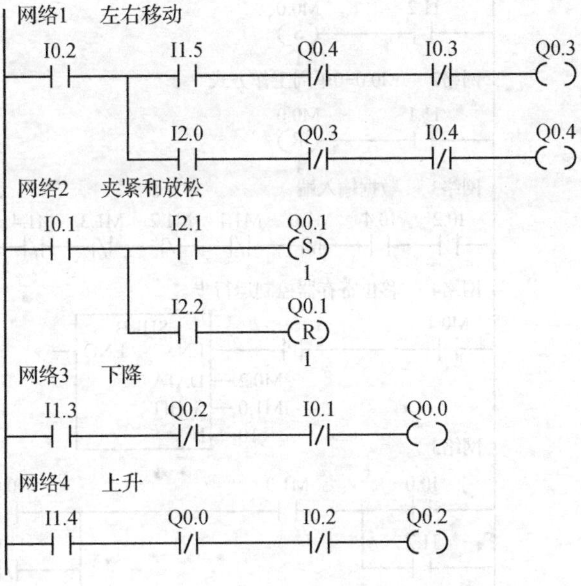

图 11－14　机械手的手动控制梯形图

由于夹紧、放松动作选用了单线圈双位电磁阀控制，故在梯形图中用置位、复位指令来控制。该指令具有保持功能，另外还设置了机械联锁。只有当机械手处于下限(I0.1＝1)时，才能进行夹紧和放松动作。

(3) 自动控制程序

由于自动操作动作比较复杂，不容易直接设计，一般先画出自动操作流程图，表明动作的顺序和转换条件，就能比较方便地设计梯形图。

机械手的自动操作流程可参见图 11－12。图中，每个矩形方框表示一个"工步"，方框中的文字表示该步的动作；方框右边画出了该步动作的执行元件；相邻两个工步之间可以用有向线段连接，表明转换方向；有向线段上的小横线及左边方框中的文字表示转换条件，当转换条件得到满足时，便从上一工步转到下一工步。

对于顺序控制，可用多种方法进行编程，现选用移位寄存器可以方便地实现机械手的控制功能，各步的转换条件由各个行程开关及定时器的状态来决定。为保证运行的可靠性，在执行夹紧和放松动作时，分别用定时器 T37 和 T38 作为转换的条件，并采用具有保持功能的继电器(M0.X)为夹紧电磁阀线圈供电。自动操作的梯形图程序如图 11－15 所示。

其工作过程分析如下：

① 机构处于原位，上限位和左限位行程开关闭合，I0.2、I0.4 接通，移位寄存器首位 M1.0 置"1"，Q0.5 输出原位显示，机构当前处于原位。

② 按下启动按钮，I0.0 接通，产生移位信号，使移位寄存器右移 1 位，M1.1 置"1"(同时 M1.0 恢复为零)，M1.1 得电，Q0.0 输出下降信号。

③ 下降至下限位，下限位开关受压，I0.1 接通，移位寄存器右移 1 位，移位结果使 M1.2 为"1"(其余为零)Q0.1 接通，夹紧动作开始，同时 T37 接通，定时器开始计时。

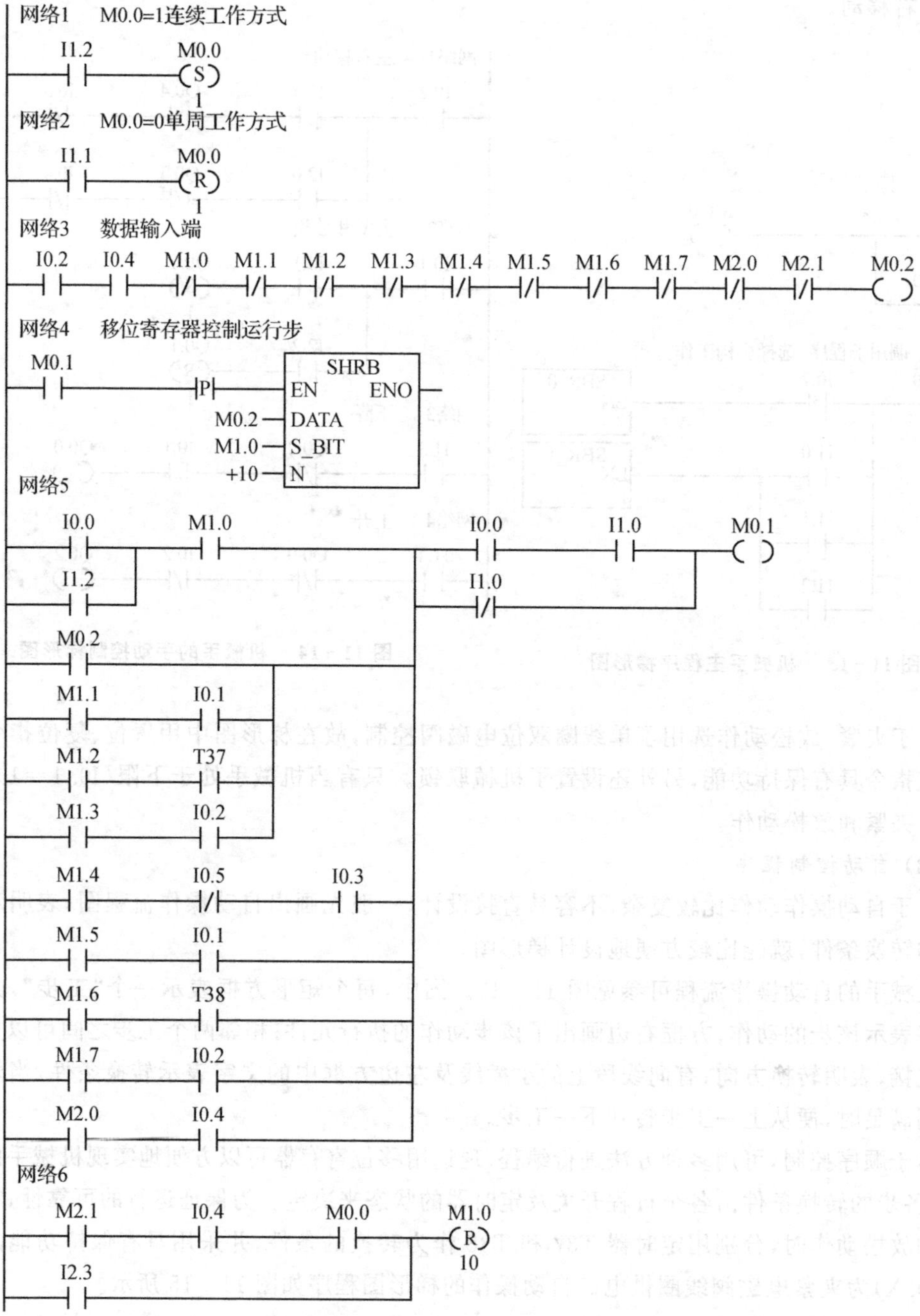

图 11-15 机械手的自动控制梯形图程序

④ 经延时,T37 触点接通,移位寄存器又右移 1 位,使 M1.3 置"1"(其余为零),Q0.2 接通,机构上升。此时虽然 M1.2 为 0,但 Q0.1 没有复位,仍处于接通状态,夹紧动作继续执行。

⑤ 上升至上限位,上限位开关受压,I0.2 接通,移位寄存器右移 1 位,M1.4 置"1"(其余为零),Q0.3 接通,机构右移。

⑥ 右行至右限位,I0.3 接通,将寄存器中"1"移到 M1.5,Q0.0 接通,机构再次下降。

⑦ 下降至下限位，下限位开关受压，移位寄存器又右移 1 位，使 M1.6 置"1"(其余为零)，Q0.1 断开，放松动作开始，同时 T38 接通，开始计时。经延时，T38 触点接通，移位寄存器右移 1 位，M1.7 置"1"(其余为零)，Q0.2 再次得电上升。

⑧ 上升至上限位，上限位开关受压，I0.2 闭合，移位寄存器右移 1 位，M2.0 置"1"(其余为零)，Q0.4 置"1"，机构左移。

⑨ 左行至原位，左限位开关受压，I0.4 接通，寄存器仍右移 1 位，M2.1 置"1"(其余为零)，一个自动循环顺序结束。

自动操作程序中包含了单周期或连续工作方式。程序执行单周期或连续工作方式取决于工作方式选择开关。当选择连续方式时，I1.2 使 M0.0 置"1"；当机构回到原位时，移位寄存器自动复位，并使 M1.0 为"1"，同时 I1.2 闭合，又获得一个移位信号，机构按顺序反复执行。当选择单周期操作方式时，I1.1 使 M0.0 为"0"；当机构回到原位时，按下启动按钮，机构自动动作一个运动周期后停止在原位。

单步动作时每按一次启动按钮，机构按动作顺序向前步进一步。其控制逻辑与自动操作基本一致。所以只需在自动操作梯形图上添加步进控制逻辑即可。在图 11－15 中，移位寄存器的使能控制用 M0.1 来控制。M0.1 的控制线路串接有一个梯形图块，该块的逻辑为 I0.0 · I1.0＋I1.0。当处于单步状态 I1.0＝1 时，移位寄存器能否移位，取决于上一步是否完成和启动按钮是否按下。

(4) 输出程序

机械手的运动主要包括上升、下降、左移、右移、夹紧、放松。在控制程序中，M1.1、M1.5 分别控制左、右下降，M1.2 控制夹紧，M1.6 控制放松，M1.3、M1.7 分别控制左、右上升，M1.4、M2.0 分别控制左、右运行，M1.0 控制原位显示。据此设计出机械手的输出梯形图，如图 11－16 所示。

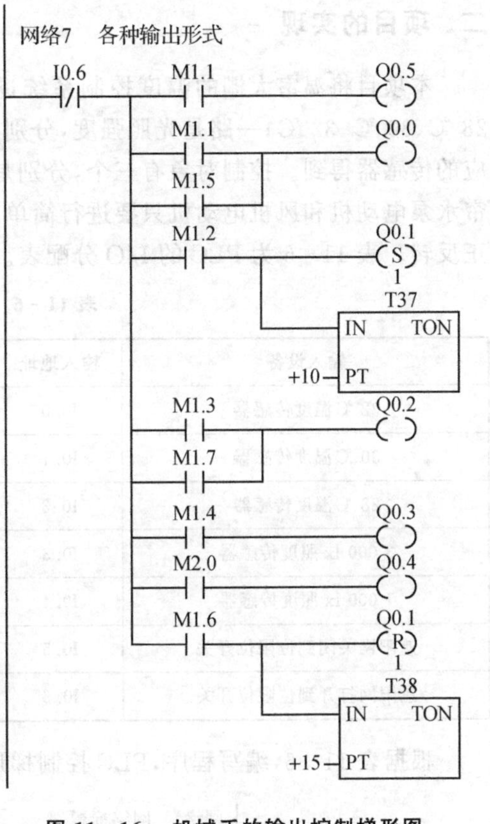

图 11－16 机械手的输出控制梯形图

项目 11.4 温室大棚温度的 PLC 控制系统设计与调试

一、项目内容

在农业生产中经常会用到温室大棚，温室大棚的温度主要通过湿帘、风机、遮阳网三种装置来控制。

温室大棚温度的具体控制要求如下：

① 当温度达到32 ℃时，湿帘-风机系统启动，湿帘开始加水，温帘颜色随水的加入逐渐变深，此时，风机组开始转动；当温度为30 ℃时，湿帘关闭，风机组运行；当温度为28℃时，湿帘-风机系统停止。

② 在32 ℃时，若室外光照强度达到3 000 Lux时，遮阳网全关；在30 ℃时，若室外光照强度达到3 000 Lux时，遮阳网则全关，若光照强度为1 000 Lux，则遮阳网全开；在28 ℃时，遮阳网全开。遮阳网在温室中间和两端设有行程开关，到达预设位置后自动停止。

现要求用PLC实现对温室大棚的温度控制，并且在设计完成后进行系统调试。

二、项目的实现

本项目将温室大棚的温度控制系统进行简化，使输入信号有两路：一路是温度，分别为28 ℃、30 ℃、32 ℃；一路是光照强度，分别为3 000 lx、1 000 lx。这两路输入信号都可以用相应的传感器得到。控制对象有三个，分别是湿帘水泵电动机、风机电动机、遮阳网电动机。湿帘水泵电动机和风机电动机只要进行简单的运行、停止控制即可，遮阳网电动机则需要控制其正反转。表11-6为PLC的I/O分配表。

表11-6 PLC的I/O分配表

输入设备	输入地址	输出设备	输出地址
32 ℃温度传感器	I0.0	湿帘水泵电动机接触器KM1	Q0.0
30 ℃温度传感器	I0.1	风机电动机接触器KM2	Q0.1
28 ℃温度传感器	I0.2	遮阳网关闭接触器KM3	Q0.2
3 000 lx照度传感器	I0.3	遮阳网打开接触器KM4	Q0.3
1 000 lx照度传感器	I0.4	—	—
遮阳网关闭到位限位开关	I0.5	—	—
遮阳网打开到位限位开关	I0.6	—	—

根据表11-6，编写程序，PLC控制梯形图如图11-17所示。

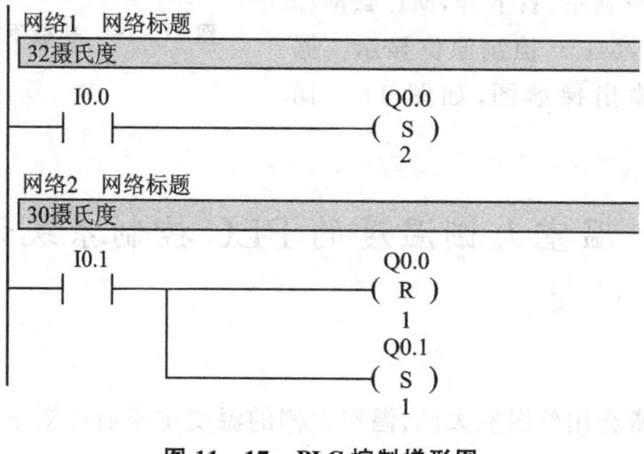

图11-17 PLC控制梯形图

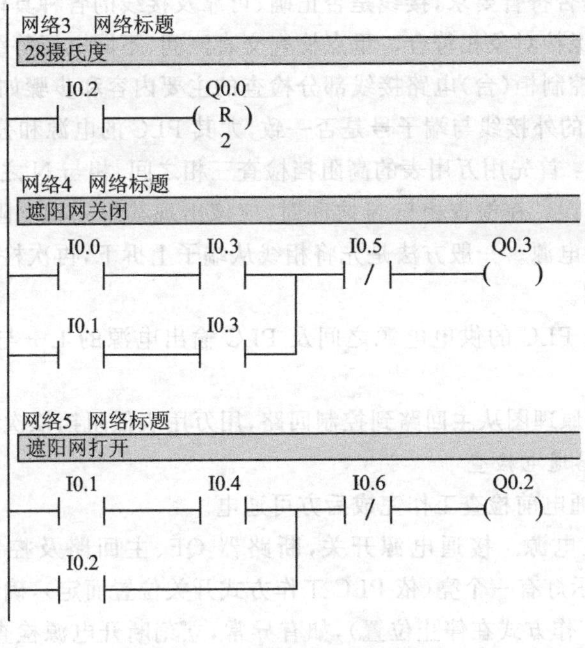

图 11-17 PLC 控制梯形图(续)

三、项目的调试

系统调试是系统在正式投入使用之前的必经步骤。与继电-接触器控制系统相比,PLC 控制系统既有硬件部分的调试,还有软件部分的调试。PLC 控制系统的硬件部分调试相对继电-接触器控制系统简单很多,主要是 PLC 程序的调试。PLC 系统调试一般可按以下几个步骤进行:应用程序离线调试、控制系统硬件检查、应用程序在线调试、现场调试。调试后总结整理相关资料,系统就可以正式投入使用了。

1. 应用程序离线调试

应用程序的离线调试首先是应用程序的检查过程,应用程序的编制应随编随查,即编好某一控制程序段后,对照工艺过程和控制要求,认为控制逻辑及控制方式无错误后再编制其他程序段。控制程序编制完成后必须经过反复检查、修改,直到认为能够满足控制要求为止。

若条件允许,应用程序尤其是一些完成特殊控制功能的程序应尽量进行模拟调试,即编好某一控制程序段,经检查认为能够满足控制要求后,将程序输入 PLC,用旋转开关或按钮开关模拟实际的输入信号,用 PLC 上的发光二极管显示输出量的通断状态。在调试时应充分考虑各种可能的情况,系统的各种工作方式,有选择序列的流程图中的每一条支路,各种进展路线,都应逐一检查,不能遗漏。发现问题后及时修改程序,直到在各种可能的情况下控制关系完全符合要求。如果程序中某些参数值过大,可以在调试时将它们减小,以缩短调试时间,模拟调试结束后再写入实际设定值。

2. 控制系统硬件检查

(1) 系统硬件电路通电前检查

系统电气控制台(柜)安装配线完成后,首先必须进行的是通电前的检查工作。根据电气原理图、电器安装接线图、电器布置图检查各电器元件的位置是否正确,并检查其外观有无损坏,配线导线的选择是否符合要求,接线是否正确、可靠及接线的各种具体要求是否达到,保护电器的整定值是否与保护对象相符合。重点检查交直流间、不同电压等级间及相间、正负极之间是否有误接线等。控制柜(台)电路接线部分检查的主要内容和步骤如下：

① 检查各电器件的外接线与端子号是否一致,尤其PLC的电源和公共端。

② 检查电源接线：首先用万用表的高阻挡检查三相之间、相与N之间、相与L+之间、相与M之间是否接线有误。在检查相与N之间时,应该出现其中一相电阻值异常情况,原因是其中一相为PLC提供电源。一般方法是先将相线从端子上拆下,再次检查。若通过检查确认无误,则进入下一步骤。

③ 用万用表检查PLC的供电电源之间及PLC输出电源的L+与M之间的阻值是否合理。

④ 最后按照电气原理图从主回路到控制回路,用万用表低阻挡依次检查各个线号。

(2) 系统硬件电路通电检查

在系统硬件电路通电前检查工作完成后方可通电。

① 通电检查供电电源。接通电源开关,断路器QF、主回路及控制回路通电,PLC上"STOP"或"RUN"指示灯有一个亮(依PLC工作方式开关位置而定),确认PLC上"STOP"指示灯是否亮起(PLC工作方式在停止位置),如有异常,立刻断开电源检查原因。当然,用万用表或其他测量设备测量一遍各点电压更安全,一切正常后,进入下一步。

② 检查输入点。PLC输入点指示灯应该I0.5或者I0.6中有一个亮,代表遮阳网在关闭或者打开状态,依次检查输入点I0.0至I0.4,分别输入32 ℃、30 ℃、28 ℃、3 000 lx、1 000 lx,检查相应输入点指示灯是否亮。

③ 检查输出点。输出点的检查比输入点麻烦一些,一般需用到编程器等外围设备。输出点检查时多用强制的办法,本项目首先强制使Q0.0输出,接触器KM1吸合;然后取消强制Q0.0的输出,接触器KM1断开。依次强制/取消其他输出点,从而检查PLC输出。输出点的通电检查中需注意的是：除指示灯外的其他负载,要一个输出点检查完毕断开后,再检查另一个输出点;还有就是要充分了解设备和整个控制系统的功能。例如,使Q0.2和Q0.3同时输出,即KM3和KM4同时吸合,将产生相间短路故障。

3. 应用程序在线调试

应用程序的在线调试实际上主要是控制台(柜)的单机调试。将模拟调试好的程序输入PLC,然后使PLC工作在运行状态(PLC上"RUN"指示灯亮)。按控制要求,运行程序,如发现问题,及时解决。

在本项目中,将调试好的程序输入PLC,使PLC工作在运行状态,输入32 ℃时,应该KM1、KM2吸合;输入30 ℃时,KM1断开、KM2仍然吸合;输入28 ℃时,KM1和KM2都断开。在32 ℃时输入3 000 lx,KM3吸合;在30 ℃时分两种情况,若输入3 000 lx则KM3吸合,若输入1 000 lx时,则KM4吸合;在28 ℃时不论输入的光照强度为多少,KM4均吸合。KM3和KM4在碰到相应行程开关后断开。

4. 现场调试

程序编制、控制台(柜)的制作及硬件的安装接线工作和现场设备的安装接线工作可同时进行,以缩短整个工程的周期。完成以上工作后,将单机调试过的控制台(柜)安装到控制现场,进行联机总调试,并及时解决调试时发现的软件和硬件方面的问题。调试以前必须参照电器布置图、电气原理图、电气安装接线图等，了解电气设备、被控设备和整个工艺过程，了解具体设备的安装位置、功能以及与其他设备之间的关系。现场调试的内容和步骤依据系统的规模和控制方式的不同而不同，但大体与控制台(柜)调试的内容和步骤相似，可按通电前检查、通电检查、单机或分区调试、联机总调试等步骤进行。

(1) 通电前检查

通电前一般先确认 PLC 在“STOP”时的工作方式。

① 检查各电器元件的安装位置是否正确。

② 用万用表或其他测量设备检查各控制台(柜)之间连线，现场检测开关和操作开关等输入器件，电动机和电磁阀等输出器件与控制台(柜)之间连线是否正确。

注意：重点检查交直流间、不同电压等级间及相间、正负极之间是否有误接线。

③ 检查各操作开关、检测开关等电器元件是否处于原始位置。

④ 检查被控设备上、被控设备附近是否有阻挡物(尤其看是否有临时线)、是否有人员施工等。

对于采用远程 I/O 或现场总线控制的 PLC 系统，控制台(柜)较多，硬件投资较大，尤其更要重视系统硬件电路通电前检查这一步，一般也是按照上述步骤首先检查各个控制台(柜)，然后重点检查总控制台(柜)与分台(柜)之间的动力线和通信线。如果采用电缆，不仅要看电缆内导线颜色，还需要用万用表等检测设备检查。电缆内导线颜色中间改变的情况屡见不鲜，检查时需特别注意。

(2) 通电检查

① 检查供电电源。接通总电源开关，一路一路接通主回路和控制回路电源，接通某一路后，一般先观察一段时间，如有异常，立刻断开电源检查原因，无异常再接通下一路。

对于前面所述采用远程 I/O 或现场总线控制的 PLC 系统，通电步骤应该是首先确认分控制台(柜)电源开关断开，总控制台(柜)通电后先用万用表等检测设备检查总控制台(柜)本身电源及外供电源是否正确，然后一台一台依次测量分控制台(柜)电源进线电压正常后再给分控制台(柜)供电。这样万一发生电源供电错误，可使损失降到最低。电源供电正常后，连通通信，设定站点地址等参数，检查 I/O 点。

② 检查输入点。一般最少需要两人配合，一人对照现场信号布置图，按照工艺流程或输入点编号地址，依次人为动作现场操作开关和检测开关；另一人在控制台(柜)旁按现场人员的要求检查输入点的状态。现场范围较大时一般需对讲设备，按上面方法依次检查输入点。

③ 检查输出点。输出点的检查也可采用强制的方法，但一般是借助一些已检查无误的操作开关再编制一小段点动方式动作的调试程序，一人对照现场信号布置图，按照工艺流程或输出点编号地址在现场观察，另一人在控制台(柜)旁按现场人员的要求给出输出点的状态，依次检查全部输出点。这一步还要按工艺及原理调整好电动机的旋转方向、电磁阀的位置及其他执行机构的相应状态。

(3) 单机或分区调试

为调试方便，可依分控制柜所完成的控制功能、控制规模或工艺过程等，将一个复杂系统人为划分成多个功能区，分区调试。

(4) 联机总调试

分区调试完毕，分析各个分区之间的关系，将各个分区联系起来即完成联机总调试。

思考题与习题

11-1 简述可编程序控制器系统设计的一般原则和步骤。

11-2 设计一段程序,要求对五相步进电动机 5 个绕组依次自动实现如下方式的循环通电控制:

① 第 1 步,A—B—C—D—E;

② 第 2 步,A—AB—BC—CD—DE—EA;

③ 第 3 步,AB—ABC—BC—BCD—CD—CDE—DE—DEA;

④ 第 4 步,EA—ABC—BCD—CDE—DEA;

⑤ A、B、C、D、E 分别接主机的输出点 Q0.1、Q0.2、Q0.3、Q0.4、Q0.5,启动按钮接主机的输入点 I0.0,停止按钮接主机的输入点 I0.1。

11-3 设计一个 3 台电动机的启/停顺序控制程序。控制要求为:

① 启动。按启动按钮 SB1,电动机 M1 启动,10 s 后电动机 M2 自动启动,又经过 8 s,电动机 M3 自动启动。

② 停车。按停止按钮 SB1,电动机 M3 立即停车,6 s 后电动机 M2 自动停车,又经过 4 s,电动机 M1 自动停车。

11-4 有一项比赛,由儿童 2 人、青年学生 1 人和教授 2 人组成 3 组抢答。儿童任一人按钮均可抢答,教授需两人同时按方可抢答。在主持人按钮同时宣布开始的 10 s 内有人抢答,则幸运彩球转动,表示庆贺。试设计此 3 组抢答器程序。

附　录

附录A　常用低压电器技术数据

表A-1　B系列交流接触器技术数据

型　号	约定发热电流/A	额定工作电压/V	额定工作电流/A	结构特征	①机械寿命/万次 ②电气寿命/万次 ③最高操作频率/(次·h^{-1})
B9	16	380	8.5	可配装多种附件、CA、CB、CD、辅助触头，TP型延时、T型热继电器、BV型机械联锁WB型自锁LF、LH型连接件	①1 000 ②100 ③1 800
		660	3.5		
B12	20	380	11.5		
		660	4.9		
B16	25	380	15.5		
		660	6.7		
B25	40	380	22		
		660	13		
B30	45	380	30		
		660	17.5		
B37,BE37,BC37	45	380	37		
		660	21		
B45,BE45,BC45	60	380	44		
		660	25		
B65,BE65	80	380	65		
		660	45		
B85,BE85	100	380	85		
		660	55		
B105,BE105	140	380	105		
		660	82		
B170,BE170	230	380	170		
		660	118		
B250,BE250	300	380	245		
		660	170		
B370,BE370	410	380	370		
		660	268		
B460	600	380	475		
		660	337		

表A-2　CJ20系列交流接触器技术数据

型　号	辅助触点额定电流/A	吸引线圈额定电压/V	主触点额定电流/A	主触点额定电压/V	可控制电动机最大功率/kW	①机械寿命/万次 ②电气寿命/万次 ③最高操作频率/(次·h^{-1})
CJ20-10	5	交流36,127,220,380	10	380/220	4/2.2	①1 000 ②100 ③1 200
CJ20-16			16		7.5/4.5	
CJ20-25			25		11/5.5	
CJ20-40			40		22/11	
CJ20-63			63		30/18	①600 ②120 ③1 200
CJ20-100			100		50/28	
CJ20-160			160		85/48	
CJ20-250			250		132/80	①300 ②60 ③600
CJ20-400			600		220/115	

表A-3　JR16系列热继电器主要技术参数

型　号	额定电流/A	热元件规格		
		编号	额定电流/A	刻度电流调节范围/A
JR16-20/3 JR16-20/3D	20	1	0.35	0.25～0.3～0.35
		2	0.5	0.32～0.4～0.5
		3	0.72	0.45～0.6～0.72
		4	1.1	0.68～0.9～1.1
		5	1.6	1.0～1.3～1.6
		6	2.4	1.6～2.0～2.4
		7	3.5	2.2～2.8～3.5
		8	5.0	3.2～4.0～5.0
		9	7.2	4.5～6.0～7.2
		10	11.0	6.8～9.0～11.0
		11	16.0	10.0～13.0～16.0
		12	22.0	14.0～18.0～22.0
JR16-60/3 JR16-60/3D	60	13	22.0	14.0～18.0～22.0
		14	32.0	20.0～26.0～32.0
		15	45.0	28.0～36.0～45.0
		16	63.0	40.0～50.0～63.0
JR16-150/3 JR16-150/3D	150	17	63.0	40.0～50.0～63.0
		18	85.0	53.0～70.0～85.0
		19	120.0	75.0～100.0～120.0
		20	160.0	100.0～130.0～160.0

表 A－4 常用时间继电器技术数据

型 号	延时时间/s	重复误差	吸引线圈额定电压/V	延时触头数/对				瞬动触头数/对		备 注
				通电延时		断电延时				
				动合	动断	动合	动断	动合	动断	
JS7－1A	0.4～0.6 0.4～180		14，36，110，127，220，380,420	1	1	—	—	—	—	
JS7－2A				1	1			1	1	
JS7－3A						1	1			
JS7－4A						1	1	1	1	
JS23－1□/□	1:0.2～30 s 2:10～180 s	≤9%	交流 100 交流 220 交流 380	1	1			4	0	
JS23－2□/□				1	1			3	1	
JS23－3□/□				1	1			2	2	
JS23－4□/□						1	1	4	0	
JS23－5□/□						1	1	3	1	
JS23－6□/□						1	1	2	2	
TPD40/180	代号 40： 0.3～40 s 代号 180： 10～180 s			1	1					与 B 系列接触器配套使用，自身无电磁系统
TP140/180						1	1			
D20 LA3－D22 D24	D20：0.1～3 s D22：0.1～30 s D24：10～180 s	±3%		1	1					与 LC1 系列接触器配套使用，自身无电磁系统
D20 LA3－D22 D23						1	1			
7PR40401P～6P	延时范围代号 1:0.15～6 s 2:1.5～60 s 3:0.15～6 min 4:1.5～60 min 5:0.15～6 h 6:1.5～60 h	以 s 为单位±1%， 以 min 为单位±0.4% 以 h 为单位±0.2%	代号 H:110～120 K:120～127 M:220～230	2	1			1		引进德国西门子公司技术
7PR40401F～6F				1	1			1	1	
7PR41406P				2	1			1		
7PR41406F				1	1			1	1	

表 A－5 常用熔断器技术数据

型 号	额定电压/V	额定电流/A		分断能力/kA
		熔断器	熔断体	
RL6－25	～500	25	2,4,6,10,16,20,25	50
RL6－63		63	35,50,63	
RL6－100		100	80,100	
RL6－200		200	125,160,200	
RLS2－30	～500	30	16,20,25,30	50
RLS2－63		63	35,(45).50,63	
RLS2－100		100	(75),80,(90),100	
RT12－20	～415	20	2,4,6,10,20	80
RT12－32		32	20,25,32	
RT12－63		63	32,40,50,63	
RT12－100		100	63,80,100	

续表 A-5

型　号	额定电压/V	额定电流/A		分断能力/kA
		熔断器	熔断体	
RT14-20	~380	20	2,4,6,10,16,20	100
RT14-32		32	2,4,6,10,16,20,25,32	
RT14-63		63	10,16,20,25,32,40,50,63	
NT00(RT16)	~500 ~660	160	4,6,10,16,20,25,32,35,40,50,63,80,100	500 V　120 kA 660 V　50 kA
	~500		125,160	
NT0(RT16)	~500 ~660	160	6,10,16,20,25,32,35,40,50,63,80,100	
	~500		125,160	
NT1(RT16)	~500 ~660	250	80,100,125,160,200	
	~500		224,250	500 V　120 kA 660 V　50 kA
NT2(RT16)	~500 ~660	400	125,160,200,224,250,300,315	
	~500		355,400	
NT3(RT16)	~500 ~630	630	315,355,400,425	
	~500		500,630	
NT4(RT17)	~380	1 000	800, 1 000	

注：带括弧()数字表示为非常用值。

表 A-6　常用塑料外壳式断路器技术数据

型　号	额定工作电压/V	壳架等级额定电流/A	断路器额定电流 I_N/A	脱扣器类型或长延时脱扣器电流整定范围	瞬时脱扣器电流整定值/A	备　注
DZ20Y-100	~380 ~220	100	16, 20, 32, 40, 50, 63, 80,100	电磁脱扣器复式脱扣器分励脱扣器额定控制电源电压 ~220 V~380 V —110 V —220 V 欠电压脱扣器额定工作电压： ~220 V, ~380 V 电动机操作机构额定控制电源电压： ~220 V, ~ 380 V, —220 V	配电用 10 I_N 保护电动机用 12 I_N	
DZ20J-100						
DZ20G-100						
DZ20Y-200		200	100, 125, 160, 180, 200,225		配电用 5I_N, 10I_N 保护电动机用 8I_N,12I_N	
DZ20J-200						
DZ20G-200						
DZ20Y-400		400	200,250,315,350, 400		配电用 5I_N, 10I_N	
DZ20J-400						
DZ20G-400						
DZ20Y-630		630	500,630		配电用 4I_N, 7I_N	
DZ20J-630						
DZ20J-1250		1 250	630,700,800,1 000, 1 250			

续表 A-6

型 号	额定工作电压/V	壳架等级额定电流/A	断路器额定电流 I_N/A	脱扣器类型或长延时脱扣器电流整定范围	瞬时脱扣器电流整定值/A	备 注
C45	240/415	32	5,10,15,20,25,32	复式脱扣器	4～7 I_N	C45 适用于照明线路；C45AD 适用于电动机配电系统
C45N		60	1,3,5,10,15,20,25,32,40,50,60		4～7 I_N	
C45AD		40	1,3,5,10,15,20,25,32,40		10～14 I_N	
NC100/U NC100/D	240/415	100	63,80,100		5～10 I_N 或 10～14 I_N	适用于照明、电动机系统

表 A-7 DZL25 系列漏电保护断路器技术数据

型 号	级 数	额定电压/V	壳架等级额定电流/A	脱扣器额定电流/A	额定漏电动作电流/mA	额定漏电不动作电流/mA	动作时间/s	结构特征
DZL25-32	3	220/380	32	10,16,20 25,32	10 30 50	6 15 25	≤0.1	由主开关、过流脱扣器、瞬时脱扣器、分励脱扣器、零序电流互感器、电子电路组件及试验装置等组成，兼有漏电保护和断路器功能
DZL25-63			63	20,25,32 50,63	30 50 100	6 15 25	≤0.1	
DZL25-100			100	40,50 63,80 100	50 100 50/100/200 分级可调	额定漏电动作电流的一半	快速型：≤0.1 延时型：≤0.4	
DZL25-200			200	100, 125,160, 180, 200	100 200 20/100/200 100/200/500 分级可调			

表 A-8 LA25 系列按钮的技术数据

型 号	触头组合	按钮颜色	型 号	触头组合	按钮颜色
LA25-10	一常开	白、绿、黄、蓝、橙、黑、红	LA25-33	三常开三常闭	白、绿、黄、蓝、橙、黑、红
LA25-01	一常闭		LA25-40	四常开	
LA25-11	一常开一常闭		LA25-04	四常闭	
LA25-20	二常开		LA25-41	四常开一常闭	
LA25-02	二常闭		LA25-14	一常开四常闭	
LA25-21	二常开一常闭		LA25-42	四常开二常闭	
LA25-12	一常开二常闭		LA25-24	二常开四常闭	
LA25-22	二常开二常闭		LA25-50	五常开	
LA25-30	三常开		LA25-05	五常闭	
LA25-03	三常闭		LA25-51	五常开一常闭	
LA25-31	三常开一常闭		LA25-15	一常开五常闭	
LA25-13	一常开三常闭		LA25-60	六常开	
LA25-32	三常开二常闭		LA25-06	六常闭	
LA25-23	二常开三常闭		-	-	

表 A-9 JLXK1 系列行程开关的技术数据

型号	额定电压/V		额定电流/A	触头数量/个		结构形式
	交流	直流		常开	常闭	
JLXK1-111	500	440	5	1	1	单轮防护式
JLXK1-211	500	440	5	1	1	双轮防护式
JLXK1-111M	500	440	5	1	1	单轮密封式
JLXK1-211M	500	440	5	1	1	双轮密封式
JLXK1-311	500	440	5	1	1	直动防护式
JLXK1-311M	500	440	5	1	1	直动密封式
JLXK1-411M	500	400	5	1	1	直动滚轮防护式
JLXK1-411M	500	440	5	1	1	直动滚轮密封式

附录 B S7-200 系列 PLC 部分特殊存储器(SM)标志位

	SM 位	描 述
状态位(SMB0)	SM0.0	该位始终为 1
	SM0.1	该位在首次扫描时为 1,用途之一是调用初始化子程序
	SM0.2	若保持数据丢失,则该位在一个扫描周期中为 1。该位可用作错误存储器位或用来调用特殊启动顺序功能
	SM0.3	开机后进入 RUN 方式,该位将接通一个扫描周期,可用在启动操作之前给设备提供一个预热时间
	SM0.4	该位提供了一个时间脉冲,30 s 为 1,30 s 为 0,周期为 1 min,即提供了一个简单易用的延时或 1 min 的时钟脉冲
	SM0.5	该位提供了一个时间脉冲,0.5 s 为 1,0.5 s 为 0,周期为 1 s,即提供了一个简单易用的延时或 1 s 的时钟脉冲
	SM0.6	该位为扫描时钟,本次扫描时置 1,下次扫描时置 0。可用作扫描计数器的输入
	SM0.7	该位指示 CPU 工作方式开关的位置(0 为 TERM 位置,1 为 RUN 位置)。当开关在 RUN 位置时,用该位可使自由端口通信方式有效,那么切换至 TERM 位置时,与编程设备的正常通信也会有效
状态位(SMB1)	SM1.0	当执行某些指令结果为 0 时,该位置 1
	SM1.1	当执行某些指令结果溢出或查出非法数值时,该位置 1
	SM1.2	当执行数学运算结果为负数时,该位置 1
	SM1.3	试图除以 0 时,该位置 1
	SM1.4	当执行 ATT(Add To Table)指令,试图超出表范围时,该位置 1
	SM1.5	当执行 LIFO 或 FIFO 指令,试图从空表中读数时,该位置 1
	SM1.6	当试图把一个非 BCD 数转换为二进制数时,该位置 1
	SM1.7	当 ASCII 码不能转换为有效的十六进制数时,该位置 1

续表

	SM位	描 述
自由端口接收字符缓冲区(SMB2)	SMB2	在自由端口通信方式下，该字节存储从口0或1接收到的每一个字符
自由端口奇偶校验错(SMB3)	SMB3.0	端口0或1的奇偶校验错(0=无错，1=有错)
	SM3.1～SM3.7	保留
中断允许、队列溢出、发送空闲标志位(SMB4)	SM4.0	当通信中断队列溢出时，该位置1
	SM4.1	当输入中断队列溢出时，该位置1
	SM4.2	当定时中断队列溢出时，该位置1
	SM4.3	在运行时，若发现编程问题，则该位置1
	SM4.4	该位指示全局中断允许位，当允许中断时，该位置1
	SM4.5	当(端口0)发送空闲时，该位置1
	SM4.6	当(端口1)发送空闲时，该位置1
	SM4.7	当发生强制时，该位置1
I/O错误状态位(SMB5)	SM5.0	当有I/O错误时，该位置1
	SM5.1	当I/O总线连接了过多的数字量I/O点时，该位置1
	SM5.2	当I/O总线连接了过多的模拟量I/O点时，该位置1
	SM5.3	当I/O总线连接了过多的智能I/O点时，该位置1
	SM5.4～SM5.7	保留

其他特殊存储器标志位可参见ST-200系统手册。

附录C　S7-200的SIMATIC指令集简表

指令格式		功 能
	布尔指令	
LD	bit	装载(电路开始的常开触点)
LDI	bit	立即装载
LDN	bit	取反后装载(电路开始的常闭触点)
LDNI	bit	取反后立即装载
A	bit	与(串联的常开触点)
AI	bit	立即与
AN	bit	取反后与(串联的常闭触点)
ANI	bit	取反后立即与

续表

指令格式		功　能
O OI ON ONI	bit bit bit bit	或(并联的常开触点) 立即或 取反后或(并联的常闭触点) 取反后立即或
LDBx	IN1,IN2	装载字节的比较结果,IN1(x：＜,＜＝,＝,＞＝,＞,＜＞)IN2
ABx	IN1,IN2	与字节比较的结果,IN1(x：＜,＜＝,＝,＞＝,＞,＜＞)IN2
OBx	IN1,IN2	与字节比较的结果,IN1(x：＜,＜＝,＝,＞＝,＞,＜＞)IN2
LDWx	IN1,IN2	装载字节的比较结果,IN1(x：＜,＜＝,＝,＞＝,＞,＜＞)IN2
AWx	IN1,IN2	与字比较的结果,IN1(x：＜,＜＝,＝,＞＝,＞,＜＞)IN2
OWx	IN1,IN2	或字比较的结果,IN1(x：＜,＜＝,＝,＞＝,＞,＜＞)IN2
LDDx	IN1,IN2	装载字节的比较结果,IN1(x：＜,＜＝,＝,＞＝,＞,＜＞)IN2
ADx	IN1,IN2	与双字的比较结果,IN1(x：＜,＜＝,＝,＞＝,＞,＜＞)IN2
ODx	IN1,IN2	或双字的比较结果,IN1(x：＜,＜＝,＝,＞＝,＞,＜＞)IN2
LDRx	IN1,IN2	装载实数的比较结果,IN1(x：＜,＜＝,＝,＞＝,＞,＜＞)IN2
ARx	IN1,IN2	与实数的比较结果,IN1(x：＜,＜＝,＝,＞＝,＞,＜＞)IN2
ORx	IN1,IN2	或实数的比较结果,IN1(x：＜,＜＝,＝,＞＝,＞,＜＞)IN2
NOT		堆栈取反
EU ED		上升沿脉冲 下降沿脉冲
= =I	Bit Bit	输出(线圈) 立即输出
S R SI RI	Bit,N Bit,N Bit,N Bit,N	置位一个区域 复位一个区域 立即置位一个区域 立即复位一个区域
LDSx Asx Osx	IN1,IN2 IN1,IN2 IN1,IN2	装载字符串比较结果,IN1(x：＜,＜＞)IN2 与字符串比较结果,IN1(x：＝,＜＞)IN2 或字符串比较结果,IN1(x：＝,＜＞)IN2
ALD OLD		与块装载(电路块串联) 或块装载(电路块并联)
LPS LRD LPP		逻辑入栈 逻辑读栈 逻辑出栈
LDS N		装载堆栈
AENO		对ENO进行与操作
数学、加1减1指令		
+I	IN1, OUT	整数加法,IN1+OUT=OUT
+D	IN1, OUT	双整数加法,IN1+OUT=OUT
+R	IN1,OUT	实数加法,IN1+OUT=OUT
-I	IN1, OUT-	整数减法, OUT- IN1=OUT
-D	IN1, OUT	双整数减法,OUT- IN1=OUT
-R	IN1, OUT	实数减法,OUT- IN1=OUT
MUL	IN1,OUT	完全整数乘法, IN1 * OUT=OUT
*I	IN1,OUT	整数乘法,IN1 * OUT=OUT
*D	IN1,OUT	双整数乘法,IN1 * OUT=OUT
*R	IN1,OUT	实数乘法,IN1 * OUT=OUT

续表

指令格式		功能
DIV	IN1, OUT	完全整数除法，OUT/ IN1=OUT
/I	IN1, OUT	数除法，OUT/ IN1=OUT
/D	IN1, OUT	双整数除法，OUT/ IN1=OUT
/R	IN1, OUT	实数除法，OUT/ IN1=OUT
SQRT	IN, OUT	平方根
LD	IN, OUT	自然对数
EXP	IN ,OUT	自然指数
SIN	IN,OUT	正 弦
COS	IN, OUT	余 弦
TAN	IN, OUT	正 切
INCB	OUT	字节加 1
INCW	OUT	字加 1
INCD	OUT	双字加 1
DECB	OUT	字节减 1
DECW	OUT	字减 1
DECD	OUT	双字减 1
PID	Table, Loop	PID 回路
定时器和计数器指令		
TON	Txxx, PT	接通延时定时器
TOF	Txxx, PT	断开延时定时器
TONR	Txxx, PT	带记忆的接通延时定时器
CTU	Cxxx, PV	增计数器
CTD	Cxxx, PV	减计数器
CTUD	Cxxx, PV	增/减计数器
实时时钟指令		
TODR	T	读实时时钟
TODW	T	写实时时钟
TODRX	T	扩展读实时时钟
TODWX	T	扩展写实时时钟
程序控制指令		
END		程序的条件结束
STOP		切换到 STOP 模式
WDR		看门狗复位(300 ms)
JMP	N	跳到指定的标号
LBL	N	定义一个跳转的标号
CALL	N[N1,…]	调用子程序[N1,…,可以有 16 个可选参数]
CRET		从子程序条件返回
FOR	INDX, INIT, FINAL	For/Next 循环
NEXT		
LSCR	S-bit	顺控继电器段的启动
SCRT	S-bit	顺控继电器段的转换
CSCRS		顺控继电器段的条件结束
SCRE		顺控继电器段的结束
传送、移位、循环和填充指令		
MOVB	IN, OUT	字节传送
MOVW	IN, OUT	字传送
MOVD	IN, OUT	双字传送
MOVR	IN, OUT	实数传送

续表

指令格式		功　能
BIR	IN, OUT	立即读取物理输入字节
BIW	IN, OUT	立即写物理输出字节
BMB	IN ,OUT, N	字节块传送
BMW	IN ,OUT, N	字块传送
BMD	IN ,OUT, N	双字块传送
SWAP	IN	交换字节
SHRB	DATA, S_BIT, N	寄存器移位
SRB	OUT, N	字节右移 *N* 位
SRW	OUT , N	字右移 *N* 位
SRD	OUT , N	双字右移 *N* 位
SLB	OUT, N	字节左移 *N* 位
SLW	OUT, N	字左移 *N* 位
SLD	OUT, N	双字左移 *N* 位
RRB	OUT , N	字节循环右移 *N* 位
RRW	OUT , N	字循环右移 *N* 位
RRD	OUT , N	双字循环右移 *N* 位
RLB	OUT, N	字节循环左移 *N* 位
RLW	OUT , N	字循环左移 *N* 位
RLD	OUT, N	双字循环左移 *N* 位
FILL	IN, OUT, N	用指定的元素填充存储器空间
逻 辑 操 作		
ANDB	IN1,OUT	字节逻辑与
ANDB	IN1,OUT	字逻辑与
ANDB	IN1,OUT	双字逻辑与
ORB	IN1,OUT	字节逻辑或
ORW	IN1,OUT	字逻辑或
ORD	IN1,OUT	双字逻辑或
XORB	IN1,OUT	字节逻辑异或
XORW	IN1,OUT	字逻辑异或
XORD	IN1,OUT	双字逻辑异或
INVB	OUT	字节取反(1 的补码)
INVW	OUT	字取反
INVD	OUT	双字取反
字符串指令		
SLEN	IN , OUT	求字符串长度
SCAT	IN , OUT	连接字符串
SCPY	IN , OUT	复制字符串
SSCPY	IN , INDX,N,OUT	复制子字符串
CFND	IN1,IN2, OUT	在字符串中查找一个字符
SFND	IN1 , IN2,OUT	在字符串中查找一个字符串
表查找和转换指令		
ATT	TABLE, DATA	把数据加到表中
LIFO	TABLE, DATA	从表中取数据(后入先出)
FIFO	TABLE, DATA	从表中取数据(先入先出)
FND=	TBL, PATRN,INDX	在表 TBL 中查找等于比较条件 PATRN 的数据
FND<>	TBL, PATRN, INDX	在表 TBL 中查找不等于比较条件 PATRN 的数据
FND<	TBL, PATRN, INDX	在表 TBL 中查找小于比较条件 PATRN 的数据

续表

指令格式		功 能
FND>	TBL，PATRN，INDX	在表 TBL 中查找大于比较条件 PATRN 的数据
BCDI	OUT	BCD 码转换成整数
IBCD	OUT	整数转换成 BCD 码
BTI	IN，OUT	字节转换成整数
ITB	IN，OUT	整数转换成字节
ITD	IN，OUT	整数转换成双整数
DTI	IN，OUT	双整数转换成整数
DTR	IN，OUT	双整数转换成实数
ROUND	IN，OUT	实数转换为双整数(保留小数)
TRUNC	IN，OUT	实数转换为双字(舍去小数)
ATH	IN，OUT，LEN	ASCII 码转换成十六进制数
HTA	IN，OUT，LEN	十六进制数转换成 ASCII 码
ITA	IN，OUT，FMT	整数转换成 ASCII 码
DTA	IN，OUT，FMT	双整数转换成 ASCII 码
RTA	IN，OUT，FMT	实数转换成 ASCII 码
DECO	IN，OUT	译 码
ENCO	IN，OUT	编 码
SEG	IN，OUT	显示 7 段译码格式
ITS	IN，FMT，OUT	整数转换为字符串
DTS	IN，FMT，OUT	双整数转换为字符串
STR	IN，FMT，OUT	实数转换为字符串
STI	STR，INDX，OUT	字符串转换为整数
STD	STR，INDX，OUT	字符串转换为双整数
STR	STR，INDX，OUT	字符串转换为实数
		中 断 指 令
CRETI		从中断程序有条件返回
ENI		允许中断
DISI		禁止中断
ATCH	INT，EVENT	给事件分配中断程序
DTCH	EVENT	解除中断事件
		通 信 指 令
XMT	TABLE，PORT	自由端口发送
RCV	TABLE，PORT	自由端口接收
NETR	TABLE，PORT	网络读
NETW	TABLE，PORT	网络写
GPA	ADDR，PORT	获取端口地址
SPA	ADDR，PORT	设置端口地址
		高速计数器指令
HDEF	HSC，MODE	定义高速计数器模式
HSC	N	激活高速计数器
PLS	X	脉冲输出(Q 为 0 或 1)

附录D 松下 FP1 系列 PLC 的特殊内部继电器

位址	用途	说明	适用机型		
			C14/C16	C24/C40	C56/C72
R9000	自诊断错误标志	当自诊断错误发生时 ON,错误代码存于 DT9000 中			
R9005	电池异常标志(非保持)	当电池异常时瞬间接通	×		
R9006	电池异常标志(保持)	当电池异常时接通且保持此状态	×		
R9007	操作错误标志(保持)	当操作错误发生时接通且保持此状态,错误地址存于 DT9017			
R9008	操作错误标志(非保持)	当操作错误发生时瞬间接通,错误地址存于 DT9018			
R9009	进位标志	当运算出现溢出或被某移位指令置“1”时瞬间接通,也可用于 F60/F61 作标志			
R900A	>标志	执行 F60/F61 时,当 S1>S2 时瞬间接通			
R900B	=标志	执行 F60/F61 时,当 S1=S2 时瞬间接通			
R900C	<标志	执行 F60/F61 时,当 S1<S2 时瞬间接通			
R900D	辅助定时器	执行 F37 指令,当设定值递减为 0 时变成 ON	×		
R900E	RS422 口错误标志	当 RS422 口操作发生错误时接通			
R900F	扫描周期常数错误标志	当扫描周期常数发生错误时接通			
R9010	常闭继电器	常 闭			
R9011	常开继电器	常 开			
R9012	扫描脉冲继电器	每次扫描交替开闭			
R9013	运行初期闭合继电器	只在运行中第 1 次扫描时合上,从第 2 次扫描开始断开并保持断开状态			
R9014	运行初期断开继电器	只在运行中第 1 次扫描时合上,从第 2 次扫描开始闭合并保持闭合状态			
R9015	步进开始时闭合的继电器	仅在开始执行步进指令(SSTP)的第 1 次扫描到来时瞬间合上			
R9018	0.01 s 时钟脉冲继电器	以 0.01 s 为周期重复通/断动作,占空比为 1∶1			
R9019	0.02 s 时钟脉冲继电器	以 0.02 s 为周期重复通/断动作,占空比为 1∶1			
R901A	0.1 s 时钟脉冲继电器	以 0.1 s 为周期重复通/断动作,占空比为 1∶1			
901B	0.2 s 时钟脉冲继电器	以 0.2 s 为周期重复通/断动作,占空比为 1∶1			
R901C	1 s 时钟脉冲继电器	以 1 s 为周期重复通/断动作,占空比为 1∶1			
R901D	2 s 时钟脉冲继电器	以 2 s 为周期重复通/断动作,占空比为 1∶1			
R901E	1 min 时钟脉冲继电器	以 1 min 为周期重复通/断动作,占空比为 1∶1			
R901F	未使用				
R9020	运行方式标志	当 PLC 工作方式置为“RUN”时闭合			
R9026	信息标志	当信息指令 F149(MSG)执行时闭合	×		
R9027	远程方式标志	当 PLC 工作方式置为“REMOTE”时闭合			
R9029	强制标志	在强制通/断操作期间合上			
R902A	中断标志	当外部中断允许时闭合	×		
R902B	中断错误标志	当中断错误发生时闭合	×		
R9032	RS232C 口选择标志	在系统寄存器 No.142 中,当 RS232C 口被选择用作一般通信时闭合(即 No.142 的值为 K2)	×		
R9033	打印/输出标志	当打印/输出指令(F147)执行时闭合	×		
R9036	IO 链接错误标志	当 IO 链接发生错误时闭合			

续表

位 址	用 途	说 明	适用机型		
			C14/C16	C24/C40	C56/C72
R9037	RS232C 错误标志	当 RS232C 出现错误时闭合，错误码存于 DT9059 中	×		
R9038	RS232C 接收完毕标志	当使用串行通信指令(F144)接收到结束符时该节点闭合			
R9039	RS232C 发送完毕标志	当数据由串行通信指令(F144)发送完毕时该该点闭合；当数据正被串行通信指令(F144)发送时该接点断开			
R903A	高速计数器(HSC)控制标志	当高速计数器被 F162、F163、F164 和 F165 指令控制时合上			
R903B	凹轮控制标志	当执行凹轮控制指令(F165)时闭合			

参 考 文 献

[1] 吉顺平,孙承志,路明,等.西门子PLC与工业网络技术[M].北京:机械工业出版社,2008.
[2] 田淑珍.工厂电气控制设备及技能训练[M].北京:机械工业出版社,2007.
[3] 常文平.电气控制与PLC原理及应用[M].西安:西安电子科技大学出版社,2006.
[4] 周万珍,高鸿斌.PLC分析与设计应用[M].北京:电子工业出版社,2004.
[5] 刘玉娟.PLC编程技能训练[M].北京:高等教育出版社,2005.
[6] 华满香,刘小春.电气控制与PLC应用[M].北京:人民邮电出版社,2009.
[7] 郑凤翼,金沙.图解西门子S7-200系列PLC应用88例[M].北京:电子工业出版社,2009.
[8] 章文浩.可编程控制器原理及实验[M].北京:国防工业出版社,2003.
[9] 陈建明,夏付专,朱晓东,等.电气控制与PLC应用[M].北京:电子工业出版社,2006.
[10] 张运波,刘淑荣.工厂电气控制技术[M].2版.北京:高等教育出版社,2004.
[11] 张桂香.电气控制与PLC应用[M].北京:化学工业出版社,2003.
[12] 常晓玲.电气控制系统与可编程序控制器[M].北京:机械工业出版社,2007.
[13] 李道霖.电气控制系统与PLC原理及应用[M].北京:电子工业出版社,2009.
[14] 廖常初.S7-200PLC编程及应用[M].北京:机械工业出版社,2009.
[15] 王永华.现代电气控制及PLC应用技术[M].北京:北京航空航天大学出版社,2006.
[16] 郁汉琪,郭健.可编程序控制器原理及应用[M].北京:中国电力出版社,2004.
[17] 朱文杰.S7-200PLC编程设计与案例分析[M].北京:机械工业出版社,2009.
[18] 刘永华.机床电气控制与PLC[M].北京:北京航空航天大学出版社,2007.
[19] 陈立定.电气控制与可编程序控制器的原理与应用[M].北京:机械工业出版社,2004.
[20] 施利春,李伟.PLC操作实训(西门子)[M].北京:机械工业出版社,2007.
[21] 许缪,王淑荣.电气控制与PLC应用[M].北京:机械工业出版社,2006.
[22] 韩相争.西门子S7-200 SMART PLC编程技巧与案例[M].北京:化学工业出版社,2017.
[23] 廖常初.S7-1200/1500 PLC应用技术[M].北京:机械工业出版社,2017.
[24] 段礼木.西门子S7-1200 PLC编程及使用指南[M].北京:机械工业出版社,2017.